内 容 简 介

二萜类化合物大体可分为直链二萜、单环二萜、二环二萜、三环二萜、四环二萜和大环二萜等几种常见骨架类型。探讨其化学结构的波谱解析，将为天然产物研究者全面掌握该类天然产物的结构特点、波谱特征、解析思路及实用技巧奠定坚实的基础。

本书以天然二萜类化合物的结构解析为主线，由十三章构成。第一章详细阐述天然二萜类化合物波谱解析的常见思路和实用技巧；第二章重点对常见二萜类化合物的实例解析；第三章至第十三章着重介绍不同类型二萜类化合物的氢谱特征信号和所有碳谱数据，包括直链和单环二萜、半日花烷二环二萜、克罗烷二环二萜、其他二环二萜、松香烷二萜、海松烷二萜、其他常见三环二萜、贝壳杉烷二萜、其他四环二萜、紫杉烷二萜、大环二萜等常见类型。

本书可为从事植物化学、药物化学、有机化学和中药化学等相关研究和教学的专业技术人员提供天然产物波谱解析方面的有益参考和重要借鉴。

图书在版编目（CIP）数据

天然二萜类化合物的波谱分析 / 周敏著. —北京：科学出版社，2020.3
ISBN 978-7-03-060558-0

Ⅰ. ①天… Ⅱ. ①周… Ⅲ. ①二萜－波谱分析 Ⅳ. ①O629.6

中国版本图书馆 CIP 数据核字（2019）第 030271 号

责任编辑：郑述方 / 责任校对：彭 映
责任印制：罗 科 / 封面设计：墨创文化

科学出版社 出版
北京东黄城根北街 16 号
邮政编码：100717
http://www.sciencep.com
成都锦瑞印刷有限责任公司 印刷
科学出版社发行 各地新华书店经销
*
2020 年 3 月第 一 版 开本：787×1092 1/16
2020 年 3 月第一次印刷 印张：26 1/4
字数：625 000
定价：298.00 元
（如有印装质量问题，我社负责调换）

天然二萜类化合物的波谱分析

周　敏　著

科　学　出　版　社

北　京

前　言

从生源上来说，二萜类化合物是以焦磷酸香叶基香叶酯为生源前体衍生出来的一大类天然有机化合物。该类成分广泛分布于高等植物、微生物、海洋动植物中，尤其在高等植物的唇形科、大戟科、菊科、红豆杉科、杜鹃花科等科属中普遍存在且含量丰富，其大体可分为直链二萜、单环二萜、二环二萜、三环二萜、四环二萜和大环二萜等几种常见骨架类型，并在此基础上发生杂原子化、迁移、断裂、重排、聚合等复杂变化。迄今为止，二萜类化合物是除倍半萜类化合物外，结构类型最为多样且数量最为庞大的天然产物结构类群，因而，探讨其化学结构的波谱解析，将为天然产物研究者全面掌握天然产物的结构特点、波谱特征、解析思路及实用技巧奠定坚实的基础。

《天然二萜类化合物的波谱分析》以天然二萜类化合物的结构解析为主线，由十三章构成。第一章详细阐述不同情况下天然产物结构解析的常见思路和实用技巧，并分析了常见主要二萜、常规已知二萜类化合物、常规新二萜类化合物、常规类型中衍生出的二萜新类型和全新二萜骨架类型等五种情况；第二章重点分析常见二萜类化合物的解析思路和实用技巧，包括从唇形科香茶菜属植物中发现的常规克罗烷二环二萜、新颖的克罗烷二环二萜、桂皮酸和 1-辛烯-3-醇聚合物、重排的半日花烷或克罗烷二环二萜、新颖的二环[5.4.0]十一烷片段的重排海里曼烷二环二萜、新颖的具有四元内酯环的松香烷三环二萜、常规的贝壳杉烷四环二萜、延命素型贝壳杉烷四环二萜、新颖的具有大环内酯片段的螺环内酯型贝壳杉烷二萜等类型。第三章至第十三章着重介绍不同类型二萜类化合物的氢谱特征信号和所有碳谱数据，包括直链和单环二萜类化合物、半日花烷二环二萜类化合物、克罗烷二环二萜类化合物、银杏内酯型、囊绒苔烷、细齿烷等其他二环二萜类化合物、松香烷二萜类化合物、海松烷二萜类化合物、玫瑰烷、卡山烷、闭花木烷等其他常见三环二萜、贝壳杉烷二萜化合物、阿替生烷、贝叶烷、绰奇烷等其他四环二萜化合物、紫杉烷二萜类化合物、西松烷型、卡司烷、假白榄烷等大环二萜类化合物等常见类型。

本书的著写工作历时三年，期间得到了国内同行的悉心指导和热心帮助，本团队耿慧春博士、董森博士、刘文星讲师、胡秋芬教授以及研究生张芮绮硕士、王月德硕士、邢欢欢硕士等在紧张的工作和学习之余也为本书做了大量工作，在此深表感谢。

特别感谢云南民族大学张生勇院士工作站和民族药资源化学国家民族事务委员会-教育部共建重点实验室对本书的资助，本书的出版还得到云南民族大学民族医药学院李干鹏教授、黄相中教授、郑晓晖教授等同仁的大力支持。

　　本书中涉及的代表性化合物及其图谱均由著者所在的学习和工作单位——中国科学院昆明植物研究所和云南民族大学民族医药学院提供，在此特别感谢。

　　由于教学和科研任务繁重且著者水平有限，因而难免存在疏漏之处，恳请读者批评指正！

周　敏

2018 年 11 月于昆明

目　　录

第一章　天然二萜类化合物波谱解析的常见思路

第一节　天然二萜结构鉴定的常见情况分析

复杂天然产物的结构解析，不仅要细致考察待定化合物的理化性质和波谱数据，而且要综合分析物质来源、文献资料以及生源途径等背景信息。本书将以天然二萜类化合物的结构解析为主线，详细阐述不同情况下天然产物结构解析的常见思路和技巧。

天然二萜类化合物是由 4 个异戊二烯单元构成、母核为 C_{20} 的化合物类群。该类成分数量庞大且结构多样，大体可分为直链二萜、单环二萜、二环二萜、三环二萜、四环二萜和大环二萜等几种类型，而在波谱解析中，通常有以下五种特定的情况，即常见主要二萜类化合物、常规已知二萜类化合物、常规新二萜类化合物、常规类型中衍生出的二萜新类型和全新二萜骨架类型。

1. 常见主要二萜类化合物的指认

在天然产物的研究中，研究者也常常开展主要二萜（主成分）的指认、活性化合物的大量富集、标准品的制备等跟踪分离工作，在这种情况下，研究者对研究对象（包括植物、动物、高等真菌和微生物等来源的次生代谢产物）已经有了较深入的了解，并掌握了其主要化合物的化学结构、理化性质、波谱数据等资料，因此，只需通过跟踪分离得到疑似目标化合物，然后在相同溶剂条件下与文献数据进行氢谱比对（还可以结合质谱验证、HPLC 的保留时间或 TLC 的 R_f 值比较等简洁方法），氢谱数据基本一致即可完成结构解析的任务。

2. 常规的已知二萜类化合物的对比解析

在天然产物研究过程中，这种情况占的比例较大。研究者对某个种属的植物进行化学成分研究时，通常要事先进行文献调研，充分了解研究对象中化合物的结构类型（包括主成分和常见的非主要成分），并把握其一维核磁共振谱的特征信号。当得到疑似化合物时，仅测定化合物的氢谱、碳谱（或 DEPT）和常规质谱，然后结合文献比对来进行结构解析，这种情况一般不需要测定化合物的二维核磁共振图谱即可完成结构鉴定工作。

3. 常规的新二萜类化合物的对比解析

这种特定情况在二萜类化合物的研究中也占有一定的比例，通常待解析化合物与已知的主成分或常见的结构类型具有相同的母核（或称之为"碳骨架"），不同之处在于官能团数量的增减、种类的变更、取代位置的变化，甚至仅是构型的变化。在这种情况中，研究者仅测定化合物的氢谱、碳谱（或 DEPT）和常规质谱，然后通过特征信号分析、碳骨架还原、排列组合等策略，并与文献数据进行细致的比对，确定二萜的基本碳骨架后，重点分析变化较大的碳谱数据，初步推测待定化合物与已知化合物的结构差异，在此基础上，进一步测定化合物的二维图谱、高分辨质谱、CD 谱等数据，对推测的结构进行反复验证和文献检索对比，最终确定目标二萜的化学结构，包括其相对构型和绝对构型。

4. 常规类型中衍生出的新类型二萜的综合解析

　　这种情况在二萜类化合物解析中所占比例较小，解析的难度相对较大。有意思的是，待测化合物的碳骨架类型与已知的碳骨架类型均不能完全吻合，但结构类型是在常规类型的基础上发生了氧化断裂开环或降碳、扩环或缩环、环系增加或减少、环系重排、杂原子参与、小分子杂合、二聚或多聚等较大变化，甚至在同一个分子中同时出现两种以上的上述变化。在不知情的情况下，研究者首先通过测定化合物的一维核磁共振图谱，结合文献比对来进行初步的结构解析，分析发现待定化合物的母核与常规的基本碳骨架均存在一定差异。进一步与主成分的碳骨架进行细致地对比，可初步推测碳骨架可能存在的变化位点。同时，在锁定相近碳骨架的基础上，需要测定目标二萜的二维核磁共振图谱和高分辨质谱等数据，对变化较大的位置进行反复推敲，从而确定化合物的碳骨架和官能团连接位置（平面结构或相对构型）。当然，对于新类型最好能通过 X-单晶衍射的实验得到证实，并力争通过 ECD 计算、化学转化或全合成等策略确定待测二萜类化合物的绝对构型。

5. 全新骨架类型二萜类化合物的从头解析

　　这种情况通常所占比例极小，结构解析极为复杂，主要特指待测二萜的结构类型未见文献报道或碳骨架与常规骨架类型存在较大的差异。在这种结构解析的情况中，研究者首先也是通过待测化合物的一维核磁共振谱，并结合文献比对来进行初步判断，由于待测化合物与已知二萜的基本碳骨架均存在较大差异，因而无法确定其基本母核。研究者需进一步测定化合物的二维核磁共振图谱和高分辨质谱等数据，并对化合物开展细致的从头解析，依次确定化合物的基本片段、基本碳骨架、官能团位置、平面结构、相对构型、绝对构型。在比较复杂的情况下，仅用核磁共振谱和高分辨质谱并不能完全确定化合物的最终结构，研究者还必须进一步借助其他手段，如 X-单晶衍射、化学修饰、CD 和 ECD 计算、化学转化、半合成和全合成等方式来综合解析。

第二节　天然二萜类化合物解析的实用技巧

　　在介绍天然二萜的解析技巧前，有必要对各种核磁共振技术的要点进行扼要归纳，尤其是针对实际结构解析中一些实用和易被忽略的技巧进行重点阐述。而鉴于很多波谱解析教材和专著对各类波谱的理论部分进行了较详细的论述，本节将不再作为重点进行介绍。

一、氢核磁共振（^{1}H-NMR）

　　氢谱是质子在外加磁场中吸收不同频率电磁波后产生的共振吸收峰。氢谱主要提供三个结构参数，即峰面积（s）、化学位移（δ）和耦合常数（J）。

1. 峰面积（s）

　　峰面积（s）主要反映氢质子的相对数量，其主要作用有三点：第一是用于确定化合物的纯度，通常出现比例不协调的峰面积，要考虑化合物的纯度，二聚或者多聚体化合物本身存在构型或构象不稳定；第二是可以用来测定某一化合物在混合物中的含量或分析混合物中不同化合物的相对比例；第三是初步估算化合物中所含氢原子的大致范围，从而为确定化合物的类型提供佐证。

由于氢谱重叠严重、溶剂峰、杂质吸收峰以及活泼氢等原因，研究者不能仅通过氢谱确定待测化合物氢原子的准确数量，但可以初步估计其大致范围，对于不含多氢原子取代基（如糖、脂肪链、异戊烯基等）的天然二萜而言，氢原子数量都介于 20～40 个，著者对 500 余个二萜类化合物的统计表明，82%的二萜类化合物氢原子数在 24～36 个，这为初步判断化合物类型，尤其对判断是否为二萜类化合物，提供了一定的依据[1-7]。

2. 化学位移（δ）

毫无疑问，化学位移（δ）是氢谱中最重要的结构参数，用于判断各种氢原子的大致类型和所处的化学环境，从而为确定化合物的结构提供重要的依据。换言之，不同氢原子核在同一分子中所处的化学环境会有一定差别，因此在共振时频率会有微小的差异，根据这些差别可以得到一些重要的结构信息。

影响氢化学位移的因素有很多，在波谱解析的基础教程中都有较好的归纳，主要包括原子或取代基的电负性、碳原子的杂化状态、共轭效应、诱导效应、立体效应、磁各向异性效应、氢键、溶剂极性等，这里不再详述。本书讨论的要点是，在天然二萜类化合物氢谱解析过程中，氢共振信号常常会出现重叠过于严重而掩盖重要信息的情况，因而，研究者要更多地关注以下七个区域里的未重叠的特征吸收峰，这些关键信号往往也是氢谱解析的要点。

（1）0～1.0ppm 的范围（Ⅰ区域）。

在二萜中较少见，典型的是具有环丙烷单元上的氢信号（少数甲基也出现在该区域）。代表类型包括惕各烷型大环二萜（tigliane）、卡斯烷型大环二萜（casbane）以及千金烷型大环二萜（lathyrane）等等。例如，重排的 lathyrane 型二萜 euphoractin K[8]，如图 1-1

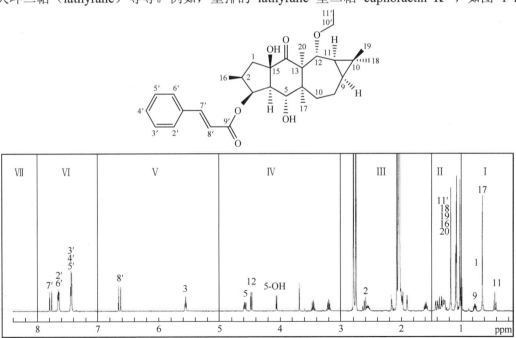

图 1-1 化合物 euphoractin K 的氢核磁共振谱和区域划分

所示，可以明显观察 H-9（1H，0.75，m）和 H-11（1H，0.43，t，$J=9.5$Hz）的信号均出现在 0～1.0ppm 的范围内。由于天然二萜类化合物中具有环丙烷结构的类型并不多见，因而，在 0～1.0ppm 的范围内的特征吸收信号，能用于快速推测化合物的基本骨架类型。还有部分二萜类化合物中化学位移较小的甲基，也会出现在这个区域，如 euphoractin K 的氢谱中亦可明显观察到一个 H$_3$-17（3H，0.64，s）的角甲基信号。

（2）1.0～1.5ppm 烷烃区域（Ⅱ区域）。

该区域的氢原子通常直接与饱和碳相连，周围没有强电负性取代基。对于二萜类化合物，由于饱和碳较多，该区域重叠较为严重，信号难以区分，因此，该区域关注的重点是信号较明显的甲基单峰、双峰、三重峰等特征信号，同时，还需大致估算该区域氢原子的个数。如图 1-1 所示的区域可以明显观察到五组甲基的信号，包括三个甲基单峰，分别为 H$_3$-18（3H，1.03，s）、H$_3$-19（3H，1.08，s）和 H$_3$-20（3H，1.18，s），一个甲基双峰 H$_3$-16（3H，1.09，d，$J=7.0$Hz），和一个三重峰信号 H$_3$-11′（3H，1.00，t，$J=7.5$Hz）。由于二萜类化合物在该区域常常可以观测到一些较为明显的特征甲基信号，而且其常见的单峰、双峰或三重峰可以给出重要的结构信息，这为确定二萜类化合物的结构类型提供了初步的证据。

（3）1.5～3.0ppm 的中间区域（Ⅲ区域）。

该区域的氢信号在已知化合物的解析过程中很容易被忽略，但对于新化合物的二维解析却非常重要，这些信号往往是片段连接的关键区域。该区域也常见单峰甲基和宽单峰甲基信号，如乙酰基和烯烃上的甲基等，它们通常是连接在 sp^2 杂化碳的相邻碳原子上，一般认为这类信号处于与强吸电子基团间隔的中间区域。在二萜类化合物中，以下几种情况也会出现在该区域：羰基（C＝O）、双键（C＝C）、芳香环或季碳的 α-碳上的氢原子；连有电负性较大的基团的 β-碳氢原子；环氧丙烷上的氢原子以及特殊空间效应导致的饱和碳原子上的氢原子。该区域氢的化学位移略高于重叠较严重的Ⅱ区域，信号重叠不太严重，而且这些区域的氢原子都位于一些重要结构片段的连接位置，在二维核磁共振谱中（如 ^{1}H-^{1}H COSY 和 HMBC 谱中）能给出一些非常关键的相关信号。在图 1-1 中，H-2（1H，2.57，m）的连氧碳的邻位碳上的氢就出现在该区域。

（4）3.0～5.0ppm 醇醚氢区域（Ⅳ区域）。

该区域最常见的是连羟基或醚键碳上的质子信号，还包括了端炔氢信号以及少数烯碳上的氢信号，如部分端烯。由于这个区域信号特征重叠较少，是一些关键官能团的连接位置，所以该区域在结构解析中显得非常重要。当羟基酯化时，信号会明显向低场位移，从而出现在更低场的Ⅴ区域。图 1-1 中的 H$_2$-10′（2H，3.46，3.20，dq，$J=15.0$Hz，7.5Hz），H-5（1H，4.57，dd，$J=11.0$Hz，4.5Hz）和 H-12（1H，4.47，d，$J=9.5$Hz）均出现在该区域。

（5）5.0～7.0ppm 双键区域（Ⅴ区域）。

出现在该区域的信号类型主要为双键氢信号，例如，非共轭烯烃、共轭烯烃中的富电子区域氢和苯环富电子区域氢，除此之外，还包括了连接两个氧的氢质子（如糖的端基氢信号）、连酰化基团碳上的氢信号等特殊情况。如图 1-1 中，化合物的 H-3（1H，5.65，t，$J=5.0$Hz）为连接了酰化基团，H-8′（1H，6.63，d，$J=16.0$Hz）为共轭烯烃中的富电子区域氢。

（6）7.0～8.0ppm 芳环质子区域（Ⅵ区域）。

磁各向异性效应导致芳环质子处于去屏蔽区。除此之外，共轭烯烃中的寡电子区域氢也常常出现在该区域。如图 1-1 所示，其中有五个芳环上的质子信号，分别为 H-2′, 6′（2H，7.65，br d，$J = 7.0$Hz）和 H-3′, 4′, 5′（3H，7.35，br t，$J = 7.0$Hz），以及一个共轭烯烃中的寡电子区域氢信号 H-8′（1H，7.79，d，$J = 16.0$Hz）。

（7）9～11ppm（Ⅶ区域）。

这个区域比较固定，结合碳谱数据，很容易辨认，通常包括醛基氢（9～10ppm）和羧基氢（>11ppm）的信号。当然，除了这七个关键区域以外，醇或酚羟基几乎可以出现在任何位置，谱线的性质由多重因素影响氢的交换：如 pH、浓度、温度、溶剂等。一般芳环酚羟基更趋于低场。其次，大多数的胺（—NHR，—NH₂）和醇一样，可被交换，也常常会在 2～3ppm 区域显示宽峰。

3. 耦合常数（J）

磁不等同的两个或两组氢核相互自旋耦合干扰而产生的信号裂分（单峰变多重峰），多重峰之间的频率差（峰之间的间距）称为耦合常数，用 J 表示，单位为 Hz，其数值大小通常与间隔的键数、成键角度和电负性有关。它能反映出核与核之间的关系，在天然产物的实际解析过程中，耦合常数常常可以提供一些关键的连接信息，甚至是构型和构象信息，因此，记住一些常见的耦合常数，在一维图谱解析过程中非常重要。

常见的耦合类型为同碳耦合（$^2J_{H\text{-}H}$）、邻位耦合（$^3J_{H\text{-}H}$）和远程耦合（如 "W" 或 "M" 耦合）。其中，同碳耦合，简写为 $^2J_{H\text{-}H}$，即位于同一个碳原子上的两个氢原子之间的耦合，又称之为偕偶。通常饱和烷烃的偕偶在 12～18Hz，烯烃的偕偶相对较小，在 0.5～3.0Hz。而邻位耦合，简写为 $^3J_{H\text{-}H}$，指的是相邻两个碳原子上的氢核之间的耦合，研究者常可以通过 Karplus 方程初步推断 $^3J_{H\text{-}H}$ 耦合常数的大小。

耦合裂分会引起氢谱峰形的改变，而分析氢谱的常见的峰形对于解析二萜类化合物非常重要。当然，由于耦合常数受二面角的影响较大，在一个自旋体系中，一个取代基的改变有可能使整个分子的构象发生较大的变化，从而影响某个位置的耦合常数和峰形，加上氢谱重叠较严重，所以峰形不是特别稳定的判断指标。峰形分析主要用来判断某个特征氢周围的化学环境，甚至立体构型。波谱解析中，研究者需要熟悉的峰形主要有 s（单峰）、d（二重峰）、t（三重峰）、q（四重峰）、dd（双二重峰）、dt（两组三重峰）、td（三组二重峰）、qd（四组二重峰）、ddd（两组双二重峰）、ddt（两组双三重峰）等等。其次，细小的偶合通常很难计算出耦合常数，仅使峰变宽，出现类似 br s（宽单峰）、br d（宽二重峰）、br t（宽三重峰）等情况。再次，需注意的是，二萜一些区域的氢信号（尤其在 1.0～2.5ppm 的饱和碳上的氢）数量多且耦合严重，峰形复杂且不易观察，通常用 o（overlapped，重叠）和 m（多重峰）来表示。对于一些能提供重要信息的耦合系统，可运用 "逆耦合树法" 来分析，其步骤如下[9]。

第一步，观察峰的对称性及总体情况，总体判断裂分的难易程度。

第二步，大致判断每一裂分峰的强度及重叠情况，对可能存在的裂分有大致了解，例如，1∶1 即是 d 裂分，1∶2 可能存在重叠或 t 裂分峰，1∶3 可能存在重叠或 q 裂分峰等。

第三步，计算每个裂分峰之间的耦合常数，在同一级之内耦合常数应该相同，结合裂分峰强度（比例），确定最低级耦合方式，这是分析耦合系统的关键步骤。

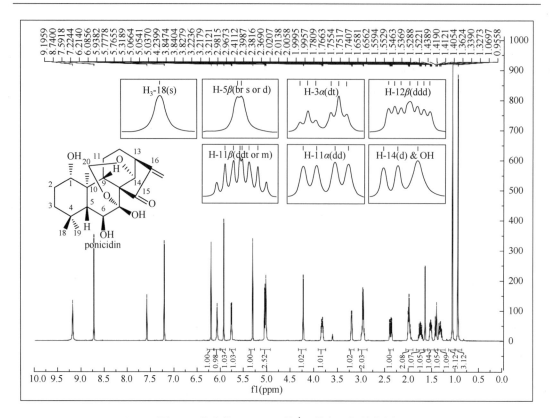

图 1-2　化合物 ponicidin 的 ¹H 谱和局部放大图

表 1-1　化合物 ponicidin 的氢谱数据

No.	δ_H	No.	δ_H
1	3.84（1H, dd, 16.0, 6.2）	12（$\alpha\backslash\beta$）	2.98（1H, o）
2	2.00（2H, o）		1.54（1H, ddd, 16.0, 6.6, 3.2）
3（$\alpha\backslash\beta$）	1.43（1H, dt, 13.3, 3.4）	13	3.22（1H, m）
	1.33（1H, td, 13.0, 6.5）	14	5.06（1H, d, 6.1）
5	1.66（1H, br s）	17（a\b）	5.32（br s）
6	4.24（1H, br s）		6.21（br s）
9	4.24（1H, d, 7.1）	18	1.07（s）
11（$\alpha\backslash\beta$）	2.39（1H, dd, 14.9, 6.3）	19	0.96（s）
	1.75（1H, ddt, 12.8, 12.7, 7.1）	20	5.94（1H, s）

第四步，根据确定的最低级耦合，计算出倒数第二级耦合的裂分峰的耦合常数。

第五步，依次计算各级裂分峰之间的耦合常数，直至找到最后一级耦合为止。

下面以对映-贝壳杉烷型四环二萜类化合物 ponicidin[10]为例（图 1-2 和表 1-1），介绍几种常见的耦合裂分。

（1）s（单峰）和 br s（宽单峰）。

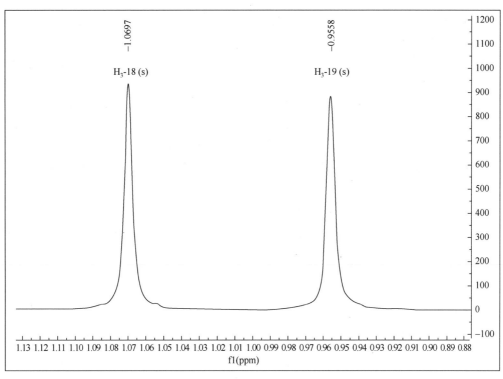

图 1-3 化合物 ponicidin 的 H_3-18 和 H_3-19 单峰信号

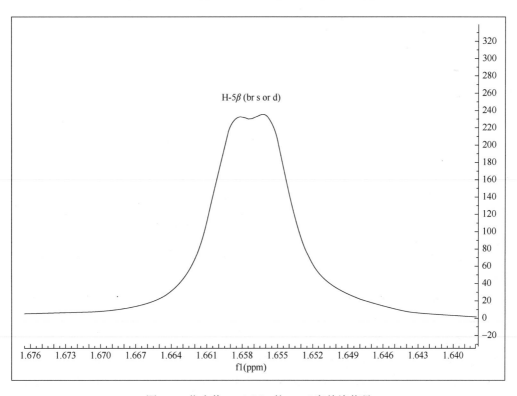

图 1-4 化合物 ponicidin 的 H-5β 宽单峰信号

在二萜中，s 峰和 br s 峰常见于偕二甲基、角甲基、甲氧基、乙酰基、活泼氢等情况中，较容易辨别，是判断是否为萜类以及其基本类型的重要信号。例如，化合物 ponicidin 中连在季碳（C-4）上的 18 位和 19 位的偕二甲基的单峰信号（图 1-3），而由于 B 环为船式构象，导致 H-5β 与 H-6 的耦合较小，几乎不能计算出耦合常数，我们通常将 H-5β 表示为宽单峰（图 1-4）。

（2）d（二重峰）和 br d（宽二重峰）。

d 峰和 br d 峰通常是连在次甲基上的甲基信号，耦合常数在 6～8Hz，是判断二萜类型的特征信号。而大多数情况是，氢信号仅受到一个邻位碳上氢或同碳氢的耦合，出现标准的二重峰信号，如 ponicidin 的 H-14 就属于该类型（图 1-5）。

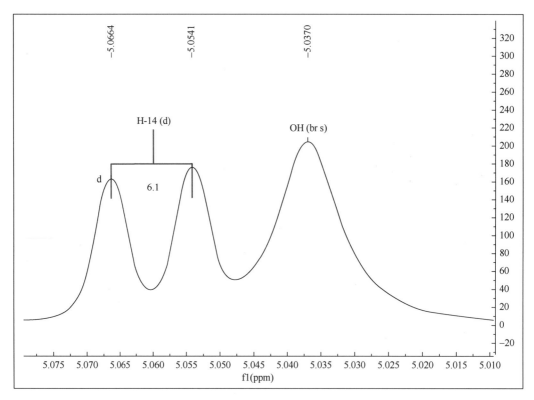

图 1-5　化合物 ponicidin 的 H-14 二重峰信号

（3）dd（两组二重峰）。

氢信号同时受到两个较大且不相等的耦合时（小的耦合常常被忽略），表现为一组 dd 峰，如图 1-6 所示，化合物 ponicidin 的 H-11α 为典型的 dd 峰，耦合常数分别为 14.9Hz 和 6.3Hz。

（4）dt（两组三重峰）。如图 1-7 所示，ponicidin 的 H-3α 为 dt 峰，耦合常数为 13.3Hz 和 3.4Hz。

（5）td（三组二重峰）。如图 1-8 所示，化合物 ponicidin 的 H-3β 可近似看成一组 td 峰，耦合常数分别为 13.0Hz 和 6.5Hz，该峰也可以用 m 峰来表示。

（6）ddd（两组双二重峰）。如图 1-9 所示，化合物 ponicidin 的 H-12β 为一组 ddd 峰，耦合常数分别为 16.0Hz、6.6Hz 和 3.2Hz。

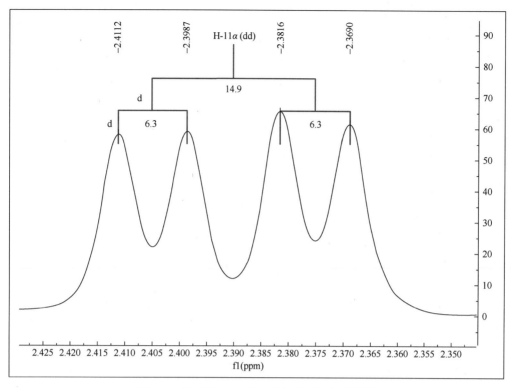

图 1-6 化合物 ponicidin 的 H-11α 的 dd 峰信号

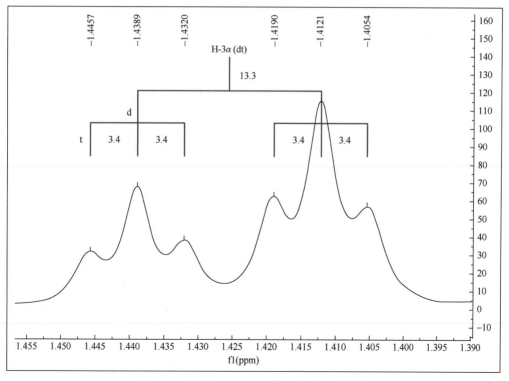

图 1-7 化合物 ponicidin 的 H-3α 的 dt 峰信号

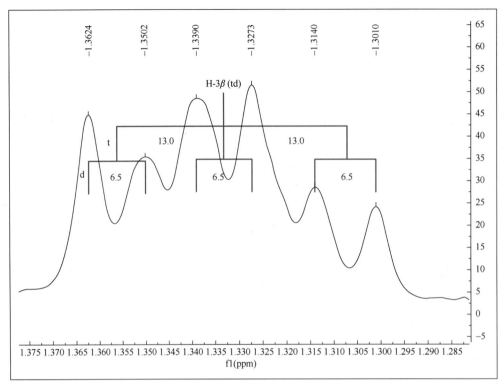

图 1-8　化合物 ponicidin 的 H-3β 的 td 峰信号

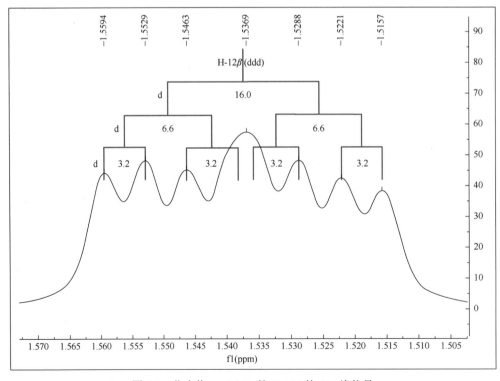

图 1-9　化合物 ponicidin 的 H-12β 的 ddd 峰信号

（7）ddt（两组双三重峰）或 m（多重峰）。如图 1-10 所示，化合物 ponicidin 的 H-11β 为一组 ddt 峰，耦合常数分别为 12.8Hz、12.7Hz 和 7.1Hz，由于其峰形较为复杂，通常也可以用 m 峰来表示。

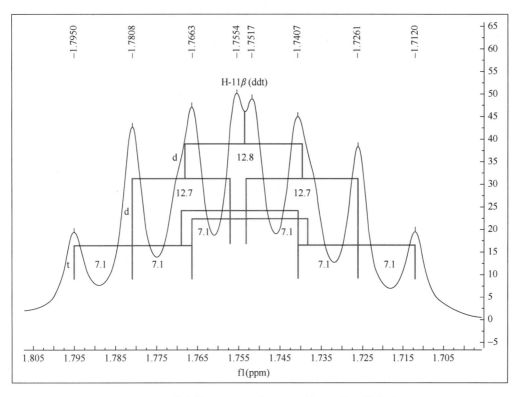

图 1-10　化合物 ponicidin 的 H-11β 的 ddt 或 m 峰信号

二、碳核磁共振（^{13}C-NMR）

　　大部分的天然产物以及人工合成分子都是由基本的碳原子骨架构成的，可以说，碳核磁共振谱是提供分子骨架最为直接的证据。相对于氢谱，碳化学位移范围大得多（0～230ppm），加上去耦技术的广泛应用，谱图重叠少且分辨率远高于氢谱，很多结构上的精细变化，在碳谱上都能观察到，其缺点是 ^{13}C 天然丰度低，检测限远低于氢谱。碳谱有两个重要的基本参数，第一个是通过 DEPT 技术来确定碳原子的类型，在 DEPT 谱中，不同类型的碳以单峰形式分别朝上或者朝下出现，或从谱图上消失，非常便于观察，如图 1-11 所示，ponicidin 的 DEPT 谱显示的 20 个碳信号中，其中 2 个甲基、5 个亚甲基、7 个次甲基和 6 个季碳。第二个重要的参数是碳的化学位移（δ_C），影响因素包括碳原子的杂化类型（表 1-2）、周围化学环境（如诱导效应、共轭效应等）、磁的各向异性效应、立体压缩效应以及溶剂效应等。与氢谱不同的是，取代基对碳的化学位移的影响不仅限于邻近的碳原子，可以延伸至数个碳原子，通常邻位有电负性较大的取代基（如邻位为连接羟基的碳、连接羧基的碳、本身为季碳等），对化学位移影响较大，尤其是有多个类似基团的存在，化学位移会累加，导致一些信号异常的情况，这些异常的碳化学位移常常是二萜结构解析的重点。

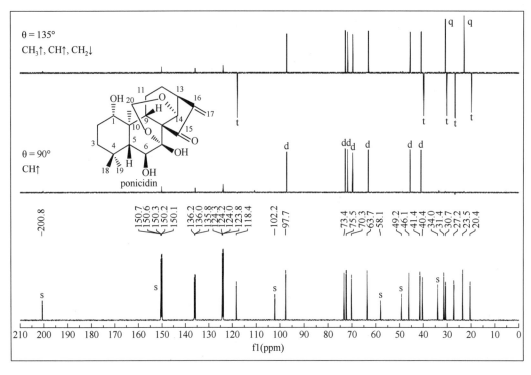

图 1-11　化合物 ponicidin 的 DEPT 谱

表 1-2　杂化碳原子的化学位移（特殊情况除外）

碳杂化类型	代表性情况	δ_C（ppm）
sp³	饱和碳（CH₃，CH₂，CH，C）	0～60
sp	炔碳（CH，C）	60～90
sp²	烯碳（CH₂，CH，C）	100～160
sp²	芳香碳（CH，C）	90～160
sp²	羰基碳（C）	160～220

由于影响碳化学位移的因素相对复杂，常常出现交叉区域，所以严格意义上很难划分相应的区域，实际解析中主要是综合考虑以下八个区域的特征信号，如图 1-12 所示，化合物 ponicidin 的碳谱显示这八个区域[10]。

（1）第一区域为 0～50ppm（Ⅰ区域）。

Ⅰ区域主要为未连杂原子的烷烃（甲基、亚甲基、次甲基以及季碳）。这个区域要注意一些特殊的情况，以二萜为例，三元氧环上的碳会出现在 45～65ppm，尤其部分碳化学位移在 50 以下，容易和烷烃碳混淆，如克罗烷二萜 12-epiteupolin Ⅱ 的 C-18 位化学位移为 47.4ppm[11]（图 1-13）。其次，在很多二萜类生物碱中，连一个氮原子的碳会出现在 25～60ppm，如乌头碱二萜生物碱 chasmanine 中连氮的碳原子分别出现在 49.3ppm、54.0ppm 和 62.4ppm[12]（图 1-13）。除此之外，连接一个氯原子的碳也常常会出现在 45～60ppm 的

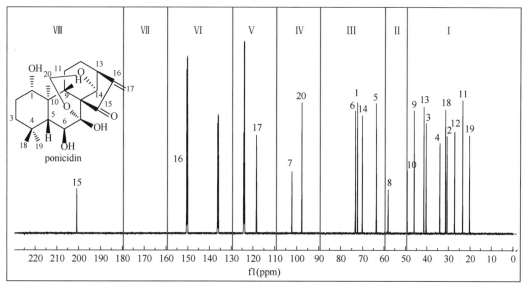

图 1-12 化合物 ponicidin 的 ^{13}C 谱和区域划分

区域,如克罗烷二萜 ajugaciliatin D 的 C-18 位连接了一个氯原子,其化学位移为 49.3ppm[13]（图 1-13）。相反,一些未直接连接电负性较大基团的饱和碳原子,由于连接了多个特殊邻位基团（如连接羟基的碳、连接羰基的碳、季碳等）从而出现较大的化学位移,脱离了该区域,如银杏内酯型二萜 ginkgolide A 和 ginkgolide B 的 C-9 位分别出现在 66.9ppm 和 67.5ppm[14]以及重排克罗烷二萜 teubrevin E 的 C-9 位化学位移达到 66.1ppm[15]（图 1-13）。

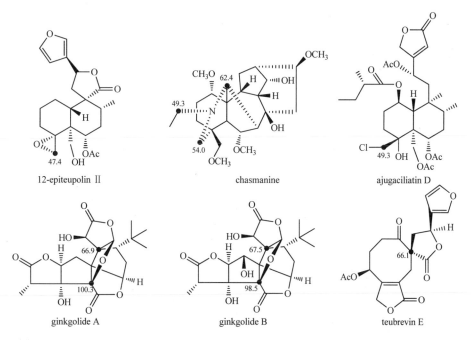

图 1-13 12-epiteupolin II、chasmanine、ajugaciliatin D、ginkgolide A、ginkgolide B 和
teubrevin E 中特殊环境的碳化学位移

（2）第二区域为 50～60ppm（Ⅱ区域）。

此区域主要显示了甲氧基（少数超过 60ppm 或低于 50ppm）、连接了烯碳的伯醇碳、连接了季碳的碳（通常为叔碳或季碳）或三元氧环等情况，如 teucrin H1[16]（图 1-14），C-3 位化学位移为 58.0ppm。

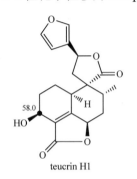

teucrin H1

图 1-14　teucrin H1 中特殊环境的碳化学位移

（3）第三区域为 60～90ppm（Ⅲ区域）。

连有一个氧原子（其他杂原子，如氯和溴）的叔碳和仲碳，如二萜苷糖环上的碳多在这个区域，又如含溴半日花烷二萜 3-bromo-6-hydroxy-8, 13-epoxylabd-14-en-1-one 的 C-3 位连接了少见的溴原子，因此碳化学位移为 64.7ppm[17]（图 1-15）。另外，天然产物中较为少见的炔基和同碳二烯烃的 C-1 和 C-3 也会出现在这个区域，如 phyllanflexoid A[18] 和 acalycixeniolide C[19]（图 1-15）。当然，邻位连接了多个特殊基团（如连接羟基的碳、连接羧基的碳、季碳等）或成内酯等情况，化学位移会向低场移动（85ppm 以上），甚至接近 100ppm，从而出现在Ⅳ区域，与连接两个杂原子以及烯烃混淆，如 pregaleopsin[20]、montanin D[21]、gibberellin A40[22] 就属于该情况（图 1-16）。

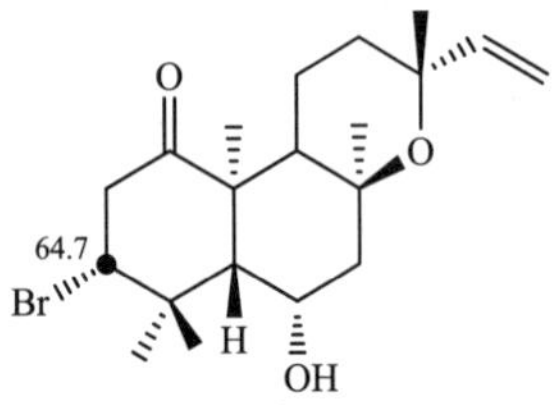

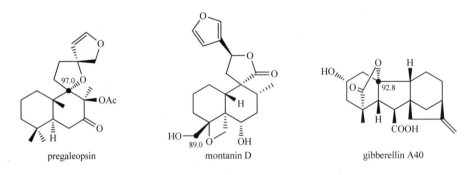

3-bromo-6-hydroxy-8, 13-epoxylabd-14-en-1-one 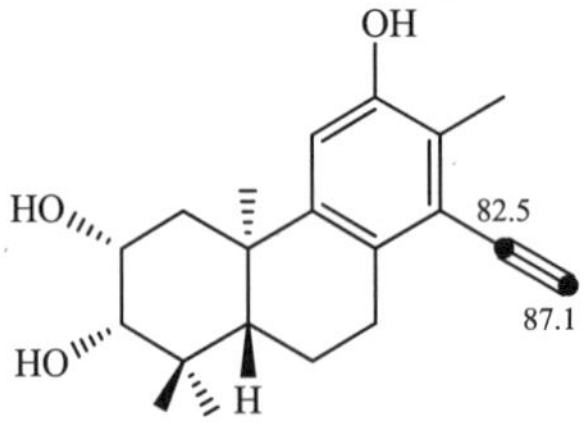　　　phyllanflexoid A 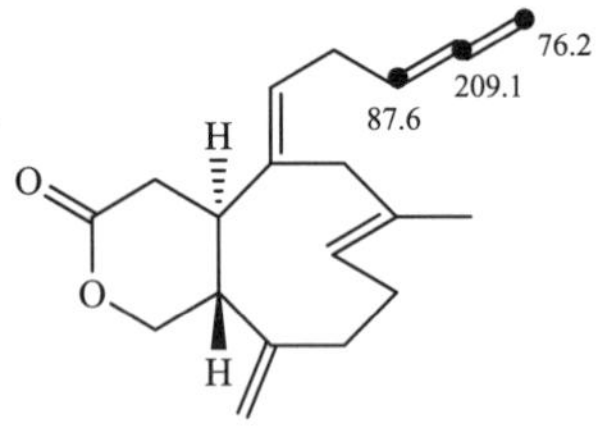　　　acalycixeniolide C

图 1-15　3-bromo-6-hydroxy-8, 13-epoxylabd-14-en-1-one、phyllanflexoid A 和 acalycixeniolide C 中特殊环境的碳化学位移

pregaleopsin　　　montanin D　　　gibberellin A40

图 1-16　pregaleopsin、montanin D 和 gibberellin A40 中特殊环境的碳化学位移

（4）第四区域为 90～110ppm（Ⅳ区域）。

该区域常为几种类型碳的交叉区域，包括连接了两个氧原子（或一个氧原子和一个氮原子)的碳、端烯的仲碳、苯环上酚羟基的邻位、连接了乙酰基的连氧碳等复杂情况,还包括上面提到的邻位连接了多个特殊基团的情况,如 ginkgolide A 和 ginkgolide B 的 C-4位分别位移到 100.3ppm 和 98.5ppm[14](图 1-13)。

(5)第五区域为 110~130ppm(V区域)。

常见于芳香碳和烯碳。需注意的是,瑞香烷中常见的原酸酯(含有三个氧原子)基团,也常见于该区域,如 simplexin[23],少数在IV区域,如 teulanigeridin[24](图 1-17)。另外,与苯环共轭的端烯,化学位移也很特殊(向低场位移 15ppm),如 sonderianol[25](图 1-17)。

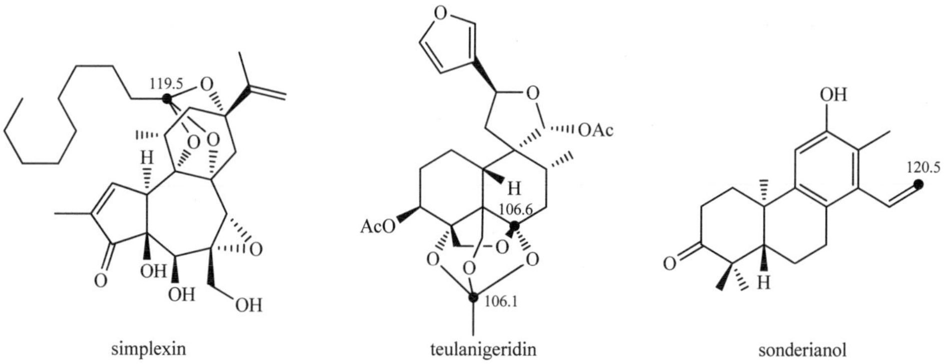

simplexin　　　　　　teulanigeridin　　　　　　sonderianol

图 1-17　simplexin、teulanigeridin 和 sonderianol 中特殊环境的碳化学位移

(6)第六区域为 130~160ppm(VI区域)。

常见于连接氧原子的芳香碳和烯碳。特殊情况下,部分共轭内酯的羰基碳化学位移也会出现在该区域,如 tanshinlactone[26]共轭内酯碳基只有 158.4ppm(图 1-18)。

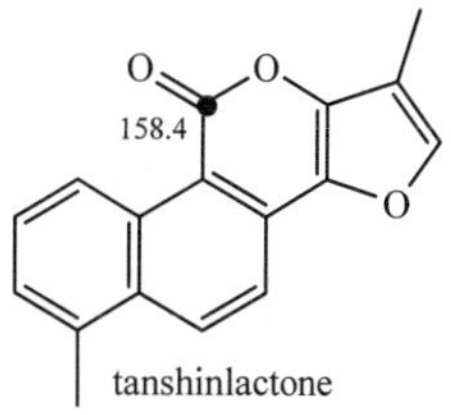

(7)第七区域为 160~180ppm(VII区域)。

常见于羧基和酯羰基信号。在特殊情况下,部分不饱和烯烃以及双共轭羰基,由于共轭和诱导的协同效应,也会出现在该区域,常与酯羰基碳混淆,如 tanshinone I [26]、2-oxo-3, 13E-clerodadien-15-yl-methyl malonic acid diester[27] 和 euplexaurene C[28]。另外,端烯的季碳以及席夫碱也常出现在该区域,如 ent-clerodadien-15-oic acid[29]、vertchine azomethine[30]和 isosalviamine E[31](图 1-19)。

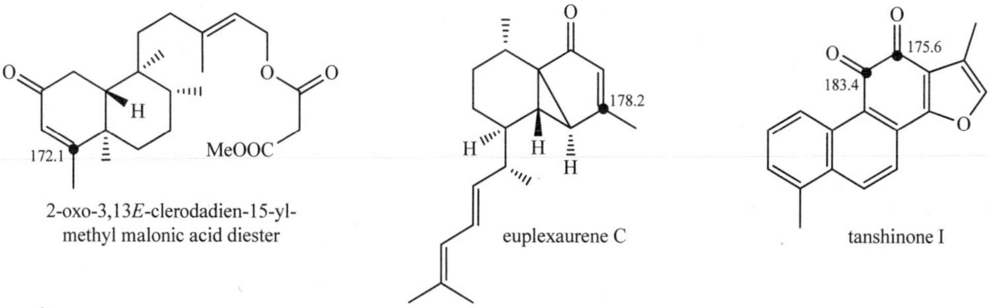

图 1-18　tanshinlactone 中特殊环境的碳化学位移

2-oxo-3,13E-clerodadien-15-yl-methyl malonic acid diester　　　　euplexaurene C　　　　tanshinone I

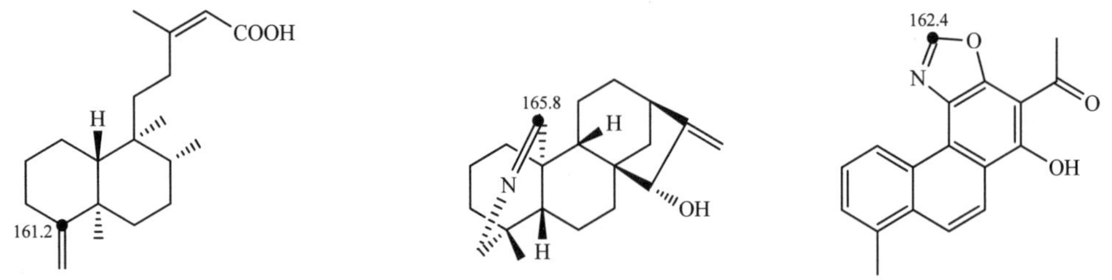

ent-clerodadien-15-oic acid　　vertchine azomethine　　isosalviamine E

图 1-19　2-oxo-3, 13*E*-clerodadien-15-yl-methyl malonic acid diester、euplexaurene C、tanshinone Ⅰ、*ent*-clerodadien-15-oic acid、vertchine azomethine 和 isosalviamine E 中特殊环境的碳化学位移

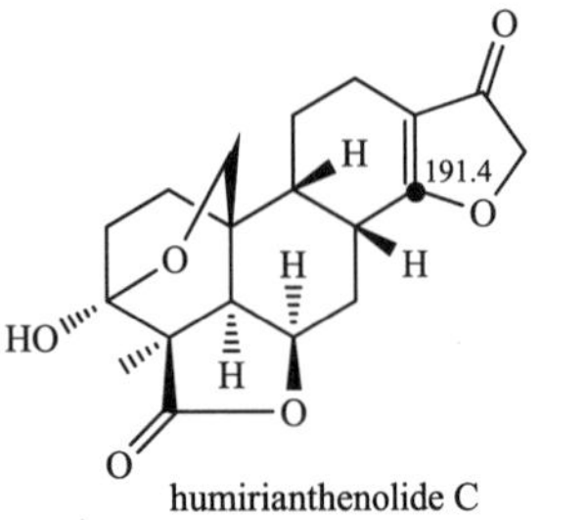

humirianthenolide C

图 1-20　humirianthenolide C 的特殊环境的碳化学位移

（8）第七区域为 180～220ppm（Ⅷ区域）。

常见于不共轭的羰基信号。在共轭和诱导协同效应的情况下，连氧烯碳也可以接近 200ppm，如 humirianthenolide C[32]（图 1-20），同时，丙二烯中心的碳原子化学位移也出现在较低场，而两端的烯碳出现在较高场，如 acalycixeniolide C 同碳二烯烃的 C-2 位化学位移为 209.1ppm[19]（图 1-15）。

三、二维核磁共振谱（2D-NMR）

在一维核磁谱（^{1}H-和 ^{13}C-NMR）的基础上，运用各种脉冲序列，在两个独立的时间域进行两次傅里叶变换得到的两个独立的垂直频率坐标系的共振谱图，称之为二维核磁共振谱（2D-NMR）。2D-NMR 的优势在于分辨率大大提高，能够反映复杂天然分子中各种原子之间的连接顺序和空间关系。2D-NMR 可以分为三大类，即 *J* 分解谱、化学位移相关谱和多量子跃迁谱。其中，最为常用的是化学位移相关谱，在结构解析中，研究者可以运用 ^{1}H-^{1}H COSY 谱和全相关谱（TOCSY）来分析各种氢之间的相关性从而揭示一些非常重要的分子片段，然后通过异核相关谱（常见的如 HSQC、HMQC 和 HMBC）中碳与氢的相关性来分析关键分子片段的连接顺序，从而推测出分子的平面结构，并进一步通过空间效应谱（NOESY 和 ROESY）来研究复杂分子的相对空间立体构型。下面以对映-贝壳杉烷四环二萜类化合物 wikstroemioidin U 为例简单介绍几种在萜类化合物解析中最常用的二维谱的解析[33]。

1. ^{1}H-^{1}H COSY 谱

简单地说，^{1}H-^{1}H COSY 谱是通过同核间的耦合而建立起来的共振频率间的相关谱，能够用来推测相互耦合的氢与氢之间的连接关系。实际谱图中可以观察到同碳氢耦合相关、相邻碳上氢相关和少数远程相关（如“W”或“M”远程耦合相关）。在二萜波谱解析实战中，由于信号重叠严重，^{1}H-^{1}H COSY 谱的总体定位是：可用信号较少，但能用的强相关信号都非常关键，能准确地把相邻的碳直接连接起来，在延长碳片段和构建分子碳骨架中起到关键作用。如图 1-21 所示[33]，二萜类化合物 wikstroemioidin U 的 ^{1}H-^{1}H COSY 谱中可以观察到很多具有相同耦合常数的不同核之间的耦合峰（交叉峰），这些峰的出现说明了分子中两个原子之间的连接关系，虽然 wikstroemioidin U 中存在众多饱和碳上氢的重叠信号，增加了图谱解析的难度，但还是能明显观察到 H-12b 和 H-13 以及 H-1b 和 H$_2$-2 的相关，说明 C-12 和 C-13 以及 C-1 和 C-2 直接相连，这为其结构解析提供了两个关键分子片段。

2. ¹H-¹H NOESY 相关

NOESY 谱是同核 ¹H-¹H 空间相关谱，其交叉峰表示的不是耦合关系，而是 NOE 关系。通常当两个质子在空间的距离小于 0.5nm 时就能观察到 NOE 效应，空间距离越近，相关更强。如图 1-22 和图 1-23 所示，化合物 wikstroemioidin U 的 ROESY 谱中，可以观察到 H-13 与 H-14 的相关，结合对映-贝壳杉烷二萜的特点，可以证明 14-OH 为 β 构型。

3. HMQC（异核多量子相关谱）和 HSQC（异核单量子相关谱）

HMQC 与 HSQC 提供的都是直接相连的 ¹H 和 ¹³C 核之间的相关关系，即一键相关（¹J_{CH}）。在实际解析过程中，该谱信号能将直接相连的碳氢一一对应起来，是其他二维图谱的解析的基础，亦是解析后期用于重叠氢信号归属的利器。如图 1-24 和图 1-25 所示，化合物 wikstroemioidin U 的 HMQC 谱中（局部放大图），可轻松得到碳和氢信号相应的关系，即使氢谱中信号重叠严重，研究者依然可以对重叠的氢信号进行准确的归属。

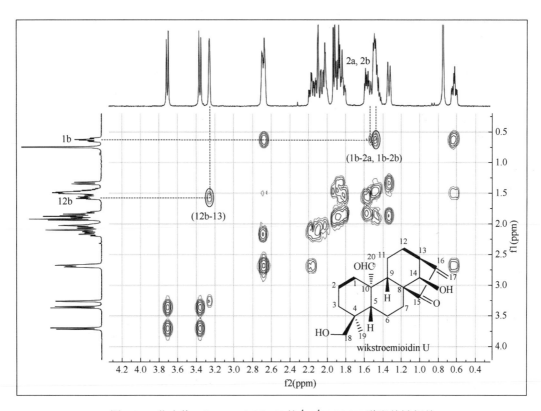

图 1-21　化合物 wikstroemioidin U 的 ¹H-¹H COSY 谱和关键相关

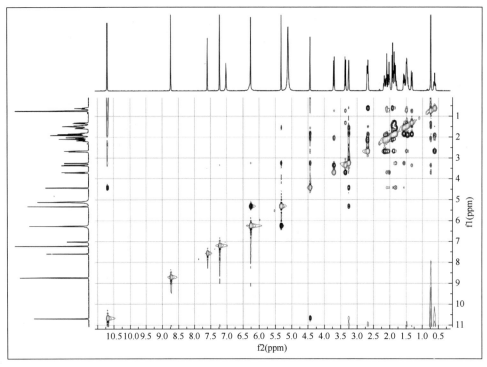

图 1-22 化合物 wikstroemioidin U 的 ROESY 谱

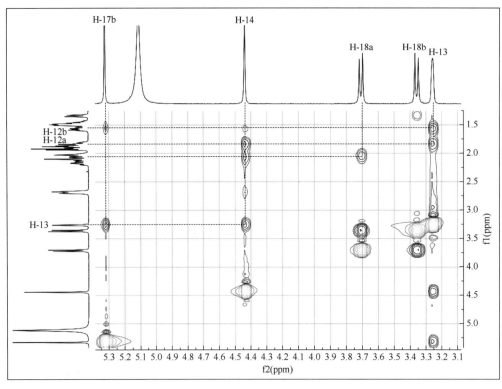

图 1-23 化合物 wikstroemioidin U 的局部放大 ROESY 谱

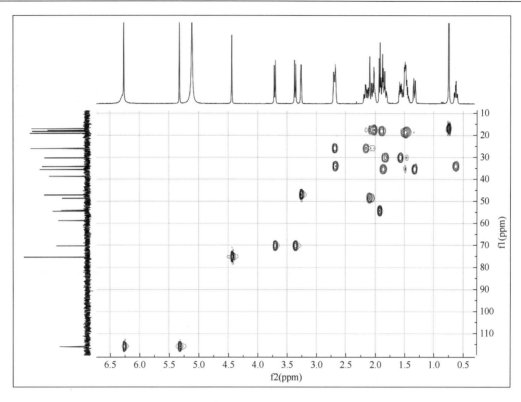

图 1-24 化合物 wikstroemioidin U 的 HMQC 谱

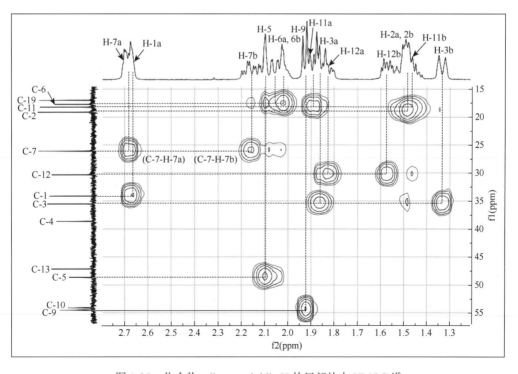

图 1-25 化合物 wikstroemioidin U 的局部放大 HMQC 谱

4. HMBC（异核多键相关谱）

与 HMQC 和 HSQC 不同的是，HMBC 谱提供的是 ^1H 和 ^{13}C 核之间的远程异核化学位移相关，即二键和三键相关（$^2J_{CH}$ 和 $^3J_{CH}$），而中间间隔的原子可以是碳，也可以是氧、氮等杂原子。该谱具有其他二维谱不具有的优势，它能提供一些宝贵的结构信息，如因季碳或杂原子而断裂的 ^1H 自旋体系的连接信息。HMBC 谱通过化学键产生信号，较为可靠，在实际解析过程中，通常在饱和碳上的质子与周围碳的相关，二键相关强度高于三键；而对于芳香碳上的质子与周围碳的相关，则三键相关强度高于二键相关。此外还会出现一些特殊的情况，这主要与实验中的参数设置有关，如 HMBC 相关还可以通过共轭体系传递至四键甚至五键相关；少数二键或者三键相关有时候在谱图中观测不到，如克罗烷二萜的侧链内酯环就常常观察不到相关信号。

实际二萜类化合物的解析中，HMBC 谱的地位几乎无可取代，它提供了碳碳之间的连接顺序以及取代基连接位置等关键信息，是确定化合物最终结构的主要图谱。当然，HMBC 谱给出的信息量较大，尤其对于氢谱重叠较为严重的复杂二萜类化合物，通常需要研究者花大量时间对图谱进行细致分析、局部假设和综合考虑，最终才能推测出目标化合物的平面结构。如图 1-26 和图 1-27 所示，化合物 wikstroemioidin U 的 HMBC 谱中（局部放大图），通过远程相关的细致解析，研究者能证实该化合物具有贝壳杉烷四环二萜的基本骨架，且两个羟基分别连接在 C-14 和 C-18 上，α,β-不饱和羰基连在 C-15、C-16 和 C-17 上，从而最终确定了该化合物的平面结构。

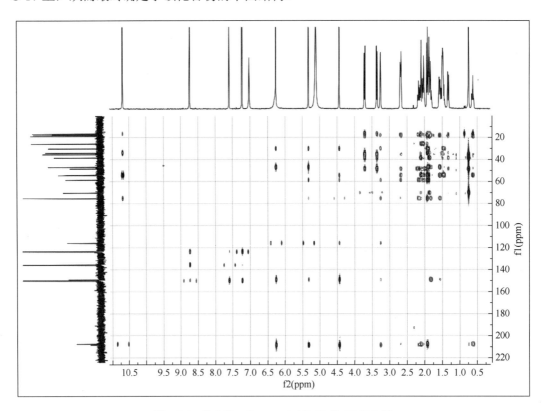

图 1-26　化合物 wikstroemioidin U 的 HMBC 谱

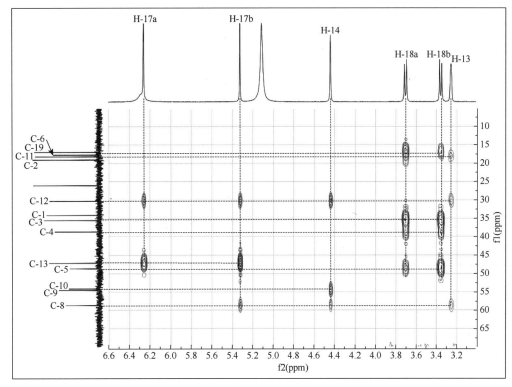

图 1-27 化合物 wikstroemioidin U 的局部放大 HMBC 谱

除常用的二维相关图谱外，还有用于测定 ^{13}C 和 ^{13}C 核之间耦合的 2D-INADEQUATE 谱以及近几年发展起来的混合多量子谱新技术，如 HMQC-COSY、HMQC-TOCSY、HSQC-TOCSY 和 HMQC-NOESY（表 1-3），这里不再详细介绍。

表 1-3 常见 2D-NMR 相关关系示意图

类型	特点
	^{1}H-^{1}H COSY 氢氢相关（同碳氢、相邻碳上氢和远程相关）
	HMQC，HSQC，HETCOR 碳氢直接相关（$^{1}J_{CH}$）
	HMBC 碳氢远程相关（$^{2}J_{CH}$，$^{3}J_{CH}$）
	TOCSY 全相关

续表

类型	特点
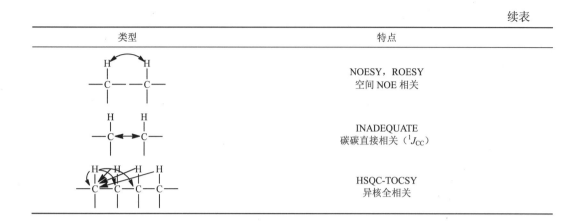	NOESY，ROESY 空间 NOE 相关
	INADEQUATE 碳碳直接相关（$^1J_{CC}$）
	HSQC-TOCSY 异核全相关

第三节　典型天然二萜的波谱解析技巧

本节以从唇形科香茶菜属植物帚状香茶菜（*Isodon scoparius*）中得到的克罗烷型二环二萜类化合物帚状素 P（isoscoparin P）为例，探讨不同情况下结构鉴定的技巧。为了方便阐述这个部分，笔者对同一化合物 isoscoparin P 做了不同情况的假设，并分别介绍不同设置下的波谱解析技巧。

一、常见主要二萜的指认

假设 isoscoparin P 是帚状香茶菜中的主要二萜类化合物之一，结构鉴定已有很多文献报道，并且通过核磁、质谱以及 X-单晶衍射实验确定了其绝对构型。为了进一步开展其药理活性、半合成和结构修饰等研究，需对 isoscoparin P 开展原料富集并得到超过 100g 的纯品。因此，对该化合物进行快速指认是非常重要的，具体步骤如下。

第一步，鉴于 isoscoparin P 为已报道过的化合物，研究者需运用 SCIFINDER 或 WEB OF SCIENCE 等搜索引擎对该化合物的结构和中英文名进行结构和主题的检索，从 isoscoparin P 相关的文献明确化合物的来源、在资源中的含量、结构特征、波谱数据、药理活性等信息。该化合物的主要信息来源于文献[34]，文献中介绍了该植物中主要成分 isoscoparin P 的分离和结构鉴定的过程。isoscoparin P 来源于云南省香格里拉地区的唇形科香茶菜属植物帚状香茶菜，具体操作步骤为：帚状香茶菜地上部分（干重 10kg）用 70% 丙酮水溶液提取，浓缩得到浸膏（1.0kg），再用乙酸乙酯和正丁醇萃取，得到正丁醇部分约 400g，MCI 柱脱色后（310g），正相硅胶柱富集，用 CHCl$_3$-Me$_2$CO 梯度洗脱（1：0，9：1，8：2，7：3，6：4 和 1：1）得到 A-F 段，其中 B 部分（250g）通过反复柱色谱法得到了纯品（7.9g），并通过核磁、质谱和 X-单晶衍射鉴定为新化合物 isoscoparin P。根据该文献，研究者可得到大量疑似 isoscoparin P 的化合物。

第二步，疑似化合物 isoscoparin P 的结构鉴定。文献[34]还报道了化合物的基本数据：白色粉末；$[\alpha]_D^{24}$ -15.80（*c* 0.16，MeOH）；UV（MeOH）λ_{max}（log ε）219（0.49）；IR（KBr）ν_{max} 3425，2976，2921，2855，1707，1639，1441，1238，1172，1045，892，849cm^{-1}；

For ^{1}H and ^{13}C NMR data，see Tables 1 and S1（省略）；positive HRESIMS [M + Na]$^+$ m/z 343.2244（calcd for $C_{20}H_{32}O_3Na$，343.2249）。同时在支撑材料（supporting information）部分还提供了化合物的一维和二维核磁图谱以及 X-单晶衍射数据。由于充分的数据支持，可以确定文献中该化合物的鉴定是可靠的，所以研究者只需进行简单的氢谱对比（或质谱对比）就能基本确定疑似化合物是否为目标化合物。

第三步，测定疑似化合物 isoscoparin P 的氢谱。如图 1-28 为疑似化合物 isoscoparin P 的氢谱及其归属（表 1-4），从氢谱中观察到的信号和文献完全一致，因此，确定该化合物为目标化合物 isoscoparin P。

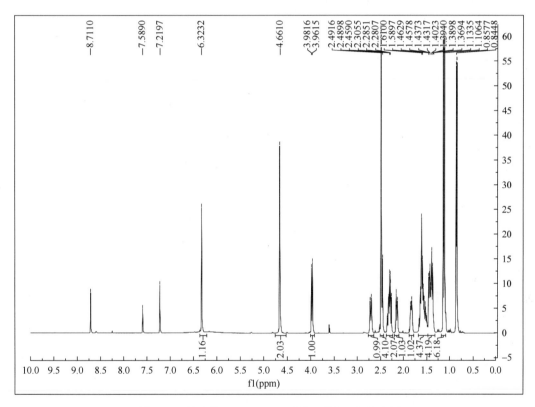

图 1-28　化合物 isoscoparin P 的 ^{1}H 谱和局部放大图

表 1-4　化合物 isoscoparin P 的氢谱数据

No.	δ_H	No.	δ_H
1α	1.61 o	12a	2.46 d（10.5）
1β	2.71 m	12b	2.28 dd（10.5，10.0）
2α	1.82 m	14	6.32 br s
2β	1.37 m		
3α	2.30 m	16	2.50 br s
3β	2.14 m		
6	1.61 o	17	0.85 d（5.2）
	1.58 o		

No.	δ_H	No.	δ_H
7	1.54 m 1.49 m	18a 18b	4.66 br s o 4.66 br s o
8	1.43 m	19	1.11 s
10	1.37 m	20	1.13 s
11	3.97 br d（10.0）		

二、常规的已知二萜类化合物的对比解析

假设 isoscoparin P 是帚状香茶菜中已经报道的常见的已知化合物（非主要成分），结构鉴定已经有文献报道，且通过核磁、质谱以及 X-单晶衍射进行了确定。该化合物解析的具体步骤为：

第一步，研究者从唇形科香茶菜属植物帚状香茶菜（*Isodon scoparius*）或同属植物中分离得到了一个待检测化合物。用薄层层析（TLC）检测发现，该化合物在氯仿：甲醇（9∶1）系统中 $R_f = 0.6$，5%硫酸乙醇显紫色，同时该化合物存在拖尾现象，加入甲酸后，拖尾现象消失，初步推测该化合物可能是 *Isodon scoparius* 中主要成分：含有羧基的二萜类化合物。

第二步，测定化合物的氢谱数据。化合物在甲醇、吡啶和丙酮溶剂中溶解度都较好，考虑到文献中报道的香茶菜属植物二萜多数采用氘代吡啶溶解，为了方便后期核磁数据比对，选用氘代吡啶溶剂进行测定。所得氢谱如图 1-28 所示，并运用前文介绍的氢谱区域分析法进行初步推测。

（1）0～1.0ppm：观察到一个 0.85（3H，d，5.2）双峰甲基信号，推测为连接在叔碳上的甲基。

（2）1.0～1.5ppm 烷烃区域：观察到两个单峰甲基信号 1.11（3H，s）和 1.13（3H，s）以及多个饱和碳上氢的信号，化学位移十分相近，且裂分较为严重，根据峰面积初步估计个数为 8～10 个。

（3）1.5～3.0ppm 羧基区域：观察到一个可能连接在 sp^2 杂化碳上的甲基信号，除此之外，观察到数个其相邻位置可能为羧基 C＝O、C＝C、苯环或者邻位碳原子连接了电负性较大的基团、或特殊空间效应导致的氢信号，根据峰面积初步估计个数为 5 个。

（4）3.0～5.0ppm 醚区域：发现一个含氧碳上的质子信号 3.97（1H，br d，10.0）以及一个端烯的氢信号 4.66（2H，br s）。

（5）5.0～7.0ppm 双键区域：一个共轭烯烃中的富电子区域的质子信号 6.32（1H，br s）。

（6）7.0～8.0ppm 芳环质子区域：未发现芳香质子信号。

（7）9～13ppm：未发现质子信号，也可能溶剂中含水，导致活泼质子信号消失。

从氢谱中共发现了 30 个质子信号，包括 4 个甲基信号（一个为双峰甲基，一个可能连接在 sp^2 杂化碳上的单峰甲基，两个可能连接在 sp^3 季碳上的单峰甲基）、一个含氧碳上的质子信号、一个端烯的信号和一个共轭烯烃中的富电子区域的质子信号。以上数据，初

步推测该化合物是一个含有两个或两个以上双键以及一个醇或醚基团的二萜类化合物，结合该植物化学成分研究的文献[34, 35]，发现这些特征和该植物中的主要成分对映-克罗烷二萜非常吻合，通过与主要成分对比，发现数据与 isoscoparin P 完全一致，该化合物结构得以确定。

第三步，进一步测定化合物的碳谱（DEPT）或质谱，从而验证该化合物的化学结构。

三、少见的已知二萜类化合物的对比解析

假设 isoscoparin P 是帚状香茶菜中的已有文献报道的微量已知化合物，和主要成分有相同的碳骨架，但氢谱有一定差异。

第一步和第二步同上所述。初步结论是该化合物的基本骨架很可能是帚状香茶菜中主要的二萜类化合物（且很可能是对映-克罗烷二萜），其氢谱分析（图 1-28）主要成分相似但不完全相同（也可能是氘代溶剂不同、溶剂残留或杂质干扰等因素引起氢谱差异），与上文的设定不同的是，这种情况还需要碳谱（DEPT）、质谱甚至二维谱进行进一步验证。

第三步，测定化合物的碳谱以及 DEPT 谱（图 1-29 和图 1-30），必要时可以测定化合物的质谱。

总体观察碳谱，根据前面介绍的区域分析可得以下结果。

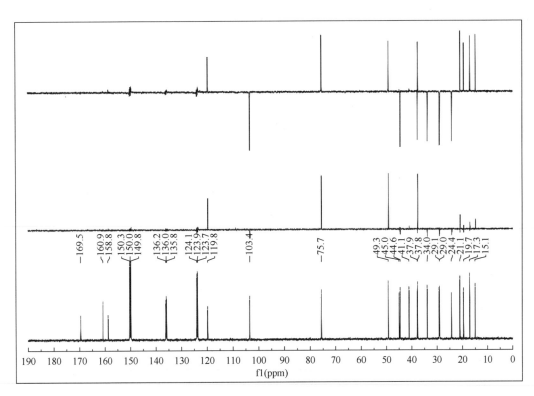

图 1-29　化合物 isoscoparin P 的 DEPT 谱

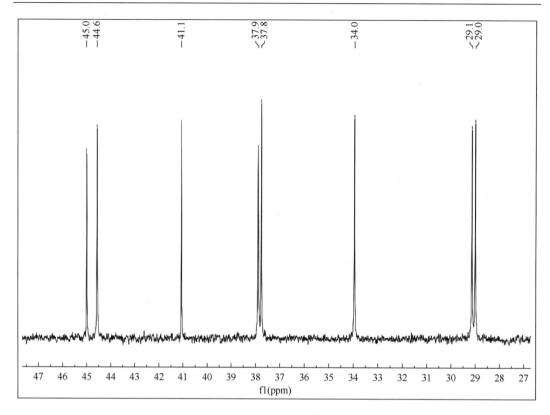

图 1-30　化合物 isoscoparin P 的 ^{13}C 谱局部放大图

（1）0～50ppm 区域：发现 14 个信号（4 个甲基、6 个亚甲基、2 个次甲基和 2 个季碳）。

（2）50～60ppm 区域：未发现信号。

（3）60～90ppm 区域：发现一个连氧叔碳信号。

（4）90～110ppm 区域：发现一个端烯的仲碳信号。

（5）110～130ppm 区域：发现一个烯碳信号。

（6）130～160ppm 区域：发现两个双键信号。

（7）160～180ppm 区域：发现一个羧酸或酯基信号。

（8）180～220ppm 区域：未发现信号。

综上所述，共发现 20 个碳原子的信号，其中甲基 4 个（4 个饱和碳）、亚甲基 7 个（1 个烯碳和 6 个饱和碳）、次甲基 4 个（1 个烯碳、1 个连氧碳原子和两个饱和碳）、季碳 5 个（2 个烯碳、1 个羧基碳和 2 个饱和碳）。结合氢谱和质谱，可以推测其分子式为 $C_{20}H_{32}O_3$，不饱和度为 5，从而推测化合物是一个含有两个双键（一个双键与羧基共轭，另一个为环外双键）、一个羧基、一个羟基的克罗烷二萜，基本骨架和官能团组合可以得到以下几个可能的结构（图 1-31 中 A 结构）。

结合细致的碳谱化学位移数据比对以及该植物中二萜成分可能的生源途径推测[32, 33]，确定共轭烯酸只可能位于侧链上，端烯一般在 4（18）位上；另外，通常 B 环不易被氧化，

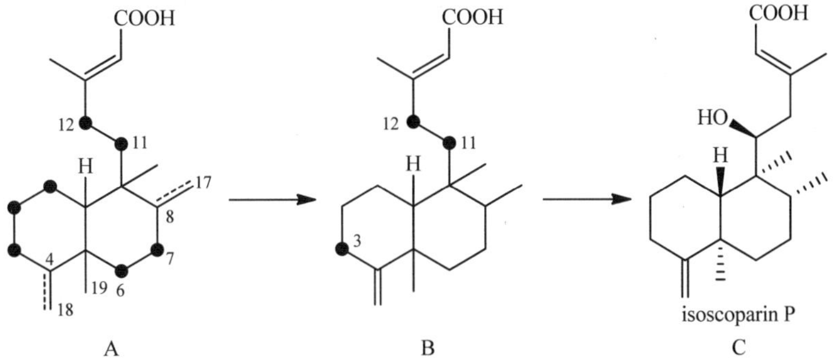

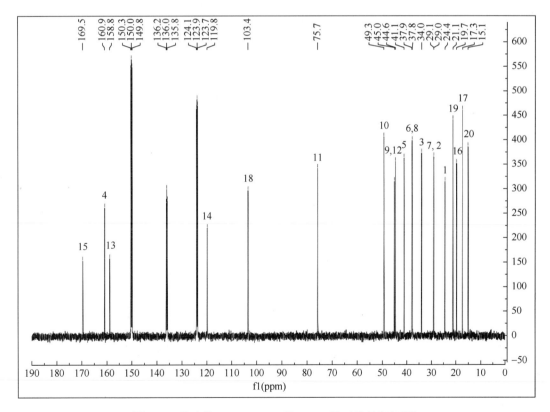

图 1-31 化合物 isoscoparin P 的推测过程（● 表示羟基可能的连接位置，--- 表示端烯可能的连接位置）

羟基最可能连接在 C-3、C-11 或 C-12 上（图 1-31 中 B 结构）。最终，通过将这三个可能的结构分别用 SCIFINDER 检索并结合文献调研，发现其波谱数据和 C-11 位上有羟基的化合物完全吻合[34]，至此，该化合物鉴定为已知化合物 isoscoparin P。

第五步，数据归属。对照参考文献[34]对 isoscoparin P 的数据进行全归属，如图所示（图 1-32、图 1-33 和图 1-34），并总结至表 1-4 和表 1-5 中。

图 1-32 化合物 isoscoparin P 的 DEPT 谱（编号和归属）

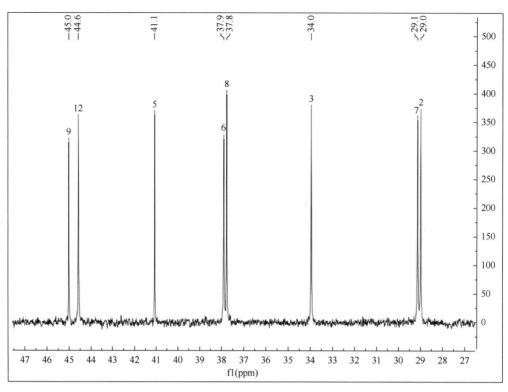

图 1-33　化合物 isoscoparin P 的碳谱局部放大图（编号和归属）

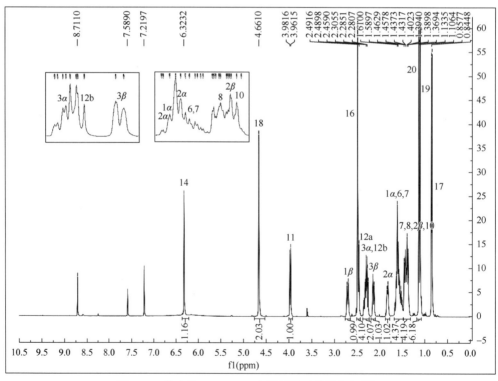

图 1-34　化合物 isoscoparin P 的氢谱（编号和归属）

表 1-5　化合物 isoscoparin P 的碳谱数据

No.	δ_C	No.	δ_C
1	24.4 t	11	75.7 d
2	29.0 t	12	44.6 t
3	34.0 t	13	158.8 s
4	160.9 s	14	119.8 d
5	41.1 s	15	169.6 s
6	37.9 t	16	19.7 q
7	29.1 t	17	17.3 q
8	37.8 d	18	103.4 t
9	45.0 s	19	21.1 q
10	49.3 d	20	15.1 q

四、常规的新二萜类化合物的对比解析

假设 isoscoparin P 是帚状香茶菜中未见文献报道的常规新化合物，虽然化合物并非新类型，但尚不明确是何种碳骨架类型。对于这种情况，研究者可利用碳谱还原的方法确定化合物的基本骨架和主要官能团、HMBC 确定官能团的连接位置、ROESY 确定其相对构型、X 射线衍射或 CD 等方法确定其绝对构型。具体来说步骤如下。

第一步和第二步同上文所述，测定了化合物的氢谱，结合前文介绍的分析方法进行推测。结论：根据其氢谱的特征信号和氢质子的估算数量，初步推测待定化合物可能为一个二萜类化合物，其基本骨架尚不明确。

表 1-6　化合物 isoscoparin P 的碳谱还原

No.（按照从小到大编号）	碳谱中碳类型	还原后的碳类型
1	15.1 CH$_3$（脂肪碳 sp^3）	CH$_3$
2	17.3 CH$_3$（脂肪碳 sp^3）	CH$_3$
3	19.7 CH$_3$（脂肪碳 sp^3）	CH$_3$
4	21.1 CH$_3$（脂肪碳 sp^3）	CH$_3$
5	24.4 CH$_2$（脂肪碳 sp^3）	CH$_2$
6	29.0 CH$_2$（脂肪碳 sp^3）	CH$_2$
7	29.1 CH$_2$（脂肪碳 sp^3）	CH$_2$
8	34.0 CH$_2$（脂肪碳 sp^3）	CH$_2$
9	37.8 CH（脂肪碳 sp^3）	CH
10	37.9 CH$_2$（脂肪碳 sp^3）	CH$_2$
11	41.1 C（脂肪碳 sp^3）	C

续表

No.（按照从小到大编号）	碳谱中碳类型	还原后的碳类型
12	44.6 CH$_2$（脂肪碳 sp^3）	CH$_2$
13	45.0 C（脂肪碳 sp^3）	C
14	49.3 CH（脂肪碳 sp^3）	CH
15	75.7 CH（连接氧官能团 sp^3）	CH$_2$
16	103.4 CH$_2$（烯碳 sp^2）	CH$_3$
17	119.8 CH（烯碳 sp^2）	CH$_2$
18	160.9 C（烯碳 sp^2）	CH
19	158.8 C（烯碳 sp^2）	CH
20	169.6 C（羰基碳 sp^2）	CH$_3$

　　第三步，进一步测定化合物的碳谱和 DEPT 谱（图 1-29 和图 1-30），然后通过"碳谱还原"的方法来确定化合物的基本骨架和可能的官能团，有时候还需同时测定化合物的质谱。碳谱还原方法需要删除所有的氧环（要特别注意三元环氧）、氧取代和可能的取代基等等，同时打开所有双键和三键，替换成相应的基本骨架中的碳氢键，如—COOH 还原为 CH$_3$，—CH—OH 还原为—CH$_2$—，—CH＝CH—还原为—CH$_2$—CH$_2$—等。需要注意的是，化学位移比较特殊的情况容易产生误导，例如，170ppm 附近的碳信号究竟是羧基、还是双键碳？又例如，60ppm 究竟是三元环氧、连氧亚甲基还是特殊环境的非连氧碳？这就需要做两种以上假设并通过质谱数据来进一步证实。

　　将待测化合物的碳谱按照从小到大编号，然后结合 DEPT 谱和化学位移推测每一个碳信号可能的化学环境，然后依次还原，见表 1-6。还原后的基本骨架分子式为 C$_{20}$H$_{38}$，包括了 6 个 CH$_3$、8 个 CH$_2$、4 个 CH 和 2 个 C，不饱和度为 2。推测待测化合物很可能是一个二环二萜类的化合物。而常见的二环二萜类化合物且满足 6 个 CH$_3$、8 个 CH$_2$、4 个 CH 和 2 个 C 的基本骨架主要有半日花烷和克罗烷二萜（图 1-35）。至此，通过碳谱还原的方法确定了待测化合物的基本骨架范围，初步锁定了化合物的类型。

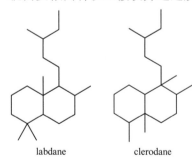

labdane　　　　clerodane

图 1-35　待测化合物 isoscoparin P 可能的基本骨架

　　第四步，确定官能团的类型和个数。确定基本骨架后，可以进一步通过质谱、分子式相减和化学位移比对等方法推测化合物可能的官能团（取代基），该化合物的官能团较为简单，为三个：一个羧基与一个双键构成的不饱和羧酸基团、一个端烯和一个羟基。

　　第五步，基本骨架和官能团的组合。将三个官能团（不饱和羧酸基团、一个端烯和一个羟基）插入两个基本骨架中（克罗烷和半日花烷二萜），得出几种可能的平面结构。对于取代位置可能性较多的基团通常最后考虑，比如含氧取代基，而双键和羧基可优先考虑。

在组合过程中，研究者常常会发现一些矛盾之处（可称之为骨架和官能团不匹配），从而锁定基本骨架。在该化合物的组合过程中，发现半日花烷和克罗烷的主要不同之处为：还原的半日花烷型只有 2 个—CH—CH₃ 的片段，而克罗烷有 3 个—CH—CH₃ 的片段，因此加上不饱和羧酸基团和端烯后，半日花烷骨架的两种情况都不能满足氢谱中有一个双峰甲基的特点，而克罗烷中的前两种（clerodane-1 和 clerodane-2）情况均能满足条件（图 1-36）。所以，确定了该化合物的基本骨架为克罗烷二萜，并结合该植物的生源途径推测，共轭烯酸只可能位于侧链上（C-13、C-14 和 C-15 上），通常 B 环不会被氧化，端烯一般在 4（18）位上（clerodane-2 更合理）[35]。进一步推断认为，最可能的结构为羟基连接在 C-3、C-11 或 C-12 上三个可能的结构（图 1-37 中结构 A）。文献检索表明：推测的三个化合物都未见文献报道，与已知的类似化合物进行对比，数据存在明显的差别，初步推测化合物为一个新的克罗烷型二萜类化合物，新颖之处主要在于羟基的取代位置。

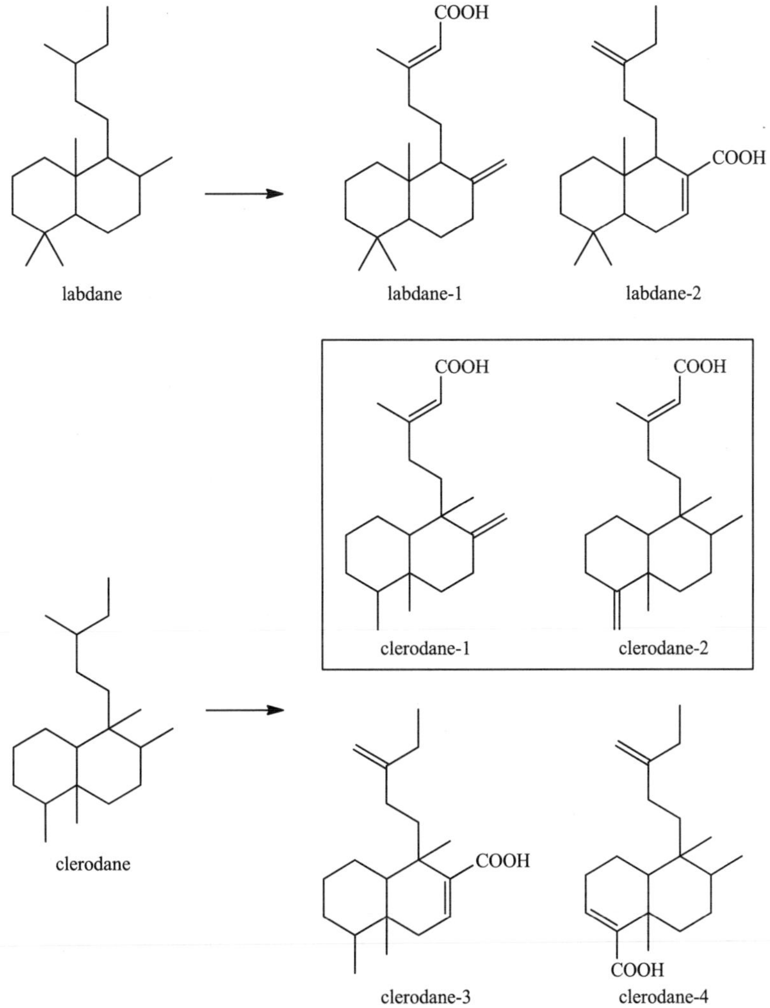

图 1-36　化合物 isoscoparin P 基本骨架推理过程

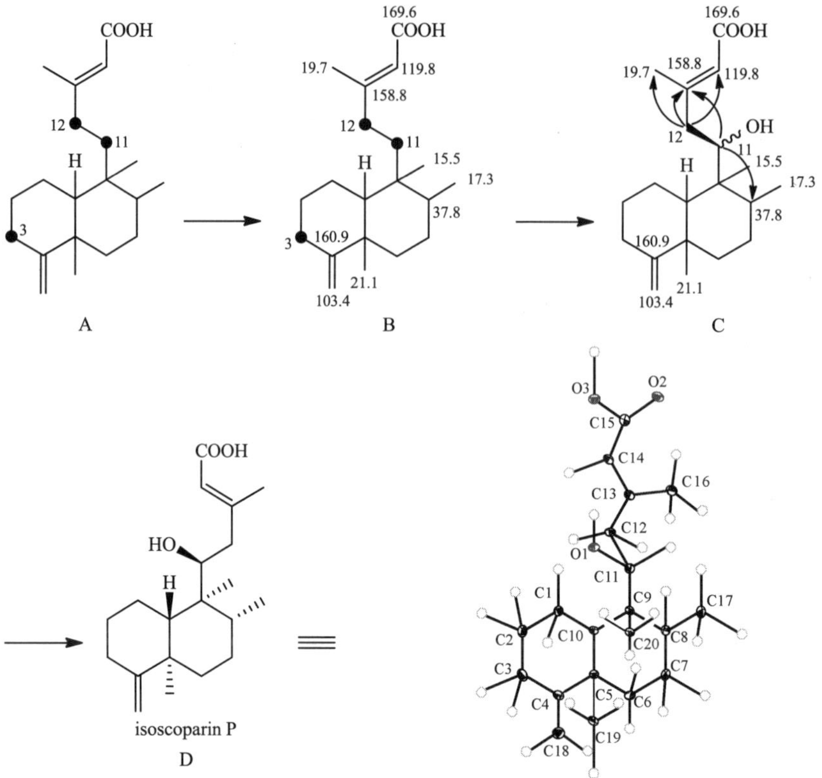

图 1-37　化合物 isoscoparin P 绝对构型推理过程（● 表示羟基可能的连接位置）

第六步，测定化合物 ¹H-¹H COSY、HMBC 和 HMQC 谱进而确定化合物平面结构。首先，测定三个图谱（图 1-38～图 1-43），对一些明显的信号进行归属，即如图 1-37 所示的 A→B 的推断路线。其次，针对羟基碳及其周围碳的信号之间的相关来确定羟基的连接位置，从 HMBC 谱中（图 1-40 和图 1-41），可以通过 H₂-12 与已经归属的 C-13、C-14 和 C-16 的相关，从而归属 C-12 的碳氢信号。然后通过 ¹H-¹H COSY 中连羟基碳上的氢信号 δ_{H} 3.97（1H，br d，$J = 10.0 \mathrm{Hz}$）与 C-12 上的氢相关，以及该氢信号与已经归属的 C-8 和 C-13 相关，证实羟基连接在 11 位（图 1-37 中结构 C）。最后，综合所有二维相关谱，验证平面结构的正确性，尤其是验证两个双键、羧基以及羟基的连接位置。综上所述，待测化合物的平面构型确定为 11-hydroxy-clerodane-4(18),13-dien-15-oic acid（图 1-37 中结构 C）。

第七步，通过 ROESY 谱来确定待测化合物的相对构型（图 1-44 和图 1-45）。待测分子共有五个手性碳，结合根据生源途径、文献调研和 ROESY 谱，可以确定除 C-11 外碳原子的相对构型。而理论上由于羟基位于 C-11 侧链上，在溶剂状态下构象不稳定，无法根据通常的二维核磁 NOE 效应确定其相对构型。但是，该类型化合物的文献调研表明，在 C-11 位具有羟基的化合物中，其 H-11 通常与 H₃-17 有 NOE 相关，结合生源途径和波谱数据对比，其侧链羟基和之前报道的化学位移值近似[35]，而在我们的 ROESY 谱中也观察到了 H-11 与 H₃-17 以及 H₃-20 的相关，因此推测该化合物很可能是 S 构型。但该案例存在一定的不确定性，也就是说 ROESY 谱并没有给出直接的证据。

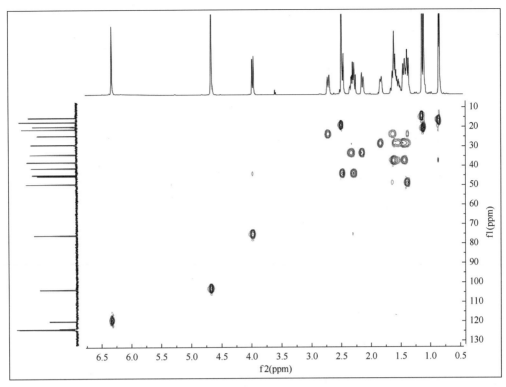

图 1-38　化合物 isoscoparin P 的 HMQC 谱

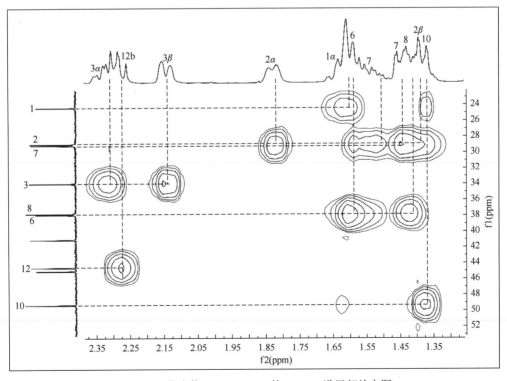

图 1-39　化合物 isoscoparin P 的 HMQC 谱局部放大图

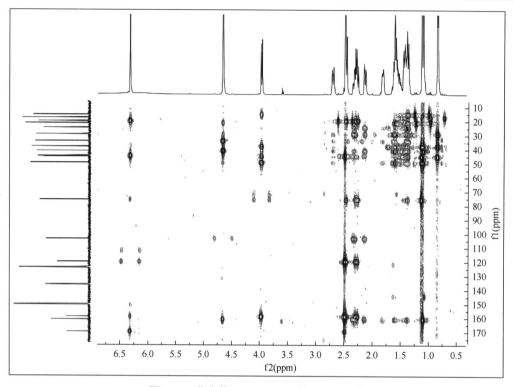

图 1-40　化合物 isoscoparin P 的 HMBC 谱

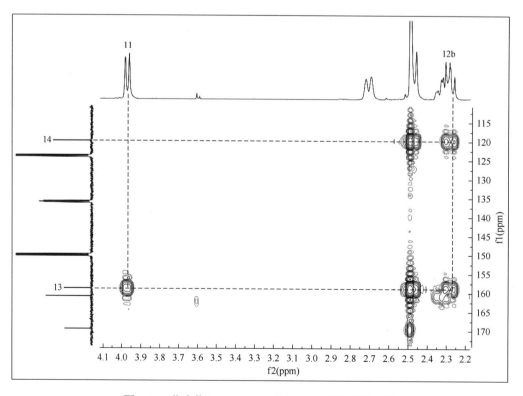

图 1-41　化合物 isoscoparin P 的 HMBC 谱局部放大图

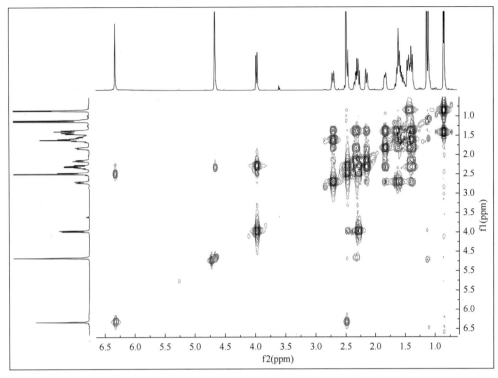

图 1-42　化合物 isoscoparin P 的 ^{1}H-^{1}H COSY 谱

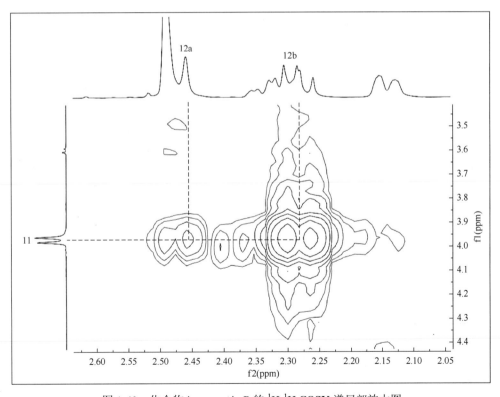

图 1-43　化合物 isoscoparin P 的 ^{1}H-^{1}H COSY 谱局部放大图

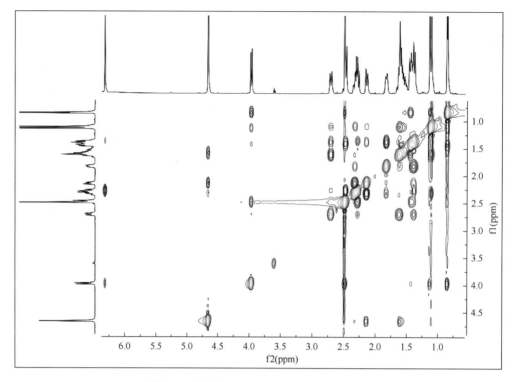

图 1-44　化合物 isoscoparin P 的 ROESY 谱

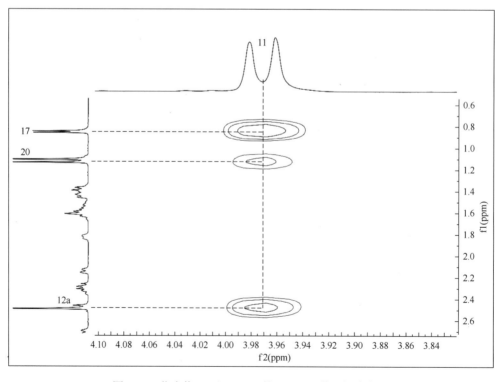

图 1-45　化合物 isoscoparin P 的 ROESY 谱局部放大图

第八步，其他方法确定绝对构型。通常确定化合物绝对构型的方法有如下几种：第一通过 X-单晶衍射来确定绝对构型。第二通过类似化合物的实验 CD 与文献对照的方法，也可以通过实验 CD 与计算 ECD 等方法来确定。第三通过化学方法来鉴定，包括用 Mosher 试剂确定其中一个手性碳的绝对构型。第四，还可以通过半合成、全合成的方法来确定绝对构型。必要的时候可以采用多种方法相结合来证明。最终，待测化合物的绝对构型通过 X-单晶衍射来证实，如图 1-37 所示。该化合物系统名为(11S, 13E)-11-hydroxy-ent-clerodane-4（18），13-dien-15-oic acid，确定为新化合物，并命名为 isoscoparin P，数据归属见表 1-4 和表 1-5。

五、常规类型中衍生出的新类型或全新骨架类型二萜的综合解析

假设 isoscoparin P 是帚状香茶菜中的未经报道的新骨架类型的化合物（包括在常规类型中衍生出的新类型以及全新的二萜骨架）。由于碳骨架未见文献报道，所以要采取综合解析（从头解析）的方法依次来确定化合物的结构片段、基本骨架、平面结构、相对构型和绝对构型。具体步骤为：

第一至三步与上文基本相同，得到了化合物的一维核磁共振谱。但发现还原骨架后和已知的基本骨架均不吻合，推断待测该化合物是一个含有一个羧基与一个双键构成的不饱和羧酸基团、一个端烯和一个羟基的 20 个碳原子的二萜类化合物（6 个 CH_3、8 个 CH_2、4 个 CH 和 2 个 C，此处假设这种骨架尚未经报道），其基本骨架很可能是未经报道的新颖类型。

第四步，依次测定化合物的 HMQC、HMBC、^1H-^1H COSY、ROESY 谱（图 1-38～图 1-45），并开展从头解析（图 1-50）。首先，按照碳原子化学位移，从小到大依次编号，需要注意的是，这个编号和最终化合物的编号之间没有关系。在实际解析过程中，还会遇到信号重叠而之前未标记以及误将杂质信号标记等情况，可以用带标记的编号的方式补充和删除的方式清除（图 1-46 和图 1-47）。其次，利用 HMQC 谱将化合物的氢谱一一对应编号（图 1-48）。

第五步，利用 ^1H-^1H COSY 确定一些基本的连接片段。从图 1-50 中，推断 2 号与 9 号碳相连，5 号碳通过 6 号碳与 8 号碳相连，15 号碳与 12 号碳相连，从而得到了 3 个基本的片段（图 1-50），而其他氢谱重叠较为严重，不能给出准确的片段。

第六步，利用 HMBC 谱来将基本片段进一步扩展和延伸。通常，解析 HMBC 有几个方式：第一种方式从一个可靠的片段入手（包括 ^1H-^1H COSY 得到的一些基本片段、一维核磁推断的基本片段等），采用有针对性找关键相关的方法，将这些片段进一步扩展和延伸，最终推出整个化合物的平面结构。第二种方式是采用列表的方式（表 1-7），先将所有的 HMBC 相关罗列出来，然后依次理顺关系，来推理结构。需要说明的是，无论采取哪一种方式，由于 HMBC 信号较多，重叠也较为严重，通常假设推理是很重要的解析思路，要逐步排除矛盾的相关，找出最合理的解释，最终将各个片段连接起来，确定化合物的平面结构。该化合物的具体拼接同前面介绍的方法相同，这里不再详细论述。

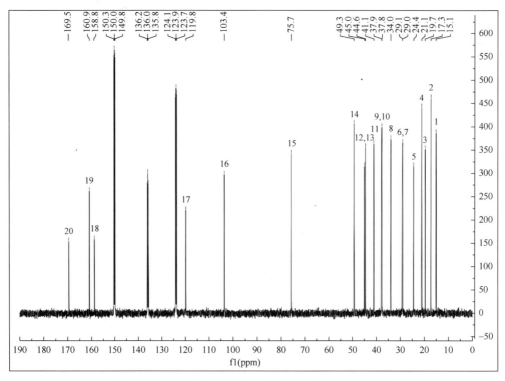

图 1-46　化合物 isoscoparin P 的 DEPT 谱的按大小编号

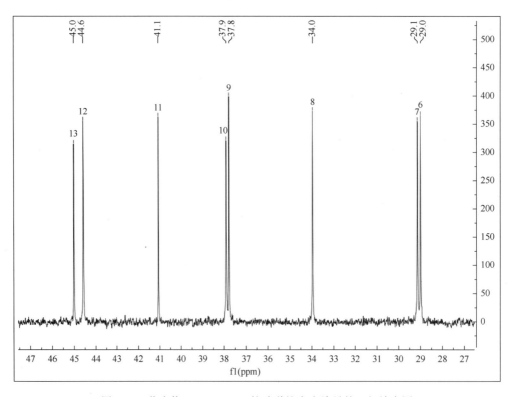

图 1-47　化合物 isoscoparin P 的碳谱按大小编号的局部放大图

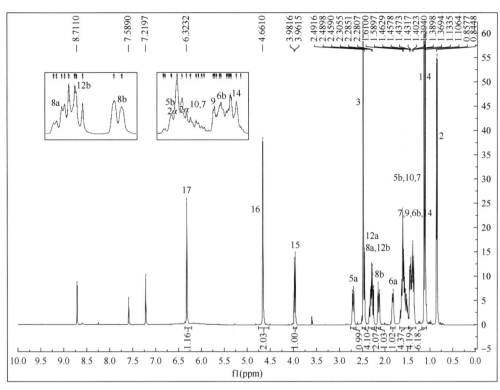

图 1-48 化合物 isoscoparin P 的氢谱的编号（HMQC 确定）

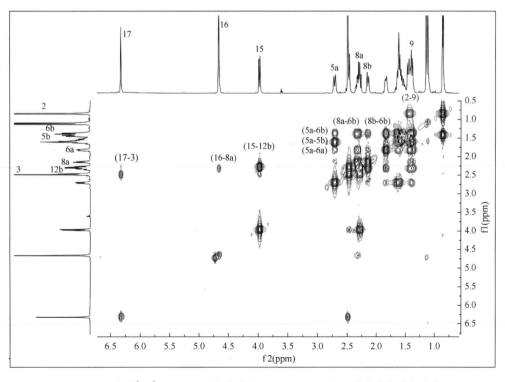

图 1-49 通过 ^1H-^1H COSY 确定化合物 isoscoparin P 的一些基本的连接片段

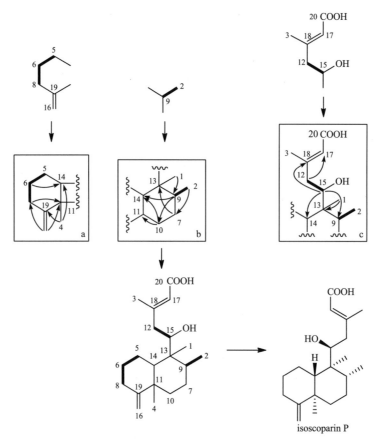

图 1-50 化合物 isoscoparin P 从头解析的过程

表 1-7 化合物 isoscoparin P 的关键 HMBC 相关列表

No.	Key HMBC（$^1H \rightarrow ^{13}C$）
1	H$_2$-1（$\alpha\backslash\beta$）→C-10，5，9
2	H$_2$-2（$\alpha\backslash\beta$）→C-10，4
3	H$_2$-3（$\alpha\backslash\beta$）→C-18，4，5
4	H$_2$-6（o，$\alpha\backslash\beta$）→C-5，10，7，8
5	H$_2$-7（$\alpha\backslash\beta$）→C-17，9
6	H-8→C-10，9，20
7	H-10→C-2，20，6，4
8	H-11→C-8，9，10，20，12，13
9	H$_2$-12（a\b）→C-11，9，13，14，16
10	H-14→C-12，13，15，16
11	H$_3$-16→C-13，14，12
12	H$_3$-17→C-7，8，9
13	H$_3$-18→C-3，4，5
14	H$_3$-19→C-4，5，6
15	H$_3$-20→C-8，9，10，11

第七步和第八步同上文的相对和绝对构型的确定方法，这里不再重复介绍。

第九步，将碳谱大小编号替换成二萜分子编号，并进行数据归属，见表 1-4 和表 1-5。

参 考 文 献

[1] Hanson J S. Diterpenoids[J]. Natural Product Reports，2009，26（9）：1156-1171.

[2] Hanson J S. Diterpenoids[J]. Natural Product Reports，2007，24（6）：1332-1341.

[3] Hanson J S. Diterpenoids[J]. Natural Product Reports，2006，23（6）：875-885.

[4] Hanson J S. Diterpenoids[J]. Natural Product Reports，2005，22（5）：594-602

[5] Hanson J S. Diterpenoids[J]. Natural Product Reports，2004，21（6）：785-793.

[6] Hanson J S. Diterpenoids[J]. Natural Product Reports，2004，21（2）：312-320.

[7] Hanson J S. Diterpenoids[J]. Natural Product Reports，2001，17（1）：88-94.

[8] Tian Y，Xu W，Zhu C，et al. Diterpenoids with diverse skeletons from the roots of *Euphorbia micractina*[J]. Journal of Natural Products，2013，76（6）：1039-1046.

[9] Fujita E，Fujita T，Katayama H. Terpenoids. Part XV. Structure and absolute configuration of oridonin isolated from *Isodon japonicus* and *Isodon trichocarpus*[J]. Journal of the Chemical Society C：Organic，1970，12：1674-1681.

[10] Hoye T R，Zhao H. A method for easily determining coupling constant values：an addendum to "a practical guide to first-order multiplet analysis in ^{1}H NMR spectroscopy"[J]. Journal of Organic Chemistry，2002，67（12）：4014-4016.

[11] Boneva I M，Malakov P Y，Papanov G Y. 12-Epiteupolin II，a *neo*-clerodane diterpenoid from *Teucrium lamiifolium*[J]. Phytochemistry，1988，27（1）：295-297.

[12] Pelletier S W，Djarmati Z，Lajsic S. Structure of neoline，chasmanine，and homochasmanine[J]. Journal of the American Chemical Society，1974，96（25）：7817-7818.

[13] Guo P，Li Y，Xu J，et al. Bioactive *neo*-clerodane diterpenoids from the whole plants of *Ajuga ciliata* Bunge[J]. Journal of Natural Products，2011，74（7）：1575-1583.

[14] Roumestand C，Perly B，Hosford D，et al. Proton and carbon-13 NMR of ginkgolides[J]. Tetrahedron，1989，45（7）：1975-1983.

[15] Rodríguez B，Torre M C D L，Jimeno M L，et al. Rearranged *neo*-clerodane diterpenoids from *Teucrium brevifolium*，and their biogenetic pathway[J]. Tetrahedron，1995，51（3）：837-848.

[16] Gács-Baitz E，Radics L，Oganessian G B，et al. Teucrins H1-H4，novel clerodane-type diterpenes from *Teucrium hyrcanicum*[J]. Phytochemistry，1978，17（11）：1967-1973.

[17] Suzuki M，Nakano S，Takahashi Y，et al. Brominated labdane-type diterpenoids from an Okinawan *Laurencia* sp.[J]. Journal of Natural Products，2002，65（6）：801-804.

[18] Zhao J Q，Lv J J，Wang Y M，et al. Phyllanflexoid C：first example of phenylacetylene-bearing 18-*nor*-diterpenoid glycoside from the roots of *Phyllanthus flexuosus*[J]. Tetrahedron Letters，2013，54（35）：4670-4674.

[19] Fusetani N，Asano M，Matsunaga S，et al. Acalycixeniolides，novel norditerpenes with allene functionality from two gorgonians of the genus *Acalycigorgia*[J]. Tetrahedron，1989，45（6）：1647-1652.

[20] Rodriguez B，Savona G. Diterpenoids from *Galeopsis angustifolia*[J]. Phytochemistry，1980，19（8）：1805-1807.

[21] Malakov P，Papanov G，Mollov N M，et al. Montanin-D，a new furanoid diterpene of clerodane type from *Teucrium montanum* L[J]. Zeitschrift für Naturforschung B，1978，33（10）：1142-1144.

[22] Yamaguchi I，Miyamoto M，Yamane H，et al. Elucidation of the structure of gibberellin A40 from *Gibberella fujikuroi*[J]. Journal of the Chemical Society，Perkin Transactions，1975，1（11）：996-999.

[23] Powell R G，Weisleder D，Smith Jr C R. Daphnane diterpenes from *Diarthron vesiculosum*：vesiculosin and isovesiculosin[J]. Journal of Natural Products，1985，48（1）：102-107.

[24] Hueso-Rodríguez J A，Fernández-Gadea F，Pascual C，et al. *neo*-Clerodane diterpenoids from *Teucrium lanigerum*[J].

Phytochemistry，1985，25（1）：175-180.

[25]　Craveiro A A，Silveira E R. Two cleistanthane type diterpenes from *Croton sonderianus*[J]. Phytochemistry，1982，21（10）：2571-2574.

[26]　Luo，H W，et al. Tanshinlactone, a novel *seco*-abietanoid from *Salvia miltiorrhiza*[J]. Chemical and Pharmaceutical Bulletin，1986，34（8）：3166-3168.）

[27]　Urones J G，Marcos I S，Garrido N M，et al. A diterpene alcohol from *Halimium viscosum*[J]. Phytochemistry，1989，28（1）：183-187.

[28]　Cao F，Shao C L，Liu Y F，et al. Cytotoxic serrulatane-type diterpenoids from the Gorgonian *Euplexaura* sp. and their absolute configurations by vibrational circular dichroism[J]. Scientific Reports，2017，7（1）：12548-12557.

[29]　Tamayo-Castillo G，Jakupovic J，Bohlmann F，et al. *ent*-Clerodane derivatives and other constituents from representatives of the *subgenus Ageratina*[J]. Phytochemistry，1989，28（1）：139-141.

[30]　Mody N V，Pelletier S W. ^{13}C nuclear magnetic resonance spectroscopy of atisine and veatchine-type C_{20}-diterpenoid alkaloids from *Aconitum* and *Garrya* species[J]. Tetrahedron，1978，34（16）：2421-2431.

[31]　Lin F W，Damu A G，Wu T S. Abietane diterpene alkaloids from *Salvia Yunnanensis*[J]. Journal of Natural Products，2006，69（1）：93-96.

[32]　Zoghbi M D G B，Roque N F，Gottlieb H E. Humirianthenolides, new degraded diterpenoids from *Humirianthera rupestris*[J]. Phytochemistry，1981，20（7）：1669-1673.

[33]　Wu H Y，Zhan R，Wang W G，et al. Cytotoxic *ent*-kaurane diterpenoids from *Isodon wikstroemioides*[J]. Journal of Natural Products，2014，77（4）：931-941.

[34]　Zhou M，Zhang H B，Wang W G，et al. Scopariusic acid, a new meroditerpenoid with a unique cyclobutane ring isolated from *Isodon scoparius*[J]. Organic Letters，2013，15（17）：4446-4449.

[35]　Xiang W，Li R T，Song Q S，et al. *ent*-Clerodanoids from *Isodon scoparius*[J]. Helvetica Chimica Acta，2004，87（11）：2860-2865.

第二章　常见二萜类化合物的实例解析

本章将重点阐述从唇形科香茶菜属植物中发现的 10 种常见二萜类化合物的波谱解析思路和技巧，具体为：常规克罗烷二环二萜 scopariusin O[1, 2]；新颖的克罗烷二环二萜、桂皮酸和 1-辛烯-3-醇聚合物 scopariusic acid[3]；重排的半日花烷或克罗烷二环二萜 isoscoparin M，也称为海里曼烷二环二萜[1]；一系列新颖的二环[5.4.0]十一烷片段的重排海里曼烷二环二萜 scopariusins，代表化合物为 scopariusin A[1]；新颖的具有四元内酯环的松香烷三环二萜 rubesanolide A[4]；常规的贝壳杉烷四环二萜 wikstroemioidin E[5]；延命素型贝壳杉烷四环二萜 sculponin P[6]以及具有大环内酯片段的螺环内酯型贝壳杉烷二萜 ternifolide A[7]（图 2-1）。

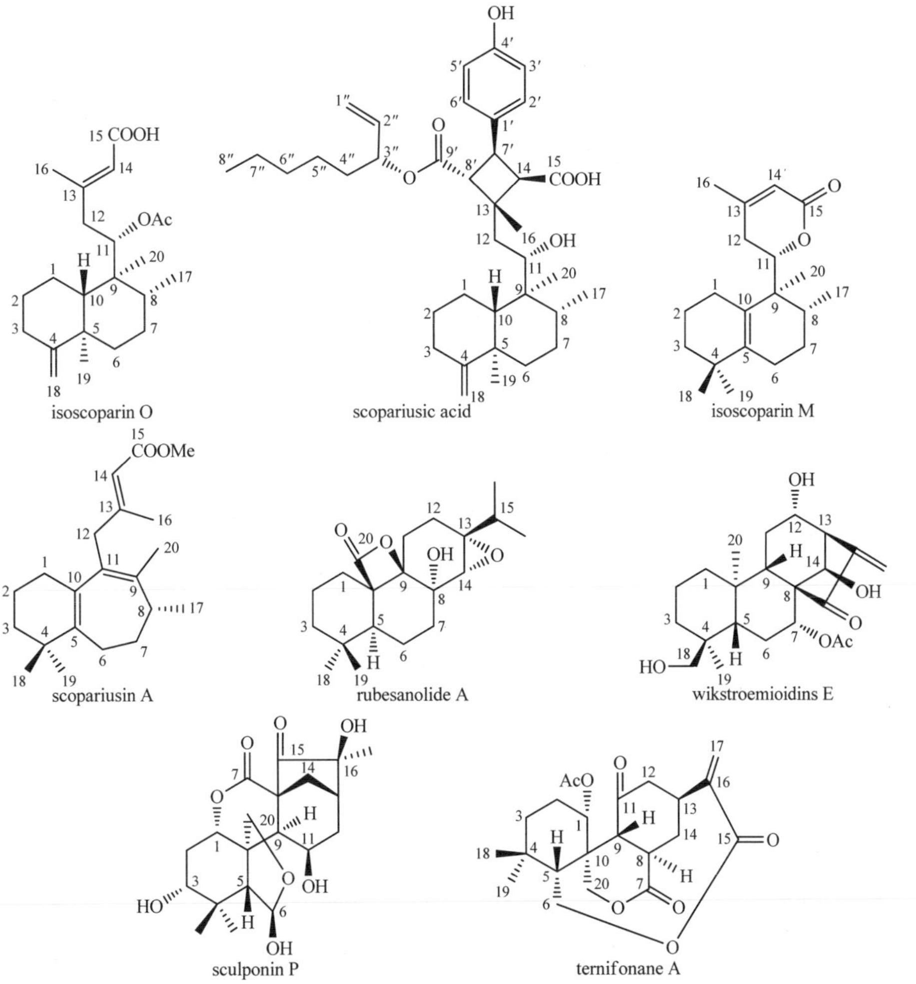

图 2-1　唇形科香茶菜属中发现的常见二萜类化合物

第一节　化合物 scopariusin O 的结构解析

化合物 scopariusin O 是从产自云南省香格里拉县的唇形科香茶菜属植物帚状香茶菜 [*Isodon scoparius* C. Y. Wu et H. W. Li（Dunn）Kudô] 中分离得到的一个无色粉末状物质[1]。

scopariusin O 结构鉴定过程如下，其一维和二维波谱数据见图2-3～图2-14。

第一步，测定了该化合物的 ¹H-NMR 谱。从 ¹H-NMR 中可以看出，各氢信号的峰面积比例协调，因此推测该化合物纯度较高，满足下一步进行结构鉴定的基本要求。从氢谱中推测出氢的个数在 32～34，而且可以明显观察到 4 个甲基单峰信号（δ_H 0.81，s；0.88，s；1.03，s；2.50，br s）和 1 个双峰甲基信号（δ_H 0.95，d，6.4），基于此，可以初步断定该化合物是香茶菜属植物中值得关注的二萜类化合物。

第二步，进一步测定了化合物的 ¹³C-NMR、DEPT 谱和常规质谱。¹³C-NMR 和 DEPT 谱中显示有 22 个碳信号，其中包括了 5 个甲基，7 个亚甲基（包括 1 个烯碳），4 个次甲基（包括 1 个烯碳和 1 个连氧碳），6 个季碳（包括 2 个烯碳和 2 个羰基碳），结合质谱推断分子式为 $C_{22}H_{34}O_4$，不饱和度为 6。通过特征信号分析，该化合物中有 1 个明显的乙酰基信号（δ_H 2.01，3H，s；δ_C 171.2，s；21.1，q），其他 20 个碳原子为基本碳骨架上的碳原子。除乙酰基外，该分子还有另外 2 个官能团，包括 1 个羧基（δ_C 169.1，s）与 1 对双键（δ_C 120.8，d；155.7，s）构成的不饱和羧酸基团和 1 个末端双键（δ_C 103.8，t；160.3，s），三个官能团共占用了 4 个不饱和度，结合分子式推测该化合物为一个二环二萜类化合物（不饱和度为 2）。这一点也通过进一步的碳谱还原得到证实，还原后的基本骨架分子式为 $C_{20}H_{38}$，不饱和度为 2，包括了 6 个 CH_3、8 个 CH_2、4 个 CH 和 2 个 C，这些特征与常见的半日花烷和克罗烷二环二萜基本骨架是一致的。通过这两种基本骨架与 3 个官能团相匹配发现，只有克罗烷二环二萜满足以上条件（半日花烷二萜无法满足氢谱中存在双峰甲基的情况）。至此，初步确定了该化合物的基本骨架和 3 个官能团。

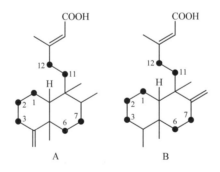

图 2-2　化合物 scopariusin O 可能的平面结构（●表示乙酰基可能的连接位置）

通过排列组合的方式，推测出可能存在的平面结构一共有 14 种（主要是端烯和乙酰基取代位置的变化）。经充分的文献调研发现[2]，该植物中此类化合物的双键通常在 4（18）位，且碳谱数据基本吻合。同时，文献调研也表明，含氧基团通常取代在 C-3、C-11 和

C-12 上。但从文献调研来看，目前没有已知化合物与该化合物数据一致，所以初步推测，该化合物是一个由于乙酰基取代位置改变而产生的新化合物，如图 2-2 所示。

第三步，测定化合物 ^{1}H-^{1}H COSY、HMBC、HMQC 和 ROESY 谱。然后对二维谱图上一些明显的信号进行初步归属和验证，在此基础上，通过 HMBC 谱，针对连乙酰基的碳及其周围的碳信号之间的相关来确定乙酰基的连接位置，从而确定 isoscoparin O 的平面结构。从 HMBC 谱中，可以通过 H$_2$-12 与已经归属的 C-13、C-14 和 C-16 的相关进而归属 C-12 的碳氢信号。在 ^{1}H-^{1}H COSY 谱中，连羟基碳上的氢信号（δ_H 3.97，br d，10.0）与 H$_2$-12 上的氢（δ_H 2.39，d，10.5；2.20，dd，10.5，8.7）相关，且该氢信号与已经归属的 C-8 和 C-13 相关，由此可以证实乙酰基连接在 C-11 位。至此，该化合物的平面构型得以确定。

第四步，对其碳和氢信号、关键 HMBC 和 ROESY 相关进行全归属，见表 2-1。在此基础上，进一步来分析化合物的相对构型。该分子有 5 个手性碳，结合生源途径、文献调研和 ROESY 谱的综合分析，研究者可以确定除 C-11 以外碳原子的相对构型。而侧链 C-11 的相对和绝对构型的确定是该类型化合物结构确定的一个难点，由于乙酰基位于 C-11 侧链上，存在溶剂的状态下其构象不稳定，理论上，无法根据通常的二维核磁 NOE 效应确定其相对构型。文献调研表明，该类型的化合物 H-11 通常与 H$_3$-17 有 NOE 相关，结合生源途径分析和波谱数据对比，其侧链羟基与之前报道的化学位移近似[2]，同时，该化合物的 ROESY 谱中也观察到 H-11 通常与 H$_3$-17 以及 H$_3$-20 的相关，基于此推测它的构型很可能是 11S，但尚缺乏直接的实验证据。

第五步，研究者通过细致的单晶培养，获得了高质量的晶体，并通过 X-单晶衍射的方法确定了该分子的绝对构型，如图 2-15 所示，该化合物命名为 scopariusin O，为一个常规的克罗烷二环二萜类化合物。

表 2-1　化合物 scopariusin O 的碳氢谱数据归属和主要相关

No.	δ_C	δ_H	Key HMBC	Key ROESY
1	24.1 t	1α-1.53 m 1β-2.12 m	C-10，5，9	H-2α H-2β
2	28.5 t	2α-1.42 m 2β-1.39 m	C-10，4	H-1α H-1β
3	33.7 t	3α-2.31 m 3β-2.16 m	C-18，4，5	H-19，7α H-18
4	160.3 s			
5	40.8 s			
6	37.5 t	1.56 o	C-5，10，7，8	H-7
7	28.8 t	7α-1.82 m 7β-1.36 o	C-17，9	H-3α H-8，6β
8	37.9 d	1.36 o	C-10，9，20	H-7β
9	44.6 s			
10	48.8 d	1.24 dd，9.5，1.5	C-2，20，6，4	H-12a，12b，2β

续表

No.	δ_C	δ_H	Key HMBC	Key ROESY
11	76.9 d	5.55 d, 8.7	C-8, 9, 10, 20, 12, 13	H-17, 20, 16
12	42.1 t	12a-2.39 d, 10.5 12b-2.20 dd, 10.5, 8.7	C-11, 9, 13, 14, 16	
13	155.7 s			
14	120.8 d	6.12 br s	C-12, 13, 15, 16	
15	169.1 s			
16	19.0 q	2.50 br s	C-13, 14, 12	H-12b
17	17.1 q	0.95 d, 6.4	C-7, 8, 9	H-8
18	103.8 t	18a-4.65 br s 18b-4.66 br s	C-3, 4, 5	H-3β, 6β
19	21.0 q	1.03 s	C-4, 5, 6	H-6α, 3α
20	13.7 q	0.81 s	C-8, 9, 10, 11	H-19, 7
OAc	171.2 s			
	21.7 q	2.04 s	C-10, 1′	

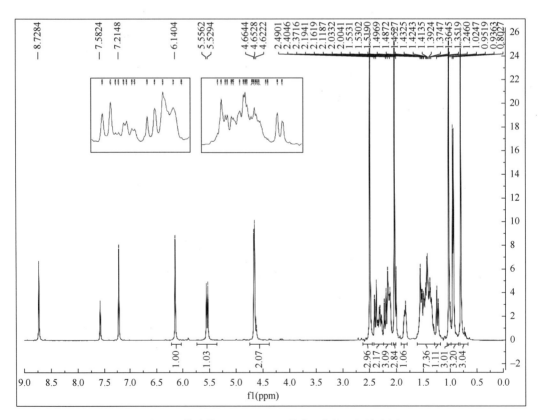

图 2-3　化合物 scopariusin O 的 ^{1}H 谱和局部放大图

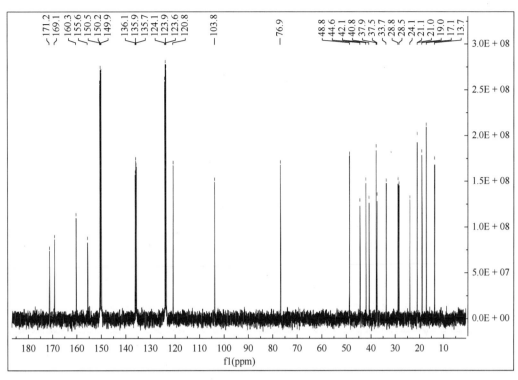

图 2-4　化合物 scopariusin O 的碳谱

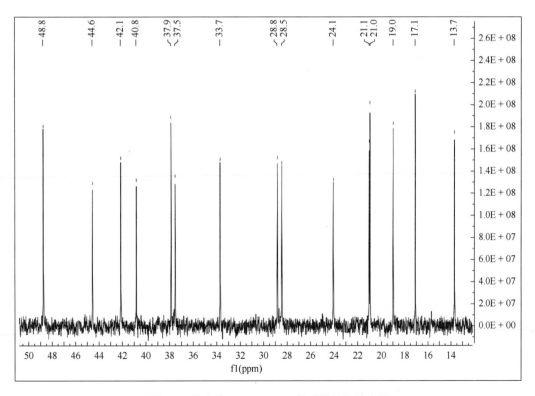

图 2-5　化合物 scopariusin O 的碳谱局部放大图

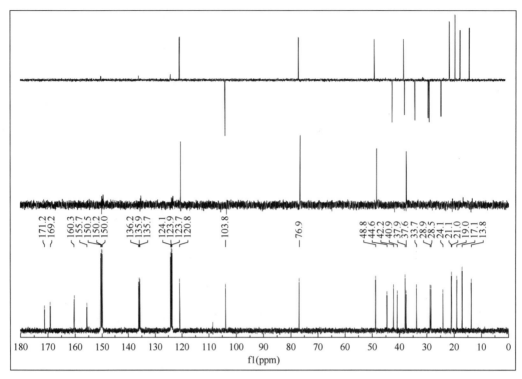

图 2-6　化合物 scopariusin O 的 DEPT 谱

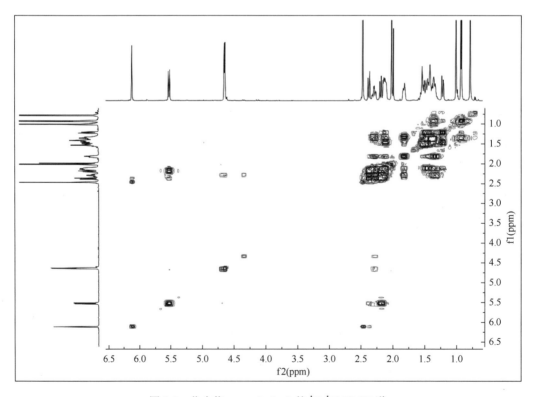

图 2-7　化合物 scopariusin O 的 ¹H-¹H COSY 谱

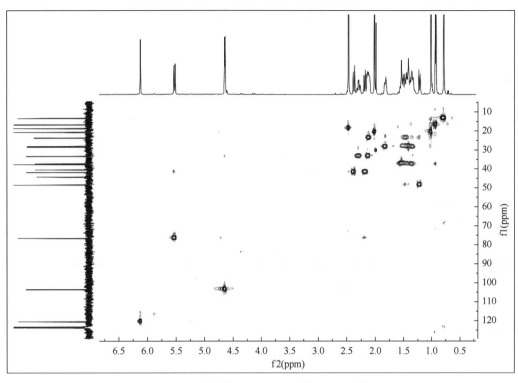

图 2-8　化合物 scopariusin O 的 HMQC 谱

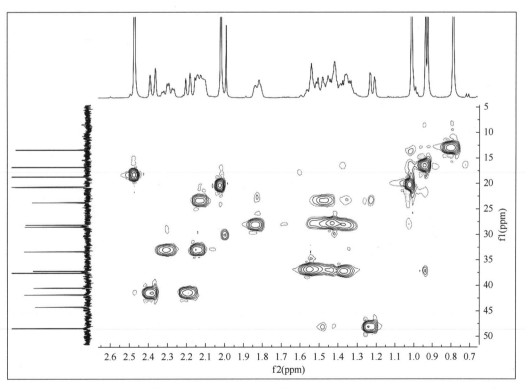

图 2-9　化合物 scopariusin O 的 HMQC 谱局部放大图

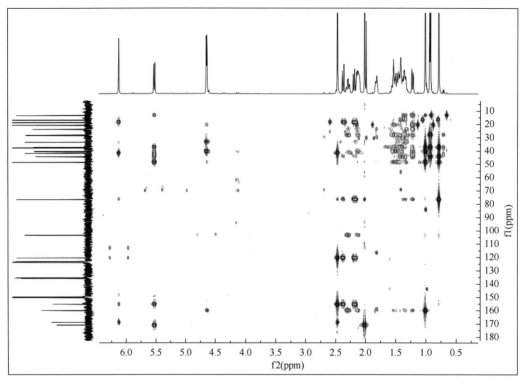

图 2-10　化合物 scopariusin O 的 HMBC 谱

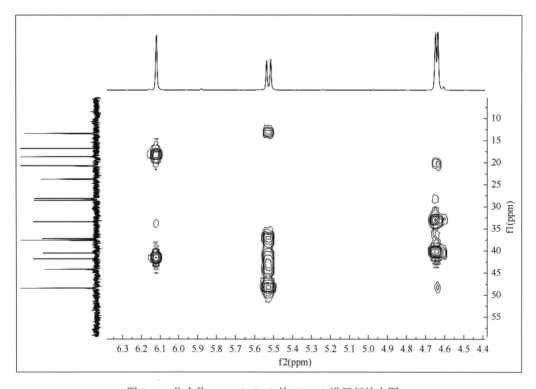

图 2-11　化合物 scopariusin O 的 HMBC 谱局部放大图一

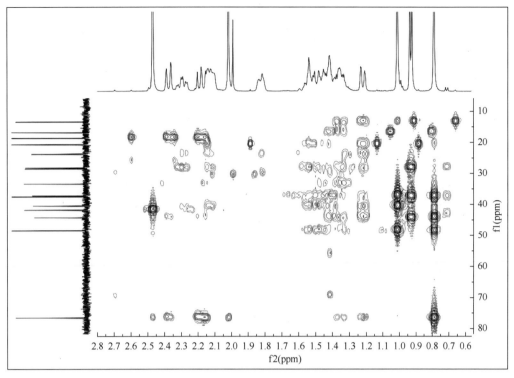

图 2-12 化合物 scopariusin O 的 HMBC 谱局部放大图二

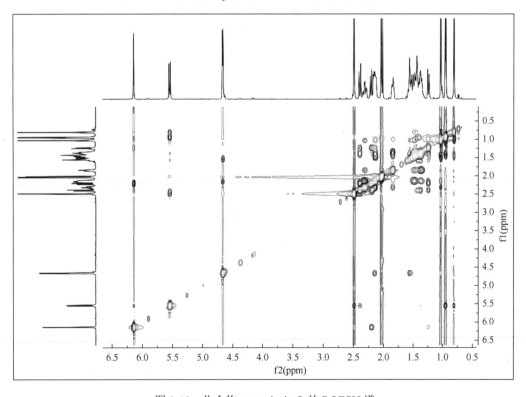

图 2-13 化合物 scopariusin O 的 ROESY 谱

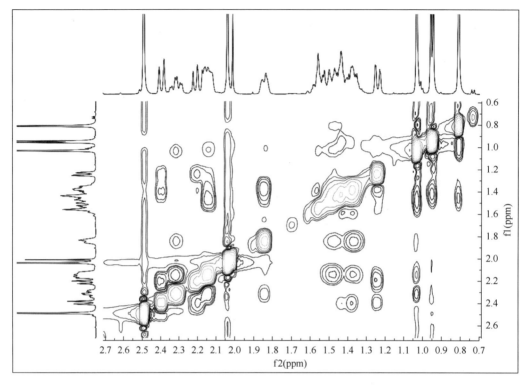

图 2-14　化合物 scopariusin O 的 ROESY 谱局部放大图

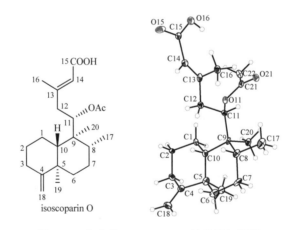

图 2-15　化合物 scopariusin O 的单晶衍射图

第二节　化合物 scopariusic acid 的结构解析

scopariusic acid 是从产自云南省香格里拉县的唇形科香茶菜属植物帚状香茶菜 [*Isodon scoparius* C. Y. Wu et H. W. Li（Dunn）Kudô] 中分离得到的一个无色结晶状固体 化合物[3]。

scopariusic acid 结构鉴定过程如下，其一维和二维波谱数据见图 2-18～图 2-31。

由于 scopariusic acid 是一个相对复杂的杂二萜，在自然界中较为罕见，其结构解析需要借助文献提供一些关键信息。该化合物的二萜母核与该植物中的主要成分对映-克罗烷二环二萜一致，其波谱数据与前文介绍的化合物 isoscoparin P（结构见图 2-16，鉴定过程见本书第一章）完全吻合，可以说，确定其前体化合物 isoscoparin P 对于确定该复杂分子的构型至关重要。可见，天然产物的结构鉴定通常需要结合文献调研，才能达到事半功倍的效果。下面介绍以 isoscoparin P 为基础的 scopariusic acid 结构鉴定的过程。

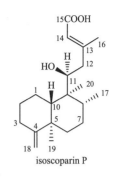

图 2-16　化合物 isoscoparin P 的结构

第一步，测定化合物的质谱（包括高分辨质谱）和一维核磁数据。根据高分辨质谱（HR-ESI-MS：m/z 594.3907[M]$^+$）推断其分子式为 $C_{37}H_{54}O_6$，不饱和度为 11。^{1}H NMR 显示有 9 个不饱和质子信号（δ_H 4.46，br s；4.64，br s；5.40，br d，10.5；5.50，br d，17.2；6.01，m；7.08，2H，d，8.4；7.39，2H，d，8.4），2 个连氧碳质子信号（δ_H 4.22，br d，9.6；5.59，m），3 个单峰甲基信号（δ_H 1.12，s；1.17，s；1.80，s），2 个裂分甲基信号（δ_H 0.80，t，7.2；0.88，d，5.5）。^{13}C NMR 和 DEPT 显示出 37 个碳信号，包括 5 个甲基、12 个亚甲基（包括 2 个末端双键亚甲基）、12 个次甲基（包括 5 个烯碳和 2 个氧化的次甲基），8 个季碳（包括了 2 个羧基或酯基和 3 个烯碳）。其中 2 个羧基或酯基以及 4 个烯碳和一个苯环占用了 7 个不饱和度，提示该化合物还存在三个环。

第二步，经文献调研发现，未发现类似分子，于是进一步测定化合物 ^{1}H-^{1}H COSY、HMBC、HMQC 和 ROESY 谱。通过细致的分析 1D 和 2D NMR 数据，结合该植物中的主要的二环二萜类化合物的波谱数据，发现 scopariusic acid 部分碳谱数据与化合物 isoscoparin P 非常接近，这提示 scopariusic acid 很可能是一个杂二萜，其结构可能由 3 个部分构成，第一部分为该植物中主要二萜类化合物母核（A 部分），第二部分为苯丙素或其衍射物（B 部分），第三部分为脂肪酸或者脂肪醇的长链（C 部分）。下面，通过对 3 个部分进行单独的解析和组合来确定化合物的平面结构，这种片段解析和组合的方式在复杂天然产物聚合物的解析中较为常用。

该化合物中，隶属于二萜母核（A 部分）的碳信号和 isoscoparin P 基本吻合[2]。不同之处仅在于其侧链 C-13/C-14 双键被一个不饱和键取代（一个次甲基和一个季碳），这一点通过 HMBC 中 H-11 与 C-13 以及 H-14 与 C-12 的相关可以得到证实。因此，研究者推测，A 部分很可能通过这两个碳原子与其他两个片段（B 部分或者 C 部分）相连。而通过 ^{1}H-^{1}H COSY 中 H-8′和 H-7′的相关以及 HMBC 中 H-8′与 C-9′，C-1′以及 H-7′与 C-9′，C-2′和 C-6′的相关确定 Part B 为侧链双键被取代的苯丙素衍生物片段。A 部分和 B 部分的连接方式是通过二维核磁确定的。在 ^{1}H-^{1}H COSY 谱中研究者观察到 H-7′与 H-14 的相关，证明 H-7′与 H-14 直接相连。而在 HMBC 中，研究者又观察到 H-8′与 C-12，C-13，C-14 和 C-16，H-7′与 C-13，C-14 和 C-15 以及 H-14 与 C-8′，C-7′和 C-1′的相关。至此，可以确定 C-8′和 C-13 以及 C-7′和 C-14 通过碳碳键直接相连构成了一个罕见的四元环片段。除此之外，余下的 ^{1}H 和 ^{13}C NMR 信号提示一条 C_8 脂肪醇链的存在（C 部分）。通过 ^{1}H-^{1}H COSY 研究者确定了这条脂肪链为 CH$_2$(1″)-CH(2″)-CH(3″)-CH$_2$(4″)-CH$_2$(5″)-CH$_2$(6″)-CH$_2$(7″)-CH$_3$（8″），同时研究者还观察到 HMBC 中 H-3″与 C-1″和 C-5″，H-4″与 C-2″和 C-6″，以及 H-8″与 C-5″和 C-6″的相关，进一步确定了脂肪链碳原子的连接顺序。另外，HMBC 中研究者还观察到了 H-3″与 C-9′的相关，因此确定了脂肪链的 C-3″与 C-9′成酯，从而将 C 部分与 A 部分和 B 部分连接起来。因此，该化合物的平面构型得以确定，如图 2-17 所示。

第三步，有意思的是，该化合物是一个具有新颖的环丁烷片段的以克罗烷为二萜母核的杂萜，且在 C-9′位带有一条罕见的 1-辛烯-3-醇的脂肪长链。但是，由于 C-11 和 C-3″在侧链上，无法通过波谱数据确定其相对及绝对构型。同时，由于该环丁烷的环太小，空间位置太近，其四个手性碳的相对构型也不能直接确定。这是本结构鉴定的难点。最终，该化合物的相对构型是通过 X-单晶衍射来确定的，如图 2-33 所示。

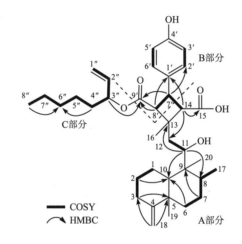

图 2-17　化合物 scopariusic acid 的主要二维相关

表 2-2　化合物 scopariusic acid 的碳氢谱数据归属和主要相关

No.	δ_C	δ_H	Key HMBC	Key ROESY
1	24.7 t	1α-1.62 o 1β-2.88 d（12.8）	C-2，3，5，9，10	
2	29.2 t	2α-1.82 m 2β-1.47 m	C-1，3，4	
3	34.1 t	3α-2.32 dt（13.4，4.6） 3β-2.13 br d（13.4）	C-1，5，18	H-19，7α H-18
4	161.1 s			
5	41.2 s			
6	38.0 t	1.64 o	C-8，10	
7	29.2 t	1.51 o	C-8，9	
8	37.5 d	1.53 o	C-9，17	

No.	δ_C	δ_H	Key HMBC	Key ROESY
9	45.5 s			
10	49.1 d	1.59 o	C-1, 5, 9	H-12a, 12b
11	74.6 d	4.22 br d (9.6)	C-8, 10, 13	H-17, 16
12	38.5 t	12a-2.41 dd (14.0, 9.6) 12b-2.04 d (14.0)	C-8′, 13, 14, 16	
13	42.2 s			
14	53.5 d	4.35 d (11.5)	C-1′, 12, 15	H-7′, 8′, 16, 12a
15	175.9 s			
16	23.7 q	1.80 s	C-8′, 13, 14	H-7′, 8′, 14
17	17.5 q	0.88 d (5.5)	C-7, 8, 9	H-8
18	103.4 t	4.46 br s; 4.64 br s	C-3, 4, 5	H-3β, 6β
19	21.2 q	1.12 s	C-4, 5, 6	H-6α, 3α
20	14.9 q	1.17 s	C-8, 9, 11	H-19, 7
1′	132.1 s			
2′/6′	129.0 d	7.39 d (8.4)	C-7′	
3′/5′	116.2 d	7.08 d (8.4)	C-1′, 2′	
4′	157.5 s			
7′	38.0 d	4.67 dd (11.5, 8.7)	C-2′, 9′	H-8′, 14, 16, 12a
8′	50.4 d	4.93 d (8.7)	C-1′, 9′	H-7′, 14, 16, 12a
9′	172.6 s			
1″	118.3 t	1″a-5.40 br d (10.5) 1″b-5.50 br d (17.2)	C-2″, 3″	H-3″
2″	137.9 d	6.01 m	C-1″, 3″, 4″	
3″	75.5 d	5.59 m	C-1″, 2″, 4″, 5″	H-1″
4″	34.9 t	4″a-1.77 o 4″b-1.68 o	C-2″, 3″, 5″, 6″	
5″	25.5 t	1.36 m	C-3″, 7″	
6″	32.1 t	1.23 o	C-8″	
7″	23.1 t	7″a-1.22 o 7″b-1.87 s	C-8″	
8″	14.5 q	0.80 t (7.2)	C-6″	

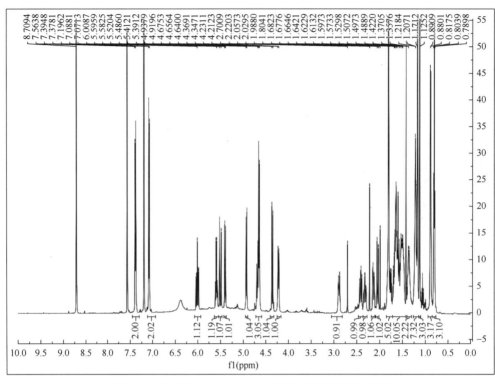

图 2-18　化合物 scopariusic acid 的 ¹H 谱和局部放大图

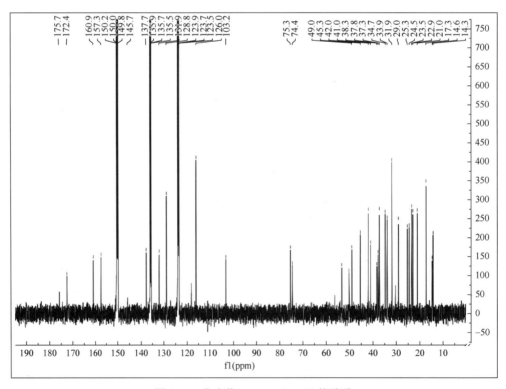

图 2-19　化合物 scopariusic acid 的碳谱

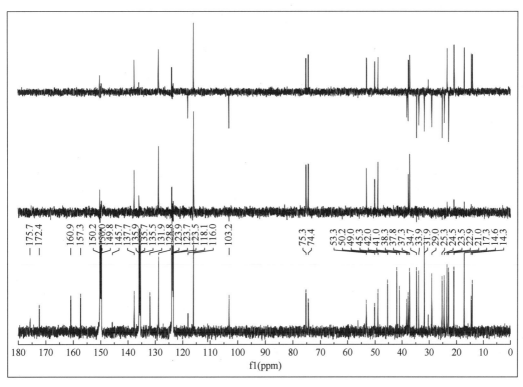

图 2-20　化合物 scopariusic acid 的 DEPT 谱

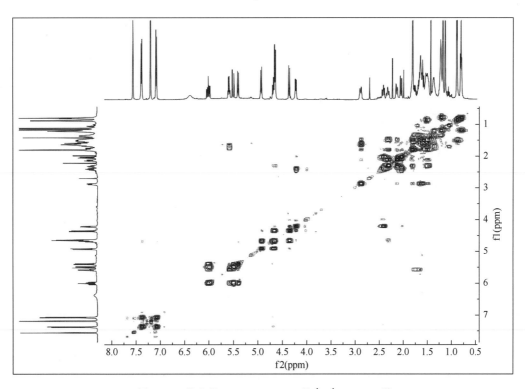

图 2-21　化合物 scopariusic acid 的 ^{1}H-^{1}H COSY 谱

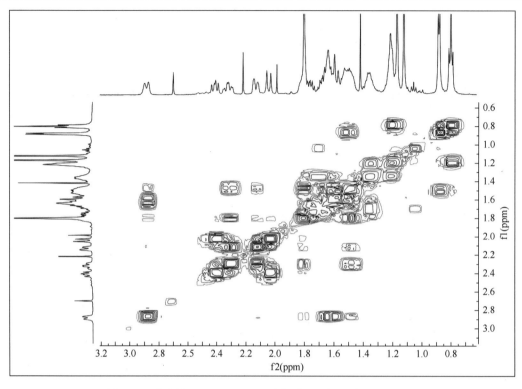

图 2-22　化合物 scopariusic acid 的 ^{1}H-^{1}H COSY 谱局部放大图

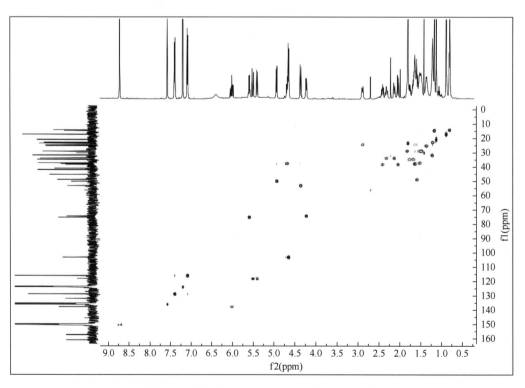

图 2-23　化合物 scopariusic acid 的 HMQC 谱

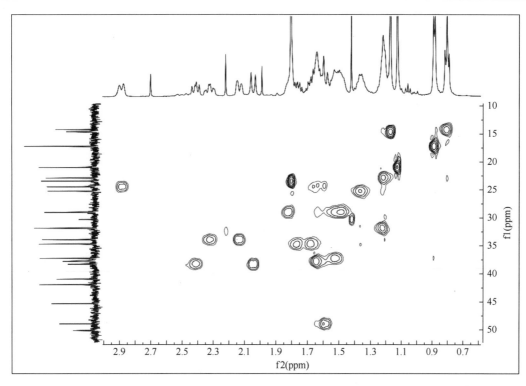

图 2-24 化合物 scopariusic acid 的 HMQC 谱局部放大图一

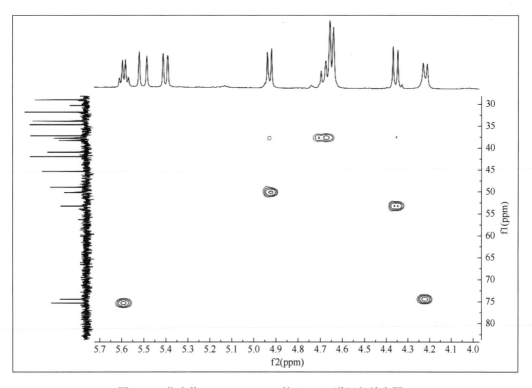

图 2-25 化合物 scopariusic acid 的 HMQC 谱局部放大图二

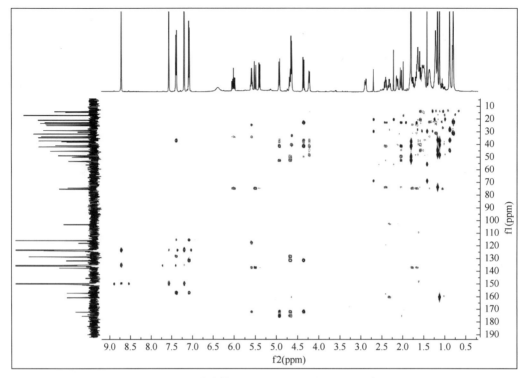

图 2-26　化合物 scopariusic acid 的 HMBC 谱

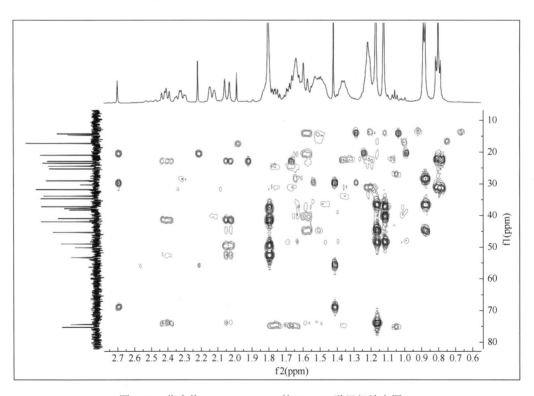

图 2-27　化合物 scopariusic acid 的 HMBC 谱局部放大图一

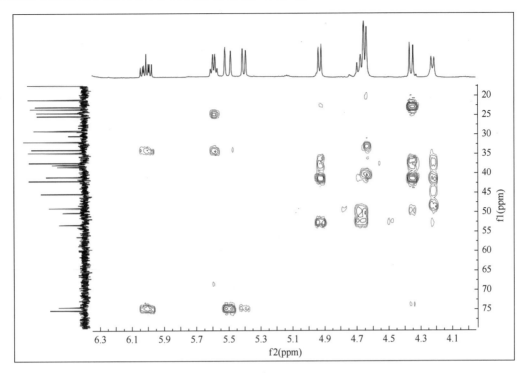

图 2-28　化合物 scopariusic acid 的 HMBC 谱局部放大图二

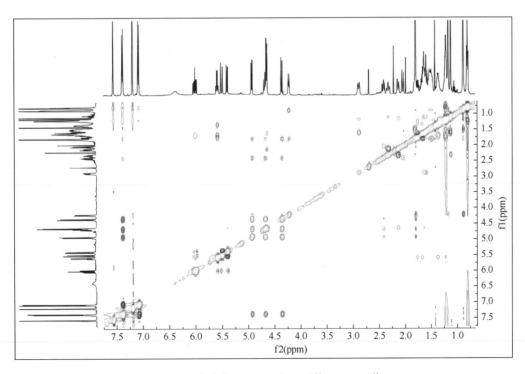

图 2-29　化合物 scopariusic acid 的 ROESY 谱

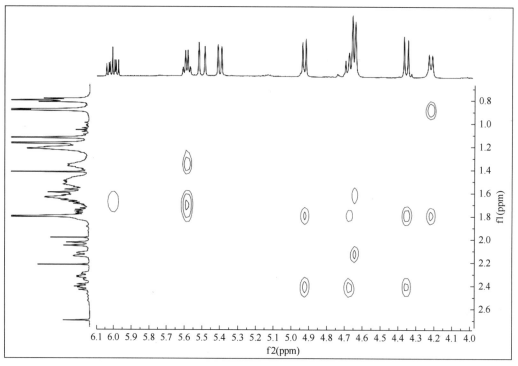

图 2-30　化合物 scopariusic acid 的 ROESY 谱局部放大图一

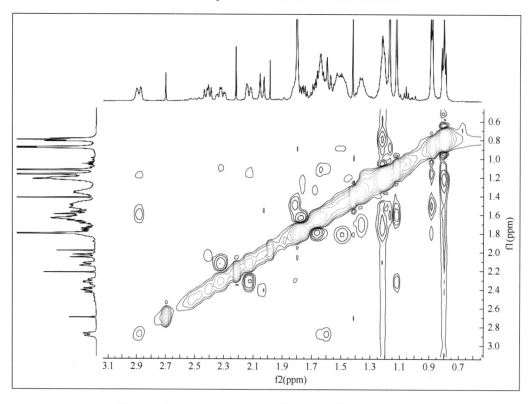

图 2-31　化合物 scopariusic acid 的 ROESY 谱局部放大图二

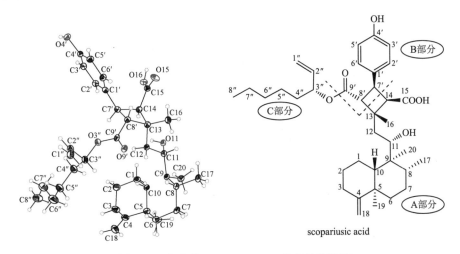

scopariusic acid

图 2-32　化合物 scopariusic acid 的单晶衍射图

第四步，虽然得到了该化合物的单晶数据，但是，由于 Flack 参数太大，不能根据单晶衍射的结果确定其绝对构型。依据其生源途径进行推测，该二萜母核应该与前体化合物 isoscoparin P 一致。而该分子的绝对构型是通过在密封管内进行碱双相水解得到 1-辛烯-3-醇，再通过旋光比对的方法来确定其绝对构型，如图 2-33 所示。最终，该化合物的绝对构型被确定为 11*S*，13*S*，14*R*，7′*S*，8′*R*，3″*R*，并命名为 scopariusic acid。

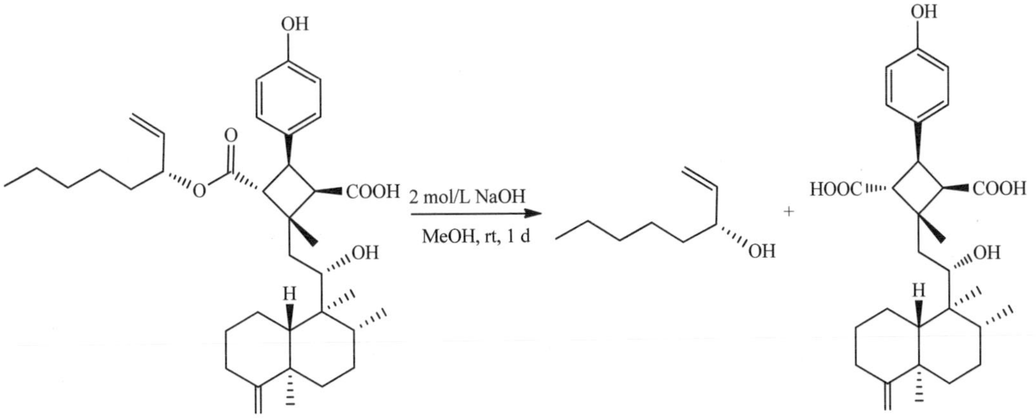

图 2-33　化合物 scopariusic acid 的碱水解反应

第三节　化合物 isoscoparin M 的结构解析

化合物 isoscoparin M 是从产自云南省香格里拉县的唇形科香茶菜属植物帚状香茶菜中分离得到的一个无色粉末状化合物[1]。

isoscoparin M 结构鉴定过程如下，其一维和二维波谱数据见图 2-36～图 2-47。

首先，从 ¹H-NMR 中，各氢信号比例协调，推测该化合物纯度较高，达到了结构鉴定的要求。从氢谱峰面积可以大致推测出该化合物中氢原子的个数在 28～32，并且氢谱中可以明显观察到 4 个甲基单峰信号（δ_H 0.94，s；0.95，s；1.03，s；1.94，s）和 1 个双峰甲基信号（δ_H 0.83，d，5.5）。综合以上结果可以初步判断该化合物是香茶菜属植物中值得关注的二萜类化合物。^{13}C NMR 和 DEPT 谱显示了 20 个碳信号，包括 5 个甲基、6 个亚甲基、3 个次甲基（包括 1 个烯碳和 1 个连氧碳）、6 个季碳（包括了 1 个羧基或酯基和 3 个烯碳），结合质谱推断分子式为 $C_{20}H_{30}O_2$，不饱和度为 6，其中有 2 个明显的官能团[1 个羧基（δ_C 165.8，s）与 1 个双键（δ_C 116.4，d；158.2，s）构成的不饱和羧酸基团和 1 对全季碳双键（δ_C 129.3，s；139.6，s）]占用了 3 个不饱和度，同时，化合物中还存在 1 个碳化学位移明显偏低场的连氧次甲基信号以及 1 个酯羰基信号（δ_C 81.8，d；165.8，s），推测该化合物中形成了 1 个内酯环，占用了 1 个不饱和度，因此，初步推测该化合物为一个二环二萜类化合物。通过碳谱还原法也证实了这一点，还原后的基本骨架分子式为 $C_{20}H_{38}$，不饱和度为 2，包括了 6 个 CH_3、8 个 CH_2、4 个 CH 和 2 个 C，这些特征与常见的二环二萜半日花烷和克罗烷二萜基本骨架一致。在此基础上，将推测的 2 个官能团（1 个 α，β 不饱和五元或六元内酯环和 1 对全季碳双键）分别代入两种基本骨架中，进一步确定该化合物的基本骨架。第一个官能团 α，β 不饱和五元或六元内酯环可以比较轻松地锁定在侧链上，但将第二个官能团全季碳双键代入基本骨架后，发现两种基本骨架都不满足条件，如图 2-34 所示，A 和 B 结构都没有安放全季碳双键的位置，而 C 和 D 结构虽然可以将双键安放在 8（9）上，但是缺少氢谱的甲基双峰。综合以上的结论，可以排除该化合物是常规二环二萜的可能性，该化合物很可能是克罗烷或半日花烷二萜中甲基迁移的类型，即不常见的海里曼型二萜的基本骨架，进一步将两个官能团（1 个 α，β 不饱和五元或六元内酯环和 1 对全季碳双键）分别代入海里曼型二萜的基本骨架中，发现条件基本吻合，如图 2-34 所示，E 和 F 结构。

表 2-3　化合物 isoscoparin M 的碳氢谱数据归属和主要相关

No.	δ_C	δ_H	Key HMBC	ROESY
1	28.4 t	1α-2.10 m 1β-1.79 m	C-5，9，10	H-2
2	20.0 t	1.50 m	C-4，10	H-1
3	40.0 t	3α-1.40 m 3β-1.34 m	C-4，5，18	H-19 H-18
4	34.9 s			
5	139.6 s			
6	23.7 t	6α-2.01 m 6β-1.87 m	C-5，7，8，10	H-7α H-7β
7	26.6 t	7α-1.33 m 7β-1.62 m	C-9，17	H-17，20 H-7α
8	33.8 d	1.70 m	C-9，10，20	H-17
9	44.2 s			
10	129.3 s			
11	81.8 d	4.34 dd（11.0，2.2）	C-8，9，10，12，13，20	H-17，20，12b，16
12	30.8 t	12a-2.35 br t（11.0） 12b-2.05 dd（11.0，2.2）	C-9，11，13，14，16	
13	158.2 s			

续表

No.	δ_C	δ_H	Key HMBC	ROESY
14	116.4 d	5.74 s	C-12，13，15，16	H-16，11
15	165.8 s			
16	23.4 q	1.94 s	C-12，13，14	H-12b
17	16.7 q	0.83 d（5.5）	C-7，8，9	H-8，20，7α
18	29.4 q	0.94 s	C-3，4，5	H-3β，6β
19	28.0 q	0.95 s	C-4，5，6	H-6α
20	16.6 q	1.03 s	C-8，9，10，11	H-17，1α，12a

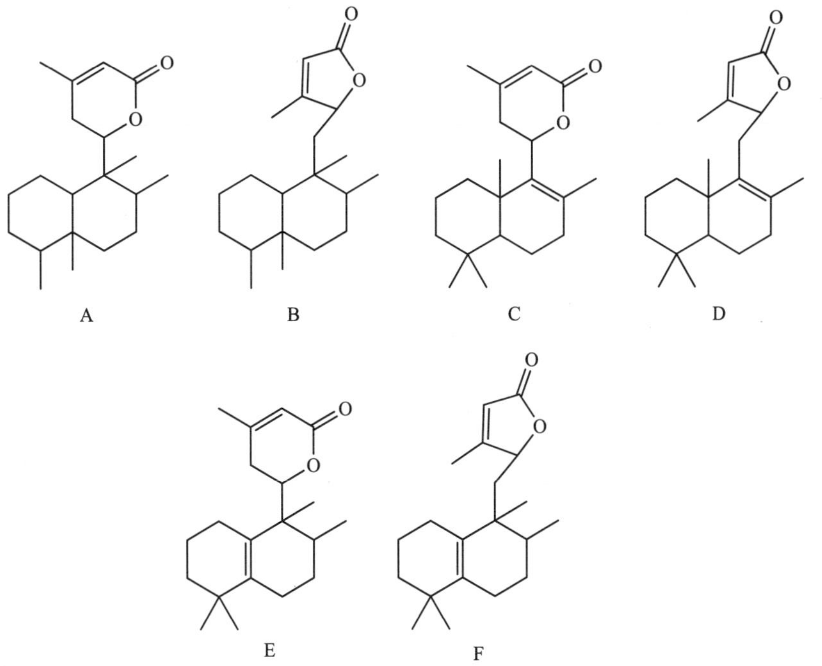

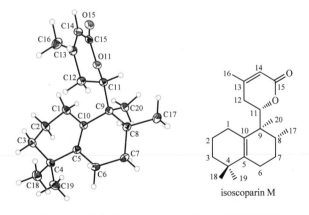

图 2-34　化合物 isoscoparin M 的基本骨架推测

图 2-35　化合物 isoscoparin M 的 X-单晶衍射图

其次，通过文献调研，发现推测的两种可能结构 E 和 F 都为新化合物，所以研究者进一步测定了化合物的 ^{1}H-^{1}H COSY、HMBC、HMQC 和 ROESY 谱。然后对二维谱图上一些明显的信号进行初步的归属和验证，在此基础上，运用 HMBC 来确定 isoscoparin M 中未知片段的平面结构。从 HMBC 谱中，可以通过 H_2-12 与已经归属的 C-13、C-14 和 C-16 的相关来归属 C-12 的碳氢信号。然后通过 ^{1}H-^{1}H COSY 中连羟基碳上的氢信号（δ_H 4.34，dd，11.0，2.2）与 H_2-12 上的氢（δ_H 2.35，br t，11.0；2.05，dd，11.0，2.2）相关，同时，该氢信号还与已经归属的 C-8 和 C-13 相关（虽然并未观察到 H-11 与 C-15 的相关），结合分子式，证实了侧链为 1 个 α,β 不饱和六元内酯环。然后，运用 ^{1}H-^{1}H COSY、HMBC 和 HMQC 谱，对基本骨架和官能团的连接位置进行综合验证，从而确定了化合物 isoscoparin M 的平面结构，在此基础上，对其碳和氢信号、关键的 HMBC 和 ROESY 相关进行全归属，详见表 2-3。

下面来分析化合物 isoscoparin M 的相对构型，该分子有 4 个手性碳。首先从 ROESY 谱中，可以观察到 H_3-17 与 H_3-20 相关，推断出这两个甲基为同一朝向。同时还观察到 H-11 与 H_3-17、H_3-20 的相关，初步推测 H-11 很可能为 S 构型。最后，通过 X-单晶衍射的方法确定了该分子的绝对构型，如图 2-35 所示，该化合物命名为 isoscoparin M。

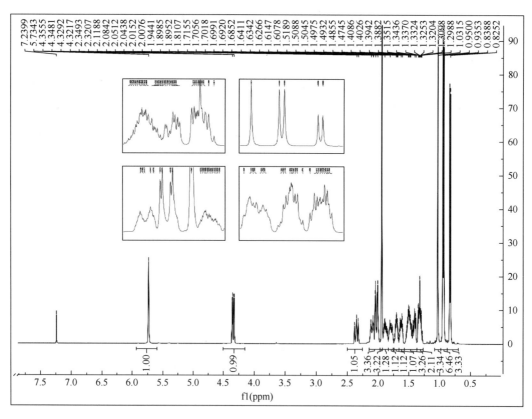

图 2-36   化合物 isoscoparin M 的氢谱和局部放大图

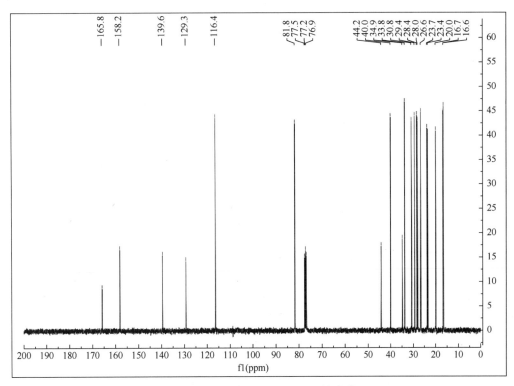

图 2-37　化合物 isoscoparin M 的碳谱

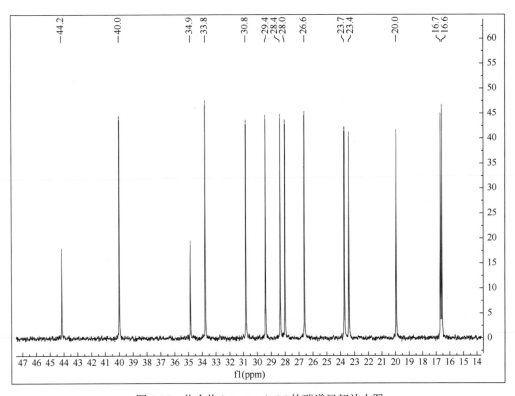

图 2-38　化合物 isoscoparin M 的碳谱局部放大图

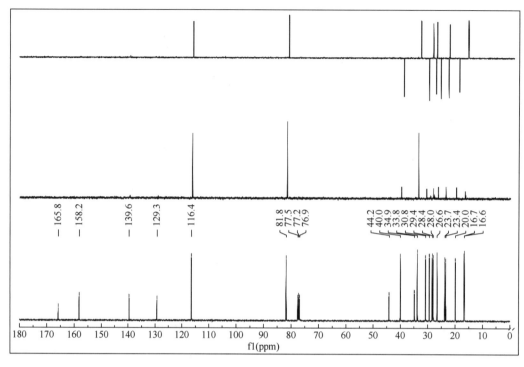

图 2-39　化合物 isoscoparin M 的 DEPT 谱

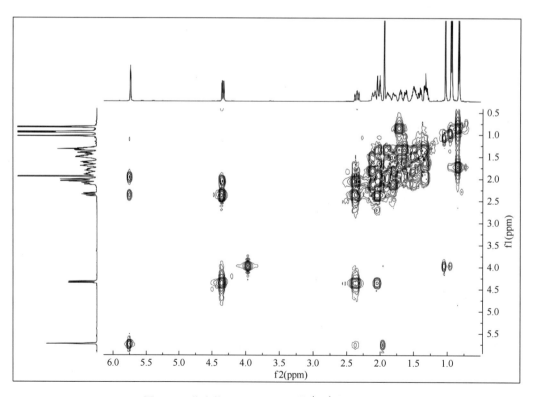

图 2-40　化合物 isoscoparin M 的 ¹H-¹H COSY 谱

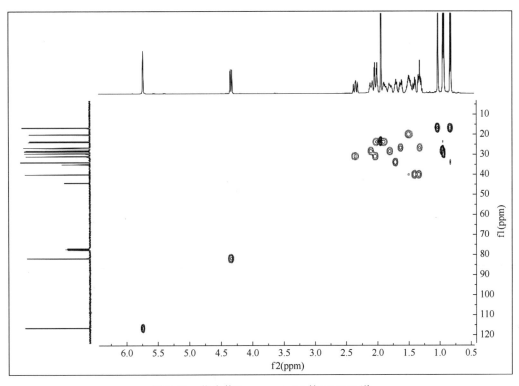

图 2-41　化合物 isoscoparin M 的 HMQC 谱

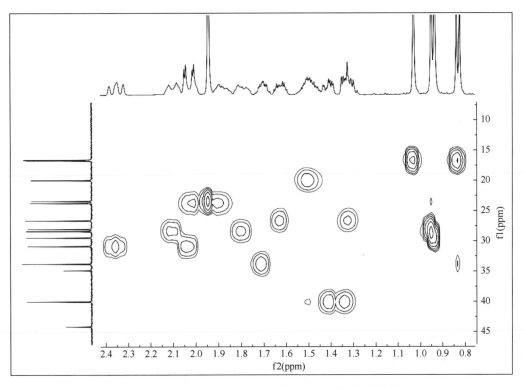

图 2-42　化合物 isoscoparin M 的 HMQC 谱局部放大图

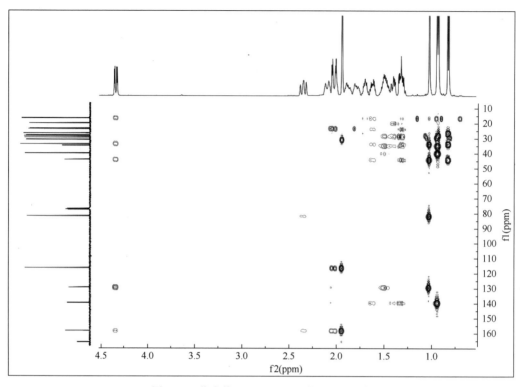

图 2-43　化合物 isoscoparin M 的 HMBC 谱

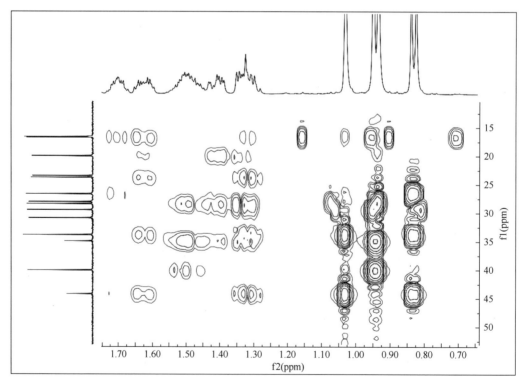

图 2-44　化合物 isoscoparin M 的 HMBC 谱局部放大图一

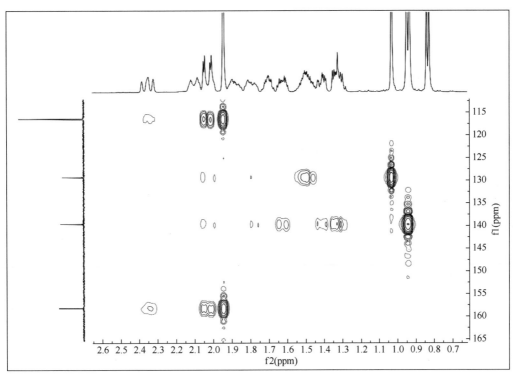

图 2-45　化合物 isoscoparin M 的 HMBC 谱局部放大图二

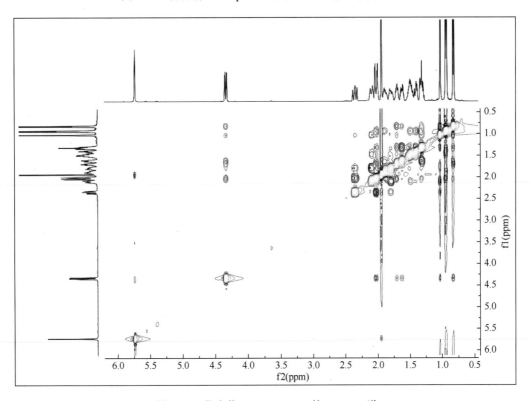

图 2-46　化合物 isoscoparin M 的 ROESY 谱

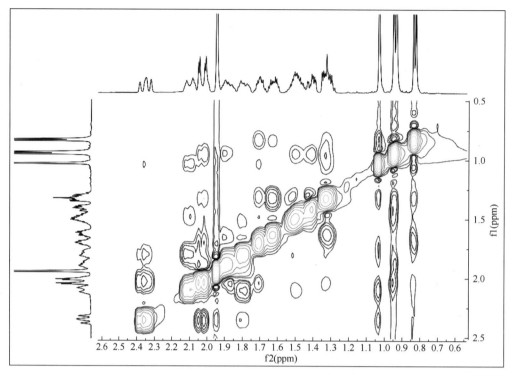

图 2-47　化合物 isoscoparin M 的 ROESY 谱局部放大图

第四节　化合物 scopariusins 的结构解析

scopariusin A～scopariusin C 是从产自云南省香格里拉县的唇形科香茶菜属植物帚状香茶菜 [*Isodon scoparius* C. Y. Wu et H. W. Li（Dunn）Kudô] 中分离得到的三个无色粉末状或油状化合物[1]。

scopariusin A 结构鉴定过程（图 2-48）如下，其一维和二维波谱数据见图 2-53～图 2-65。

第一步，依次测定了化合物的 ^{1}H-NMR 谱、^{13}C-NMR、DEPT 谱和 EIMS 谱，推测该化合物的分子式为 $C_{21}H_{32}O_2$，不饱和度为 6。^{13}C-NMR 和 DEPT 谱中显示有 21 个碳信号，其中包括了 6 个甲基（包括了 1 个甲氧基）、6 个亚甲基、2 个次甲基（包括 1 个烯碳）、7 个季碳[包括了 1 个羧基或酯基（δ_C 167.8，s）和 5 个烯碳]，可以初步判断该化合物很可能是一个含有羧酸甲酯和 3 对双键[其中 1 对双键明显与羧酸甲酯共轭（δ_C 115.1，d；159.6，s）]的二萜类化合物。通过进一步的碳谱还原得出该化合物的基本骨架分子式为 $C_{20}H_{38}$，不饱和度为 2，包括了 6 个 CH_3、7 个 CH_2、6 个 CH 和 1 个 C，对比发现，这些特征与所有已知的常规二环二萜的基本骨架差异较大，因此推测该化合物很可能是香茶菜属植物中一类新颖的二环二萜类化合物。

第二步，测定化合物 ^{1}H-^{1}H COSY、HMBC、HMQC 和 ROESY 谱。从一维核磁推测该化合物有较为新颖的骨架，与已知的二环二萜类化合物存在较大的差异，因此通过常规的一维核磁很难判断化合物的基本骨架。研究者采用前文介绍的从头解析的方法对该化合物进行结构解析（为了避免混淆，研究者将碳原子编号还原为骨架碳原子的编号）。其基

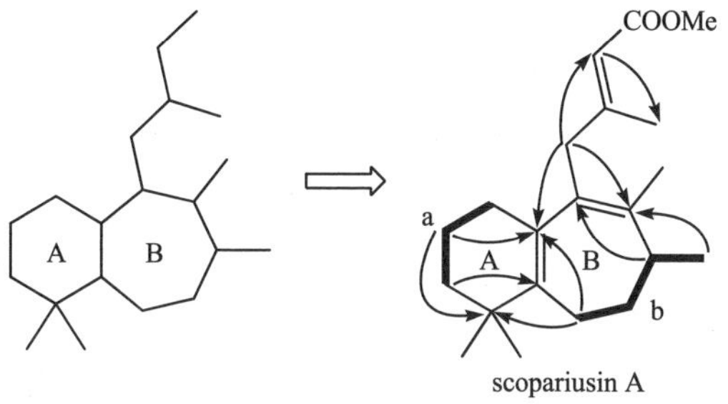

图 2-48　化合物 scopariusin A 结构确定过程

本程序是：对碳原子编号，并利用 HMQC 谱对氢谱进行编号，观察 ^{1}H-^{1}H COSY 的关键相关，利用 HMBC 对一些确切的片段进行扩展延伸从而推测出化合物的平面结构，通过综合验证和数据列表对碳氢信号进行全归属，然后通过 ROESY 谱确定化合物的相对构型，最后通过 X-单晶衍射、ECD 计算、化学转化等方法确定化合物的绝对构型。在该化合物中，^{1}H-^{1}H COSY 相关谱给出了两个分子片段：-CH$_2$(1)-CH$_2$(2)-CH$_2$(3)- 和 -CH$_2$(6)-CH$_2$(7)-CH(8)-CH$_3$(17)。然后利用 HMBC 谱将这两个片段通过季碳连接起来。在第一个片段中，从 HMBC 谱中观察到了 H$_2$-2 与 C-10（δ_C 132.6，s）相关，从而确定了 C-1 与 C-10 相连；H$_2$-2 与 C-4（δ_C 35.1，s）相关和 H$_2$-3 与 C-5（δ_C 142.9，s）的相关确定了 C-3 通过 C-4 与 C-5 相连。以上数据说明了 C-1 至 C-5 和 C-10 形成了一个六元环，即 A 环。第二个片段中，从 HMBC 谱中观察到了 H$_2$-6 与 C-4 和 C-10 相关以及 H$_2$-7 与 C-5 相关，确定了 C-5 和 C-6 相连。而 H$_2$-7 和 C-17 甲基与 C-9（δ_C 138.4，s）相关，以及 H-8 与 C-11（δ_C 131.4，s）相关，说明了 C-8 通过 C-9 与 C-11 相连。结合 H$_2$-12 与 C-9 和 C-11 的 HMBC 相关，证实了 C-5 至 C-11 构成了一个七元环，与之前推导的六元环通过 C-5 和 C-10 骈合在一起。同理，根据 H$_2$-12 与 C-13 和 H-14 与 C-13，C-15 和 C-16 的相关，很容易推导出 C-12 至 C-16 的侧链连接。至此，研究者推导出该化合物的平面结构为一个具有新颖的 10（9→11）*abeo-ent*-halimane 骨架类化合物，它具有一个罕见的二环[5.4.0]十一烷片段。

　　该化合物极性较小，为黄色油状化合物，通过多次尝试都没有得到该化合物的单晶。根据帚状香茶菜中分离得到的其他化合物，推测出这种新颖的重排对映-海里曼型二萜化合物的前体化合物可能是对映-海里曼和对映-克罗烷二萜类化合物，而在生物转化过程中，化合物 C-8 位的绝对构型并未发生变化，所以推测该新颖化合物的 C-8 位绝对构型很可能是 *R* 构型。但是，由于缺少单晶数据，没有直接的证据。最终，该化合物的相对和绝对构型是通过仿生转化的方法得以确定的。下面对其仿生转化进行简单的介绍。

表 2-4　化合物 scopariusin A 的碳氢谱数据归属和主要相关

No.	δ_C	δ_H	Key HMBC	ROESY
1	28.0 t	1a-1.99 m 1b-1.74 m	C-10，5，11，2，3	H-12 H-12
2	20.0 t	1.54 m（o）	C-10，4，3，1	H-1a
3	39.7 t	1.43 m（o）	C-5，18，19，4，2，1	H-1a，1b

No.	δ_C	δ_H	Key HMBC	ROESY
4	35.1 s			
5	142.9 s			
6	26.5 t	6a-1.87 m 6b-1.80 dd（13.6，7.2）	C-5，10，7，8	H-7
7	45.8 t	7α-1.70 m 7β-1.89 m	C-5，9，8，17	H-17 H-8
8	35.4 d	2.43 m	C-11，7，17，9	H-7β
9	138.4 s			
10	132.6 s			
11	131.4 s			
12	41.2 t	3.00 d（16.9） 2.90 d（16.9）	C-9，13，14，16	H-1a，1b H-1a，1b
13	159.6 s			
14	115.1 d	5.60 s	C-12，13，15，16	
15	167.8 s	3.64 s		
16	19.4 q	2.11 s	C-13，14，12	H-1a，1b，12a，12b
17	18.0 q	0.97 d（7.0）	C-7，8，9	H-8，7α
18	28.4 q	0.94 s	C-3，4，5	H-3
19	30.2 q	1.04 s	C-4，5，6	H-6，3
20	14.7 q	1.66 s	C-8，9，10，11	H-12
OMe	51.0 q	3.64 s	C-15	

　　首先，根据从帚状香茶菜中分离得到的其他二环二萜类化合物推测出该化合物可能的生源途径，如图 2-49 所示，从其可能的生源前体对映-克罗烷二萜，到对映-海里曼型二萜，再到新颖的重排对映-海里曼型二萜，主要有两个关键反应，一个是立体选择性的 1,2-甲基迁移，第二个是扩环反应。第二，通过对分离得到的化合物展开生源途径的探讨并结合广

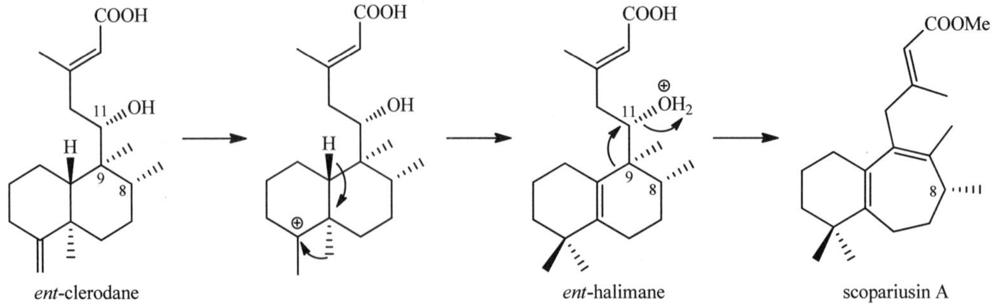

图 2-49　化合物 scopariusin A 的生源途径

泛的文献查阅，设计出了从对映-克罗烷二萜到对映-海里曼型二萜再到重排对映-海里曼型二萜的仿生合成路线。最后，通过对反应条件的广泛尝试，完成了该化合物的仿生转化，由于在转化过程中 C-8 未参与任何化学反应，而前体的绝对构型已经通过 X-单晶衍射得以确定，所以最终确定了化合物 C-8 位的绝对构型为 R 型，如图 2-50 所示，至此，该化合物绝对构型得以确定，命名为 scopariusin A。

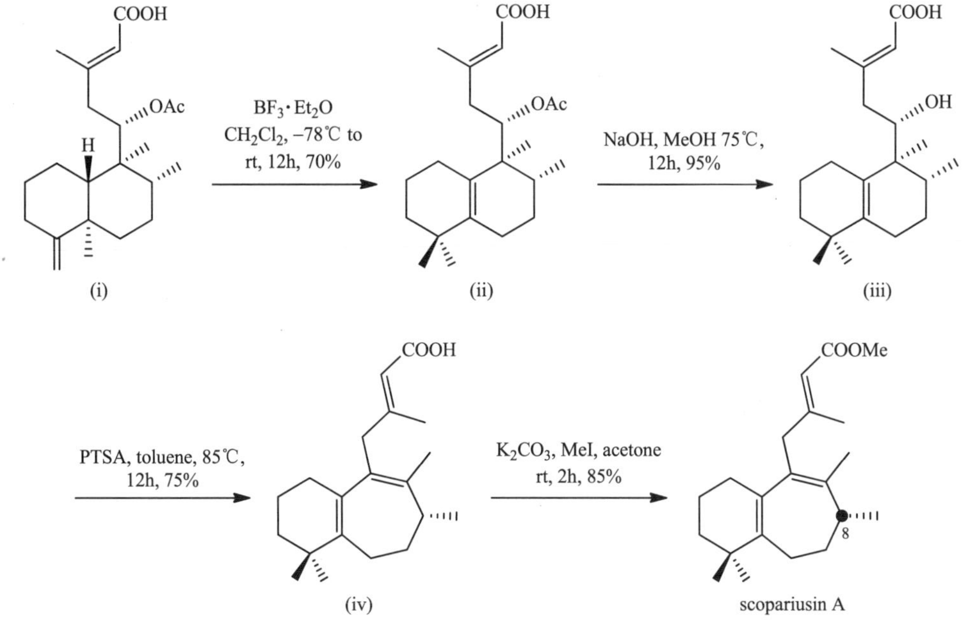

图 2-50　化合物 scopariusin A 的仿生合成路线

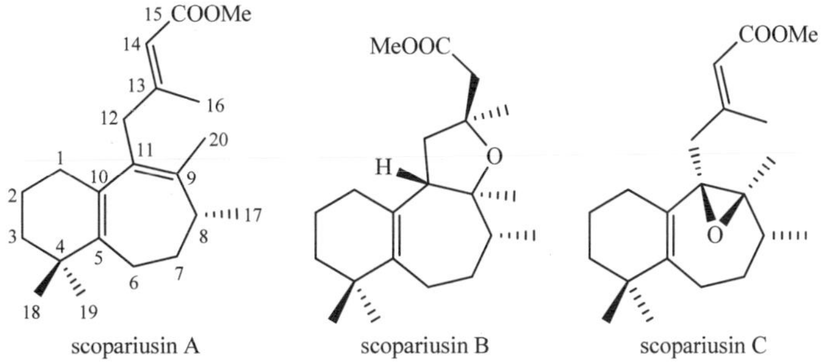

图 2-51　化合物 scopariusin A～scopariusin C 的结构图

scopariusin B 结构解析过程如下，其一维和二维波谱数据见图 2-66～图 2-76。

该化合物为无色的油状物，分子式通过高分辨质谱确定为 $C_{21}H_{34}O_3$，不饱和度为 5。^{13}C NMR 和 DEPT 谱显示了 21 个共振信号，通过碳骨架还原发现该化合物的基本骨架与 scopariusin A 相同，它们官能团的不同之处为 scopariusin B 少了两对双键碳信号而多了

2 个连氧碳的信号，提示化合物 scopariusin A 通过氧化双键成羟基，再通过脱水形成一个四氢呋喃的结构片段。该分子的相对构型是通过 ROESY 谱确定的，如图 2-52 所示，通过 H-8/H-11、H-11/H-12β 以及 H$_2$-14/H-8 和 H-12β 的 ROESY 相关，提示 H-8、H-11、H-12β 和 H$_2$-14 为 β 取向，而 H-12α、Me-16、Me-17 和 Me-20 为 α 取向。其绝对构型可以通过与 scopariusin A 的生源关系得出，尤其是通过仿生合成确定了 scopariusin A 的绝对构型，再根据该化合物的 C-8 位应该和 scopariusin A 一致，因此推测其绝对构型很可能为 8R、9S、11S 和 13S，该化合物得以确定，并命名为 scopariusin B，其数据归属见表 2-5。

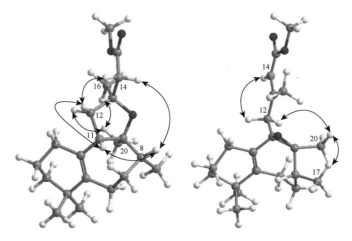

图 2-52　化合物 scopariusin B 和 scopariusin C 的 ROESY 相关

表 2-5　化合物 scopariusin B 的碳氢谱数据归属和主要相关

No.	δ_C	δ_H	Key HMBC	ROESY
1	29.6 t	1a-1.98 m（o） 1b-1.86 m	C-10，5，2，3	o
2	19.9 t	1.51 m	C-10，3，1	o
3	39.4 t	3a-1.41 m（o） 3b-1.36 m（o）	C-4，2	o
4	35.3 s			
5	141.9 s			
6	28.1 t	6a-2.19 dd（11.6，5.2） 6b-2.07 m（o）	C-4，7，9，10	o
7	32.7 t	7a-1.53 m 7b-0.88 m（o）	C-5，9	o
8	49.1 d	1.69 m	C-11，7，17，9	H-11，14
9	85.3 s			
10	129.7 s			

续表

No.	δ_C	δ_H	Key HMBC	ROESY
11	50.3 d	3.09 dd（11.0，5.6）		H-8，12，14
12	39.9 t	12a-2.14 m（o） 12b-2.05 m（o）	C-11，9，13，14，16，10	H-11，14
13	79.0 s			
14	47.0 t	2.47 s	C-12，13，15，16	H-8，12，16
15	171.9 s			
16	29.3 q	1.41 s	C-13，14，12	H-20
17	17.8 q	0.87 d（5.6）	C-7，8，9	H-12
18	27.4 q	0.91 s	C-3，4，5	H-3
19	28.1 q	0.95 s	C-4，5，6	H-6，3
20	16.0 q	0.83 s	C-8，9，10，11	H-12
OMe	51.7 q	3.64 s	C-15	

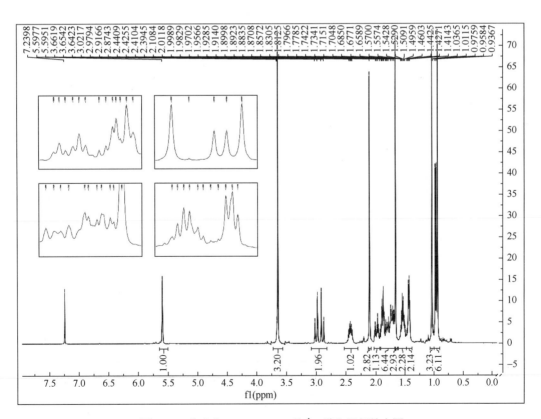

图 2-53　化合物 scopariusin A 的 ^{1}H 谱和局部放大图

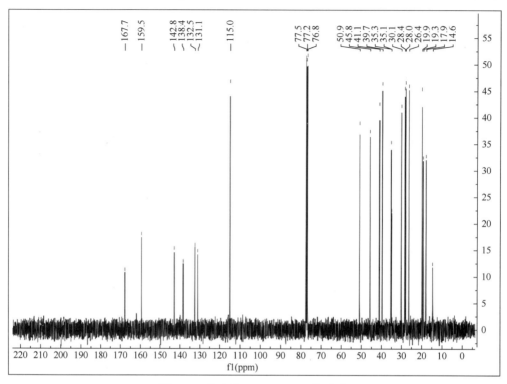

图 2-54　化合物 scopariusin A 的碳谱

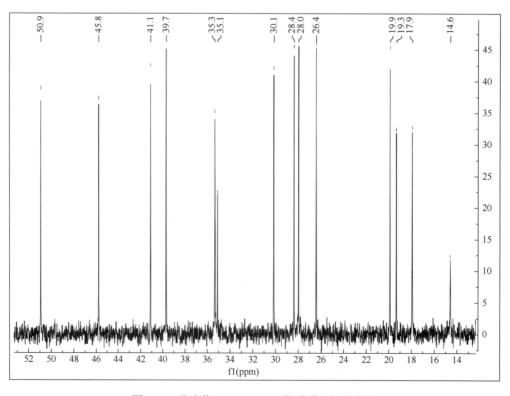

图 2-55　化合物 scopariusin A 的碳谱局部放大图

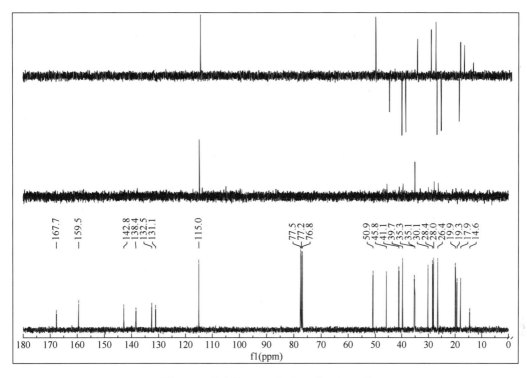

图 2-56　化合物 scopariusin A 的 DEPT 谱

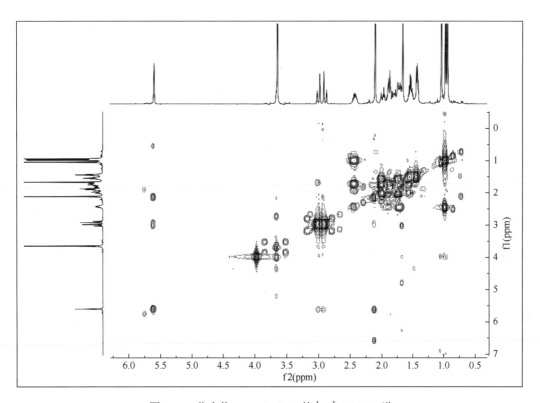

图 2-57　化合物 scopariusin A 的 ^{1}H-^{1}H COSY 谱

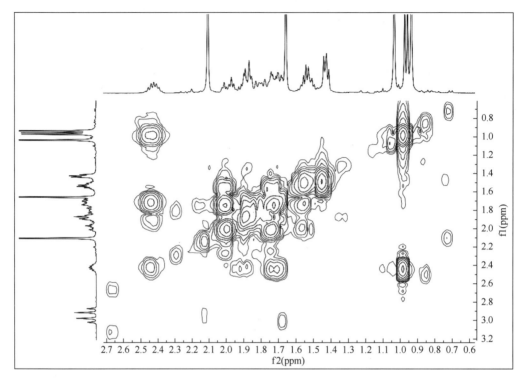

图 2-58　化合物 scopariusin A 的 ^{1}H-^{1}H COSY 谱局部放大图一

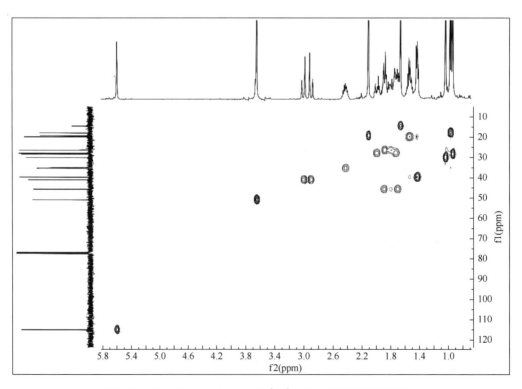

图 2-59　化合物 scopariusin A 的 ^{1}H-^{1}H COSY 谱局部放大图二

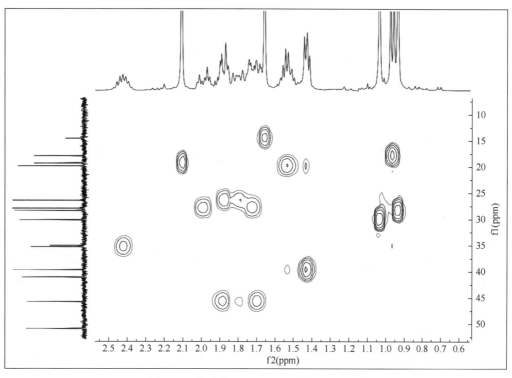

图 2-60　化合物 scopariusin A 的 HMQC 谱

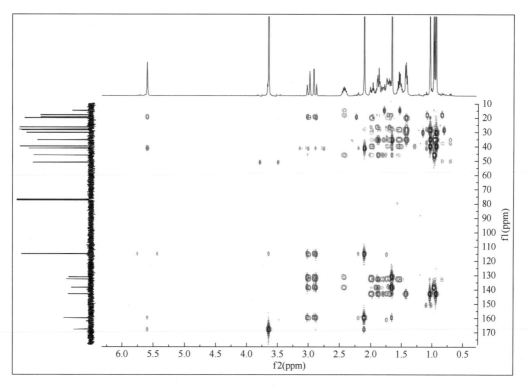

图 2-61　化合物 scopariusin A 的 HMBC 谱

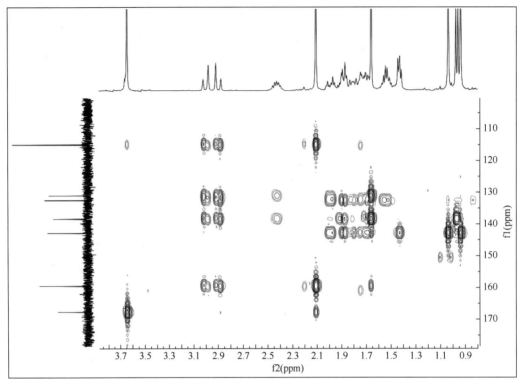

图 2-62 化合物 scopariusin A 的 HMBC 谱局部放大图一

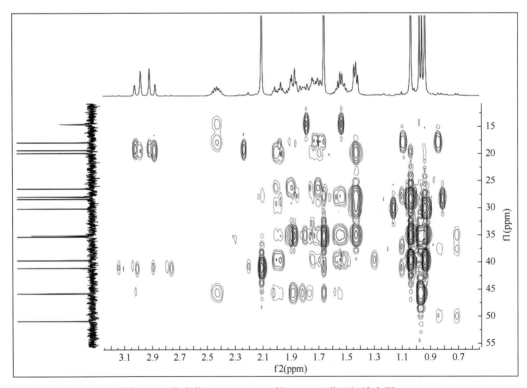

图 2-63 化合物 scopariusin A 的 HMBC 谱局部放大图二

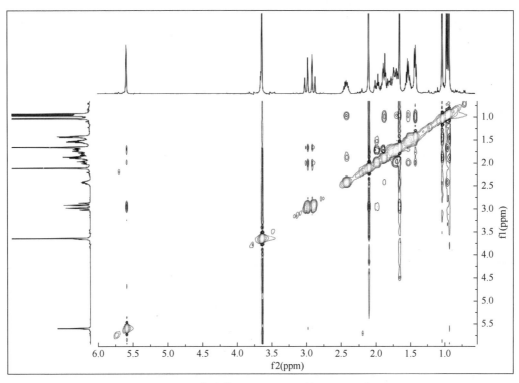

图 2-64　化合物 scopariusin A 的 ROESY 谱

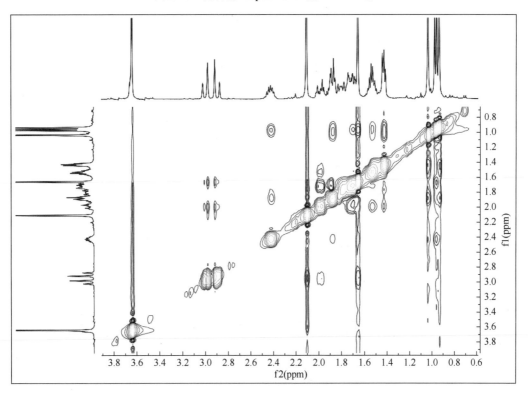

图 2-65　化合物 scopariusin A 的 ROESY 谱局部放大图

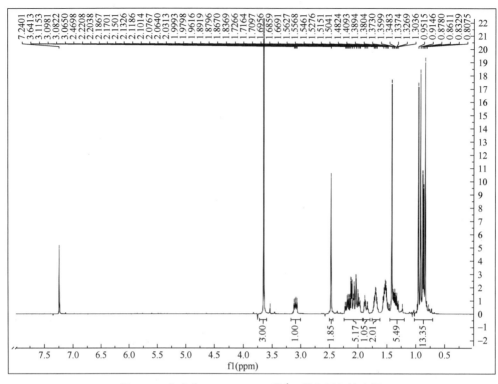

图 2-66　化合物 scopariusin B 的 ^{1}H 谱和局部放大图

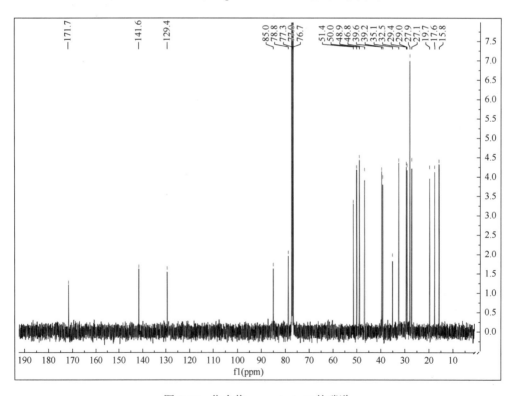

图 2-67　化合物 scopariusin B 的碳谱

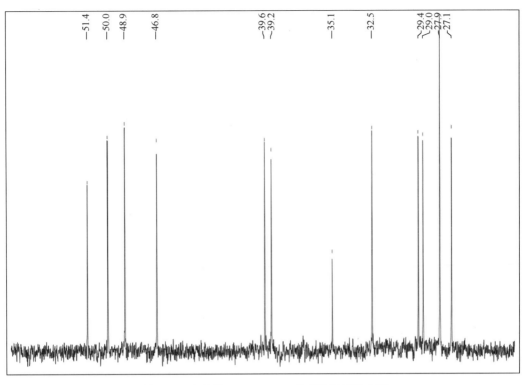

图 2-68　化合物 scopariusin B 的碳谱局部放大图

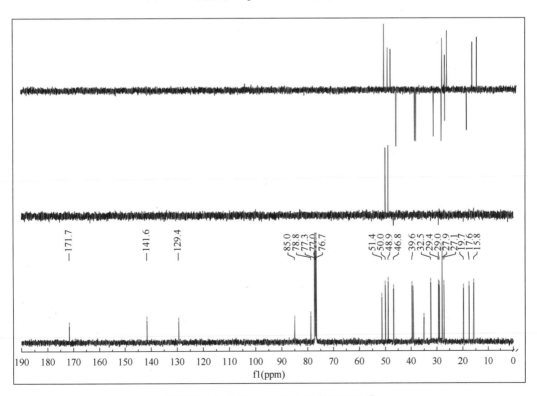

图 2-69　化合物 scopariusin B 的 DEPT 谱

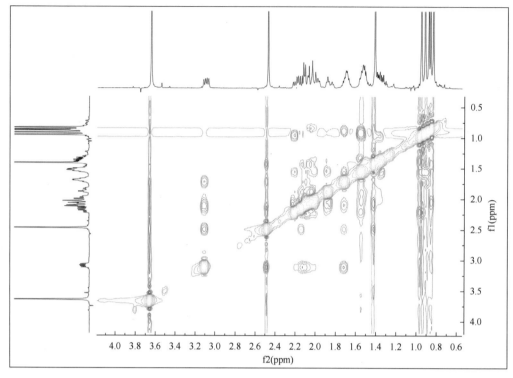

图 2-70 化合物 scopariusin B 的 ¹H-¹H COSY 谱

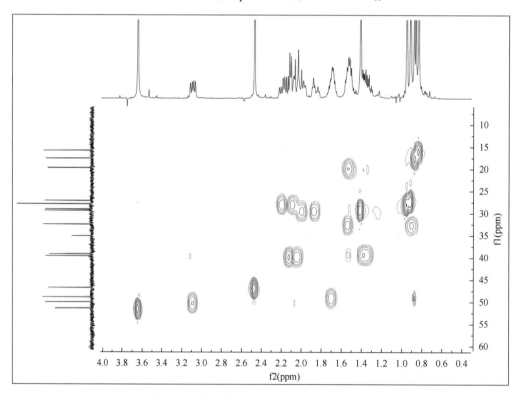

图 2-71 化合物 scopariusin B 的 HMQC 谱

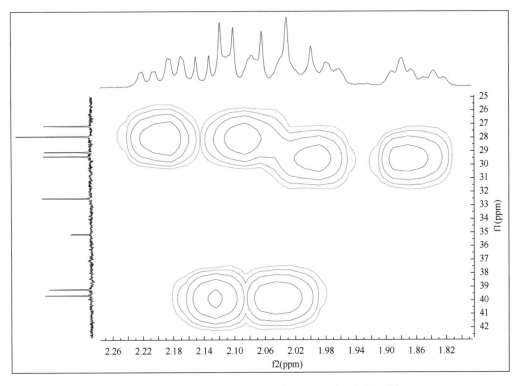

图 2-72 化合物 scopariusin B 的 HMQC 谱局部放大图

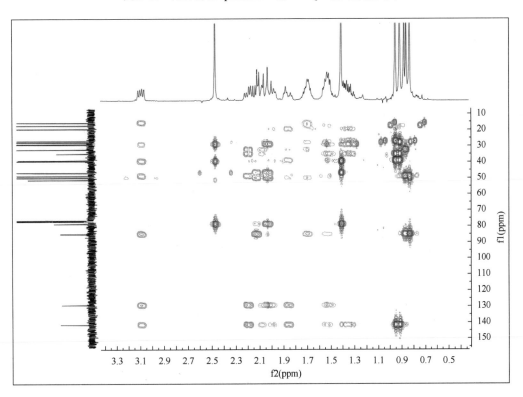

图 2-73 化合物 scopariusin B 的 HMBC 谱

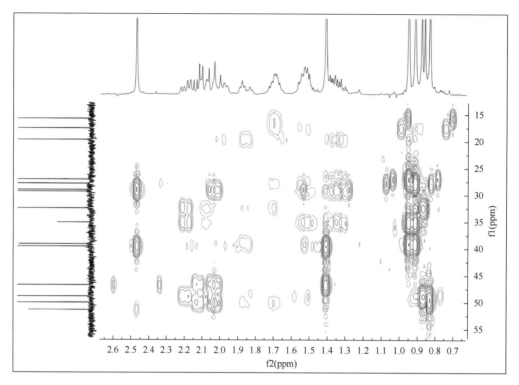

图 2-74　化合物 scopariusin B 的 HMBC 谱局部放大图一

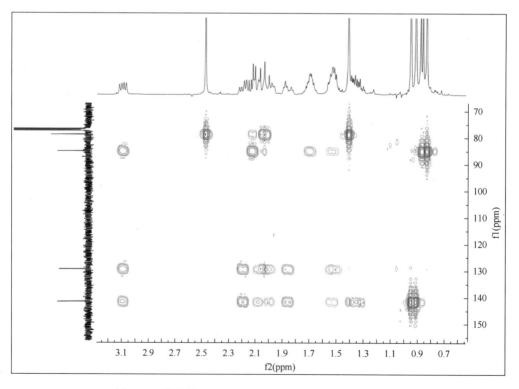

图 2-75　化合物 scopariusin B 的 HMBC 谱局部放大图二

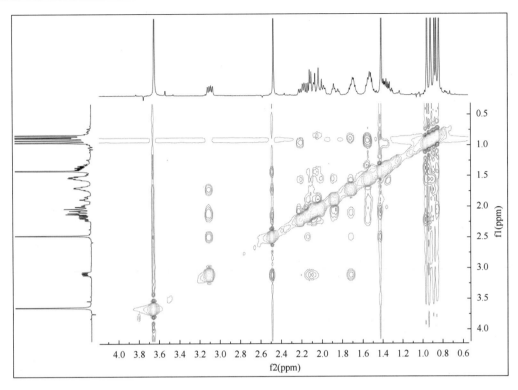

图 2-76　化合物 scopariusin B 的 ROESY 谱

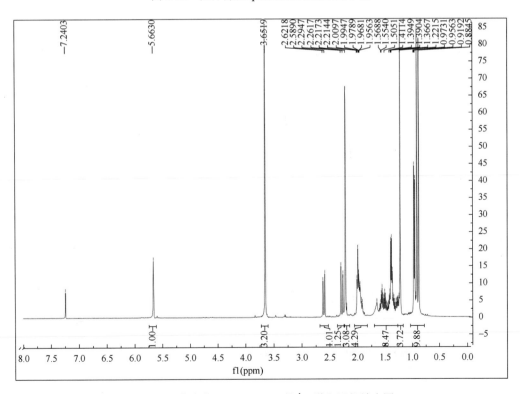

图 2-77　化合物 scopariusin C 的 ¹H 谱和局部放大图

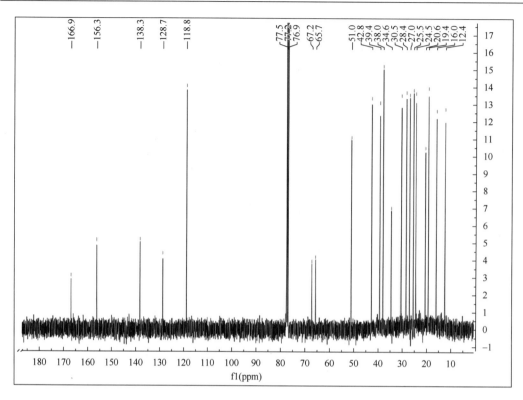

图 2-78　化合物 scopariusin C 的碳谱

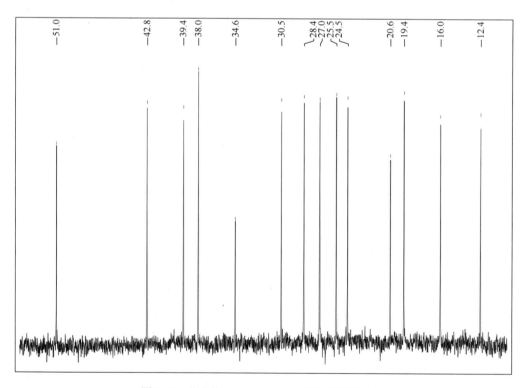

图 2-79　化合物 scopariusin C 的碳谱局部放大图

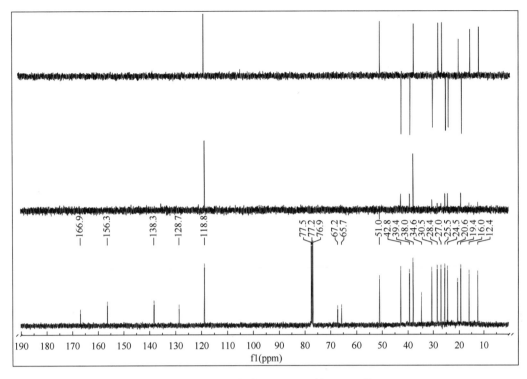

图 2-80　化合物 scopariusin C 的 DEPT 谱

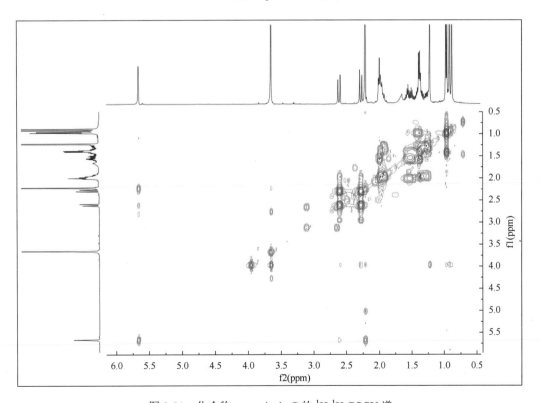

图 2-81　化合物 scopariusin C 的 ^{1}H-^{1}H COSY 谱

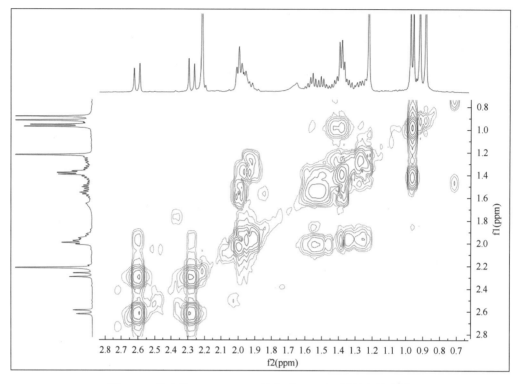

图 2-82　化合物 scopariusin C 的 ^{1}H-^{1}H COSY 谱局部放大图

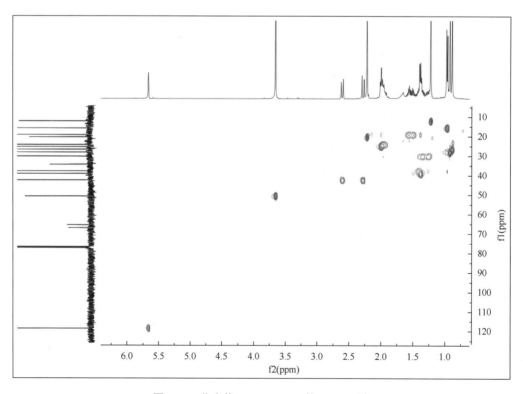

图 2-83　化合物 scopariusin C 的 HMQC 谱

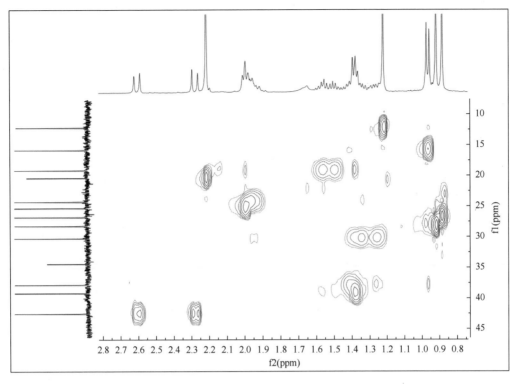

图 2-84 化合物 scopariusin C 的 HMQC 谱局部放大图

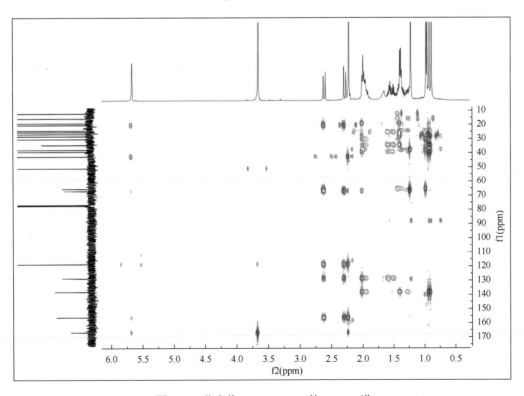

图 2-85 化合物 scopariusin C 的 HMBC 谱

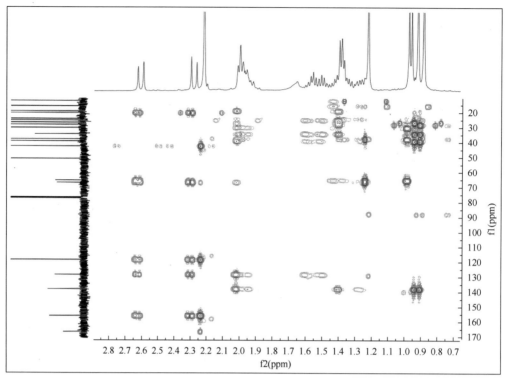

图 2-86　化合物 scopariusin C 的 HMBC 谱局部放大图

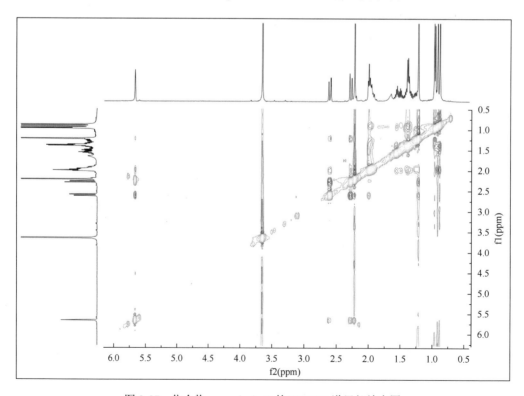

图 2-87　化合物 scopariusin C 的 ROESY 谱局部放大图

表 2-6 化合物 scopariusin C 的碳氢谱数据归属和主要相关

No.	δ_C	δ_H	Key HMBC	ROESY
1	25.5 t	2.19 br t (3.6)	C-10, 5, 2, 3	o
2	19.4 t	1.55 m; 1.50 m	C-10, 3, 1	o
3	39.4 t	1.38 m	C-4, 2	o
4	34.7 s			
5	138.3 s			
6	24.5 t	1.96 m	C-4, 7, 9, 10	o
7	30.5 t	1.34 m; 1.26 m	C-5, 9	o
8	38.0 d	1.41 m	C-11, 7, 17, 9	H-11, 14
9	65.7 s			
10	128.7 s			
11	67.2 s			
12	42.8 t	2.61 d (10.6); 2.28 d (10.6)	C-11, 9, 13, 14, 16, 10	H-16, 20
13	156.4 s			
14	118.9 d	5.66 br s	C-12, 13, 15, 16	H-20, 12a, 16
15	170.0 s	2.21 br s		
16	20.6 q	0.96 d (5.4)	C-13, 14, 12	H-20
17	16.1 q	0.88 s	C-7, 8, 9	H-20
18	27.0 q	0.92 s	C-3, 4, 5	H-6, 3
19	28.4 q	1.22 s	C-4, 5, 6	H-6, 3
20	12.4 q	3.65 s	C-8, 9, 10, 11	H-16, 12
OMe	51.1 q	5.66 br s	C-15	

scopariusin C 结构解析过程如下,其一维和二维波谱数据见图 2-77~图 2-87。

在确定 scopariusins A 和 B 的基础上很容易得出 scopariusin C 的结构。该化合物的 1D 和 2D NMR 结合其分子式信息,提示它与 scopariusin A 非常相似,差别仅在于 scopariusin A 的 C-9 和 C-11 双键被一个三元氧环所取代。该分子的相对构型也是通过 ROESY 试验来确定的,如图 2-52 所示,其中 Me-17/Me-20 和 Me-20/H$_2$-12 的相关提示 Me-17、Me-20 和 H$_2$-12 都为 α 取向。该分子的绝对构型也是根据生源途径间接推导为 8R、9S 和 11R,命名为 scopariusin C,其数据归属见表 2-6。

第五节 化合物 rubesanolide A 的结构解析

化合物 rubesanolide A 是从产自贵州省的唇形科香茶菜属植物冬凌草 [*Isodon rubescens* (Hemsl.) Hara] 中分离得到的一个无色粉末状化合物[4]。冬凌草具有良好的清热解毒、活血止痛、抑菌及抗肿瘤作用,主治咽喉肿痛、扁桃体炎、感冒头痛、气管炎、慢性肝炎、关节风湿痛、蛇虫咬伤,全株对食管癌、乳腺癌、直肠癌等均有缓解作用。

rubesanolide A 结构鉴定过程如下，其一维和二维波谱数据见图 2-89～图 2-97。

第一步，依次测定了化合物的 ^{1}H-NMR 谱、^{13}C-NMR、DEPT 谱和 EIMS 谱，推测该化合物的分子式为 $C_{20}H_{30}O_4$，不饱和度为 6。^{13}C-NMR 和 DEPT 谱中显示有 20 个碳信号，其中包括了 4 个甲基、7 个亚甲基、3 个次甲基（可能有 1 个连氧碳）、6 个季碳（包括 3 个连氧碳和 1 个羰基碳），进一步通过一维核磁综合解析发现，该化合物中有一个特征次甲基信号（δ_H 2.18，br dd，13.1，3.7；δ_C 42.2，d），2 个甲基单峰信号（δ_H 0.94，s；0.99，s）和 1 组异丙基的特征信号（δ_H 1.75，m；0.98，d，7.0；0.93，d，7.0；δ_C 34.4，d；17.6，q；18.1，q），这些特征显示该化合物应该是该植物中的二萜类化合物，值得进一步关注。其次，这个化合物中还有一些重要官能团的信号，包括了一个羰基信号（δ_C 174.1，s），四个连氧碳信号，其中 1 个为次甲基（δ_H 2.73，s；δ_C 63.3，d），3 个为季碳（δ_C 67.8，s；80.4，s；68.1，s）。通过进一步的碳谱还原得出该化合物的基本骨架分子式为 $C_{20}H_{36}$，不饱和度为 3，包括了 5 个 CH_3、8 个 CH_2、5 个 CH 和 2 个 C，这些特征与常见的松香烷和闭花木烷型二萜的基本骨架一致，而该化合物中特征的异丙基信号可以确定该化合物为松香烷型二萜类化合物，如图 2-88 所示。除去 3 个骨架的不饱和度和 1 个羰基不饱和度，推测该分子中还有两个氧环，初步推测为 1 个内酯环和 1 个醚环[从较高场化学位移的次甲基信号（δ_H 2.73，s；δ_C 63.3，d）推测，很可能是前面研究者讨论过的三元氧环信号]。至此，初步确定了该化合物的基本骨架和三种官能团（1 个内酯环、1 个三元氧环和 1 个含氧取代），如图 2-88 所示。在运用排列组合的方式进行推测的过程中，发现由于松香烷二萜的基本骨架中有 5 个亚甲基（除异丙基中的亚甲基未取代外），且其中有 3 个被氧取代成连氧季碳，组合的方式较多，文献调研也发现和该化合物碳谱数据存在很大的差异，初步推测该化合物为新化合物。

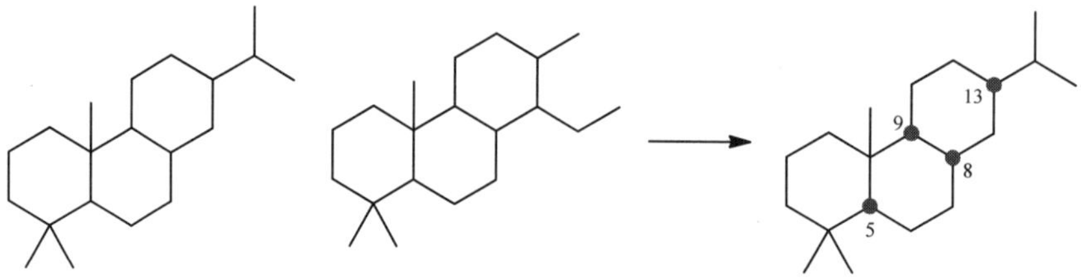

abietane　　　　　　　cleistanthane　　　　　　　abietane

图 2-88　化合物 rubesanolide A 可能的基本骨架

第二步，测定化合物 ^{1}H-^{1}H COSY、HMBC、HMQC 和 ROESY 谱。然后对二维谱图上一些明显的信号进行初步的归属和验证，在此基础上，通过 HMBC 谱，来确定化合物中 3 个取代基的位置，从而确定其平面结构。首先，从 HMBC 谱中，观察到关键氢信号（δ_H 2.73，s）与 C-8、C-9、C-12、C-13 和 C-15 相关，同时，（δ_H 1.57，m，H-15）与 C-12、C-13 和 C-14 相关，以此可以归属其中两个季碳信号分别为 C-13（δ_C 68.1，s）和 C-14（δ_C 63.3，s）。它们之间形成一个三元氧环。其次，从 H_2-1 和 H-5 与羰基信号（δ_C 174.1，s）的相关，可以推测羰基取代在 C-20 位，而活泼氢（δ_H 2.87，br s，OH）与 C-7、C-8 和

C-14 相关，说明羟基连接在 C-8 上，那么，C-20 位只能和 C-9 位形成一个罕见的四元内酯环，至此，化合物的平面结构得以确定。

第三步，对其碳和氢信号、关键 HMBC 和 ROESY 相关进行全归属，见表 2-7。在此基础上，运用 ROESY 谱确定其相对构型，该分子有 6 个手性碳，从 H-5 与 H-1α/H-3α/H-7α/H₃-18 相关，8-OH 与 H-5α/H-7α/H-11α 相关，以及 H-14 与 H₂-7/H-12β/H-15 相关，可以推测出 H-5 和 8-OH 为 α 取向，而 H-14 为 β 取向。该化合物的相对和绝对构型通过 X-单晶衍射的方法得以确定，如图 2-98 所示，该化合物命名为 rubesanolide A。

表 2-7　化合物 rubesanolide A 的碳氢谱数据归属和主要相关

No.	δ_C	δ_H	Key HMBC	Key ROESY
1	28.2 t	1α-1.26 td (13.3, 4.2) 1β-2.15 br d (13.3)	C-2, 20	H-5α
2	19.1 t	2α-1.56 m 2β-1.78 br qt (13.8, 3.3)	C-1, 3, 10	
3	41.2 t	3α-1.19 br td (13.9, 3.4) 3β-1.45 br d (13.3)	C-5, 18, 19, 4	
4	33.4 s			
5	42.2 d	2.18 br dd (13.1, 3.7)	C-5, 20	H-18, H-1α, 8-OH
6	18.1 t	6α-1.97 m 6β-1.52 m	C-5, 10, 7, 8	
7	29.2 t	7α-1.92 m 7β-2.04 m	C-5, 9, 8	
8	67.8 s			
9	80.4 s			
10	61.2 s			
11	19.5 t	11α-1.72 br ddd (14.2, 8.2, 5.3) 11β-1.67 br ddd (14.4, 6.3, 2.9)	C-11, 8, 9	
12	19.5 t	12α-2.02 m 12β-1.99 m	C-9	
13	68.1 s			
14	63.3 d	2.73 s	C-8, 12, 13, 15	H-12β, 15, 17
15	34.3 d	1.57 m	C-12	
16	17.6 q	0.98 d (7.0)	C-15	
17	18.1 q	0.93 d (7.0)	C-15	
18	31.4 q	0.94 s	C-3, 4, 5	
19	20.2 q	0.99 s	C-3, 4, 5	
20	174.1 s	1.66 s		
8-OH		2.87 br s	C-7, 8	H-7α, 11α, 5α,

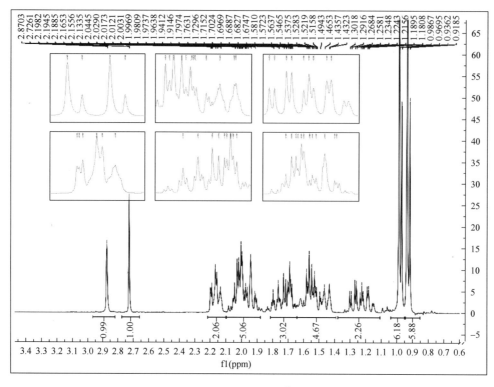

图 2-89　化合物 rubesanolide A 的 ^{1}H 谱和局部放大图

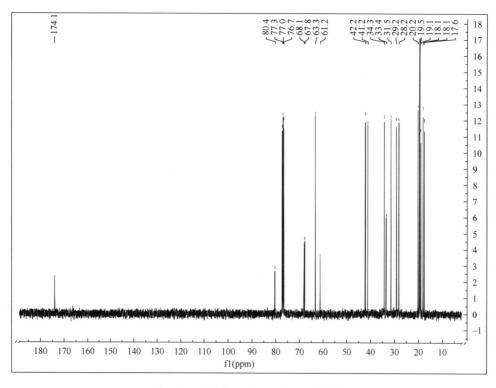

图 2-90　化合物 rubesanolide A 的碳谱

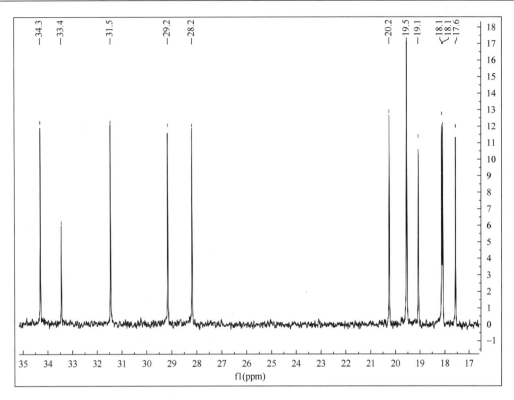

图 2-91　化合物 rubesanolide A 的碳谱局部放大图

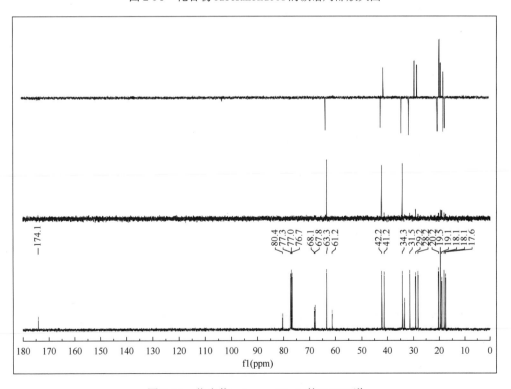

图 2-92　化合物 rubesanolide A 的 DEPT 谱

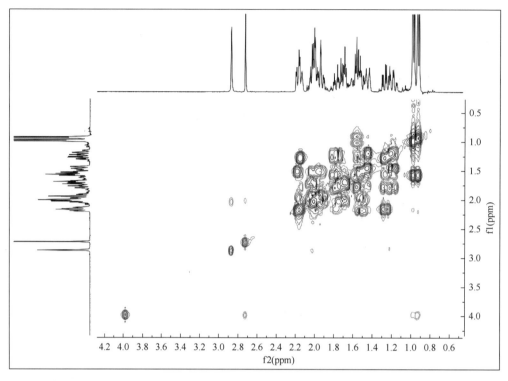

图 2-93　化合物 rubesanolide A 的 ^{1}H-^{1}H COSY 谱

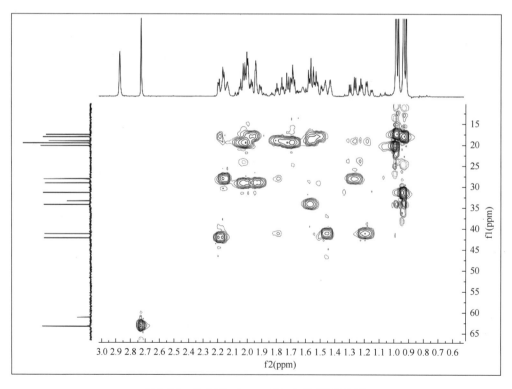

图 2-94　化合物 rubesanolide A 的 HMQC 谱

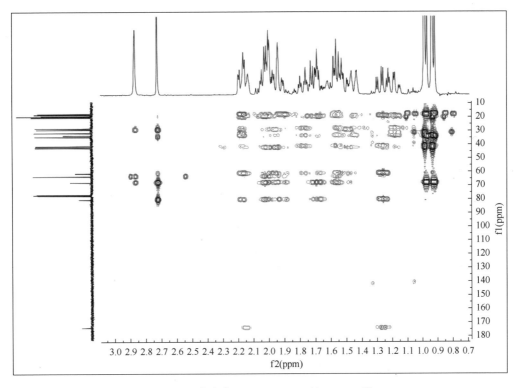

图 2-95 化合物 rubesanolide A 的 HMBC 谱

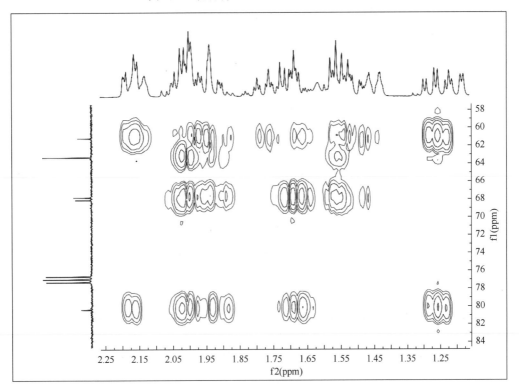

图 2-96 化合物 rubesanolide A 的 HMBC 谱局部放大图

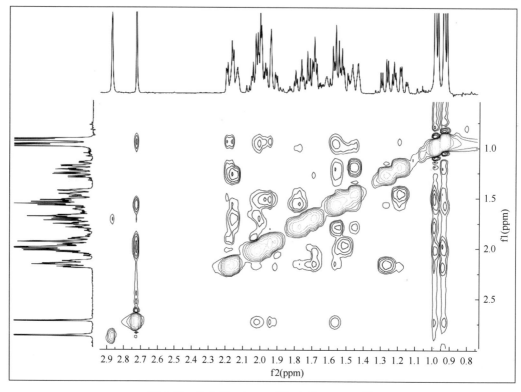

图 2-97　化合物 rubesanolide A 的 ROESY 谱

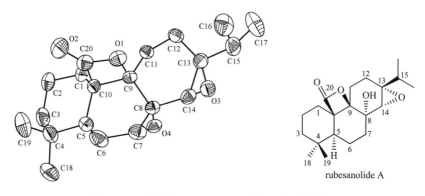

rubesanolide A

图 2-98　化合物 rubesanolide A 的 X-单晶衍射图

第六节　化合物 wikstroemioidin E 的结构解析

　　化合物 wikstroemioidin E 是从产自广西壮族自治区的唇形科香茶菜属植物荛花香茶菜 [*Isodon wikstroemioides*（Hand.-Mazz.）H. Hara] 中分离得到的一个无色透明的针状晶体化合物[5]。

　　wikstroemioidin E 结构鉴定过程如下，其波谱数据见图 2-101～图 2-114。

　　第一步，依次测定了化合物的 ^{1}H-NMR 谱、^{13}C-NMR、DEPT 谱和 EIMS 谱，推测该化合物的分子式为 $C_{22}H_{32}O_6$，不饱和度为 7。^{13}C-NMR 和 DEPT 谱中显示有 22 个碳信号，其中包括了 3 个甲基、7 个亚甲基[1 个氧化亚甲基（δ_C 71.4，t）、1 个末端双键烯碳（δ_C 117.6，t）]、6 个次甲基[3 个连氧碳（δ_C 76.2，d；72.6，d；70.1，d）]、6 个季碳[1 个羰基（δ_C 207.3，s）、1 个酯羰基（δ_C 169.2，s）和 1 个烯碳（δ_C 146.9，s）]，可以初步判断该化合物很可能是含有 1 个末端双键与羰基共轭的不饱酮单元、4 个含氧取代基团（其中 1 个为乙酰基）的二萜类化合物。进一步的碳谱还原得出该化合物的基本骨架分子式为 $C_{20}H_{34}$，不饱和度为 4，包括了 4 个 CH_3、9 个 CH_2、4 个 CH 和 3 个 C，这些特征与香茶菜属植物中特征的对映-贝壳杉烷四环二萜完全一致（图 2-99），而且根据不饱和度的计算可知，该分子没有其他氧环，除乙酰基外的三个含氧基团均为羟基，因此，可以推测该贝壳杉烷二萜为常规的类型。至此，初步确定了该化合物的基本骨架和基本官能团。文献调研表明，未发现已知的常规贝壳杉烷四环二萜与该化合物碳谱数据完全吻合，初步推测该化合物为新化合物。

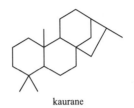

图 2-99 化合物 ternifolide A 可能的基本骨架

第二步，测定化合物 ¹H-¹H COSY、HMBC、HMQC 和 ROESY 谱。下面运用二维核磁对该化合物的基本骨架和取代基的位置进行综合验证。首先通过 H₂-1/H₂-2/H₂-3、H-5/H₂-6/H-7 和 H-9/H₂-11/H-12/H-13/H-14 的 ¹H-¹H COSY 相关，结合 H-5 与 C-3、C-6、C-9、C-18、C-19 和 C-20，以及 H-13 与 C-8、C-11、C-14、C-15 和 C-17 的 HMBC 相关，确定了该化合物是一个 C-20 位未氧化的贝壳杉烷型四环二萜化合物。其次，在 HMBC 中还观察到 H-7 与 C-6、C-8、C-14、C-15 和乙酰基的相关，H-12 与 C-9 和 C-14 相关，H₂-18 与 C-4、C-5 和 C-19 相关，说明了乙酰基和三个羟基分别取代在 C-7、C-12、C-14 和 C-18 上，从而确定了该化合物的平面结构。

第三步，对其碳和氢信号、关键 HMBC 和 ROESY 相关进行全归属，见表 2-8。然后，运用 ROESY 谱来分析化合物的相对构型，该分子有 9 个手性碳。在 ROESY 谱中，可以观察到 H-7 和 H-12 与 H-5β 和 H-9β 相关，从而确定了它们都为 β 取向，同理 H₂-18 与 H-6β 相关也说明了 H₂-18 为 β 取向，而 H-14 和 H₃-20 的相关证实了 H-14 为 α 取向。最终，该化合物的相对构型和绝对构型通过 X-单晶衍射的方法得以证实，如图 2-100 所示，该化合物命名为 wikstroemioidin E。

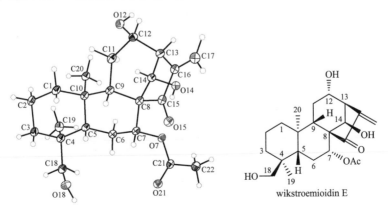

图 2-100 化合物 wikstroemioidin E 的单晶衍射图

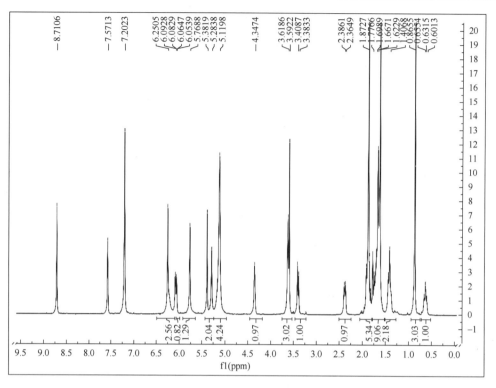

图 2-101　化合物 wikstroemioidin E 的 ^{1}H 谱

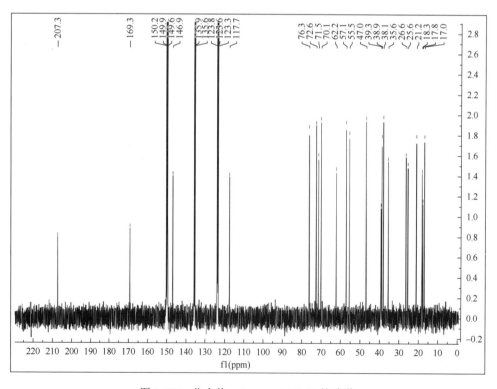

图 2-102　化合物 wikstroemioidin E 的碳谱

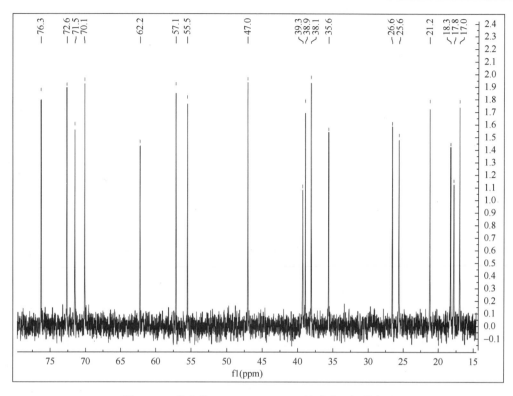

图 2-103 化合物 wikstroemioidin E 的碳谱局部放大图

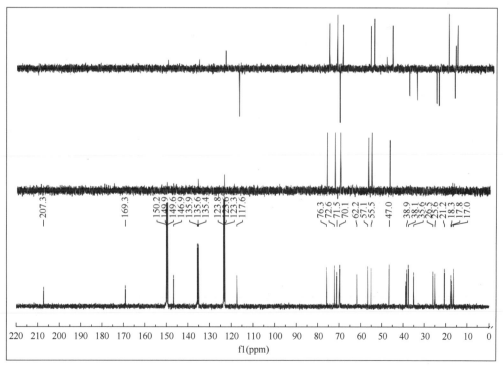

图 2-104 化合物 wikstroemioidin E 的 DEPT 谱

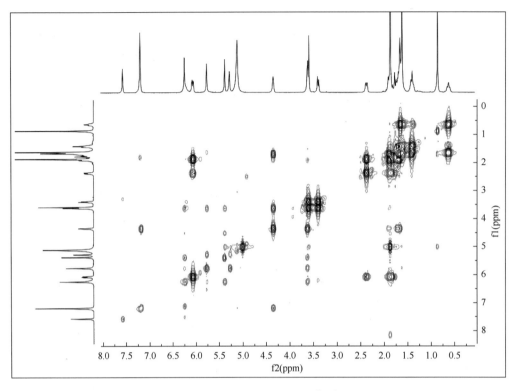

图 2-105　化合物 wikstroemioidin E 的 ¹H-¹H COSY 谱

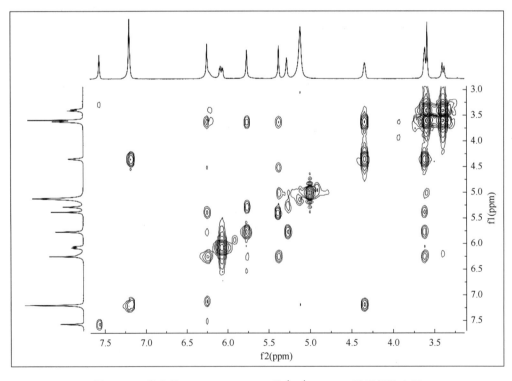

图 2-106　化合物 wikstroemioidin E 的 ¹H-¹H COSY 谱局部放大图

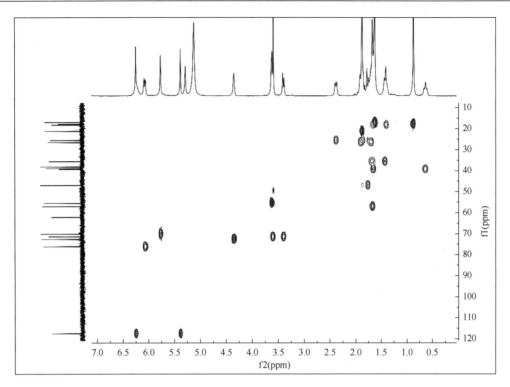

图 2-107　化合物 wikstroemioidin E 的 HMQC 谱

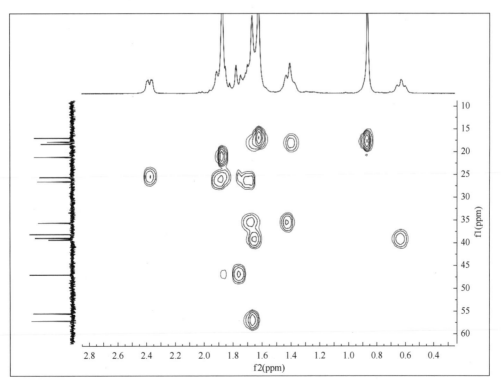

图 2-108　化合物 wikstroemioidin E 的 HMQC 谱局部放大图一

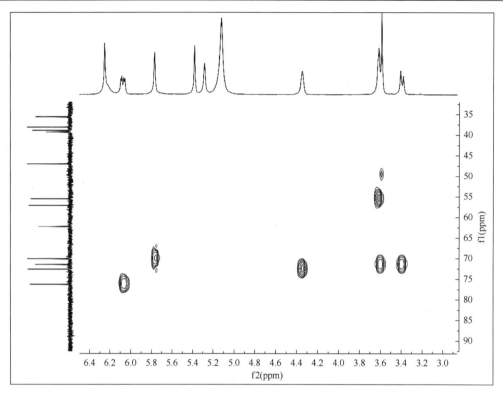

图 2-109　化合物 wikstroemioidin E 的 HMQC 谱局部放大图二

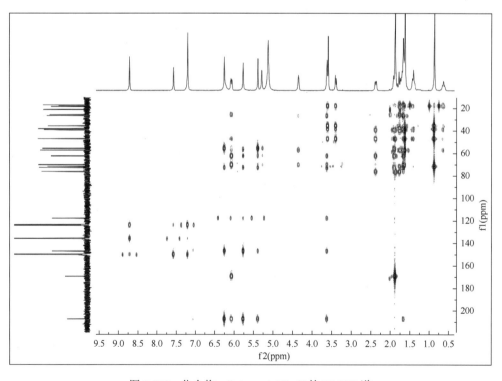

图 2-110　化合物 wikstroemioidin E 的 HMBC 谱

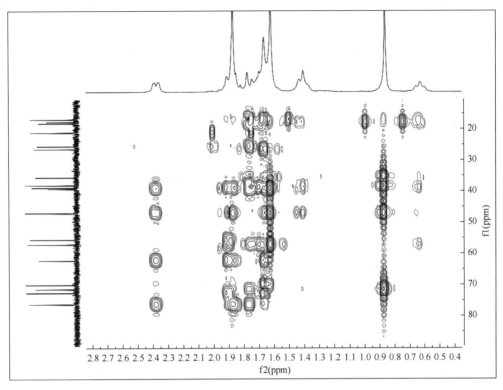

图 2-111　化合物 wikstroemioidin E 的 HMBC 谱局部放大图一

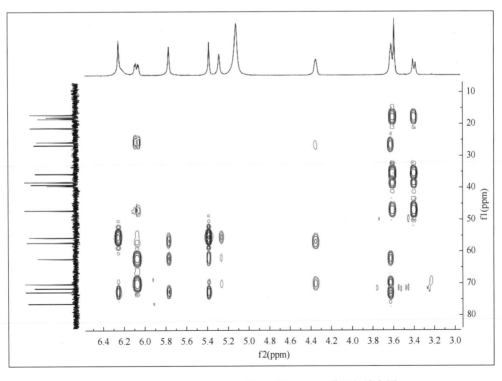

图 2-112　化合物 wikstroemioidin E 的 HMBC 谱局部放大图二

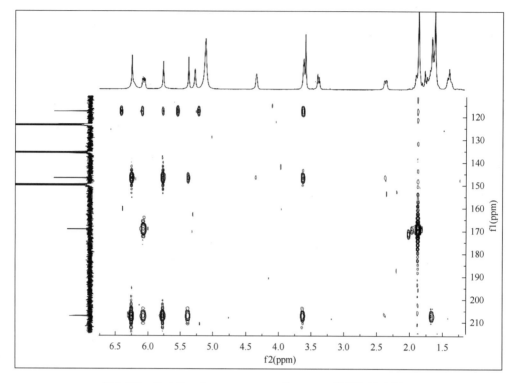

图 2-113　化合物 wikstroemioidin E 的 HMBC 谱局部放大图三

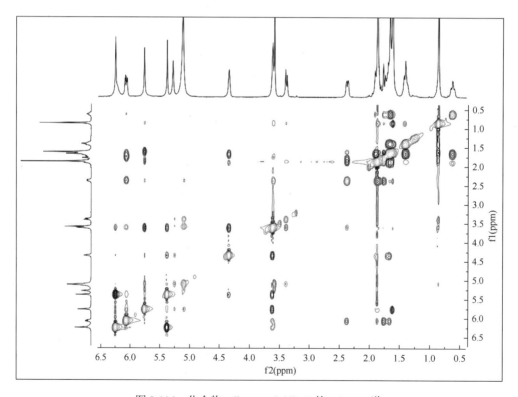

图 2-114　化合物 wikstroemioidin E 的 ROESY 谱

表 2-8　化合物 wikstroemioidin E 的碳氢谱数据归属和主要相关

No.	δ_C	δ_H	Key HMBC	Key ROESY
1	39.3 t	1a-1.65 m o 1b-0.63 br t (10.8)	C-2, 20, 3	
2	18.2 t	2a-1.66 o 2b-1.40 m	C-1, 3, 4	
3	35.6 t	3a-1.65 m 3b-1.40 m	C-18	
4	38.9 s			
5	47.0 d	1.75 o	C-4, 6, 7, 9, 18, 19, 20	
6	25.6 t	6α-1.85 o 6β-2.37 dd (11.4, 4.1)	C-4, 5, 7, 8	H-7β, 18
7	76.2 d	7β-6.07 dd (11.4, 4.1)	C-5, 9	H-6β, 9β
8	62.2 s			
9	57.1 d	9β-1.65 o	C-1, 7, 8, 10, 12, 15	H-12, 7β
10	38.1 s			
11	26.5 t	11a-1.88 m 11b-1.68 o	C-8, 10, 12, 13	
12	72.6 d	12β-4.35 br s	C-9, 13, 16	H-17b, 13α
13	55.5 d	13α-3.62 br s	C-11, 14, 15, 16, 17	H-14α, 17b, 12β
14	70.1 d	14α-5.77 s	C-8, 9, 12, 13, 15, 16	H-20
15	207.3 s			
16	146.9 s			
17	117.6 t	17a-6.25 s 17b-5.38 s	C-15, 13, 16	
18	71.4 t	18a-3.60 d (10.2) 18b-3.39 d (10.2)	C-3, 4, 5	
19	17.8 q	0.86 s	C-3, 4, 5	
20	17.0 q	1.62 s	C-1, 5, 6, 9	
OAc	169.2 s 21.2 q	1.87 s		

第七节　化合物 sculponin P 的结构解析

化合物 sculponin P 是从产自广西壮族自治区的唇形科香茶菜属植物黄花香茶菜［*Isodon sculponeatus*（Vaniot）Kud□］中分离得到的一个无色粉末状化合物[6]。

sculponin P 结构鉴定过程如下，其一维和二维波谱数据见图 2-117～图 2-128。

首先，依次测定了化合物的 ^{1}H-NMR 谱、^{13}C-NMR、DEPT 谱和 EIMS 谱，推测该化合物的分子式为 $C_{20}H_{28}O_8$，不饱和度为 7。^{13}C-NMR 和 DEPT 谱中显示有 20 个碳信号，其中包括了 3 个甲基、4 个亚甲基[1 个氧化亚甲基（δ_C 74.3, t）]、7 个次甲基[3 个连氧碳（δ_C 77.2, d；73.2, d；65.5, d）和 1 个半缩醛或半缩酮碳（δ_C 102.2, d）]、6 个季碳[1 个羰基（δ_C 212.8, s）、1 个酯羰基（δ_C 172.1, s）和 1 个连氧碳（δ_C 78.2, s）]，可以初步判断该化合物很可能是含有一个非共轭羰基、一个酯基和六个含氧取代基团（其中一个为半缩醛或半缩酮）的二萜类化合物。进一步的碳谱还原得出该化合物的基本骨架分子式为 $C_{20}H_{36}$，不饱和度为 3，包括了 6 个 CH_3、7 个 CH_2、4 个 CH 和 3 个 C，这些特征与目前所有常规三环二萜的基本骨架差异较大，推测该化合物很可能是香茶菜属植物中特征的开环对映-贝壳杉烷二萜。从还原骨架由 6 个甲基的基本特征峰也可以看出，该分子发生了 1 次开环，由原来的四环二萜变成三环二萜，新产生了 2 个甲基。这些特征与香茶菜属植物中特征的 6,7-开环-对映-贝壳杉烷四环二萜完全一致，且根据不饱和度的计算可知，除两个羰基以外，该分子还有两个氧环，包括一个内酯环和一个醚环，这些特征与香茶菜属植物中常见的延命素型二萜完全一致。至此，初步确定了该化合物的基本骨架和基本官能团。文献调研表明，未发现已知的延命素二萜与该化合物碳谱数据完全吻合，初步推测该化合物为新化合物。

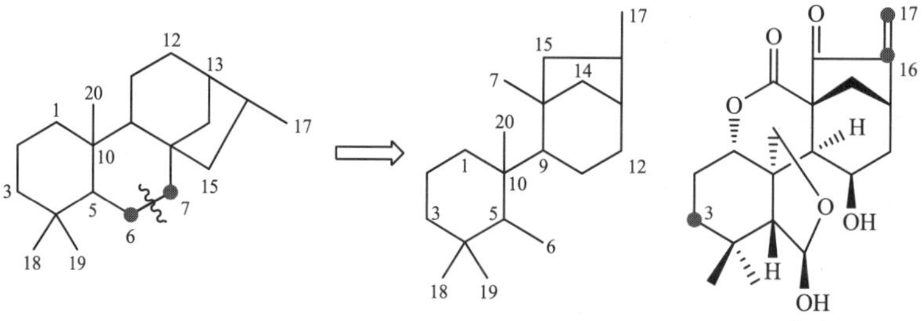

图 2-115　化合物 sculponin P 可能的基本骨架

第二步，测定化合物 ^1H-^1H COSY、HMBC、HMQC 和 ROESY 谱。下面运用二维核磁对该化合物的基本骨架和取代基位置进行综合验证。首先，通过与已知化合物 nodosin 对比，发现该化合物多两个羟基和一个甲基，同时，少一个亚甲基和一对双键，这些特点通过 HMBC 谱和 ^1H-^1H COSY 谱得到证实。HMBC 谱中，H_2-14（δ_H 3.76；3.15）、H-13（δ_H 2.72）、H_2-12（δ_H 2.37；2.07）和 H-17（δ_H 1.51）与 C-16（δ_C 78.2）相关，H_2-2（δ_H 2.46；2.37）、Me-18（δ_H 1.36）和 Me-19（δ_H 1.51）与 C-3（δ_C 73.2）相关，结合 H-2 与 H-3 的 ^1H-^1H COSY 相关，提示羟基分别连接在 C-3 和 C-16 上。由此化合物的平面结构得以确定（图 2-115）。

第三步，对三个连羟基碳的相对构型进行确定。在香茶菜属植物中的贝壳杉烷二萜通常以对映体的形式存在，暂未发现非对映体形式存在，所以根据其生源途径，C-5、C-8、

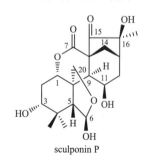

图 2-116　化合物 sculponin P 的化学结构

C-9、C-10 和 C-13 的构型通常是固定的。而对于延命素型二萜，C-6 和 C-7 之间发生了氧化断裂，同时，C-9 和 C-10 之间的碳碳键发生了 180° 旋转，所以原来 C 环和 D 环的构型发生了相应的改变。而对于另外一种 6,7-断裂的对映-贝壳杉烷二萜（螺环内酯型二萜），则没有发生构型的改变。通常在确定相对构型的过程中，将这些固定的位置作为参考对象。在 ROESY 谱中，可以明显观察到 H-1/H-3/H-5β/Me-18、H-9α/H-11/H-12α 和 Me-17/H-12α 相关，从而确定了 3-OH、11-OH 和 16-OH 分别为 α、β 和 β 取向。最终，该化合物的结构得以确定，如图 2-116 所示，该化合物命名为 sculponin P，其数据归属见表 2-9。

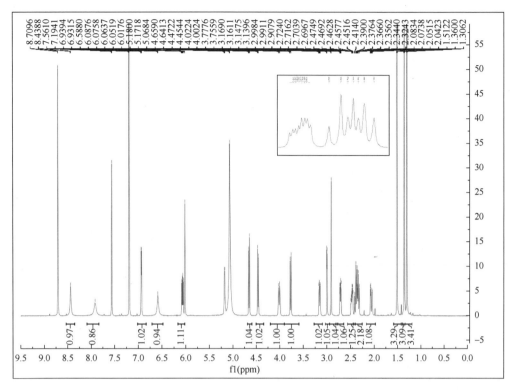

图 2-117　化合物 sculponin P 的 ^{1}H 谱和局部放大图

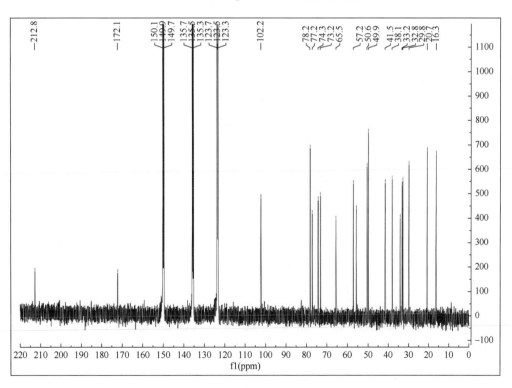

图 2-118　化合物 sculponin P 的碳谱

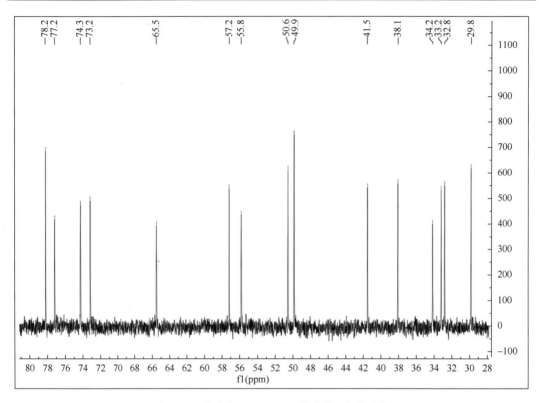

图 2-119　化合物 sculponin P 的碳谱局部放大图

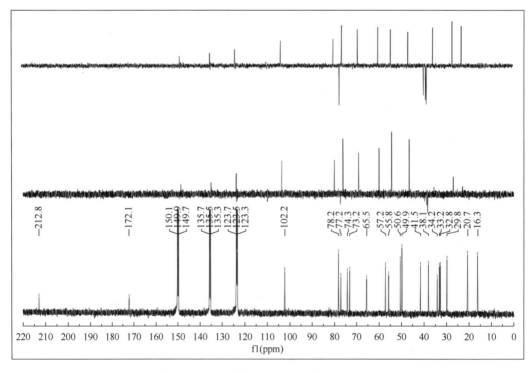

图 2-120　化合物 sculponin P 的 DEPT 谱

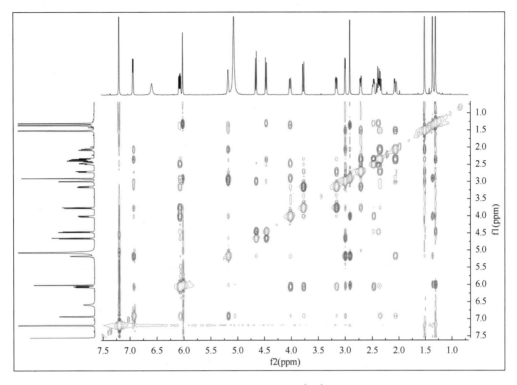

图 2-121　化合物 sculponin P 的 ^{1}H-^{1}H COSY 谱

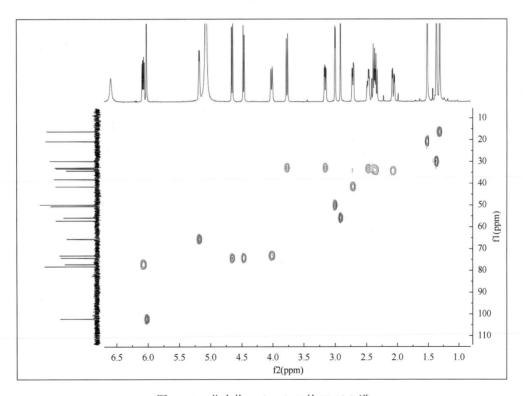

图 2-122　化合物 sculponin P 的 HMQC 谱

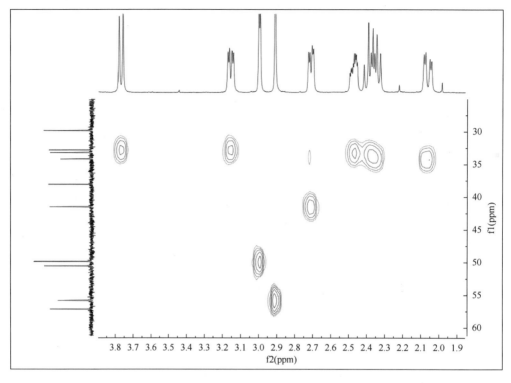

图 2-123　化合物 sculponin P 的 HMQC 谱局部放大图

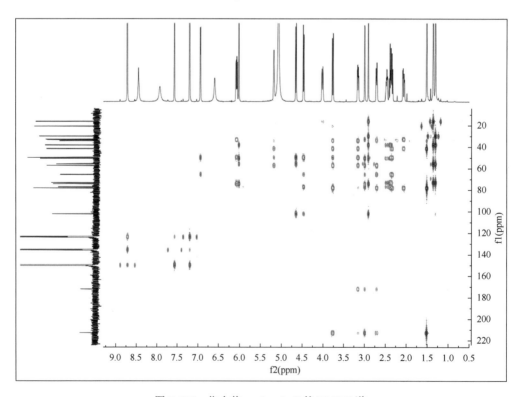

图 2-124　化合物 sculponin P 的 HMBC 谱

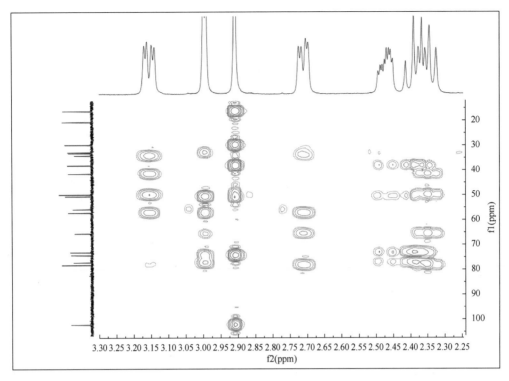

图 2-125　化合物 sculponin P 的 HMBC 谱局部放大图一

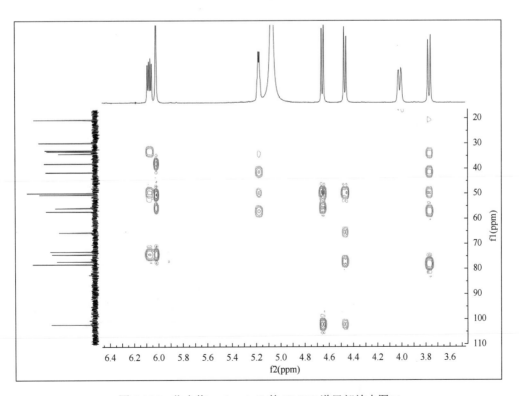

图 2-126　化合物 sculponin P 的 HMBC 谱局部放大图二

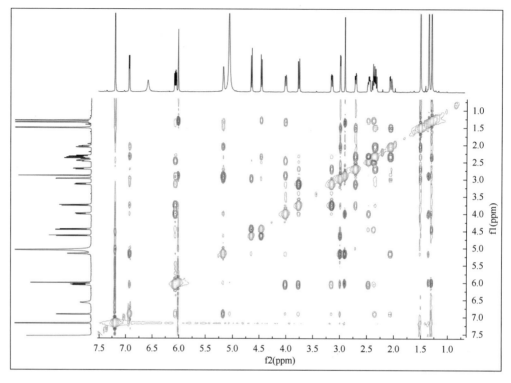

图 2-127　化合物 sculponin P 的 ROESY 谱

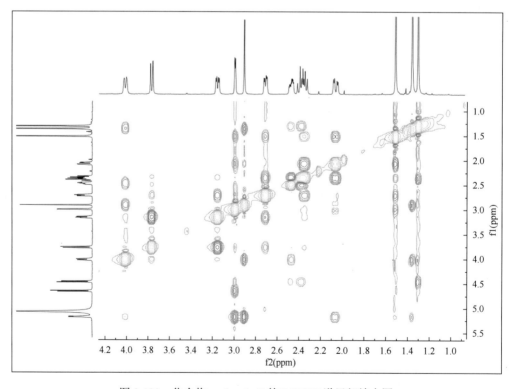

图 2-128　化合物 sculponin P 的 ROESY 谱局部放大图

表 2-9　化合物 sculponin P 的碳氢谱数据归属和主要相关

No.	δ_C	δ_H	Key HMBC	Key ROESY
1	77.2 d	1β-6.08 dd（11.9，5.8）	C-2，20，3	H-14β，5β，2β，3β
2	33.2 t	2α-2.37 o 2β-2.46 m		o H-3β，1β
3	73.2 d	3β-4.00 m	C-19	H-14β，5β，2β
4	38.1 s			
5	55.8 d	5β-2.91 br s	C-4，5，6，9，18，19，20	H-18，3β
6	102.2 d	6.02 br s	C-4，5，10，20	H-5β，19
7	172.1 s			
8	57.2 s			
9	49.9 s	9α-2.99 d（3.6）	C-1，2，7，8，10，15，20	H-17，12α
10	50.6 s			
11	65.5 d	5.17 m	C-8，10，12，13	H-12α，9α
12	34.2 t	12α-2.07 m 12β-2.37 o	C-11，9，13，16	H-17 H-14β
13	41.5 d	13α-2.72 m	C-8，11，12，16	H-14α，17
14	32.8 t	14α-3.15 dd（10.8，4.0） 14β-3.76 d（10.8）	C-8，9，12，13，15，16	H-13α，1β
15	212.8 s			
16	78.2 s			
17	20.7 q	1.51 s	C-15，13，16	
18	29.8 q	1.36 s	C-3，4，5	
19	16.3 q	1.31 s	C-3，4，5	
20	74.3 t	20a-4.65 d（8.8） 20b-4.46 d（8.8）	C-1，5，6，9，11	

第八节　化合物 ternifolide A 的结构解析

ternifolide A 是从产自广西壮族自治区的唇形科香茶菜属植物三叶香茶菜[*Isodon ternifolius*（W. W. Smith）Kud□]中分离得到的一个无色透明的晶体状化合物[7]。三叶香茶菜全草可入药，用于治疗痢疾性肠炎、黄疸性肝炎、咽喉炎、流感、疟疾等疾病。ternifolide A 结构鉴定过程如下，其一维和二维波谱数据见图 2-130～图 2-139。

第一步，依次测定了化合物的 ^{1}H-NMR 谱、^{13}C-NMR、DEPT 谱和 EIMS 谱，推测该化合物的分子式为 $C_{22}H_{28}O_7$，不饱和度为 9。^{13}C-NMR 和 DEPT 谱中显示有 22 个碳信号，其中包括了 3 个甲基、7 个亚甲基[2 个氧化亚甲基（δ_C 68.2，t；64.4，t）、1 个末端双键烯碳（δ_C 127.6，t）]、5 个次甲基[1 个连氧碳（δ_C 77.5，d）]、7 个季碳[1 个羰基（δ_C 207.1， s）、3 个酯羰基（δ_C 164.3，s；174.6，s；170.3，s）和 1 个烯碳（δ_C 144.1，s）]，可以初步判断该化合物很可能是含有两个内酯环、一个乙酰基和一个末端双键的二萜类化合物。通过进一步的碳谱还原得出该化合物的基本骨架分子式为 $C_{20}H_{38}$，不饱和度为 2，包括了 7 个 CH_3、6 个 CH_2、5 个 CH 和 2 个 C，这些特征与所有常规二环二萜基本骨架的差异较大，因此推测该化合物很可能是香茶菜属植物中特征的开环对映-贝壳杉烷二萜，如图 2-129 所示。从还原骨架由 7 个甲基的基本特征也可以看出，该分子发生了 2 次开环，由原来的四环二萜变成二环二萜，新产生了 3 至 4 个甲基。通常来说，贝壳杉烷的开环多发生在 C-6 和 C-7 以及 C-8 和 C-15，而该还原骨架与 6，7 和 8，15 同时开环的骨架完全吻合[8]。至此，初步确定了该化合物的基本骨架和基本官能团（2 个内酯环、1 个末端双键和 1 个乙酰基）。文献调研表明，该化合物碳谱数据与已知的具有 6，7 和 8，15 同时开环的化合物存在很大的差异，初步推测该化合物为新化合物。

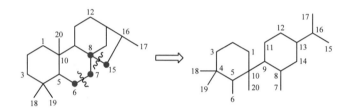

图 2-129　化合物 ternifolide A 可能的基本骨架

表 2-10　化合物 ternifolide A 的碳氢谱数据归属和主要相关

No.	δ_C	δ_H	Key HMBC	Key ROESY
1	77.5 d	1β-5.92 dd（12.1，4.5）	C-9，20	H-2β，3β，5，9
2	24.6 t	2α-1.62 m 2β-1.86 ddd（12.1，7.7，3.8）	C-10	
3	39.4 t	3α-1.26 m 3β-1.35 m	C-1，4，5	
4	45.1 s			
5	43.6 d	2.75 o	C-1	H-1β
6	64.4 t	6a-4.52 o 6b-4.40 dd（10.6，5.5）	C-15	
7	174.6 s			
8	38.2 d	3.44 m	C-11，13	H-9，20
9	47.2 d	3.58 d（10.8）	C-1	H-1β，8，14β
10	32.7 s			
11	207.1 s			
12	44.6 t	12α-2.47 dd（18.5，7.6） 12β-2.58 br d	C-11，9，13，16	H-13 H-13
13	38.0 d	3.05 m	C-11，15	H-14，12，17

续表

No.	δ_C	δ_H	Key HMBC	Key ROESY
14	28.0 t	14α-1.96 m 14β-2.76 o	C-16，7	H-13 H-13，9
15	164.3 s			
16	144.1 s			
17	127.6 t	17a-6.37 d（1.5） 17b-5.57 d（1.5）	C-15，13	
18	33.5 q	0.74 s	C-3，4，5	
19	21.0 q	0.92 s	C-3，4，5	
20	68.2 t	20a-4.94 d（12.6） 20b-4.52 o	C-1，5，11	
OAc	170.3 s			
	21.0 q	2.02 s		

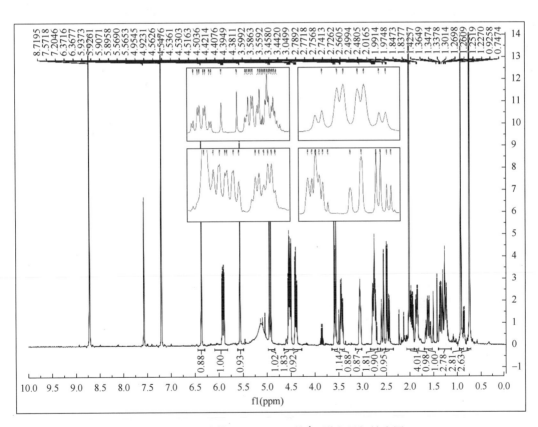

图 2-130　化合物 ternifolide A 的 ^{1}H 谱和局部放大图

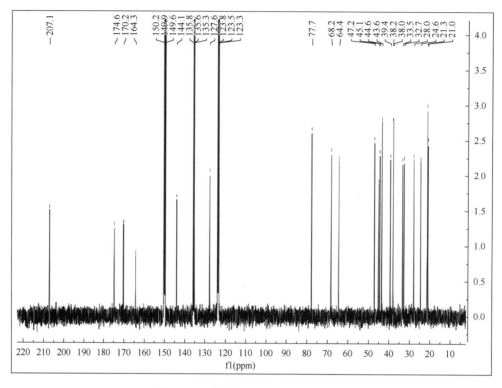

图 2-131　化合物 ternifolide A 的碳谱

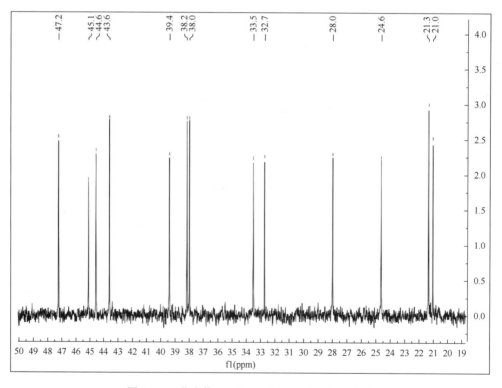

图 2-132　化合物 ternifolide A 的碳谱局部放大图

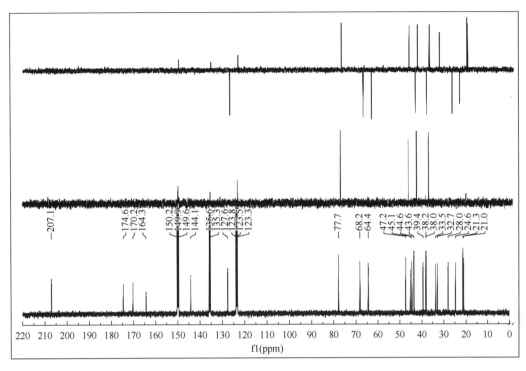

图 2-133 化合物 ternifolide A 的 DEPT 谱

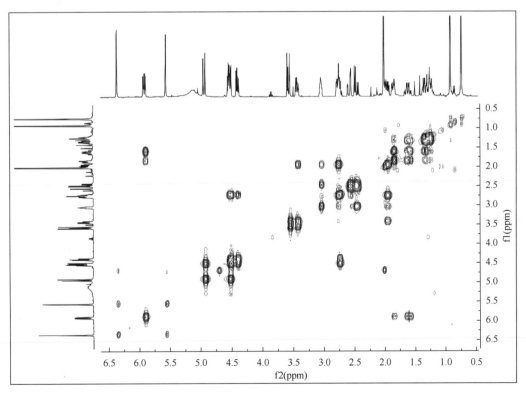

图 2-134 化合物 ternifolide A 的 ^{1}H-^{1}H COSY 谱

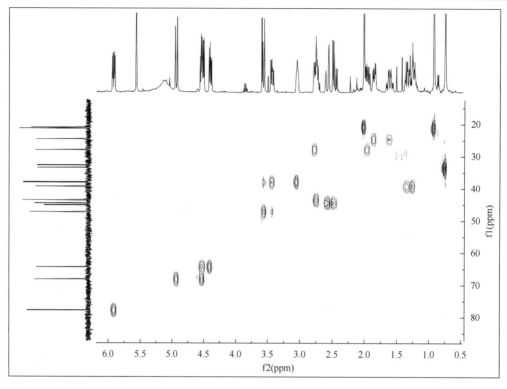

图 2-135　化合物 ternifolide A 的 HMQC 谱

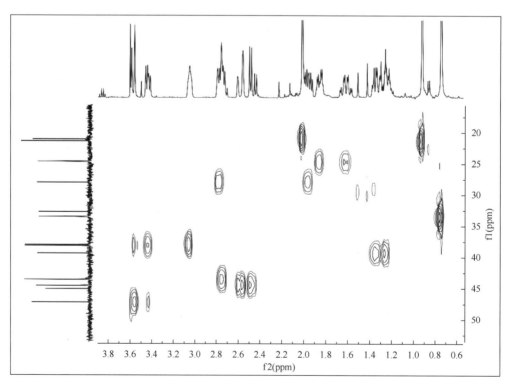

图 2-136　化合物 ternifolide A 的 HMQC 谱局部放大图

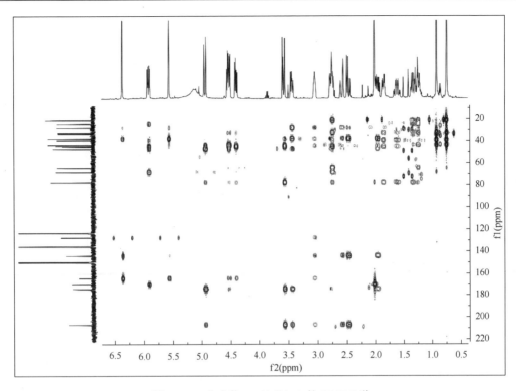

图 2-137　化合物 ternifolide A 的 HMBC 谱

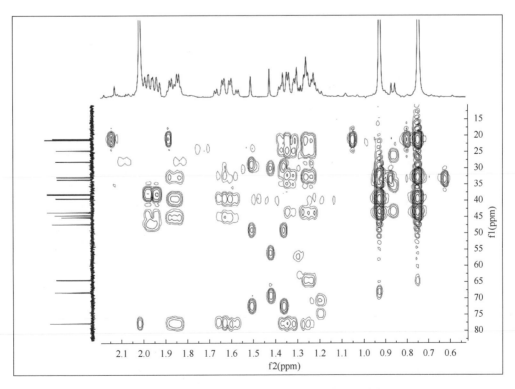

图 2-138　化合物 ternifolide A 的 HMBC 谱局部放大图

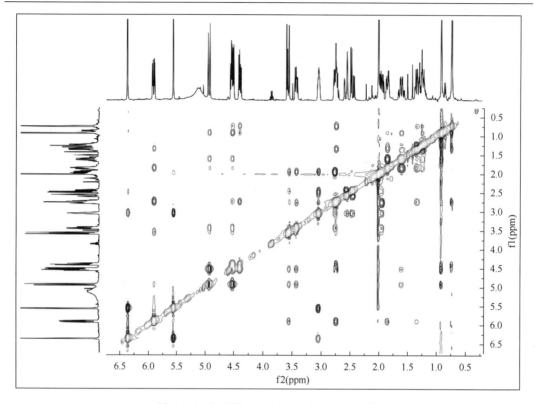

图 2-139　化合物 ternifolide A 的 ROESY 谱

　　第二步，测定化合物 ¹H-¹H COSY、HMBC、HMQC 和 ROESY 谱。由于该化合物有较为新颖的骨架，所以运用二维核磁对该化合物的基本骨架和取代基的位置进行综合验证。首先，从 ¹H-¹H COSY 谱中，可以观察到 H-1/H₂-2/H₂-3 以及 H-5/H-6 相关，同时，从 HMBC 谱中观察到 Me-18 和 Me-19 与 C-3、C-4 和 C-5 相关，H-1 与 C-3、C-5、C-20 和 OAc，H₂-6 和 C-4、C-5 和 C-10，H₂-20 和 C-1、C-5 和 C-10 相关，从而确定了骨架的 A 环和乙酰基的取代位置。其次，从 ¹H-¹H COSY 谱中，还可以观察到 H-9/H-8/H₂-14/H-13/H₂-12 相关，同时从 HMBC 谱中还观察到 H₂-1 与 C-13、C-15 和 C-16，H-9 与 C-8 和 C-12，H-8 与 C-11 和 C-13，H-13 与 C-8、C-11、C-16 和 C-17 相关，从而确定了骨架的 B 环。再次，通过 H₂-6 与 C-15 以及 H₂-20 与 C-7 的关键 HMBC 相关，从而确定了 C-6 和 C-15 以及 C-7 和 C-20 分别形成了一个罕见的十元和六元内酯环。最后，通过 H-1、H-5 和 H₂-20 与 C-9，H-8 与 C-10 的 HMBC 相关确定了 A 和 B 环通过 C-10 和 C-9 连接起来。至此，化合物的平面结构得以确定。

　　第三步，对其碳和氢信号、关键的 HMBC 和 ROESY 相关进行全归属，见表 2-10。然后，运用 ROESY 谱来确定相对构型，该分子有 7 个手性碳。H-1 与 H-3β、H-5β 和 H-9 相关，H-9 与 H-8、H-14α 相关，H-8 与 H-20b 相关，H-13α 与 H₂-12、H₂-14 和 H-17b 相关，从而确定 H-1 为 β 取向，而 H-8 和 H-9 为 α 取向。最终，该化合物的部分相对构型和绝对构型通过 X-单晶衍射的方法得以确定（图 2-140），该化合物命名为 ternifolide A。

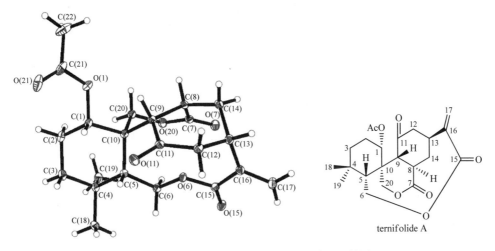

图 2-140　化合物 ternifolide A 的 X-单晶衍射图

参 考 文 献

[1] Zhou M, Geng H C, Zhang H B, et al. Scopariusins, a new class of *ent*-halimane diterpenoids isolated from *Isodon scoparius*, and biomimetic synthesis of scopariusin A and isoscoparin N[J]. Organic Letters, 2013, 15（2）: 314-317.

[2] Xiang W, Li R, Song Q, et al. *ent*-Clerodanoids from *Isodon scoparius*[J]. Helvetica Chimica Acta, 2004, 87（11）: 2860-2865.

[3] Zhou M, Zhang H B, Wang W G, et al. Scopariusic Acid, a new meroditerpenoid with a unique cyclobutane ring isolated from *Isodon scoparius*[J]. Organic Letters, 2013, 15（17）: 4446-4449.

[4] Zou J, Pan L, Li Q, et al. Rubesanolides A and B: diterpenoids from *Isodon rubescens*[J]. Organic Letters, 2011, 13（6）: 1406-1409.

[5] Wu H Y, Zhan R, Wang W G, et al. Cytotoxic *ent*-kaurane diterpenoids from *Isodon wikstroemioides*[J]. Journal of Natural Products, 2014, 77（4）: 931-941.

[6] Jiang H Y, Wang W G, Zhou M, et al. Enmein-type 6, 7-*seco-ent*-kauranoids from *Isodon sculponeatus*[J]. Journal of Natural Products, 2013, 76（11）: 2113-2119.

[7] Zou J, Du X, Pang G, et al. Ternifolide A, a new diterpenoid possessing a rare macrolide motif from *Isodon ternifolius*[J]. Organic Letters, 2012, 14（12）: 3210-3213.

[8] Han Q B, Li R T, Zhang J X, et al. Rubescensins S and T: *seco-ent*-kaurane diterpenoids from *Isodon rubescens* var. *taihangensis*[J]. Helvetica Chimica Acta, 2004, 87（5）: 1119-1124.

第三章　直链和单环二萜类化合物

　　直链和单环二萜类化合物主要有 5 种基本骨架类型，详见图 3-1 以及表 3-1，其中 I 为呋喃型链状二萜，其特点是分子中含有一个或两个呋喃结构单元，代表化合物为 **1～31**；II 为环植烷型单环二萜，该类型在自然界中数量相对较少，其中维生素 A 为最常见例子，代表化合物为 **32～36**；III 为异戊甜没药烷单环二萜，数量也较少，代表化合物为 **37～42**；IV 为杂直链烷二萜，代表化合物为 **43～55**；V 为植烷型直链烷二萜，为最常见的类型，代表化合物为 **56～68**。

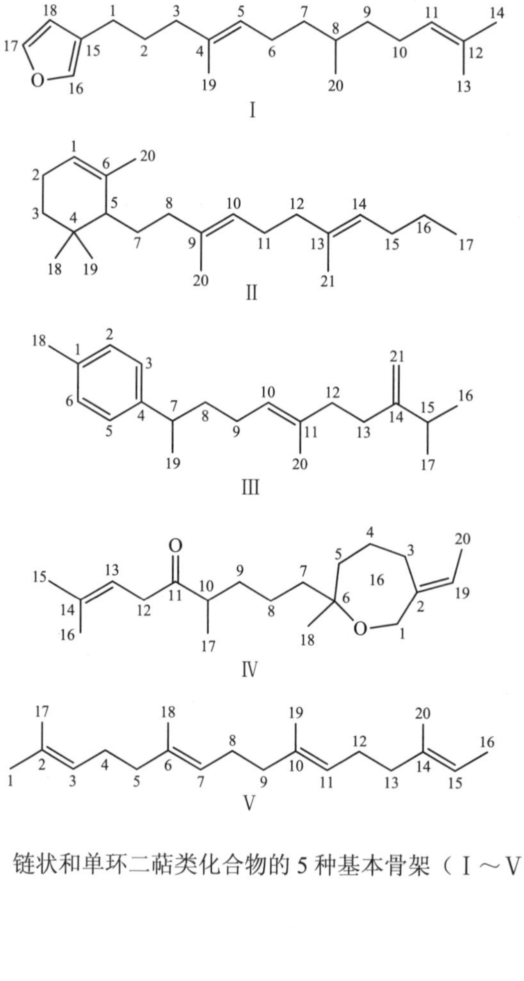

图 3-1　链状和单环二萜类化合物的 5 种基本骨架（I～V型）

一、呋喃型直链二萜（Ⅰ型）

1 (C$_{25}$H$_{34}$O$_4$, CD$_3$OD)

2 (C$_{30}$H$_{45}$NO$_4$, CD$_3$OD)

3 (C$_{33}$H$_{43}$NO$_4$, CD$_3$OD)

4 ($C_{30}H_{45}NO_4$, CD_3OD)

6.84, br s 5.78, d (11.0) 5.37, dd (15.0, 8.5) 5.28, t (7.5)
3.95, br s
6.18, dd
1.71, s (15.0, 11.0)
0.85, d (6.5) 3.34, m
4.72, dd (8.5, 4.0)
OH

137.6 26.4 40.4 126.6 139.2 38.3 130.4 24.4
52.9
140.3 27.0 136.5 126.7 38.5 26.9 130.9
174.1
17.2 16.4 21.5 35.5 79.0 178.5
11.5 35.6 49.4
28.0
178.6 96.1 6.0
OH

5 ($C_{26}H_{36}O_6$, CD_3OD)

6.95, br s 5.78, d (11.0) 5.39, dd (15.0, 8.5) 5.29, t (7.5)
MeO
5.83, br s
6.18, dd
1.70, s (15.0, 11.0)
4.73, dd (8.5, 4.0) 1.64, s
OH

57.0
144.6 25.6 40.2 126.5 139.5 38.2 130.4 24.4
MeO
139.5 26.6 136.0 127.0 38.0 27.0 130.7
104.4
173.4 16.4 21.4 35.4 177.8
78.9 96.5 6.0
178.3
OH

6 ($C_{26}H_{32}O_7$, CD_3OD)

MeO 6.83, br s 5.01, t (6.0) 5.25, d (9.5)
6.26, br s
7.35, br s
7.35, br s 7.30, br s 1.55, s
7.30, br s
1.55, s
OH

51.7
113.2 119.0 MeO 147.3 26.8 124.0 40.4 38.6 115.2
144.0 33.9 110.3 139.5 27.0 137.7 26.8 31.8 144.9 165.0
142.7 172.7 16.0 21.1 98.1 6.1
173.7
OH

7 ($C_{20}H_{28}O_2$, CD_3OD)

6.33, br s 5.95, br s 5.15, t (6.6) 0.98, d (6.6)
7.42, br s
7.33, br s 7.15, br s 1.57, s 0.98, d (6.6)

8 ($C_{21}H_{26}O_6$, $CDCl_3$)

4.90, br s;
10.10, s 5.25, dd (5.8, 1.4) 5.05, br s
CHO 7.20, br d (1.4) OMe 6.77, br q (1.6)
H
1.99, d (1.6)
2.78, d (5.8)

9 (C$_{24}$H$_{32}$N$_2$O$_6$, CDCl$_3$)

10 (C$_{21}$H$_{28}$O$_7$, CDCl$_3$)

11 (C$_{21}$H$_{26}$O$_6$, CDCl$_3$)

12 (C$_{21}$H$_{26}$O$_6$, CDCl$_3$)

13 (C$_{21}$H$_{26}$O$_6$, CDCl$_3$)

14 (C$_{14}$H$_{20}$O$_3$, CDCl$_3$)

15 ($C_{20}H_{28}O_4$, $CDCl_3$)

16 ($C_{21}H_{34}O_4$, $CDCl_3$)

17 ($C_{21}H_{28}O_4$, $CDCl_3$)

18 ($C_{20}H_{28}O_3$, $CDCl_3$)

19 ($C_{20}H_{28}O_3$, $CDCl_3$)

20 ($C_{20}H_{30}O_5$, $CDCl_3$)

21 (C$_{20}$H$_{30}$O$_5$, CDCl$_3$)

5.09, br d (9.0)　OH　6.10, br t (7.5)　OH　4.00, br d (7.0)　OH
5.37, t (7.0)　5.38, br t (7.5)

18.5　121.7　75.0　143.3　75.5　124.7　31.0　58.7
141.2　81.9　130.9　32.8　136.7　24.8　138.2　124.7
25.7　169.1　12.5　23.0

22 (C$_{20}$H$_{28}$O$_5$, CDCl$_3$)

4.94, br.t (4.4)　5.86, s　5.38, s
5.36, t (6.8)　4.02, t (6.3)　OH

14.2　168.1　30.0　12.2　32.1　17.9
117.7　84.0　118.2　141.9　30.2　35.6　100.2
173.2　77.2　195.8　208.1
88.7　23.1
23.1

23 (C$_{20}$H$_{28}$O$_5$, CDCl$_3$)

5.83, s　5.44, s
H 5.36, d (8.5)　3.75, m　OH
5.1, ddd (11.5, 8.5, 4.0)

165.2　16.9　14.2
116.6　142.1　32.4　41.9　101.8
157.0　74.0　73.1　192.6　207.8
23.0　35.0　122.3　35.5　OH　88.6　22.9
22.9

24 (C$_{20}$H$_{28}$O$_6$, CDCl$_3$)

5.87, s　4.32, t (6.8)　5.49, s
H 5.69, d (8.5)　OH　OH
5.16, ddd (11.5, 8.5, 4.0)

165.2　13.1　13.5
116.8　143.9　38.2　42.3　102.0
157.3　73.7　74.0　192.7　207.4
23.3　34.9　122.8　77.2　OH　88.8　23.1
23.2

25 (C$_{20}$H$_{28}$O$_5$, CDCl$_3$)

5.82, s　OH　5.44, s
H 5.32, d (8.6)
5.10, ddd (11.6, 8.6, 3.9)

165.3　16.5　63.6
116.6　141.8　24.7　44.2　102.1
157.1　74.1　192.1　207.3
23.0　35.0　122.4　39.0　28.1　88.6　22.8
22.9

26 (C$_{20}$H$_{28}$O$_4$, CD$_3$OD)

5.67, br s　5.59, s
2.20, q (7.2)　6.66, t (7.2)
COOH

25.5　16.2　13.2
160.8　27.9　135.9　28.3　127.2　99.4
118.4　140.9　187.6　209.4
34.4　126.1　39.5　89.8　23.5
COOH　23.5
165.3

27 (C$_{20}$H$_{30}$O$_4$, CD$_3$OD)

5.66, br s　2.20, q (7.2)　5.42, s
5.18, t (7.2)
COOH

28 (C$_{20}$H$_{28}$O$_5$, CD$_3$OD)

5.70, br s　2.24, q (7.2)　5.59, s
5.46, t (7.2)　6.68, t (7.2)
COOH　OH

29 (C$_{20}$H$_{30}$O$_5$, CD$_3$OD)

30 (C$_{20}$H$_{30}$O$_5$, CD$_3$OD)

31 (C$_{20}$H$_{32}$O$_5$, CD$_3$OD)

二、环植烷单环二萜（Ⅱ型）

32 (C$_{27}$H$_{40}$O$_5$, CDCl$_3$)

33 (C$_{20}$H$_{30}$O, CDCl$_3$)

34 (C$_{26}$H$_{38}$O$_2$, CDCl$_3$)

35 ($C_{26}H_{36}O_2$, $CDCl_3$)

36 ($C_{27}H_{38}O_3$, $CDCl_3$)

三、异戊甜没药烷单环二萜（Ⅲ型）

37 ($C_{20}H_{32}$, $CDCl_3$)　　　　　　　　**38** ($C_{21}H_{32}$, $CDCl_3$)

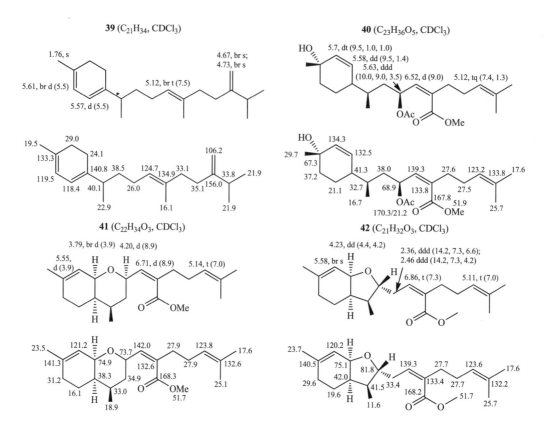

四、杂直链烷二萜（Ⅳ型）

45 (C$_{28}$H$_{38}$O$_5$, CDCl$_3$)

6.69, d (3.0)
MeO
6.42, d (3.0)　6.13, d (10.0)
5.57, d (10.0)
7.01, d (15.0)
6.73, d (15.0)
OH

15.9
144.6　121.5　26.1　55.1　47.0　20.3　37.1
127.1　71.1　206.9　50.4　60.0　20.1
154.1　130.0　34.6
MeO　109.4　203.0　21.3
54.5　116.8　123.2　128.6
152.6　70.5　29.6
29.6　OH

46 (C$_{28}$H$_{40}$O$_5$, CDCl$_3$)

OH
5.05, s;
4.89, s
3.09, s
6.53, d (3.0)　H
6.46, d (3.0)
OMe
2.20, dd (9.4, 6.0)
HO　O

47 (C$_{27}$H$_{38}$O$_5$, CDCl$_3$)

OH
3.36, d (7.0)
5.34, t (6.4)
6.60, d (3.0)
3.04, s
6.54, d (3.0)
OH
6.88, d (15.2)
6.65, d (15.2)
OH

17.4　OH　147.0　30.3　21.3　141.7
128.7　128.2　67.6　116.3
114.9　113.6　211.5　19.4
154.0　63.0　H　41.7
OMe　53.4　45.2　24.8
56.1　35.0　36.5
77.4　83.0　17.5
HO　80.3
27.8　22.3

16.3　149.8　131.1　28.6
127.9　127.8
113.1　115.4　125.8　56.6
145.4　16.2　209.6
46.4
21.1　46.9　205.9　153.6　29.3
36.6　60.2　122.6　71.2　OH
20.0　34.2　20.2　29.3

48 (C$_{31}$H$_{42}$O$_7$, CDCl$_3$)

AcO
5.15, d (7.0)
6.67, d (3.0)
AcO
O
6.61, d (3.0)
O
4.33, d (15.2)
2.15, s
5.34, t (6.4)

49 (C$_{31}$H$_{42}$O$_8$, CDCl$_3$)

AcO　6.61, d (3.0)
4.13, d (15.2)
O
6.68, d (2.9)
O　OAc
2.16, s　H
5.18, t (6.4)

170.2/21.1
AcO　78.8　83.7　21.0
41.1　28.0
170.5/22.7　119.0　109.1　19.6
AcO　120.8　22.5　36.0
142.5　30.5　O
121.7　76.0　144.5　43.3　20.5
127.3　149.6　46.4　40.4
16.2　44.7　111.7　20.9
25.3

170.4/20.0　119.1　120.9　22.4
AcO　149.1　30.0
121.3　127.4　75.5　208.5　H　28.2　22.9
142.8　90.0　115.2　83.2
16.2　49.1　53.0　78.6　170.2/21.0
24.9　56.3　38.7　OAc
24.1　18.0
38.7　40.7　H
24.3

50 (C$_{33}$H$_{44}$O$_8$, CDCl$_3$)

5.18, t (6.4)
AcO
4.90, s;
4.99, s
O
OAc
5.27, d (7.0)
6.83, d (3.0)
6.79, d (3.0)
OAc
O

51 (C$_{33}$H$_{44}$O$_8$, CDCl$_3$)

AcO
OAc
3.21, s
5.32, d (7.0)
6.83, d (3.0)
6.83, d (3.0)
OAc
4.30, br s

170.0/20.1
AcO
72.9
143.5 18.6
43.6
20.2 112.7
212.3 60.4 34.8
47.0 19.8
169.0/20.5
OAc
47.8 37.3
16.5 145.5 131.5 28.9 126.1 21.6
134.6 121.7 208.9
120.4 134.6 55.4
147.9 16.6
170.0/20.0 OAc

170.4/22.6
AcO 84.1 27.7
79.9 21.1
172.7/23.6 40.2 20.6
OAc 110.0 35.7
16.5 147.3 28.3 124.5 47.0
133.6 131.5 144.0 44.4 20.9
119.6 115.2 133.5 106.1 37.6
148.3 15.6 44.6 19.6
OAc
171.5/23.0

52 (C$_{28}$H$_{40}$O$_5$, CDCl$_3$)

OMe
3.36, d (5.0)
HO 6.46, d (3.0)
6.38, d (3.0)
2.11, s
4.32, d (15.2)

58.1 22.2
82.0 86.6 29.6
40.7 19.6
112.5 121.4 24.9 111.2 36.2
145.8 31.5 47.0 20.4
115.2 75.1 145.6 43.0 40.4
127.2 147.7 44.0 106.5 22.7
16.0 27.9

53 (C$_{30}$H$_{44}$O$_6$, C$_6$D$_6$)

OH OAc 3.82, dd (6.2, 5.7)
2.27, s
5.52, dd (6.8, 6.9) 5.33, dq (9.0, 1.2) 5.64, t (7.0) OH
6.71, d (3.0) 6.76, d (3.0) H
OMe

OH 16.5 170.3/20.9 16.9 12.3
16.6 147.1 30.6 69.5 OAc 140.2 26.0 136.7 79.9 40.0
126.1 128.6 126.4 133.1 124.3 39.3 124.4 78.4 OH
114.3 113.7 45.9 H 82.6
154.0 23.0 26.2
OMe
55.3

54 (C$_{29}$H$_{42}$O$_6$, C$_6$D$_6$)

OH OAc 3.79, dd (6.0, 5.8)
2.20, s
5.52, dd (6.8, 7.0) 5.33, dq (9.0, 1.2) 5.66, t (7.0) OH
6.65, d (3.0) 6.66, d (3.0) H
OH

55 (C$_{29}$H$_{40}$O$_6$, C$_6$D$_6$)

五、直链烷二萜（V型）

56 (C$_{20}$H$_{36}$O$_2$, CDCl$_3$)

57 (C$_{22}$H$_{38}$O$_4$, CDCl$_3$)

58 (C$_{24}$H$_{40}$O$_5$, CDCl$_3$)

59 ($C_{22}H_{36}O_4$, CDCl$_3$)

60 ($C_{22}H_{36}O_4$, CDCl$_3$)

61 ($C_{22}H_{34}O_4$, CDCl$_3$)

62 ($C_{22}H_{38}O_5$, CDCl$_3$)

63 (C$_{22}$H$_{38}$O$_5$, CDCl$_3$)

4.81, br s
4.25, br d (9.6)
3.94, dt (2.4, 6.8)
1.70, br s
OH OH
OAc
5.37, br t (6.8)
5.38, br t (7.2)
4.10, d (7.2)
OH

110.6 15.1 171.2/20.9
147.5 76.8 37.0 25.4 133.9 61.9 OAc 16.1
72.7 39.1 25.7 138.3 59.2
17.8 OH OH 31.4 35.4 130.4 39.3 124.2
OH

64 (C$_{20}$H$_{34}$O$_3$, CDCl$_3$)

1.23, s
HO O
1.23, s 5.26, t (7.0) 5.11, t (6.8) 5.41, t (6.8) 4.15, d (6.8) OH

29.2 O 16.4 15.9 16.3
HO 69.6 212.0 26.6 134.8 26.2 139.5 59.3
29.2 51.5 55.4 128.2 130.2 39.2 124.2 39.5 123.4 OH

65 (C$_{20}$H$_{32}$O$_3$, CDCl$_3$)

2.13, s
O
3.69, dd (11.2, 2.7);
3.53, dd (11.2, 7.3)
1.87, s 6.10, s 5.22, d (7.0) 5.12, br t (6.8) OH
4.20, dd (7.3, 2.7) OH

20.7 O 16.4 16.0 110.8
155.8 199.7 129.5 26.6 135.3 26.3 148.2 65.6
75.0
27.7 122.8 55.3 129.0 39.2 123.8 32.4 OH OH

66 (C$_{22}$H$_{38}$O$_6$, CDCl$_3$)

1.25, s OAc
HO 4.08, br s OH
4.18, d (6.5)
1.57, s 3.47, br d (4.7) 5.13, m 5.08, m 5.63, t (6.5)
OH OH

27.8 170.7/21.3 24.6 16.2 65.7 OH
HO 72.3 OAc 72.7 26.3 135.6 27.1 141.6 58.6
15.9 78.4 40.7 131.4 127.6 39.4 123.8 28.2 124.4 OH
OH

67 (C$_{22}$H$_{38}$O$_6$, CDCl$_3$)

1.16, s OH
HO 4.04, br s OH
4.18, d (6.5)
1.57, s 4.71, d (8.4) 5.18, t (6.6) 5.09, t (6.6) 5.63, t (6.5)
OAc

27.1 OH 24.5 15.8 65.8 OH
HO 72.9 68.1 25.9 135.5 27.1 141.4 58.6
15.7 78.6 44.6 130.8 129.5 39.2 124.4 28.1 124.6 OH
OAc
170.3/21.0

68 (C$_{20}$H$_{36}$O$_5$, CDCl$_3$)

表 3-1　直链和单环二萜类化合物

编号	名称	来源植物	类型	文献
1	*epi*-sarcotin A	*Sarcotragus* sp.	I	[1]
2	sarcotrine A	*Sarcotragus* sp.	I	[1]
3	sarcotrine B	*Sarcotragus* sp.	I	[1]
4	sarcotrine C	*Sarcotragus* sp.	I	[1]
5	sarcotin F	*Sarcotragus* sp.	I	[1]
6	sarcotin G	*Sarcotragus* sp.	I	[1]
7	sarcotin K	*Sarcotragus* sp.	I	[1]
8	caucanolide A	*Pseudopterogorgia bipinnata*	I	[2]
9	caucanolide B	*Pseudopterogorgia bipinnata*	I	[2]
10	caucanolide C	*Pseudopterogorgia bipinnata*	I	[2]
11	caucanolide D	*Pseudopterogorgia bipinnata*	I	[2]
12	caucanolide E	*Pseudopterogorgia bipinnata*	I	[2]
13	caucanolide F	*Pseudopterogorgia bipinnata*	I	[2]
14	nemoralisin D	*Aphanamixis grandifolia*	I	[3]
15	nemoralisin E	*Aphanamixis grandifolia*	I	[3]
16	nemoralisin F	*Aphanamixis grandifolia*	I	[3]
17	nemoralisin G	*Aphanamixis grandifolia*	I	[3]
18	saurufuran A	*Saururus chinensis*	I	[4]
19	saurufuran B	*Saururus chinensis*	I	[4]
20	tuxpanolide	*Perymenium hintonii*	I	[5]
21	isotuxpanolide	*Perymenium hintonii*	I	[5]
22	nemoralisin B	*Aphanamixis grandifolia*	I	[6]
23	nemoralisin H	*Aphanamixis grandifolia*	I	[6]
24	nemoralisin I	*Aphanamixis grandifolia*	I	[6]
25	nemoralisin J	*Aphanamixis grandifolia*	I	[6]
26	aphanamixin A	*Aphanamixis polystachya*	I	[7]
27	aphanamixin B	*Aphanamixis polystachya*	I	[7]

续表

编号	名称	来源植物	类型	文献
28	aphanamixin C	*Aphanamixis polystachya*	I	[7]
29	aphanamixin D	*Aphanamixis polystachya*	I	[7]
30	aphanamixin E	*Aphanamixis polystachya*	I	[7]
31	aphanamixin F	*Aphanamixis polystachya*	I	[7]
32	chrysochlamic acid	*Chrysochlamys ulei*	II	[8]
33	cacospongin A	*Cacospongia* sp.	II	[9]
34	cacospongin B	*Cacospongia* sp.	II	[9]
35	cacospongin C	*Cacospongia* sp.	II	[9]
36	cacospongin D	*Cacospongia* sp.	II	[9]
37	(-)-axinyssene	*Axinyssa* sp.	III	[10]
38	9-(15, 16-dihydro-15-methylenegeranyl)-*p*-cymene	*Tanacetum annuum*	III	[11]
39	9-(15, 16-dihydro-15-methylenegeranyl)-*α*-terpinene	*Tanacetum annuum*	III	[11]
40	hydrxy acetate ester	*Eremophila foliosissima*	III	[12]
41	tetrahydropyran	*Eremophila foliosissima*	III	[12]
42	tetrahydrofuran	*Eremophila foliosissima*	III	[12]
43	methoxybifurcarenone	*Cystoseira tamariscifolia*	IV	[13]
44	compound **44**	*Cystoseira amentacea* var. *stricta*	IV	[14]
45	compound **45**	*Cystoseira amentacea* var. *stricta*	IV	[14]
46	compound **46**	*Cystoseira amentacea* var. *stricta*	IV	[14]
47	compound **47**	*Cystoseira amentacea* var. *stricta*	IV	[14]
48	amentol chromane diacetate	*Cystoseira* sp.	IV	[15]
49	cystoseirone diacetate	*Cystoseira* sp.	IV	[15]
50	preamentol triacetate	*Cystoseira* sp.	IV	[15]
51	14-*epi*-amentol triacetate	*Cystoseira* sp.	IV	[15]
52	14-methoxyamentol chromane	*Cystoseira* sp.	IV	[15]
53	compound **53**	*Cystoseira crinita*	IV	[16]
54	compound **54**	*Cystoseira crinita*	IV	[16]
55	compound **55**	*Cystoseira crinita*	IV	[16]
56	(2*E*, 6*E*, 11*S*, 12*R*)-3, 7, 11, 15-tetramethylhexadeca-2, 6, 14-triene-1, -12-diol	*Carpesium triste*	V	[17]
57	(2*E*, 6*Z*, 11*S*, 12*R*)-3, 7, 11, 15-tetramethylhexadeca-2, 6, 14-trien-7-[(acetyloxy) methyl]-1, 12, 19-triol	*Carpesium triste*	V	[17]
58	(2*E*, 6*Z*, 11*S*, 12*R*)-3, 7, 11, 15-tetramethylhexadeca-2, 6, 14-trien-7-[(acetyloxy) methyl]-12, 19-diol-1-acetate	*Carpesium triste*	V	[17]
59	(2*E*, 6*Z*)-3, 7, 11, 15-tetramethylhexadeca-2, 6, 14-trien-7-[(acetyloxy)-methyl]-12-oxo-1, 19-diol	*Carpesium triste*	V	[17]
60	(2*E*, 6*Z*, 10*E*, 12*R*)-7-[(acetyloxy) methyl]-3, 11, 15-trimethylhexadeca-2, 6, 10, 14-tetraene-1, 12-diol	*Carpesium triste*	V	[18]

续表

编号	名称	来源植物	类型	文献
61	(2*E*, 6*Z*, 10*E*, 12*R*)-7-[(acetyloxy) methyl]-12-hydroxy-3, 11, 15-trimethylhexadeca-2, 6, 10, 14-tetraenal	*Carpesium triste*	V	[18]
62	(2*E*, 6*Z*, 12*S*, 13*E*)-7-[(acetyloxy) methyl]-3, 11, 15-trimethylhexadeca-2, 6, 13-triene-1, 12, 15-triol	*Carpesium triste*	V	[18]
63	(2*E*, 6*Z*, 12*R*, 14*S*)-7-[(acetyloxy) methyl]-3, 11, 15-trimethylhexadeca-2, 6, 15-triene-1, 12, 14-triol	*Carpesium triste*	V	[18]
64	compound **64**	*Bifurcaria bifurcata*	V	[19]
65	compound **65**	*Bifurcaria bifurcata*	V	[19]
66	3-(hydroxymethyl)-1, 14, 15-trihydroxy-7, 11, 15-trimethyl-2, 6, 10-hexadecatrien-13-yl acetate	*Eupatorium lindleyanum*	V	[19]
67	3-(hydroxymethyl)-1, 13, 15-trihydroxy-7, 11, 15-trimethyl-2, 6, 10-hexadecatrien-14-yl acetate	*Eupatorium lindleyanum*	V	[19]
68	3-(hydroxymethyl)-1, 13, 14, 15-tetrahydroxy-7, 11, 15-trimethyl-2, 6, 10-hexadecatriene	*Eupatorium lindleyanum*	V	[19]

参 考 文 献

[1] Liu Y H，Hong J，Lee C，et al. Cytotoxic pyrrolo-and furanoterpenoids from the sponge *Sarcotragus* species[J]. Journal of Natural Products，2002，65（9）：1307-1314.

[2] Claudia A O，Abimael D R，Juan A S，et al. Caucanolides A-F，unusual antiplasmodial constituents from a Colombian collection of the gorgonian coral *Pseudopterogorgia bipinnata*[J]. Journal of Natural Products，2005，68（10）：1519-1526.

[3] Zhang R，He H P，Di Y T，et al. Chemical constituents from *Aphanamixis grandifolia*[J]. Fitoterapia，2013，49（3）：486-492.

[4] Hwang B Y，Lee J H，Nam J B，et al. Two new furanoditerpenes from *Saururus chinenesis* and their effects on the activation of peroxisome proliferator-activated receptor gamma[J]. Journal of Natural Products，2002，65（4）：616-617.

[5] Maldonado E，Bello M，Villaseñor J L，et al. Acyclic diterpenes from *Perymenium hintonii*[J]. Phytochemistry，1998，49（4）：1115-1118.

[6] Zhang H Y，Yuan C M，Cao M M，et al. New acyclic diterpenoids from the fruits of *Aphanamixis grandifolia*，and structure revision of nemoralisin B[J]. Phytochemistry Letters，2014，8（3）：81-85.

[7] Zhang X，Tan Y，Li Y，et al. Aphanamixins A-F，acyclic diterpenoids from the stem bark of *Aphanamixis polystachya*[J]. Chemical and Pharmaceutical Bulletin，2014，62（5）：494-498.

[8] Deng J Z，Sun D A，Shelley R S，et al. Chrysochlamic acid，a new diterpenoid-substituted quinol from *Chrysochlamys ulei* that inhibits DNA polymerase *β*[J]. Journal of the Chemical Society of Pakistan，1999，1147-1149.

[9] Tasdemir D，Concepción G P，Mangalindan G C，et al. New terpenoids from a *Cacospongia* sp. from the Philippines[J]. Tetrahedron，2000，56（46）：9025-9030.

[10] Kodama K，Higuchi R，Miyamoto T，et al. (-)-Axinyssene: a novel cytotoxic diterpene from a Japanese marine sponge *Axinyssa* sp.[J]. Organic Letters，2003，34（21）：169-171.

[11] Barrero A F，Sánchez J F，Altarejos J，et al. Homoditerpenes from the essential oil of *Tanacetum annuum*[J]. Phytochemistry，1992，31（5）：1727-1730.

[12] Forster P G，Ghisalberti E L and Jefferies P R. A new class of monocyclic diterpenes from *Eremophila foliosissima* Kraenzlin.（Myoporaceae）[J]. Tetrahedron，1987，43（13）：2999-3007.

[13] Bennamara A，Abourriche A，Berrada M，et al. Methoxybifurcarenone: an antifungal and antibacterial meroditerpenoid from the brown alga *Cystoseira tamariscifolia*[J]. Phytochemistry，1999，30（52）：37-40.

[14] Mesguiche V，Valls R，Piovetti L，et al. Meroditerpenes from *Cystoseira amentacea* var. *stricta*，collected off the mediterranean

coasts[J]. Phytochemistry，1997，45（7）：1489-1494.

[15]　Navarro G，And J J F，Norte M. Novel meroditerpenes from the brown alga *Cystoseira* sp.[J]. Journal of Natural Products，2004，67（3）：495-499.

[16]　Praud A，Valls R，Piovetti L，et al. Meroditerpenes from the brown alga *Cystoseira crinita*，off the french mediterranean coast[J]. Phytochemistry，1995，40（2）：495-500.

[17]　Gao X，Lin C A，Jia Z J. Cytotoxic germacranolides and acyclic diterpenoides from the seeds of *Carpesium triste*[J]. Journal of Natural Products，2007，70（5）：830-834.

[18]　Gao X，Zhang Z X，Jia Z J. New acyclic 12-hydroxygeranylgeraniolderived diterpenoids from the seeds of *Carpesium triste*[J]. Helvetica Chimica Acta，2010，91（10）：1934-1939.

[19]　Annick O M，Culioli G，Valls R，et al. Polar acyclic diterpenoids from *Bifurcaria bifurcata*，（Fucales，Phaeophyta）[J]. Phytochemistry，2005，66（19）：2316-2323.

[20]　Wu S Q，Xu N Y，Zhang J，et al. Three new acyclic diterpenoids from *Eupatorium lindleyanum* DC[J]. Journal of Asian Natural Products Research，2012，14（7）：652-656.

第四章　半日花烷二萜类化合物

  半日花烷二萜类化合物主要有 8 种基本骨架类型，详见图 4-1 以及表 4-1，其中 I 为常规半日花烷二萜，代表化合物为 **1～9**；II 为内酯型半日花烷二萜代表类型：15,16-内酯型半日花烷二萜，代表化合物为 **10～28**；III 为环氧型半日花烷二萜代表类型：8,13-环氧型半日花烷二萜，代表化合物为 **29～50**；IV 为螺环型半日花烷二萜，代表化合物为 **51～54**；V 为呋喃型半日花烷二萜，代表化合物为 **55～61**；VI 为重排型半日花烷二萜，代表

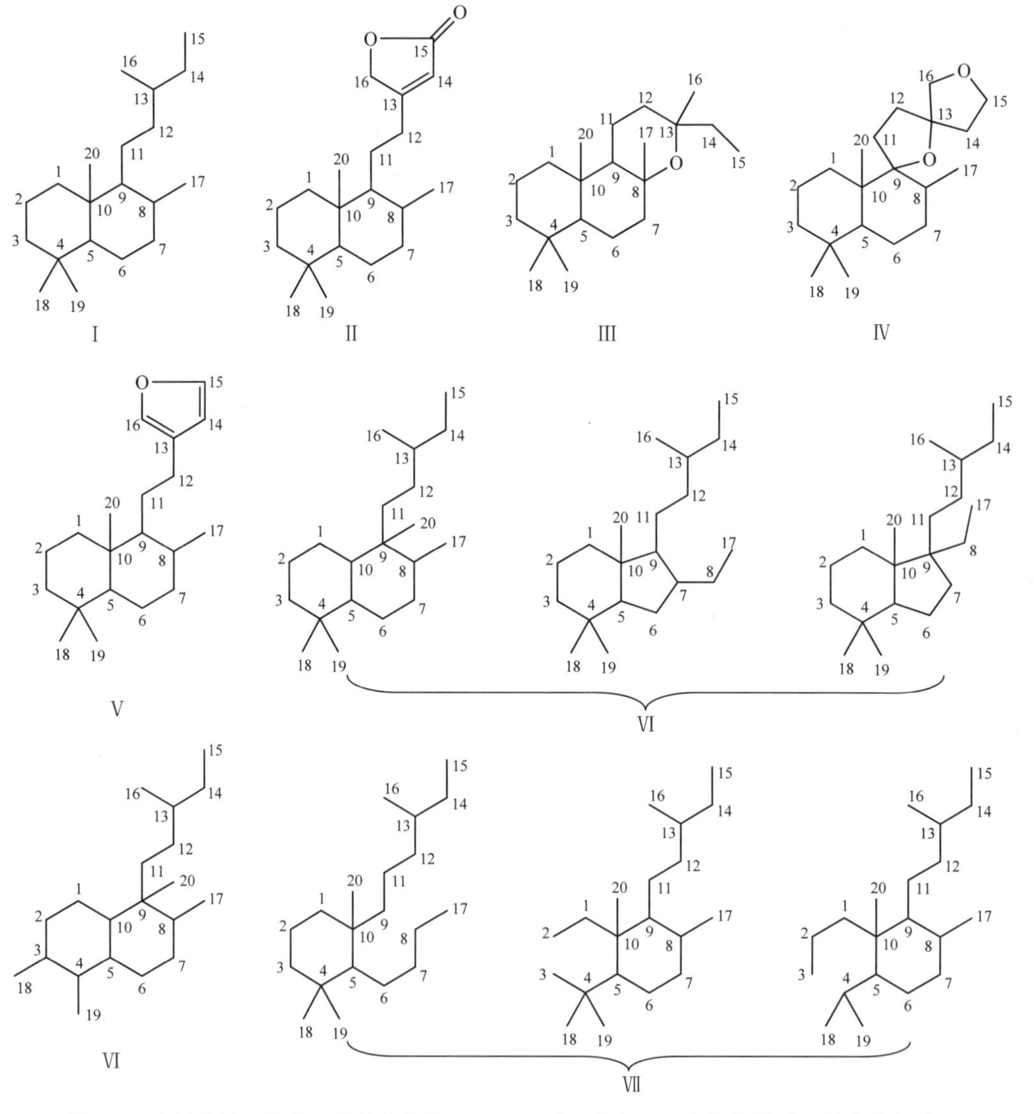

图 4-1　半日花烷二萜的 8 种基本骨架（I～VIII 型，其中，VIII 为其他类型，基本骨架略）

化合物为 **62~80**；Ⅶ为断裂型半日花烷二萜，代表化合物为 **81~96**；Ⅷ为其他类型半日花烷二萜：如含杂原子、糖苷类、二聚体等类型，代表化合物为 **97~116**。

一、常规半日花烷二萜（Ⅰ型）

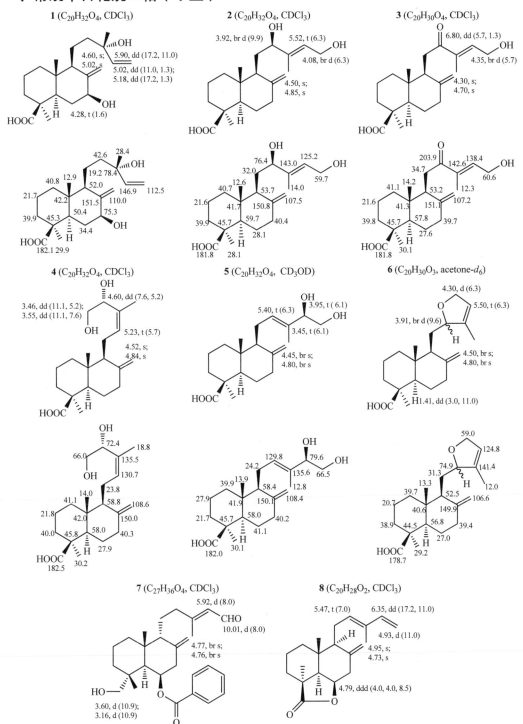

9 (C_{29}H_{40}O_6, CDCl_3)

$$\text{9 } (C_{29}H_{40}O_6, \text{CDCl}_3)$$

二、内酯型半日花烷二萜（Ⅱ型）

10 (C_{20}H_{30}O_5, C_5D_5N)   **11** (C_{20}H_{32}O_6, C_5D_5N)

12 (C$_{26}$H$_{40}$O$_9$, C$_5$D$_5$N)

4.78, br s
7.22, br s
4.93, br s;
4.75, br s
3.63, d (11.0);
4.28, d (11.0)

13 (C$_{26}$H$_{38}$O$_9$, C$_5$D$_5$N)

7.35, br s
4.80, br s
4.87, br s;
4.77, br s
3.64, d (11.0);
4.30, d (11.0)

71.1
146.1
134.5
175.1
22.8 25.4
15.5
37.4 56.7
25.5 39.8 148.4 107.7
86.0 56.1 39.1
43.9
63.6
72.4 OH
79.2 101.6 24.2
79.2 75.7 24.0 64.2

70.8
145.6
129.3
173.3
136.3 122.5
37.5 16.1
24.4 39.3 62.1 109.3
86.1 44.0 55.6 38.9
63.6
72.4 OH
79.1 101.6 24.0 64.2
79.2 75.7

14 (C$_{20}$H$_{28}$O$_5$, CDCl$_3$)

5.83, s
OH
4.75, s
4.73, m

15 (C$_{20}$H$_{30}$O$_3$, CDCl$_3$)

4.55, s;
4.33, s
4.75, m
7.10, m
3.36, d (11.0);
3.72, d (11.0)

16 (C$_{20}$H$_{26}$O$_4$, CDCl$_3$)

4.75, s;
4.96, s
4.78, m
7.18, m
4.03, dd (11.9, 0.4);
4.19, dd (11.9, 2.1)

25.0 171.0 115.3
32.5
22.5 OH 174.1
28.9 75.6 73.3
18.3 31.6
23.2 40.1 16.8
28.5 45.0 32.4
44.0 76.0
183.8

24.4 134.8
21.7 174.4
15.2 56.4
39.0 143.9
18.9 38.8 147.5 107.0 70.1
35.3 39.5 56.2 38.5
24.5
65.0 27.1

24.9 134.7
23.7 174.3
173.0 36.9 52.6
20.8 51.2 143.9
41.1 33.4 145.0 108.4 70.2
49.5 36.1
76.4 23.8 28.0

17 (C$_{22}$H$_{32}$O$_4$, CDCl$_3$)

4.59, s;
4.87, s
4.77, m
7.10, m
AcO
3.85, d (11.0);
4.22, d (11.0)

18 (C$_{22}$H$_{30}$O$_5$, CDCl$_3$)

OHC
4.63, s;
4.96, s
4.76, m
7.09, m
AcO
3.75, d (10.8);
3.89, d (10.8)

19 (C$_{20}$H$_{30}$O$_5$, CDCl$_3$)

2.95, d (4.1);
2.80, d (4.1)
3.27, dd (11.4, 4.6)
4.40, t (7.4)
HO O
3.70, dd (11.6, 5.1)
OH

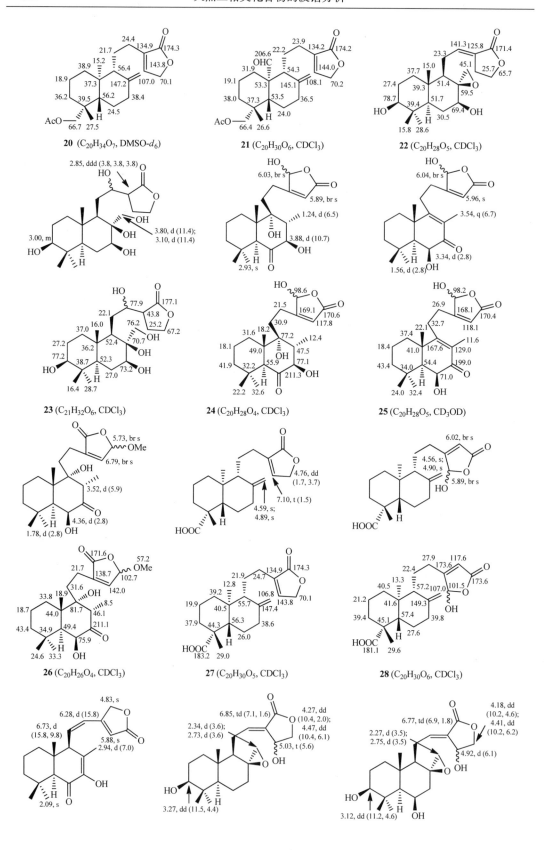

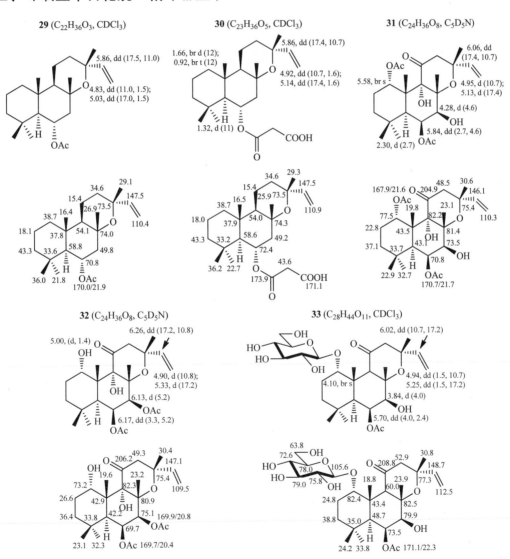

三、环氧型半日花烷二萜（Ⅲ型）

29 (C$_{22}$H$_{36}$O$_3$, CDCl$_3$)   30 (C$_{23}$H$_{36}$O$_5$, CDCl$_3$)   31 (C$_{24}$H$_{36}$O$_8$, C$_5$D$_5$N)

32 (C$_{24}$H$_{36}$O$_8$, C$_5$D$_5$N)   33 (C$_{28}$H$_{44}$O$_{11}$, CDCl$_3$)

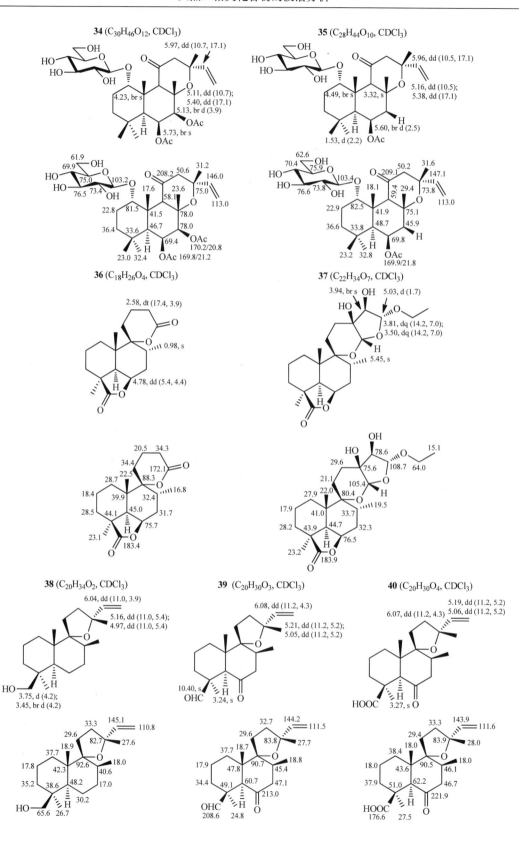

34 (C₃₀H₄₆O₁₂, CDCl₃)

35 (C₂₈H₄₄O₁₀, CDCl₃)

36 (C₁₈H₂₆O₄, CDCl₃)

37 (C₂₂H₃₄O₇, CDCl₃)

38 (C₂₀H₃₄O₂, CDCl₃)

39 (C₂₀H₃₀O₃, CDCl₃)

40 (C₂₀H₃₀O₄, CDCl₃)

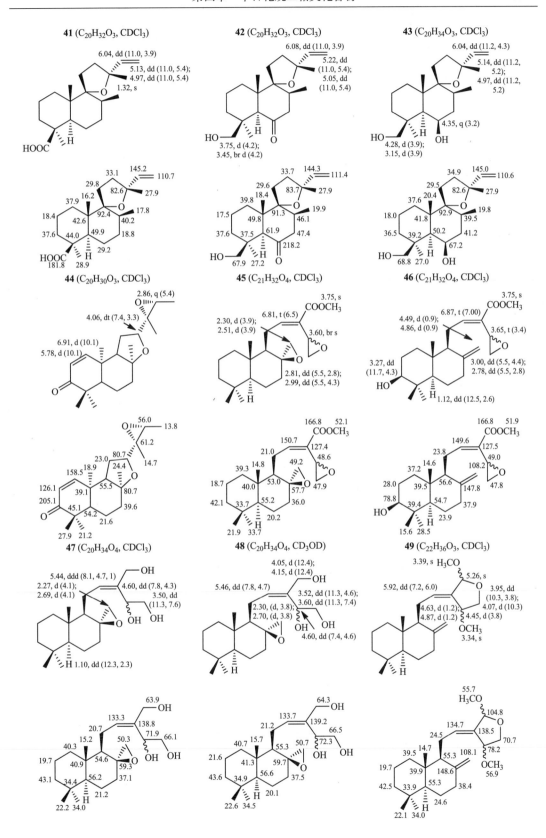

50 (C_{21}H_{34}O_6, CDCl_3)

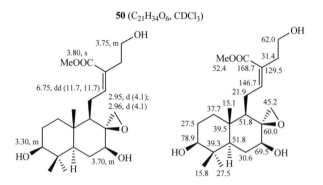

四、螺环型半日花烷二萜（Ⅳ型）

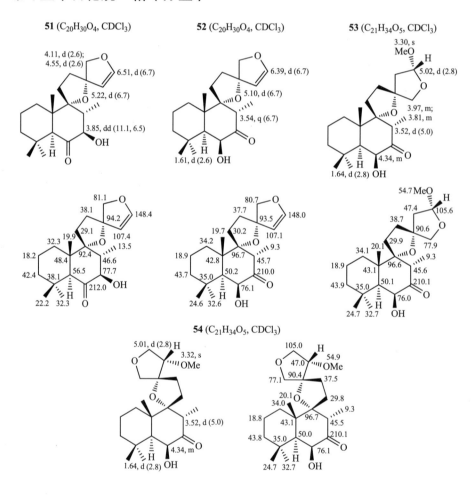

51 (C_{20}H_{30}O_4, CDCl_3)　　　**52** (C_{20}H_{30}O_4, CDCl_3)　　　**53** (C_{21}H_{34}O_5, CDCl_3)

54 (C_{21}H_{34}O_5, CDCl_3)

五、呋喃型半日花烷二萜（V型）

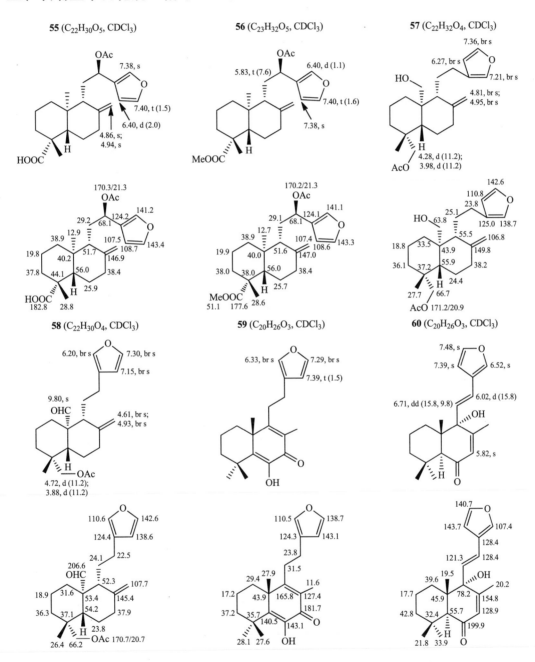

61 (C$_{20}$H$_{24}$O$_4$, CDCl$_3$)

六、重排型半日花烷二萜（Ⅵ型）

62 (C$_{20}$H$_{28}$O$_5$, CDCl$_3$) **63** (C$_{20}$H$_{34}$O, C$_6$D$_6$) **64** (C$_{24}$H$_{38}$O$_5$, CDCl$_3$)

65 (C$_{22}$H$_{36}$O$_4$, CDCl$_3$) **66** (C$_{22}$H$_{36}$O$_4$, CDCl$_3$) **67** (C$_{20}$H$_{32}$O$_2$, CDCl$_3$)

68 (C$_{22}$H$_{36}$O$_3$, CDCl$_3$)

69 (C$_{22}$H$_{36}$O$_3$, CDCl$_3$)

70 (C$_{20}$H$_{32}$O$_2$, CDCl$_3$)

71 (C$_{21}$H$_{34}$O$_3$, CDCl$_3$)

72 (C$_{20}$H$_{32}$O$_5$, CD$_3$OD)

73 (C$_{20}$H$_{24}$O$_4$, CDCl$_3$)

74 (C$_{20}$H$_{26}$O$_3$, CDCl$_3$)

75 (C$_{20}$H$_{28}$O$_3$, CDCl$_3$)

76 (C$_{21}$H$_{24}$O$_5$, CDCl$_3$)

77 (C$_{24}$H$_{40}$O$_6$, CDCl$_3$)

78 (C$_{20}$H$_{30}$O$_4$, C$_6$D$_6$)　　**79** (C$_{20}$H$_{28}$O$_3$, C$_6$D$_6$)　　**80** (C$_{20}$H$_{32}$O, CDCl$_3$)

七、断裂型半日花烷二萜（Ⅶ型）

81 (C$_{20}$H$_{26}$O$_5$, CDCl$_3$)　　**82** (C$_{20}$H$_{28}$O$_4$, CDCl$_3$)　　**83** (C$_{21}$H$_{28}$O$_5$, CDCl$_3$)

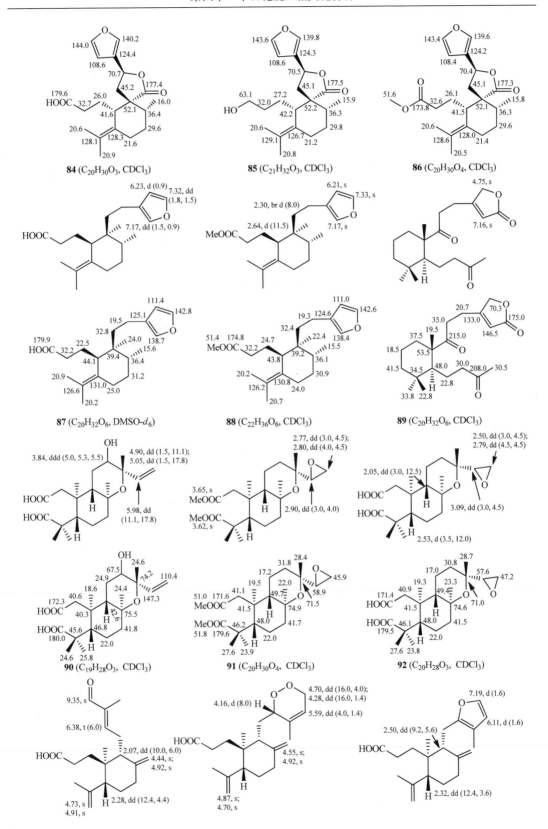

84 ($C_{20}H_{30}O_3$, CDCl$_3$)

85 ($C_{21}H_{32}O_3$, CDCl$_3$)

86 ($C_{20}H_{30}O_4$, CDCl$_3$)

87 ($C_{20}H_{32}O_6$, DMSO-d_6)

88 ($C_{22}H_{36}O_6$, CDCl$_3$)

89 ($C_{20}H_{32}O_6$, CDCl$_3$)

90 ($C_{19}H_{28}O_3$, CDCl$_3$)

91 ($C_{20}H_{30}O_4$, CDCl$_3$)

92 ($C_{20}H_{28}O_3$, CDCl$_3$)

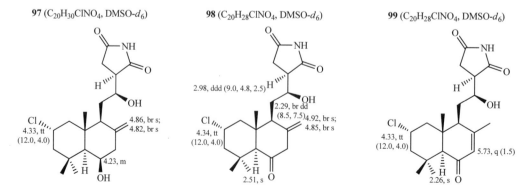

93 (C$_{19}$H$_{30}$O$_3$, CDCl$_3$)　　　　**94** (C$_{18}$H$_{28}$O$_3$, CD$_3$OD)　　　　**95** (C$_{17}$H$_{24}$O$_3$, CDCl$_3$)

96 (C$_{18}$H$_{28}$O$_5$, CDCl$_3$)

八、其他类型半日花烷二萜（Ⅷ型）

97 (C$_{20}$H$_{30}$ClNO$_4$, DMSO-d_6)　　　**98** (C$_{20}$H$_{28}$ClNO$_4$, DMSO-d_6)　　　**99** (C$_{20}$H$_{28}$ClNO$_4$, DMSO-d_6)

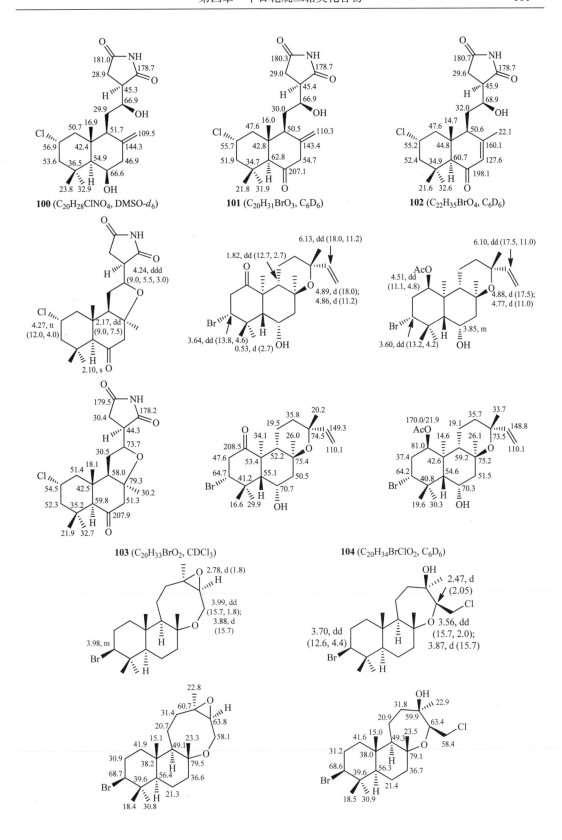

100 (C$_{20}$H$_{28}$ClNO$_4$, DMSO-d_6)

101 (C$_{20}$H$_{31}$BrO$_3$, C$_6$D$_6$)

102 (C$_{22}$H$_{35}$BrO$_4$, C$_6$D$_6$)

103 (C$_{20}$H$_{33}$BrO$_2$, CDCl$_3$)

104 (C$_{20}$H$_{34}$BrClO$_2$, C$_6$D$_6$)

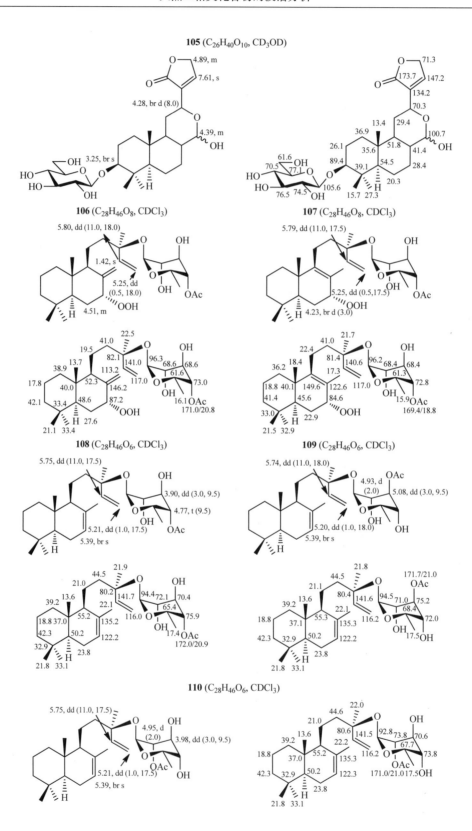

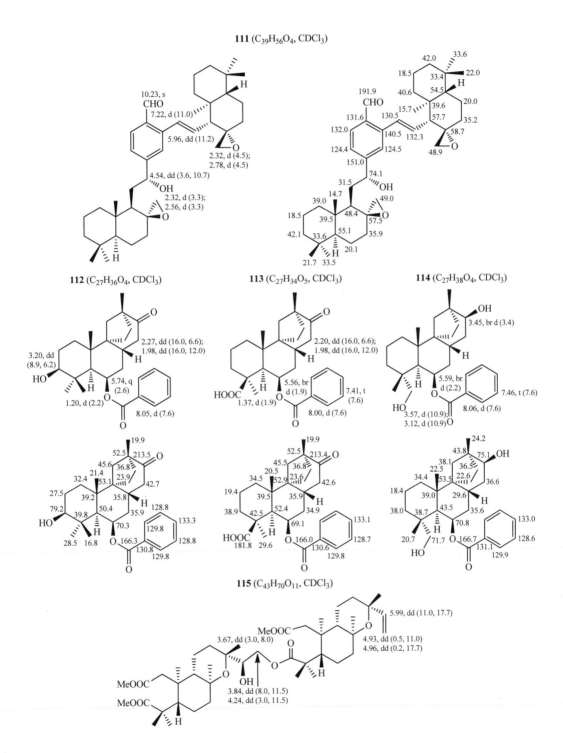

34.8　32.4
15.2　73.2
19.6　23.0　147.6
51.2　171.8　41.8　　109.7
MeOOC　　41.9　51.2　75.6
29.8　74.0　24.4　66.0　47.8　41.7
16.7　24.4　　74.6　46.7
19.0　48.4　　　179.2　22.0
51.0　171.5　40.7　　　O　　26.8　24.7
MeOOC　41.6　75.1　OH　H
MeOOC　46.1　42.6
46.0
51.8　179.5
H
27.8　23.8

116 ($C_{42}H_{68}O_{11}$, CDCl$_3$)

3.88, dd (7.8, 11.5)　　O　　　　　5.99, dd (11.0, 17.7)
4.29, dd (3.3, 11.5)　　　　　　　4.93, dd (0.5, 11.0)
4.96, dd (0.2, 17.7)
MeOOC
O
MeOOC
3.74, dd (2.0, 8.0)　OH
MeOOC
H

24.4　　　　　O　　34.8　32.5
30.4　　73.9　65.6　15.4　73.2
16.8　24.2　　19.7　23.0　147.5
19.1　　　　41.7　41.8　109.8
51.0　171.5　40.8　　75.0　50.8　75.6
MeOOC　48.3　171.4　41.8　48.0　41.8
41.6　75.3　OH　MeOOC　46.4　22.0
MeOOC　46.6　42.5　52.0　179.7　27.3　24.1
46.1　22.1　H
51.8　179.5
H
27.8　23.8

表 4-1　半日花烷二萜化合物

编号	名称	来源植物	类型	文献
1	7β, 13S-dihydroxylabda-8（17），14-dien-19-oic acid	*Platycladus orientalis*	I	[1]
2	12R, 15-dihydroxylabda-8（17），13Z-dien-19-oic acid	*Platycladus orientalis*	I	[1]
3	15-hydroxy-12-oxolabda-8（17），13E-dien-19-oic acid	*Platycladus orientalis*	I	[1]
4	15-dihydroxylabda-8（17），12Z-dien-19-oic acid	*Platycladus orientalis*	I	[1]
5	15-dihydroxy-8（17），12E-labdadien-19-oic acid	*Platycladus orientalis*	I	[2]
6	16-methyl-12, 15-epoxy-8（17），13-labdadien-19-oic acid	*Platycladus orientalis*	I	[2]
7	scopanolal	*Scoparia dulcis*	I	[3]
8	8（17），12E, 14-labdatrien-6, 19-olide	*Salvia leriaefolia*	I	[4]
9	*ent*-15E-caffeoyloxy-8(17)-labden-18-oic acid	*Nuxia sphaerocephala*	I	[5]
10	7R-hydroxy-14-deoxyandrographolide	*Andrographis paniculata*	II	[6]
11	12S, 13S-hydroxyandrographilide	*Andrographis paniculata*	II	[6]
12	3-O-β-D-glucosyl-14-deoxyandrographiside	*Andrographis paniculata*	II	[7]
13	3-O-β-D-glucosyl-14-deoxy-11, 12-didehydroandrographiside	*Andrographis paniculata*	II	[7]
14	marrulibanoside	*Marrubium globosum* ssp. *libanoticum*	II	[8]
15	19-hydroxy-8（17），13-*ent*-labdadien-15→16 lactone	*Potamogeton natans*	II	[9]

编号	名称	来源植物	类型	文献
16	8（17），13-*ent*-labdadient-15→16，19→20 dilactone	*Potamogeton natans*	II	[9]
17	19-acetoxy-8（17），13-*ent*-labdadien-15→16 lactone	*Potamogeton natans*	II	[9]
18	19-acetoxy-20-oxo-8（17），13-*ent*-labdadien-15→16 lactone	*Potamogeton natans*	II	[9]
19	8*β*，17-epoxy-3*β*，7*β*-dihydroxy-12*E*-labden-16，15-olide	*Aframomum sceptrum*	II	[10]
20	3*β*，7*β*，8*β*，12（*R/S*），17-pentahydroxylabdan-16，15-olide	*Aframomum sceptrum*	II	[10]
21	sibiricinone A	*Leonurus sibiricus*	II	[11]
22	sibiricinone B	*Leonurus sibiricus*	II	[11]
23	sibiricinone C	*Leonurus sibiricus*	II	[11]
24	8（17），13-*ent*-labdadien-15→16-lactone-19-oic acid	*Potamogeton pectinatus*	II	[12]
25	16-hydroxy-8（17），13-*ent*-labdadien-15，16-olid-19-oic acid	*Potamogeton pectinatus*	II	[12]
26	7-hydroxy，6-oxo-7，11，13-labdatrien-16，15-olide	*Hedychium spicatum*	II	[13]
27	zambesiacolactone A	*Aframomum zambesiacum*	II	[14]
28	zambesiacolactone B	*Aframomum zambesiacum*	II	[14]
29	6*α*-acetoxymanoyl oxide	*Stemodia foliosa*	III	[15]
30	6*α*-malonyloxymanoyl oxide	*Stemodia foliosa*	III	[15]
31	forskolin I	*Coleus forskohlii*	III	[16]
32	forskolin J	*Coleus forskohlii*	III	[16]
33	forskoditerpenoside C	*Coleus forskohli*	III	[17]
34	forskoditerpenoside D	*Coleus forskohli*	III	[17]
35	forskoditerpenoside E	*Coleus forskohli*	III	[17]
36	marrulactone	*Marrubium globosum* ssp. *libanoticum*	III	[18]
37	marrulibacetal	*Marrubium globosum* ssp. *libanoticum*	III	[14]
38	(4*S*, 5*S*, 8*S*, 9*R*, 10*S*, 13*R*)-9, 13-epoxy-14-labden-19-ol	*Stevia subpubescenss*	III	[19]
39	(4*S*, 5*R*, 8*S*, 9*R*, 10*S*, 13*R*)-9, 13-epoxy-6-oxo-14-labden-19-al	*Stevia subpubescenss*	III	[19]
40	(4*S*, 5*R*, 8*S*, 9*R*, 10*S*, 13*R*)-9, 13-epoxy-6-oxo-14-labden-19-oic acid	*Stevia subpubescenss*	III	[19]
41	(4*S*, 5*R*, 8*S*, 9*R*, 10*S*, 13*R*)-9, 13-epoxy-14-labden-19-oic acid	*Stevia subpubescenss*	III	[19]
42	(4*S*, 5*S*, 8*S*, 9*R*, 10*S*, 13*R*)-9, 13-epoxy-14-labden-19-ol-6-one	*Stevia subpubescenss*	III	[19]
43	(4*S*, 5*S*, 6*R*, 8*S*, 9*R*, 10*S*, 13*R*)-9, 13-epoxy-14-labdene-6, 19-diol	*Stevia subpubescens*	III	[19]
44	muscicolone	*Frullania muscicola*	III	[20]
45	3-deoxyaulacocarpin A	*Aframomum zambesiacum*	III	[14]
46	methyl-14（*R/S*），15-epoxy-3*β*-hydroxy-8（17），12*E*-labdadien-16-oate	*Aframomum zambesiacum*	III	[14]
47	8*β*，17-epoxy-12*E*-labdene-14（*R/S*），15，16-triol	*Aframomum zambesiacum*	III	[14]
48	aulacocarpin C	*Aframomum aulacocarpos*	III	[21]
49	aulacocarpin D	*Aframomum aulacocarpos*	III	[21]
50	methyl 8*β*，17-epoxy-3*β*，7*β*，15-trihydroxy-12*E*-labden-16-oate	*Aframomum sceptrum*	III	[10]
51	13-*epi*-preleoheterin	*Leonurus japonicus*	IV	[22]

编号	名称	来源植物	类型	文献
52	*iso*-preleoheterin	*Leonurus japonicus*	IV	[22]
53	sibiricinone D	*Leonurus sibiricus*	IV	[11]
54	15-*epi*-sibiricinones D	*Leonurus sibiricus*	IV	[11]
55	15, 16-epoxy-12*R*-acetoxy-8（17），13（16），14-*ent*-labdatrien-19-oic acid	*Potamogeton pectinatus*	V	[12]
56	methyl 15, 16-epoxy-12(*R*)-acetoxy-8（17），13（16），14-*ent*-labdatrien-19-oate	*Potamogeton pectinatus*	V	[12]
57	potamogetonol	*Potamogeton malaianus*	V	[23]
58	potamogetonyde	*Potamogeton malaianus*	V	[23]
59	leojaponin	*Leonurus japonicus*	V	[22]
60	9-hydroxy-15, 16-epoxy-7, 11, 13（16）14-labdatetraen-6-one	*Hedychium spicatum*	V	[13]
61	7-hydroxy hydichinal	*Hedychium spicatum*	V	[24]
62	8*S*, 12*S*-epoxy-7*R*, 16-dihydroxyhalima-5（10），13-dien-15, 16-olide	*Alomia myriadenia*	VI	[25]
63	1(10)-halimadien-13(*R/S*)-ol	*Jungermannia infusca*	VI	[26]
64	vitetrifolin D	*Vitex trifolia*	VI	[27]
65	vitetrifolin E	*Vitex trifolia*	VI	[27]
66	vitetrifolin F	*Vitex trifolia*	VI	[27]
67	vitetrifolin G	*Vitex trifolia*	VI	[27]
68	viteagnusin A	*Vitex agnus-castus* L.	VI	[28]
69	viteagnusin B	*Vitex agnus-castus* L.	VI	[28]
70	isoscoparin M	*Isodon scoparius*	VI	[29]
71	isoscoparin N	*Isodon scoparius*	VI	[29]
72	3*β*, 5*β*, 16*R*-trihydroxyhalima-13(14)-en-15, 16-olide	*Polyalthia longifolia* var. *pendula*	VI	[30]
73	6-[2-(furan-3-yl)-2-oxoethyl]-1, 5, 6-trimethyl-10-oxatricyclo [7.2.1.0 ^{2,7}]dodec-2(7)-en-11-one	*Cladogynos orientalis*	VI	[31]
74	6-[2-(furan-3-yl)ethyl]-1, 5, 6-trimethyl-10-oxatricyclo[7.2.1.0^{2,7}]dodec-2(7)-en-11-one	*Cladogynos orientalis*	VI	[31]
75	5-[2-(furan-3-yl)ethyl]-1, 5, 6-trimethyl-1, 2, 3, 4, 5, 6, 7, 8-octahydronaphthalene-1-carboxylic acid	*Cladogynos orientalis*	VI	[31]
76	*ent*-halimane diterpenes	*Cladogynos orientalis*	VI	[31]
77	triacetyl derivative **77**	*Halimium viscosum*	VI	[32]
78	chapecoderin B	*Echinodorus macrophyllus*	VI	[33]
79	chapecoderin C	*Echinodorus macrophyllus*	VI	[33]
80	19（4→3）*abeo*-8*α*, 13*S*-epoxylabda-4（18），14-diene	*Picea glehni*	VI	[34]
81	compound **81**	*Nardophyllum bryoides*	VII	[35]
82	compound **82**	*Nardophyllum bryoides*	VII	[35]
83	compound **83**	*Nardophyllum bryoides*	VII	[35]
84	tessmannic acid	*Tessmannia densiflora*	VII	[36]
85	methyltessmannoate	*Tessmannia densiflora*	VII	[36]

续表

编号	名称	来源植物	类型	文献
86	chapecoderin A	*Echinodorus macrophyllus*	Ⅶ	[33]
87	excoecarin	*Excoecaria agallocha*	Ⅶ	[37]
88	excoecarin T1 dimethyl ester	*Excoecaria agallocha*	Ⅶ	[37]
89	excoecarin T2 dimethyl ester	*Excoecaria agallocha*	Ⅶ	[37]
90	3, 4-*seco*-15-*nor*-14-oxo-4, 8, 12*E*-labdatrien-3-oic acid.	*Croton stipuliformis*	Ⅶ	[38]
91	*ent*-3, 4-*seco*-12, 15-dioxo-4, 8, 13-labdatrien-3-oic acid	*Croton stipuliformis*	Ⅶ	[38]
92	*ent*-3, 4-*seco*-12, 15-epoxy-4, 8, 12, 14-labdatetraen-3-oic acid	*Croton stipuliformis*	Ⅶ	[38]
93	8, 13-epoxy-3-*nor*-2, 3-*seco*-14-epilabden-2, 4-olide	*Excoecaria agallocha*	Ⅶ	[39]
94	7, 18-dihydroxy-15, 16-dinorlabda-8（20），11-dien-13-one	*Amentotaxus argotaenia*	Ⅶ	[40]
95	spicatanoic acid	*Hedychium spicatum*	Ⅶ	[24]
96	marrulanic acid	*Marrubium globosum* ssp. *libanoticum*	Ⅶ	[41]
97	haterumaimide F	*Lissoclinum*	Ⅷ	[42]
98	haterumaimide G	*Lissoclinum*	Ⅷ	[42]
99	haterumaimide I	*Lissoclinum*	Ⅷ	[42]
100	haterumaimide H	*Lissoclinum*	Ⅷ	[42]
101	(3*R*, 5*S*, 6*S*, 8*S*, 9*S*, 10*R*, 13*R*)-3-bromo-6-hydroxy-8, 13-epoxylabd-14-en-1-one	*Laurencia* sp.	Ⅷ	[43]
102	(1*S*, 3*R*, 5*S*, 6*S*, 8*S*, 9*S*, 10*R*, 13*R*)-1-acetoxy-3-bromo-6-hydroxy-8, 13-epoxy-labd-14-ene	*Laurencia* sp.	Ⅷ	[43]
103	brominated labdane diterpene **103**	*Laurencia obtusa*	Ⅷ	[44]
104	brominated labdane diterpene **104**	*Laurencia obtusa*	Ⅷ	[44]
105	curcumanggoside	*Curcuma mangga*	Ⅷ	[45]
106	7α-hydroperoxylabda-8（17），14-dien-13*R*-ol-4-*O*-acetyl-α-*L*-6-deoxy-idopyranoside	*Aster oharai*	Ⅷ	[46]
107	7α-hydroperoxylabda-8, 14-dien-13*R*-ol-4-*O*-acetyl-α-*L*-6-deoxy-idopyranoside	*Aster oharai*	Ⅷ	[46]
108	labda-7, 14-dien-13*R*-ol-4-*O*-acetyl-α-*L*-rhamnopyranoside	Aster oharai	Ⅷ	[46]
109	labda-7, 14-dien-13*R*-ol-3-*O*-acetyl-α-*L*-rhamnopyranoside	*Aster oharai*	Ⅷ	[46]
110	labda-7, 14-dien-13*R*-ol-2-*O*-acetyl-α-*L*-rhamnopyranoside	*Aster oharai*	Ⅷ	[46]
111	sulcanal	*Aframomum sulcatum*	Ⅷ	[47]
112	*iso*-dulcinol	*Scoparia dulcis*	Ⅷ	[3]
113	4-*epi*-scopadulcic acid B	*Scoparia dulcis*	Ⅷ	[3]
114	dulcidiol	*Scoparia dulcis*	Ⅷ	[3]
115	excoecarin R1	*Excoecaria agallocha*	Ⅷ	[48]
116	excoecarin R2	*Excoecaria agallocha*	Ⅷ	[48]

参 考 文 献

[1] Wang Y Z, Tang C P, Ke C Q, et al. Diterpenoids from the pericarp of *Platycladus orientalis*[J]. Phytochemistry, 2008, 69 (2): 518-526.

[2] Ren X Y, Ye Y. Labdane diterpenes from the seeds of *Platycladus orientalis*[J]. Journal of Asian Natural Products Research, 2006, 8 (8): 677-682.

[3] Ahsan M, Islam S K N, Gray A I, et al. Cytotoxic diterpenes from *Scoparia dulcis*[J]. Journal of Natural Products, 2003, 66 (7): 958-961.

[4] Habibi Z, Eftekhar F, Samiee K, et al. Structure and antibacterial activity of a new labdane diterpenoid from *Salvia leriaefolia*[J]. Journal of Natural Products, 2000, 63 (2): 270-271.

[5] Mambu L, Grellier P, Florent L, et al. Clerodane and labdane diterpenoids from *Nuxia sphaerocephala*[J]. Phytochemistry, 2006, 67 (5): 444-451.

[6] Chen L, Zhu H, Wang R, et al. *ent*-Labdane diterpenoid lactone stereoisomers from *Andrographis paniculata*[J]. Journal of Natural Products, 2008, 71 (5): 852-855.

[7] Zhou K L, Chen L X, Zhuang Y L, et al. Two new *ent*-labdane diterpenoid glycosides from the aerial parts of *Andrographis paniculata*[J]. Journal of Asian Natural Products Research, 2008, 10 (10): 939-943.

[8] Rigano D, Grassia A, Borrelli F, et al. Phytochemical and pharmacological studies on the acetonic extract of *Marrubium globosum* ssp. *libanoticum*[J]. Planta medica, 2006, 72 (6): 575-578.

[9] Cangiano T, Della G M, Fiorentino A, et al. Lactone diterpenes from the aquatic plant *Potamogeton natans*[J]. Phytochemistry, 2001, 56 (5): 469-473.

[10] Tomla C, Kamnaing P, Ayimele G A, et al. Three labdane diterpenoids from *Aframomum sceptrum* (Zingiberaceae) [J]. Phytochemistry, 2002, 60 (2): 197-200.

[11] Boalino D M, McLean S, Reynolds W F, et al. Labdane diterpenes of *Leonurus ibiricus*[J]. Journal of Natural Products, 2004, 67 (4): 714-717.

[12] Waridel P, Wolfender J L, Lachavanne J B, et al. *ent*-Labdane diterpenes from the aquatic plant *Potamogeton pectinatus*[J]. Phytochemistry, 2003, 64 (7): 1309-1317.

[13] Reddy P P, Rao R R, Rekha K, et al. Two new cytotoxic diterpenes from the rhizomes of *Hedychium spicatum*[J]. Bioorganic & Medicinal Chemistry Letters, 2009, 19 (1): 192-195.

[14] Kenmogne M, Prost E, Harakat D, et al. Five labdane diterpenoids from the seeds of *Aframomum zambesiacum*[J]. Phytochemistry, 2006, 67 (5): 433-438.

[15] Silva L L D, Nascimento M S, Cavalheiro A J, et al. Antibacterial activity of labdane diterpenoids from *Stemodia foliosa*[J]. Journal of Natural Products, 2008, 71 (7): 1291-1293.

[16] Shen Y H, Xu Y L. Two new diterpenoids from *Coleus forskohlii*[J]. Journal of Asian Natural Products Research, 2005, 7(6): 811-815.

[17] Shan Y, Xu L, Lu Y, et al. Diterpenes from *Coleus forskohlii* (WILLD.) BRIQ. (Labiatae)[J]. Chemical and Pharmaceutical Bulletin, 2008, 56 (1): 52-56.

[18] Rigano D, Aviello G, Bruno M, et al. Antispasmodic effects and structure-activity relationships of labdane diterpenoids from *Marrubium globosum* ssp. *libanoticum*[J]. Journal of natural products, 2009, 72 (8): 1477-1481.

[19] Luisa U R, Jairo I C, Rosa E D R, et al. Grindelane diterpenoids from *Stevia subpubescens*[J]. Journal of Natural Products, 2000, 63 (2): 226-229.

[20] Lou H X, Li G Y, Wang F Q. A cytotoxic diterpenoid and antifungal phenolic compounds from *Frullania muscicola* Steph[J]. Journal of Asian Natural Products Research, 2002, 4 (2): 87-94.

[21] Sob S V T, Tane P, Ngadjui B T, et al. Trypanocidal labdane diterpenoids from the seeds of *Aframomum aulacocarpos* (Zingiberaceae) [J]. Tetrahedron, 2007, 63 (36): 8993-8998.

[22] Romerogonzález R R, Ávilanúñez J L, Aubert L, et al. Labdane diterpenes from *Leonurus japonicus* leaves[J]. Phytochemistry, 2006, 67 (10): 965-970.

[23] Kittakoop P, Wanasith S, Watts P, et al. Potent antiviral potamogetonyde and potamogetonol, new furanoid labdane diterpenes from *Potamogeton malaianus*[J]. Journal of Natural Products, 2001, 64 (3): 385-388.

[24] Reddy P P, Rao R R, Shashidhar J, et al. Phytochemical investigation of labdane diterpenes from the rhizomes of *Hedychium spicatum* and their cytotoxic activity[J]. Bioorganic & Medicinal Chemistry Letters, 2009, 19 (21): 6078-6081.

[25] Scio E, Ribeiro A, Alves T M A, et al. Diterpenes from *Alomia myriadenia* (Asteraceae) with cytotoxic and trypanocidal activity[J]. Phytochemistry, 2003, 64 (6): 1125-1131.

[26] Nagashima F, Suzuki M, Asakawa Y. A new halimane-type diterpenoid from the liverwort *Jungermannia infusca*[J]. Fitoterapia, 2001, 72 (1): 83-85.

[27] Ono M, Ito Y, Nohara T. Four new halimane-type diterpenes, vitetrifolins D-G, from the fruit of *Vitex trifolia*[J]. Chemical and Pharmaceutical Bulletin, 2001, 49 (9): 1220-1222.

[28] Ono M, Yamasaki T, Konoshita M, et al. Five new diterpenoids, viteagnusins A-E, from the fruit of *Vitex agnus-castus*[J]. Chemical and Pharmaceutical Bulletin, 2008, 56 (11): 1621-1624.

[29] Zhou M, Geng H C, Zhang H B, et al. Scopariusins, a new class of *ent*-halimane diterpenoids isolated from *Isodon scoparius*, and biomimetic synthesis of scopariusin A and isoscoparin N[J]. Organic Letters, 2013, 15 (2): 314-317.

[30] Chen C Y, Chang F R, Shih Y C, et al. Cytotoxic constituents of *Polyalthia longifolia* var. *pendula*[J]. Journal of Natural Products, 2000, 63 (11): 1475-1478.

[31] Kanlayavattanakul M, Ruangrungsi N, Watanabe T, et al. *ent*-Halimane diterpenes and a guaiane sesquiterpene from *Cladogynos orientalis*[J]. Journal of Natural Products, 2005, 68 (1): 7-10.

[32] Rodilla J M L, Ismael M I, Silva L A, et al. Covilanone: a new rearranged labdane type diterpene[J]. Tetrahedron letters, 2002, 43 (26): 4605-4608.

[33] Kobayashi J, Sekiguchi M, Shigemori H, et al. Chapecoderins A-C, new labdane-derived diterpenoids from *Echinodorus macrophyllus*[J]. Journal of Natural Products, 2000, 63 (3): 375-377.

[34] Kinouchi Y, Ohtsu H, Tokuda H, et al. Potential antitumor-promoting diterpenoids from the stem bark of *Picea glehni*[J]. Journal of Natural Products, 2000, 63 (6): 817-820.

[35] Sánchez M, Mazzuca M, Veloso M J, et al. Cytotoxic terpenoids from *Nardophyllum bryoides*[J]. Phytochemistry, 2010, 71 (11): 1395-1399.

[36] Kihampa C, Nkunya M H H, Joseph C C, et al. Anti-mosquito and antimicrobial nor-halimanoids, isocoumarins and an anilinoid from *Tessmannia densiflora*[J]. Phytochemistry, 2009, 70 (10): 1233-1238.

[37] Konishi T, Yamazoe K, Konoshima T, et al. *Seco*-labdane type diterpenes from *Excoecaria agallocha*[J]. Phytochemistry, 2003, 64 (4): 835-840.

[38] Ramos F, Takaishi Y, Kashiwada Y, et al. *ent*-3, 4-*Seco*-labdane and *ent*-labdane diterpenoids from *Croton stipuliformis* (Euphorbiaceae) [J]. Phytochemistry, 2008, 69 (12): 2406-2410.

[39] Anjaneyulu A S R, Rao V L. Five diterpenoids (agallochins A-E) from the mangrove plant *Excoecaria agallocha* Linn[J]. Phytochemistry, 2000, 55 (8): 891-901.

[40] Yang Q, Ye G, Feng J Q, et al. New labdane-type diterpenoids from *Amentotaxus argotaenia*[J]. Helvetica Chimica Acta, 2007, 90 (6): 1230-1235.

[41] Rigano D, Grassia A, Bruno M, et al. Labdane diterpenoids from *Marrubium globosum* ssp. *libanoticum*[J]. Journal of Natural Products, 2006, 69 (5): 836-838.

[42] Uddin M J, Kokubo S, Ueda K, et al. Haterumaimides F-I, four new cytotoxic diterpene alkaloids from an ascidian *Lissoclinum* species[J]. Journal of Natural Products, 2001, 64 (9): 1169-1173.

[43] Suzuki M, Nakano S, Takahashi Y, et al. Brominated labdane-type diterpenoids from an Okinawan *Laurencia* sp. [J]. Journal of Natural Products, 2002, 65 (6): 801-804.

[44]　Iliopoulou D，Mihopoulos N，Roussis V，et al. New brominated labdane diterpenes from the red alga *Laurencia obtusa*[J]. Journal of Natural Products，2003，66（9）：1225-1228.

[45]　Abas F，Lajis N H，Shaari K，et al. A labdane diterpene glucoside from the rhizomes of *Curcuma mangga*[J]. Journal of Natural Products，2005，68（7）：1090-1093.

[46]　Choi S Z，Kwon H C，Choi S U，et al. Five new labdane diterpenes from *Aster oharai*[J]. Journal of Natural Products，2002，65（8）：1102-1106.

[47]　Tsopmo A，Ayimele G A，Tane P，et al. A norbislabdane and other labdanes from *Aframomum sulcatum*[J]. Tetrahedron，2002，58（14）：2725-2728.

[48]　Konishi T，Yamazoe K，Konoshima T，et al. New bis-secolabdane diterpenoids from *Excoecaria agallocha*[J]. Journal of Natural Products，2003，66（1）：108-111.

第五章　克罗烷二萜类化合物

克罗烷二萜可以认为是半日花烷二萜的重排结构类型，该类的基本骨架是十氢萘，结构中的 C-4、C-5、C-8 和 C-9 各有一个甲基，C-9 连有一个六碳单元的侧链，除常规类型外，还常见降解型克罗烷二萜（*nor*）、迁移型克罗烷二萜（*abeo*）和开环型克罗烷二萜（*seco*）等复杂类型。

由于克罗烷二环二萜类化合物结构变化多样，本章主要按其侧链的状态进行归纳，详见图 5-1 以及表 5-1，I 为不含特殊结构且侧链未成环的克罗烷二萜，常在 C-3（4）、C-13（16）以及 C-14（15）位之间形成双键，代表化合物为 **1～41**；II 为侧链在 C-15/C-16 之间形成呋喃环或四氢呋喃环，并在 A 和 B 环常伴有内酯环和环氧结构等复杂结构单元，代表化合物为 **42～93**；III 主要为侧链含有内酯环且存在环氧的内酯型克罗烷二萜，代表化合物为 **94～135**；IV 主要为侧链含有氧螺环的克罗烷二萜，代表化合物为 **136～148**；V 为双四氢呋喃型克罗烷二萜，代表化合物为 **149～156**；VI 为新颖类型的克罗烷二萜，如发生氧化断裂、甲基迁移、缩环或扩环等骨架重排以及二聚、杂合或多聚的克罗烷二萜，代表化合物为 **157～175**。

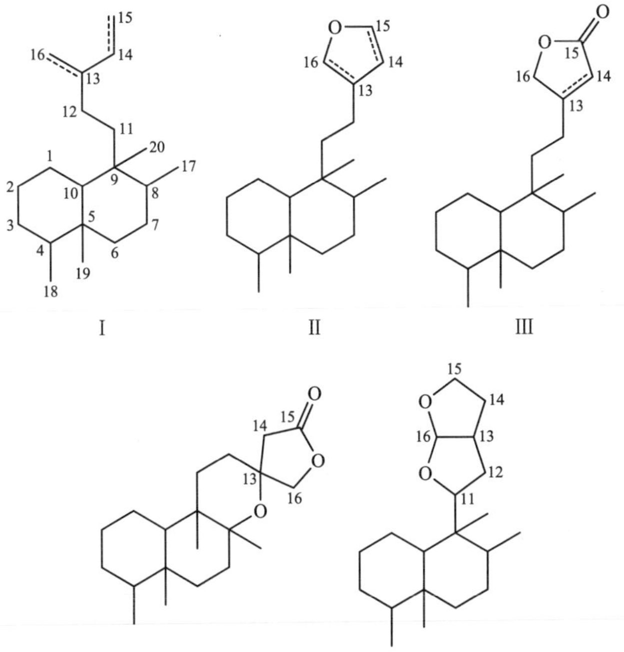

图 5-1　克罗烷二萜的 6 种基本骨架（I～VI 型，其中，VI 为其他类型，基本骨架略）

一、未成环克罗烷型二萜（Ⅰ型）

1 (C$_{22}$H$_{36}$O$_4$, CDCl$_3$)

5.65, br t (3.0)
AcO

2 (C$_{20}$H$_{32}$O$_2$, CDCl$_3$)

5.71, br d (0.9)
COOH
5.20, br s

3 (C$_{21}$H$_{34}$O$_2$, CDCl$_3$)

5.69, d (1.2)
COOCH$_3$
5.34, br s

41.6
20.0　31.3 COOH
29.5　178.7
17.5　37.5
H　17.5
24.3　40.3　16.0
45.4　37.7
129.4　36.6　29.2
138.9　35.4
171.0/21.3　66.8　34.3
AcO

114.3
19.5　164.0 COOH
34.8　170.7
37.5
17.9 H 20.4
26.8　38.8　14.8
45.1　35.1
120.2　37.6　25.5
144.4　30.1
18.0　20.6

114.7
19.2　162.1 COOCH$_3$
35.2　167.4　50.8
35.9
20.0 H 26.4
25.8　38.8　15.4
44.7　37.5
122.5　38.7　27.2
142.0　32.2
19.4　27.7

4 (C$_{20}$H$_{34}$O, CDCl$_3$)

5.91, dd (17.3, 10.1)
HO
5.07, dd (10.7, 1.1); 5.21, dd (17.3, 1.1)
5.27, br s

5 (C$_{20}$H$_{30}$O$_3$, CDCl$_3$)

COOH
5.65, s
O
5.80, s

6 (C$_{20}$H$_{34}$O$_4$, CDCl$_3$)

COOH
5.67, s
3.48, s
HO
HO

27.7　145.3
HO　73.5　111.8
35.2
31.6
17.7 H 17.4
24.1　39.9　15.9
44.6　37.3
123.2　36.9　28.8
139.9　37.8
19.8　33.1

171.8 COOH
19.5　164.4 115.2
34.8　36.7
35.7 H 22.9
198.8　39.3　14.6
47.2　35.6
128.7　39.8　26.9
169.4　30.1
21.1　31.2

170.5 COOH
19.3　163.3 116.3
36.8　35.8
19.3 H 29.9
29.8　40.2　16.4
43.5　38.2
77.0　43.7　29.2
78.1　30.2
HO　21.8
HO　21.9

7 (C$_{20}$H$_{34}$O$_3$, CDCl$_3$)

COOH
5.11, m
3.98, q (3.3)
OH

8 (C$_{20}$H$_{30}$O$_4$, CDCl$_3$)

COOH
O
5.77, d (1.2)
O

9 (C$_{29}$H$_{40}$O$_7$, CD$_3$OD)

10 (C$_{30}$H$_{38}$O$_6$, CD$_3$OD)

11 (C$_{30}$H$_{38}$O$_6$, CD$_3$OD)

12 (C₃₄H₄₈O₉, CD₃OD)

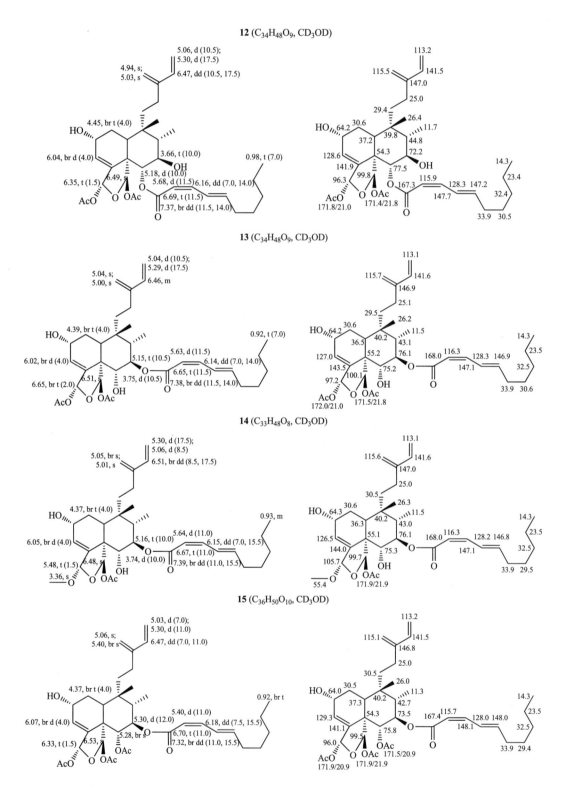

13 (C₃₄H₄₈O₉, CD₃OD)

14 (C₃₃H₄₈O₈, CD₃OD)

15 (C₃₆H₅₀O₁₀, CD₃OD)

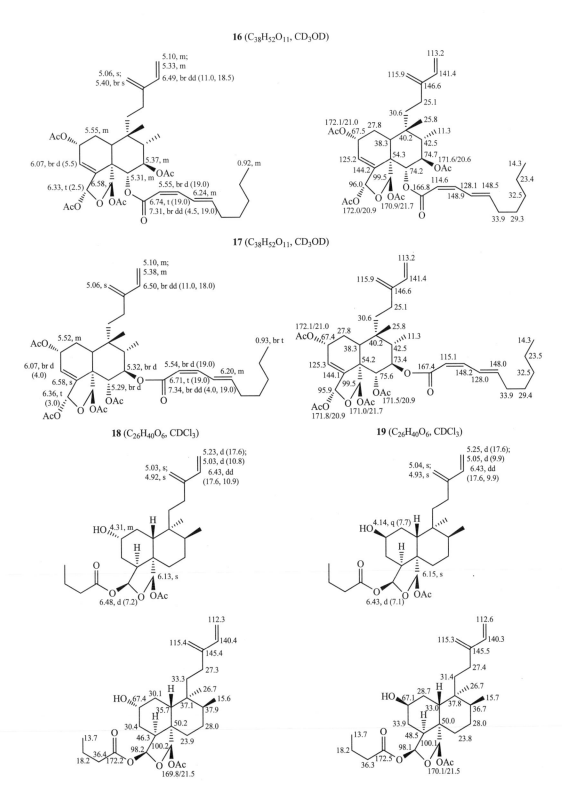

16 (C_{38}H_{52}O_{11}, CD_3OD)

17 (C_{38}H_{52}O_{11}, CD_3OD)

18 (C_{26}H_{40}O_6, CDCl_3)

19 (C_{26}H_{40}O_6, CDCl_3)

20 ($C_{23}H_{32}O_5$, CDCl$_3$)

5.22, d (17.6);
5.04, d (10.9)
5.03, s;
4.98, s
6.34, dd (17.6, 10.9)
AcO 5.51, m H
6.88, d (5.1)
OMe 3.27, s
CHO 3.72, dd (13.7, 6.9)
CHO 9.40, s
10.50, s

112.9
116.2 138.9
140.3
31.7 23.2 25.7
25.8 H
AcO 65.2 37.9 15.6
170.4/21.1 39.8 35.8
146.6 54.8 81.6 32.8
149.4 CHO OMe
CHO 191.2 57.2
202.4

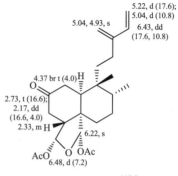

21 ($C_{24}H_{34}O_6$, CDCl$_3$)

5.22, d (17.6);
5.04, d (10.8)
5.04, 4.93, s
6.43, dd (17.6, 10.8)
4.37 br t (4.0) H
2.73, t (16.6);
2.17, dd (16.6, 4.0)
2.33, m H 6.22, s
AcO O OAc
6.48, d (7.2)

112.5
115.3 140.1
145.0
27.2 23.8 26.2
37.9 H 15.5
212.4 35.5 37.9 37.8
37.2 48.0 49.5 27.7
H 34.1
99.8 97.2
AcO O OAc
169.5/21.3 169.3/20.9

22 ($C_{26}H_{36}O_6$, CDCl$_3$)

5.22, d (17.6);
5.04, d (17.6)
5.05, 4.93, s
6.42, dd (17.6, 10.9)
H
O
6.05, s
0.94, t (7.5)
6.39, br s
O OAc
2.30, t (7.3) 6.85, d (1.4)

112.6
115.3 140.1
145.0
27.0 23.7
25.1
35.4 H
39.1 37.7 15.6
199.1 50.4 36.6
123.8 165.7 27.6
13.5 99.4
18.2 172.2 O OAc 169.5/21.2
36.1

23 ($C_{31}H_{46}O_7$, CDCl$_3$)

5.18, d (17.6);
5.03, d (10.7)
5.04, 4.94, s
6.44, dd (17.6, 10.7)
5.37, br s
O H
5.89, d (4.2)
0.93, t (7.5)
6.30, s
O OAc
2.29, t (7.3) 6.70, s

112.0
27.0 11.6
41.2 115.4 140.4
145.3
16.6 175.8 28.1 23.6
26.1 H
66.4 34.2 37.2 26.0
147.3 15.7
120.4 49.3 37.3
13.5 99.5 29.3 27.2
18.2 172.7 O O OAc 169.8/21.2
36.3 94.3

24 (C$_{31}$H$_{46}$O$_{8}$, CDCl$_3$)

25 (C$_{32}$H$_{48}$O$_{8}$, CDCl$_3$)

26 (C$_{29}$H$_{44}$O$_{7}$, CDCl$_3$)　　**27** (C$_{26}$H$_{38}$O$_{7}$, CDCl$_3$)　　**28** (C$_{26}$H$_{38}$O$_{5}$, CDCl$_3$)

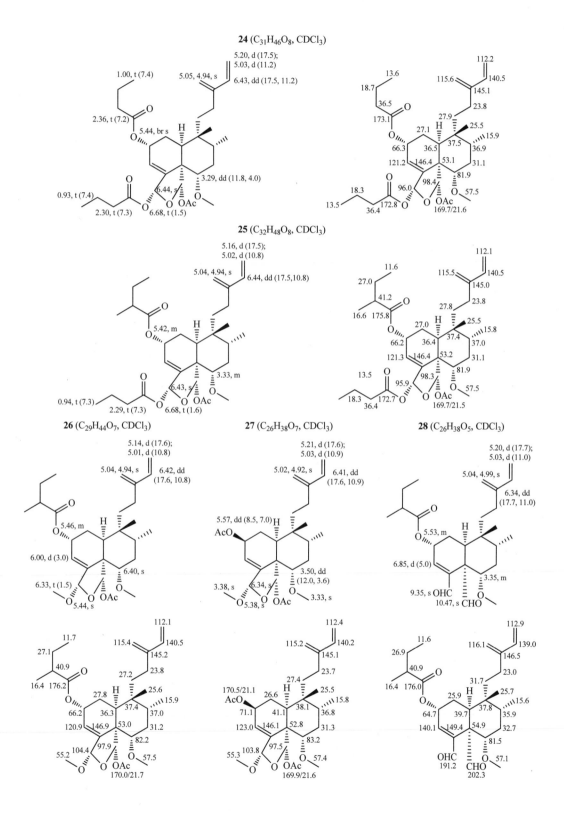

29 (C$_{33}$H$_{40}$O$_8$, CDCl$_3$)

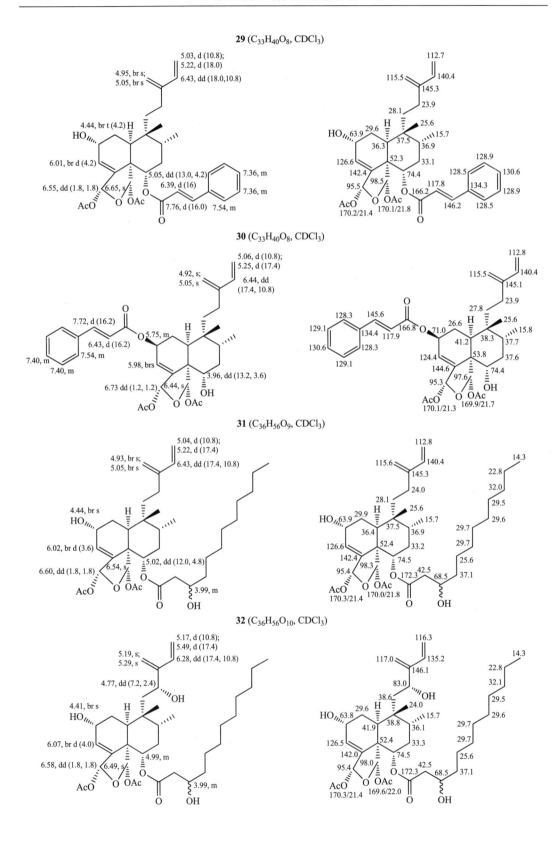

33 (C$_{39}$H$_{60}$O$_{13}$, CDCl$_3$)

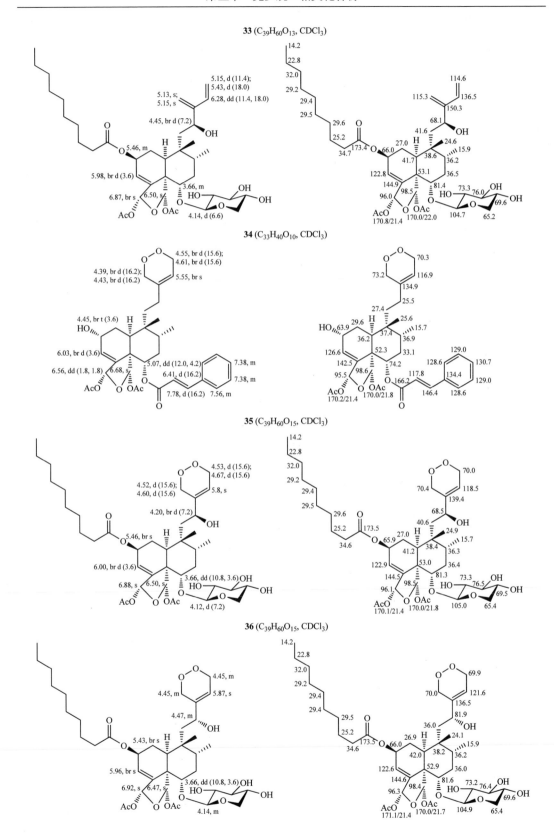

34 (C$_{33}$H$_{40}$O$_{10}$, CDCl$_3$)

35 (C$_{39}$H$_{60}$O$_{15}$, CDCl$_3$)

36 (C$_{39}$H$_{60}$O$_{15}$, CDCl$_3$)

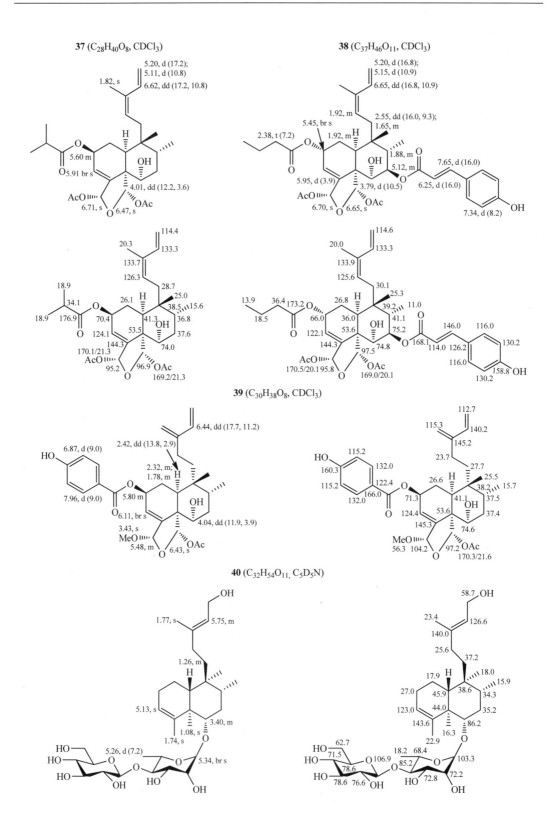

41 (C$_{32}$H$_{48}$O$_{12}$, CDCl$_3$)

二、呋喃型的克罗烷二萜（Ⅱ型）

42 (C$_{20}$H$_{28}$O$_4$, CD$_3$OD)

43 (C$_{20}$H$_{28}$O$_3$, C$_6$D$_6$)

44 (C$_{24}$H$_{34}$O$_6$, CDCl$_3$)

45 (C$_{20}$H$_{24}$O$_5$, CDCl$_3$)

46 (C$_{20}$H$_{24}$O$_5$, CDCl$_3$)

47 (C$_{21}$H$_{22}$O$_7$, CD$_3$OD)

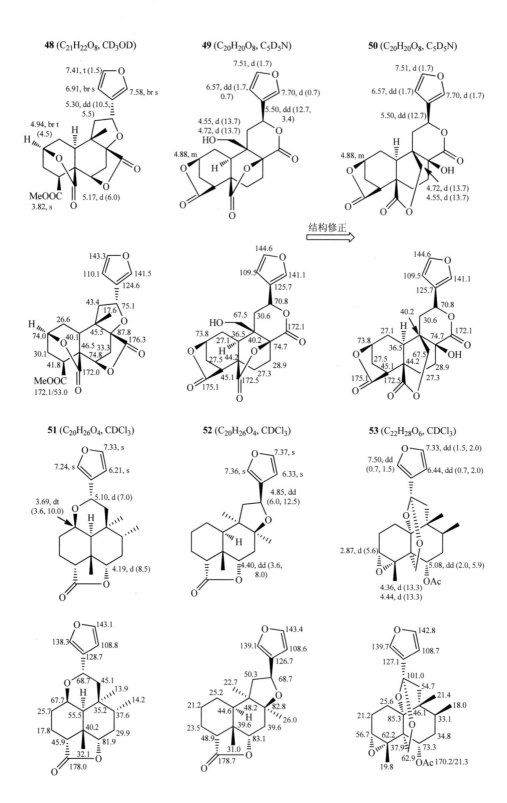

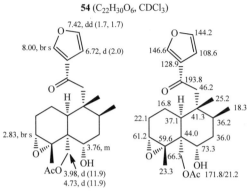

54 (C$_{22}$H$_{30}$O$_6$, CDCl$_3$)

55 (C$_{32}$H$_{45}$O$_{16}$, CD$_3$OD)　　　**56** (C$_{27}$H$_{37}$O$_{12}$, CD$_3$OD)　　　**57** (C$_{27}$H$_{34}$O$_{12}$, CD$_3$OD)

58 (C$_{23}$H$_{34}$O$_{10}$, CD$_3$OD)　　　**59** (C$_{27}$H$_{35}$O$_{12}$, CD$_3$OD)　　　**60** (C$_{27}$H$_{34}$O$_{12}$, CD$_3$OD)

61 (C$_{27}$H$_{32}$O$_{12}$, CD$_3$OD)

62 (C$_{27}$H$_{36}$O$_{12}$, CD$_3$OD)

63 (C$_{26}$H$_{34}$O$_{11}$, CD$_3$OD)

64 (C$_{22}$H$_{24}$O$_7$, CDCl$_3$)

65 (C$_{22}$H$_{24}$O$_7$, CDCl$_3$)

66 (C$_{22}$H$_{26}$O$_7$, CDCl$_3$)

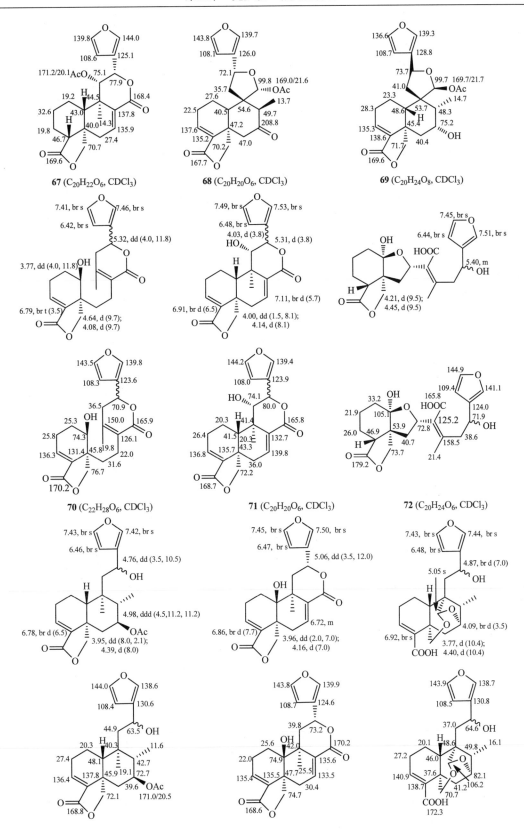

67 (C$_{20}$H$_{22}$O$_6$, CDCl$_3$)

68 (C$_{20}$H$_{20}$O$_6$, CDCl$_3$)

69 (C$_{20}$H$_{24}$O$_8$, CDCl$_3$)

70 (C$_{22}$H$_{28}$O$_6$, CDCl$_3$)

71 (C$_{20}$H$_{20}$O$_6$, CDCl$_3$)

72 (C$_{20}$H$_{24}$O$_6$, CDCl$_3$)

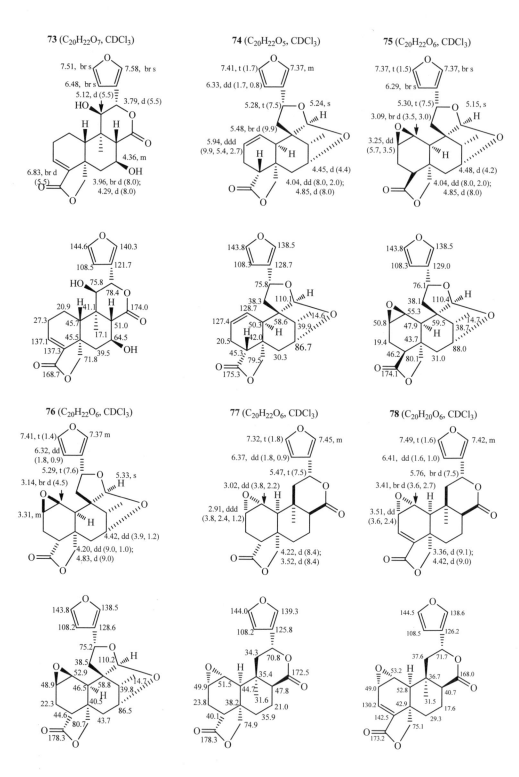

73 ($C_{20}H_{22}O_7$, CDCl₃)

7.51, br s   7.58, br s
6.48, br s
5.12, d (5.5)   3.79, d (5.5)
HO
H   H
4.36, m
6.83, br d
(5.5)   3.96, br d (8.0);
4.29, d (8.0)

144.6   140.3
108.5   121.7
HO   75.8
78.4   O
20.9   41.1   174.0
27.3   45.7   51.0
45.5   17.1   64.5
137.1
137.3   39.5   OH
168.7   71.8

74 ($C_{20}H_{22}O_5$, CDCl₃)

7.41, t (1.7)   7.37, m
6.33, dd (1.7, 0.8)
5.28, t (7.5)   O   5.24, s
5.48, br d (9.9)   H
5.94, ddd
(9.9, 5.4, 2.7)   H   O
4.45, d (4.4)
4.04, dd (8.0, 2.0);
4.85, d (8.0)

143.8   138.5
108.3   128.7
75.8   O
38.3   110.1
128.7   H
127.4   50.3   58.6   14.6
39.9
20.5   42.0   H
45.3   86.7
175.3   79.5   30.3

75 ($C_{20}H_{22}O_6$, CDCl₃)

7.37, t (1.5)   7.37, br s
6.29, br s
5.30, t (7.5)   O   5.15, s
3.09, br d (3.5, 3.0)   H
3.25, dd
(5.7, 3.5)   H   O
4.48, d (4.2)
4.04, dd (8.0, 2.0);
4.85, d (8.0)

143.8   138.5
108.3   129.0
76.1   O
38.1   110.4
55.3   H
50.8   47.9   59.5   14.7
19.4   43.7   38.7
46.2   80.1   88.0
174.1   31.0

76 ($C_{20}H_{22}O_6$, CDCl₃)

7.41, t (1.4)   7.37 m
6.32, dd
(1.8, 0.9)
5.29, t (7.6)   O   5.33, s
3.14, br d (4.5)   H
3.31, m   H   O
4.42, dd (3.9, 1.2)
4.20, dd (9.0, 1.0);
4.83, d (9.0)

143.8   138.5
108.2   128.6
75.2   O
38.5   110.2
52.9   H
48.9   46.5   58.8   14.7
22.3   40.5   39.8
44.6   86.5
178.3   80.7   43.7

77 ($C_{20}H_{22}O_6$, CDCl₃)

7.32, t (1.8)   7.45, m
6.37, dd (1.8, 0.9)
5.47, t (7.5)
3.02, dd (3.8, 2.2)   H
2.91, ddd
(3.8, 2.4, 1.2)   H   O
4.22, d (8.4);
3.52, d (8.4)

144.0   139.3
108.2   125.8
34.3   70.8
35.4   172.5
49.9   51.5   44.7   47.8
23.8   38.2   31.6   21.0
40.1   35.9
178.3   74.9

78 ($C_{20}H_{20}O_6$, CDCl₃)

7.49, t (1.6)   7.42, m
6.41, dd (1.6, 1.0)
5.76, br d (7.5)
3.41, br d (3.6, 2.7)   H
3.51, dd
(3.6, 2.4)   H   O
3.36, d (9.1);
4.42, d (9.0)

144.5   138.6
108.5   126.2
37.6   71.7
36.7   168.0
49.0   53.2   H
52.8   40.7
130.2   42.9   31.5   17.6
142.5   29.3
173.2   75.1

79 (C$_{20}$H$_{20}$O$_6$, CDCl$_3$)　　**80** (C$_{20}$H$_{20}$O$_6$, CDCl$_3$)　　**81** (C$_{20}$H$_{20}$O$_7$, CDCl$_3$)

82 (C$_{22}$H$_{22}$O$_8$, CDCl$_3$)　　**83** (C$_{20}$H$_{20}$O$_6$, CDCl$_3$)　　**84** (C$_{20}$H$_{20}$O$_7$, CDCl$_3$)

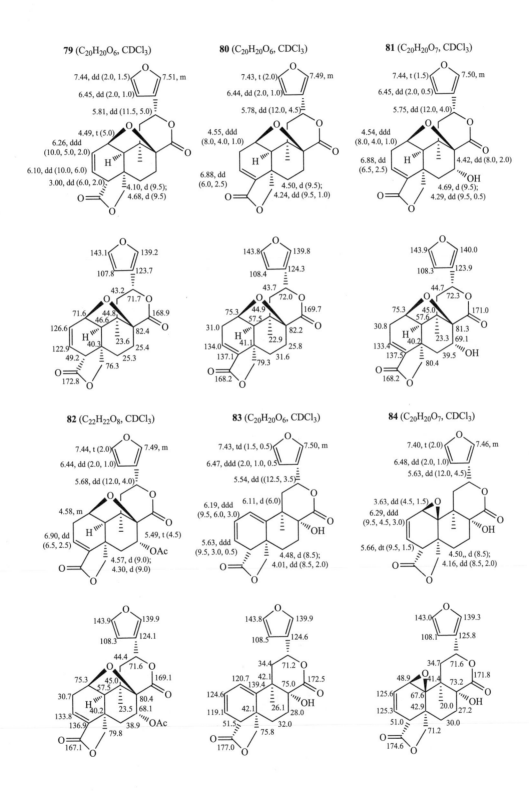

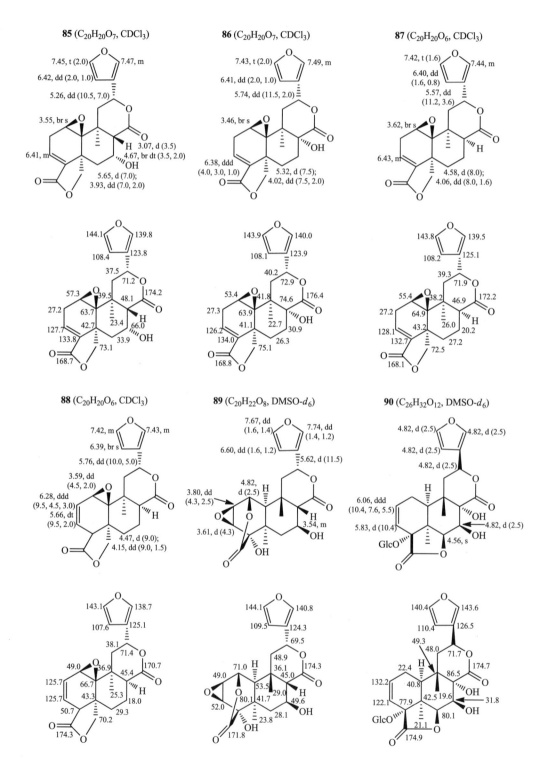

85 ($C_{20}H_{20}O_7$, CDCl$_3$)

86 ($C_{20}H_{20}O_7$, CDCl$_3$)

87 ($C_{20}H_{20}O_6$, CDCl$_3$)

88 ($C_{20}H_{20}O_6$, CDCl$_3$)

89 ($C_{20}H_{22}O_8$, DMSO-d_6)

90 ($C_{26}H_{32}O_{12}$, DMSO-d_6)

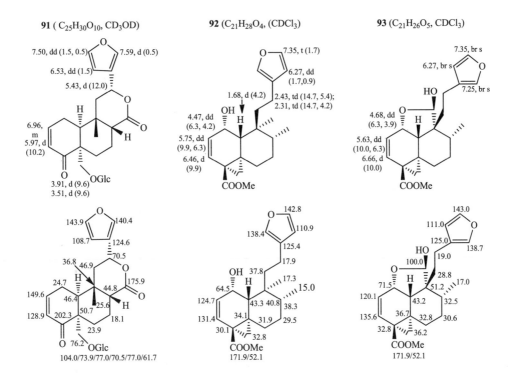

三、内酯型的克罗烷二萜（Ⅲ型）

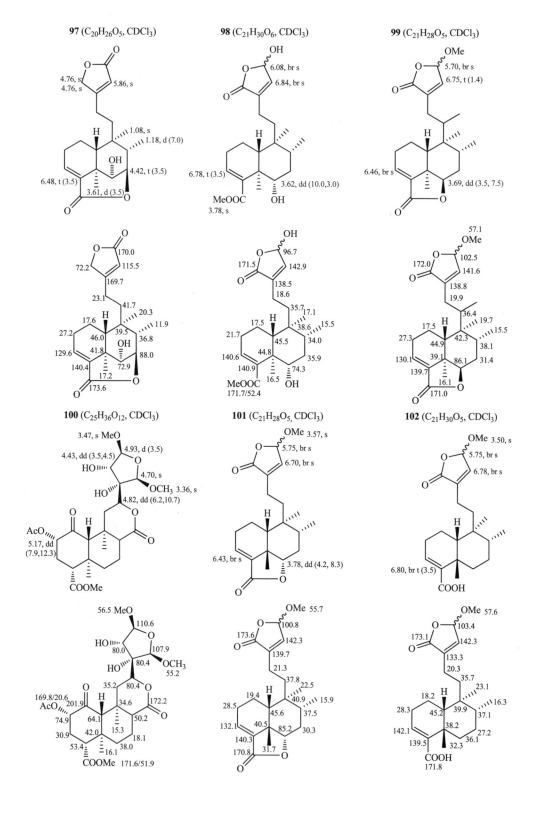

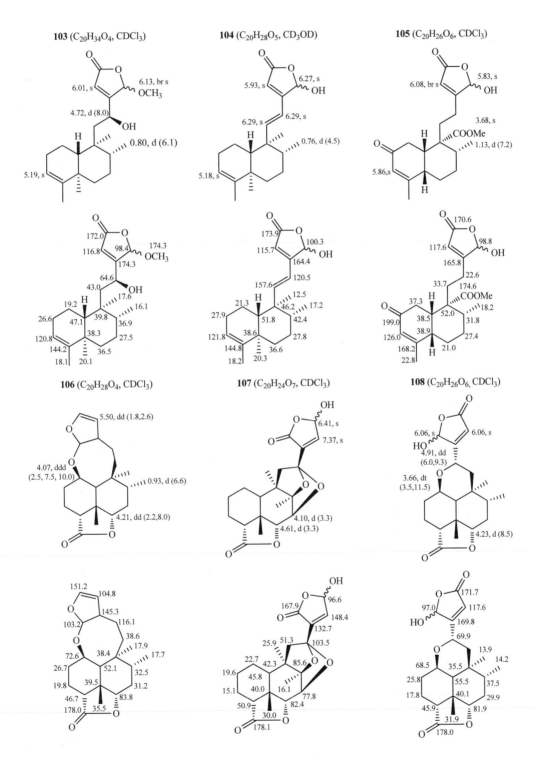

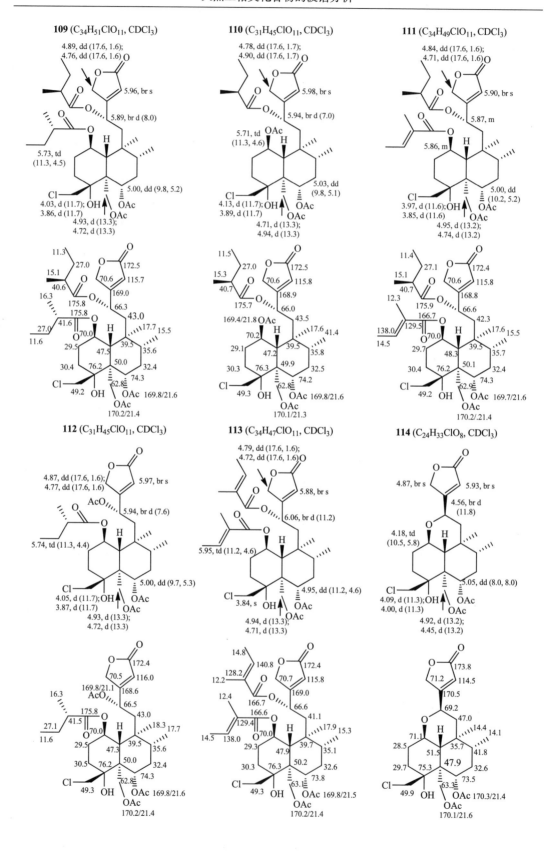

109 ($C_{34}H_{51}ClO_{11}$, CDCl₃)

4.89, dd (17.6, 1.6);
4.76, dd (17.6, 1.6)
5.96, br s
5.89, br d (8.0)
5.73, td (11.3, 4.5)
5.00, dd (9.8, 5.2)
4.03, d (11.7);OH
3.86, d (11.7)
OAc
OAc
4.93, d (13.3);
4.72, d (13.3)

11.3　27.0　172.5
15.1　70.6　115.7
40.6　169.0
16.3　175.8　66.3　43.0
175.8　17.7　15.5
27.0　41.6　70.0
11.6　29.5　47.5　39.5　35.6
30.4　76.2　50.0　32.4
74.3
62.8
49.2　OH　OAc　169.8/21.6
OAc
170.2/21.4

110 ($C_{31}H_{45}ClO_{11}$, CDCl₃)

4.78, dd (17.6, 1.7);
4.90, dd (17.6, 1.7)
5.98, br s
5.94, br d (7.0)
5.71, td (11.3, 4.6) OAc
5.03, dd (9.8, 5.1)
4.13, d (11.7);OH
3.89, d (11.7)
OAc
4.71, d (13.3);
4.94, d (13.3)

11.5　27.0　172.5
15.3　70.6　115.8
40.7　168.9
175.7　66.0　43.5
169.4/21.8 OAc
17.6　41.4
70.2　15.5
29.1　47.2　39.5　35.8
30.3　76.3　49.9　32.5
74.2
62.8
49.3　OH　OAc　169.8/21.6
OAc
170.1/21.3

111 ($C_{34}H_{49}ClO_{11}$, CDCl₃)

4.84, dd (17.6, 1.6);
4.71, dd (17.6, 1.6)
5.90, br s
5.87, m
5.86, m
5.00, dd (10.2, 5.2)
3.97, d (11.6);OH
3.85, d (11.6)
OAc
4.95, d (13.2);
4.74, d (13.2)

11.4　27.1　172.4
15.1　70.6　115.8
40.7　168.8
12.3　175.9　66.6　42.3
166.7　17.6　15.5
138.0　129.5　70.0
14.5　29.7　48.3　39.5　35.7
30.4　76.2　50.1　32.4
74.3
62.9
49.2　OH　OAc　169.7/21.6
OAc
170.2/.21.4

112 ($C_{31}H_{45}ClO_{11}$, CDCl₃)

4.87, dd (17.6, 1.6);
4.77, dd (17.6, 1.6)
5.97, br s
AcO
5.94, br d (7.6)
5.74, td (11.3, 4.4)
5.00, dd (9.7, 5.3)
4.05, d (11.7);OH
3.87, d (11.7)
OAc
4.93, d (13.3);
4.72, d (13.3)

172.4
70.5　116.0
169.8/21.1　168.6
16.3　AcO　66.2
175.8
27.1　41.5　70.0　43.0
11.6　18.3　17.7
29.5　47.3　39.5　35.6
30.5　76.2　50.0　32.4
74.3
62.8
49.3　OH　OAc　169.8/21.6
OAc
170.2/21.4

113 ($C_{34}H_{47}ClO_{11}$, CDCl₃)

4.79, dd (17.6, 1.6);
4.72, dd (17.6, 1.6)
5.88, br s
6.06, br d (11.2)
5.95, td (11.2, 4.6)
4.95, dd (11.2, 4.6)
3.84, s OH
OAc
4.94, d (13.3);
4.71, d (13.3)

14.8　172.4
128.2　140.8　70.7　115.8
12.2　169.0
12.4　166.7　66.2
166.6
129.4　70.0　17.9　15.3
14.5　138.0　41.1
29.3　47.9　39.7　35.1
30.3　76.3　50.2　32.6
73.8
63.1
49.3　OH　OAc　169.8/21.5
OAc
170.2/21.4

114 ($C_{24}H_{33}ClO_8$, CDCl₃)

4.87, br s
5.93, br s
4.56, br d (11.8)
4.18, td (10.5, 5.8)
5.05, dd (8.0, 8.0)
4.09, d (11.3);OH
4.00, d (11.3)
OAc
4.92, d (13.2);
4.45, d (13.2)

173.8
71.2　114.5
170.5
69.2
71.1　47.0
28.5　14.4　14.1
29.7　51.5　35.7　41.8
75.3　47.9　32.6
73.5
63.3
49.9　OH　OAc　170.3/21.4
OAc
170.1/21.6

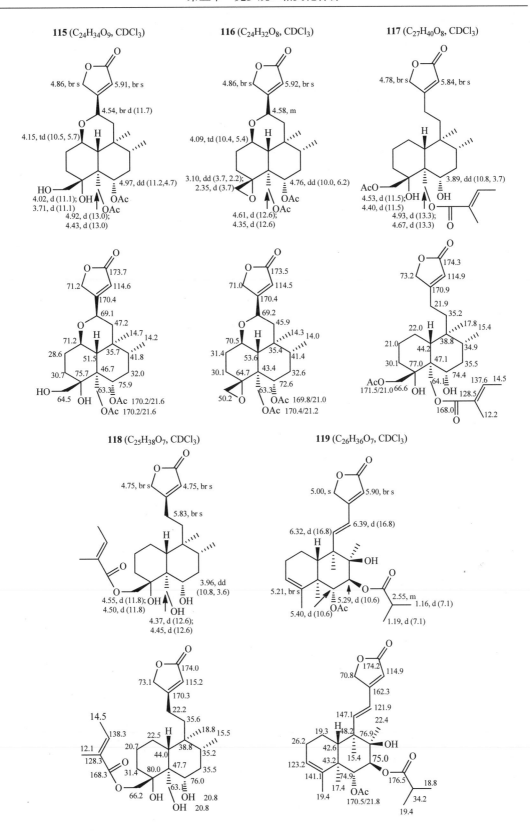

115 (C$_{24}$H$_{34}$O$_9$, CDCl$_3$)

116 (C$_{24}$H$_{32}$O$_8$, CDCl$_3$)

117 (C$_{27}$H$_{40}$O$_8$, CDCl$_3$)

118 (C$_{25}$H$_{38}$O$_7$, CDCl$_3$)

119 (C$_{26}$H$_{36}$O$_7$, CDCl$_3$)

120 (C$_{30}$H$_{37}$O$_{7}$N, CDCl$_{3}$)

4.98, s　5.93, br s

6.35, d (16.8)　6.40, d (16.8)

H

OH

0.77, d (6.9)

5.22, br s

5.50, d (10.0)

5.73, d (10.0)

2.34, m

1.00, d (6.9)

9.17, dd (1.9, 0.8)

8.24, dt (8.0, 1.9)

7.40, ddd (8.0, 4.9, 0.7)

N

8.77, dd (4.9, 1.8)

121 (C$_{31}$H$_{38}$O$_{7}$, CDCl$_{3}$)

4.98, br s　5.91, s

6.35, d (16.8)　6.41, d (16.8)

H

OH

0.70, d (7.6)

5.19, br s

5.48, d (10.0)

5.69, d (10.0)

2.31, m

0.97, d (7.6)

7.97, m

7.41, t (7.2)

7.53, t (7.2)

174.1　115.1

70.9

162.2

146.9　122.0

22.6

19.4　48.3　77.2

26.3　42.8　15.5　OH

43.5　75.0

123.6　76.2　176.3　19.2

140.8　17.6

20.3　164.8　18.5　34.1

126.4

151.2　137.2

N

123.6

153.8

174.2　115.1

70.9

162.3

147.2　122.0

22.5

19.5　48.4　77.2

26.4　42.9　15.5　OH

43.6　75.0

123.2　75.5

141.2　17.4　176.4　18.4

20.3　166.2　19.3　34.1

130.4　129.9

128.7

133.4

122 (C$_{34}$H$_{40}$O$_{9}$ CDCl$_{3}$)

4.97, br s　5.90, s

6.35, d (16.8)　6.39, d (16.8)

H

OH

0.39, d (6.8)

5.19, br s

5.39, d (9.9)

5.73, d (9.9)

2.11, m

AcO

4.89, d (3.5)　0.74, d (6.8)

7.99, m

7.40, t (7.8)

7.52, t (7.4)

123 (C$_{29}$H$_{34}$O$_{7}$, CDCl$_{3}$)

4.96, d (1.6)　5.89, s

6.37, d (17.2)　6.38, d (17.2)

H

OH

8.01, dd (8.4, 1.2)

5.21, br s

5.55, d (10.0)

5.62, d (10.0)

OAc

7.44, t (7.8)

7.57, t (7.8)

124 (C$_{29}$H$_{36}$O$_8$, CDCl$_3$)

125 (C$_{28}$H$_{40}$O$_9$, CDCl$_3$)

126 (C$_{32}$H$_{41}$O$_9$N, CDCl$_3$)

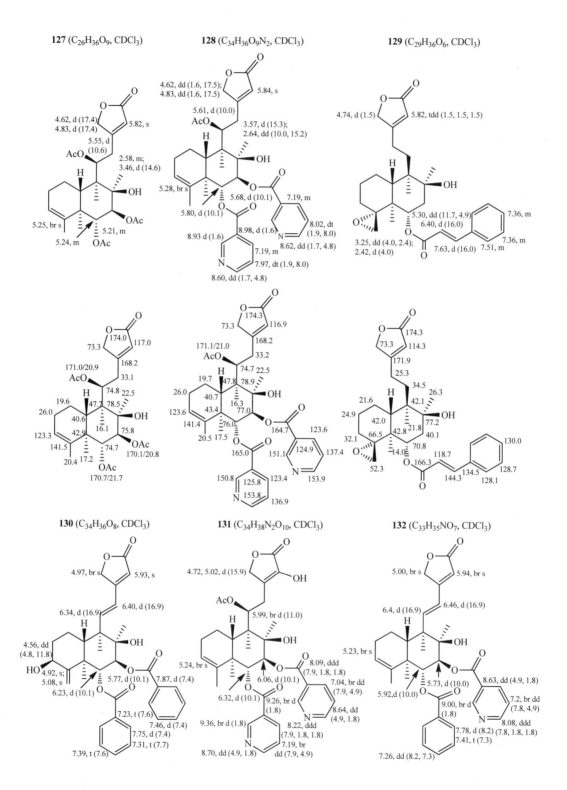

133 (C$_{26}$H$_{33}$NO$_5$, CDCl$_3$)

134 (C$_{33}$H$_{35}$NO$_8$, CDCl$_3$)

135 (C$_{28}$H$_{33}$NO$_7$, CDCl$_3$)

四、含氧螺环型克罗烷二萜（Ⅳ型）

136 (C₃₀H₃₇NO₉, CDCl₃)　　　　**137** (C₃₂H₃₆N₂O₈, CDCl₃)　　　　**138** (C₃₄H₃₈N₂O₉, CDCl₃)

139 (C₃₃H₃₇NO₈, CDCl₃)　　　　**140** (C₂₉H₃₆O₆, CDCl₃)　　　　**141** (C₂₉H₃₆O₆, CDCl₃)

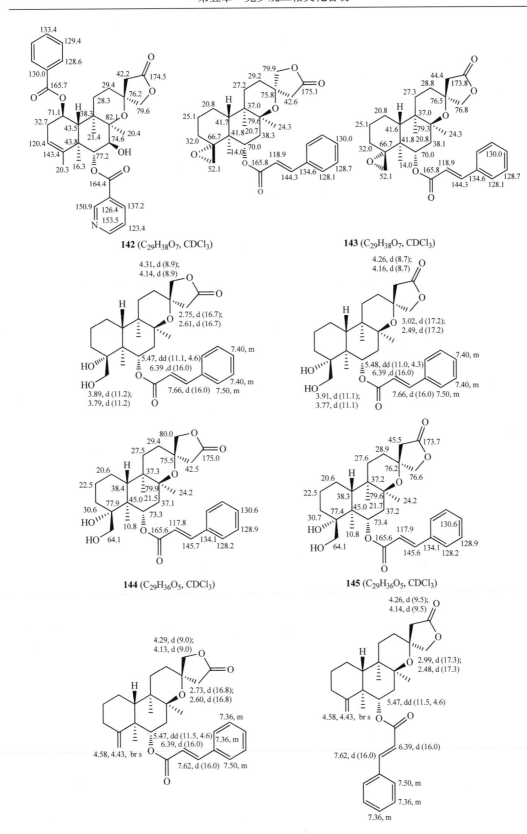

142 (C$_{29}$H$_{38}$O$_7$, CDCl$_3$)

143 (C$_{29}$H$_{38}$O$_7$, CDCl$_3$)

144 (C$_{29}$H$_{36}$O$_5$, CDCl$_3$)

145 (C$_{29}$H$_{36}$O$_5$, CDCl$_3$)

146 (C$_{34}$H$_{38}$O$_8$, CDCl$_3$)　　　　**147** C$_{34}$H$_{38}$O$_9$, CDCl$_3$

148 (C₃₄H₃₈O₈, CDCl₃)

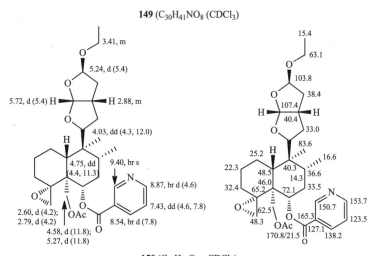

五、双四氢呋喃型的克罗烷二萜（Ⅴ型）

149 (C₃₀H₄₁NO₈ (CDCl₃)

150 (C₅₂H₇₄O₁₉, CDCl₃)

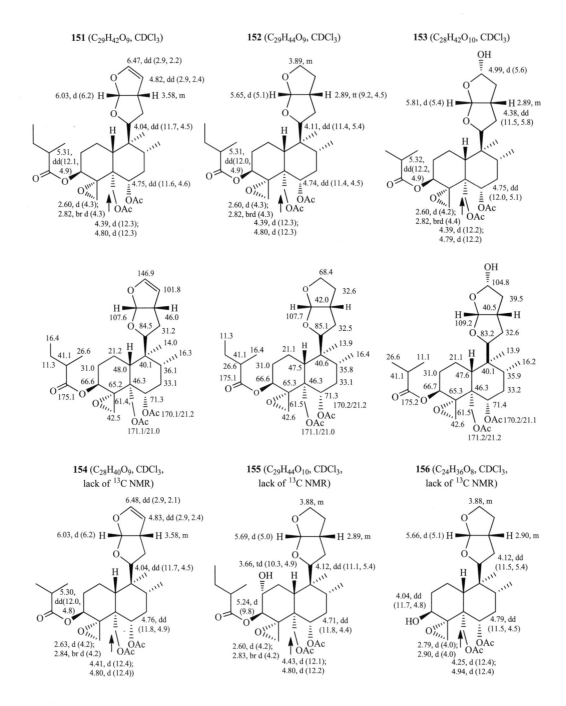

六、新颖类型的克罗烷二萜（Ⅵ型）

157 (C$_{37}$H$_{54}$O$_6$, pyridine-d_5)

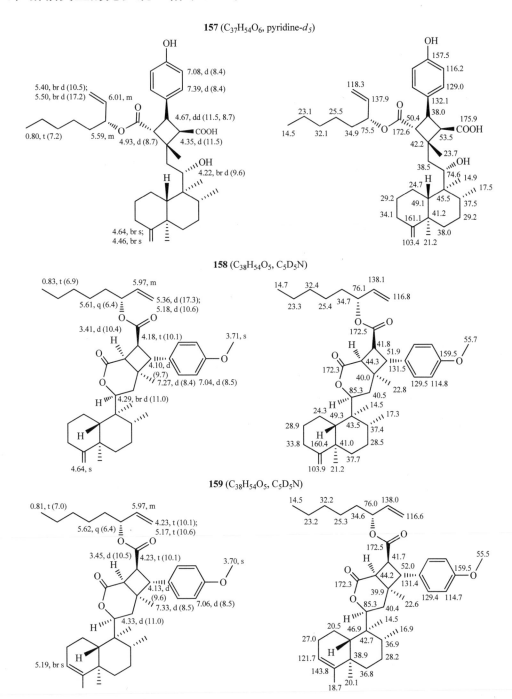

158 (C$_{38}$H$_{54}$O$_5$, C$_5$D$_5$N)

159 (C$_{38}$H$_{54}$O$_5$, C$_5$D$_5$N)

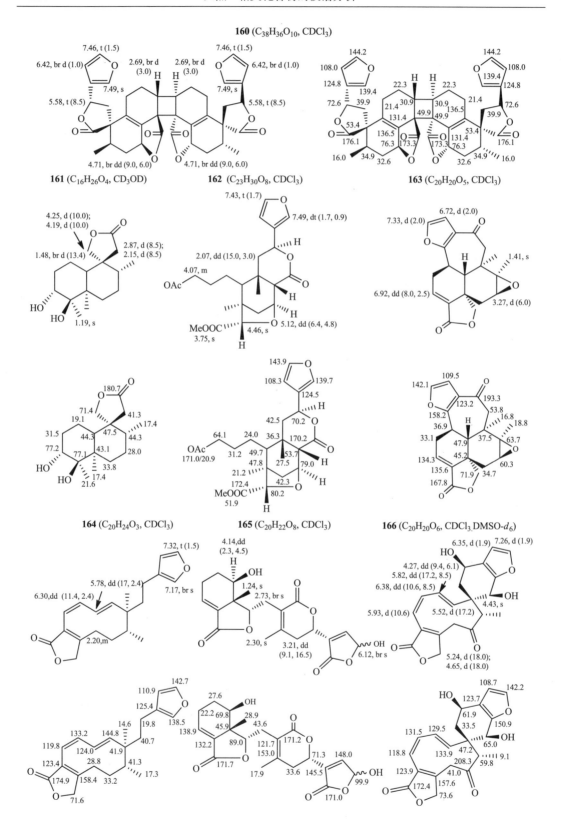

160 (C₃₈H₃₆O₁₀, CDCl₃)

161 (C₁₆H₂₆O₄, CD₃OD)   **162** (C₂₃H₃₀O₈, CDCl₃)   **163** (C₂₀H₂₀O₅, CDCl₃)

164 (C₂₀H₂₄O₃, CDCl₃)   **165** (C₂₀H₂₂O₈, CDCl₃)   **166** (C₂₀H₂₀O₆, CDCl₃,DMSO-d₆)

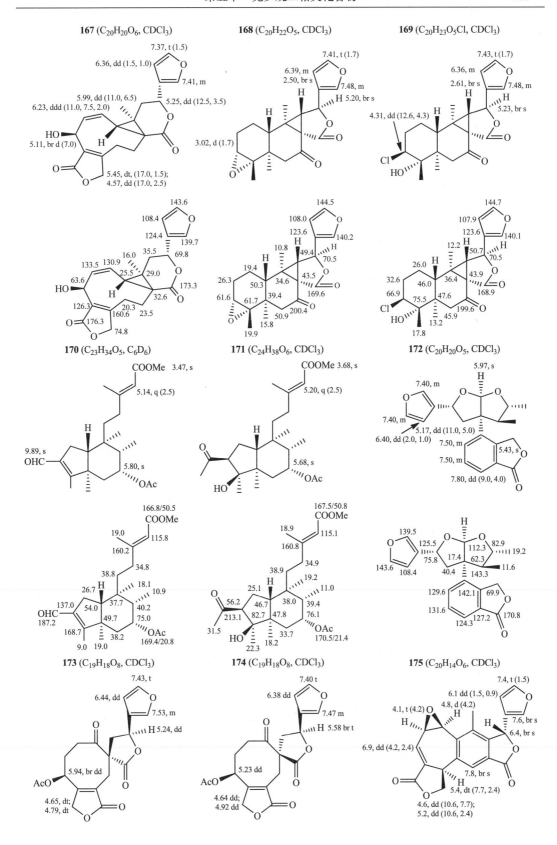

表 5-1　克罗烷二萜化合物

编号	名称	来源植物	类型	文献
1	(+)-19-acetoxy-cis-clerodan-3-ene-15-oic acid	*Cistus monspeliensis*	I	[1]
2	(-)-(5R, 8S, 9S, 10R)-cleroda-3, 13E-dien-15 oic acid	*Hymenaea courbaril*	I	[2]
3	methyl(-)-(5S, 8S, 9S, 10R)-cleroda-3, 13E-dien-15 oate	*Hymenaea courbaril*	I	[2]
4	*cis*-3, 14-clerodadien-13-ol	*Jungermannia infusca*	I	[3]
5	5α, 8α-2-oxokolavenic acid	*Detarium microcarpum*	I	[4]
6	3, 4-dihydroxyclerodan-13E-en-15-oic acid	*Detarium microcarpum*	I	[4]
7	(13S)-ent-7β-hydroxy-3-cleroden-15-oic acid	*Nuxia sphaerocephala*	I	[5]
8	ent-2, 7-dioxo-3-cleroden-15-oic acid	*Nuxia sphaerocephala*	I	[5]
9	ent-18E-caffeoyloxy-7β-hydroxy-3-cleroden-15-oic acid	*Nuxia sphaerocephala*	I	[5]
10	premnone A	*Premna tomentosa*	I	[6]
11	premnone C	*Premna tomentosa*	I	[6]
12	casearupestrin A	*Casearia rupestris*	I	[7]
13	casearupestrin B	*Casearia rupestris*	I	[7]
14	casearupestrin C	*Casearia rupestris*	I	[7]
15	casearupestrin D	*Casearia rupestris*	I	[7]
16	2, 7-di-O-acetylcasearupestrin A	*Casearia rupestris*	I	[7]
17	2, 6-di-O-acetylcasearupestrin D	*Casearia rupestris*	I	[7]
18	caseabalansin B	*Casearia balansae*	I	[8]
19	2-epicaseabalansin B	*Casearia balansae*	I	[8]
20	2-epicaseabalansin C	*Casearia balansae*	I	[8]
21	balanspene A	*Casearia balansae*	I	[9]
22	balanspene B	*Casearia balansae*	I	[9]
23	balanspene C	*Casearia balansae*	I	[9]
24	balanspene D	*Casearia balansae*	I	[9]
25	balanspene E	*Casearia balansae*	I	[9]
26	balanspene F	*Casearia balansae*	I	[9]
27	balanspene G	*Casearia balansae*	I	[9]
28	balanspene H	*Casearia balansae*	I	[9]

续表

编号	名称	来源植物	类型	文献
29	zuelaguidin A	*Zuelania guidonia*	I	[10]
30	zuelaguidin B	*Zuelania guidonia*	I	[10]
31	zuelaguidin C	*Zuelania guidonia*	I	[10]
32	zuelaguidin D	*Zuelania guidonia*	I	[10]
33	zuelaguidin F	*Zuelania guidonia*	I	[10]
34	zuelaguidin E	*Zuelania guidonia*	I	[10]
35	zuelaguidin G	*Zuelania guidonia*	I	[10]
36	zuelaguidin H	*Zuelania guidonia*	I	[10]
37	casearvestrin A	*Casearia sylvestris*	I	[11]
38	caseargrewiin B	*Casearia grewiifolia*	I	[12]
39	intrapetacin A	*Licania intrapetiolaris*	I	[13]
40	6-*O*-[β-*D*-glucopyranosyl-(1→4)-α-*L*-rhamnopyranosyl]-(13*E*)-cleroda-3, 13-dien-15-ol	*Dicranopteris ichotoma*	I	[14]
41	syphonosideol	*Syphonota geographica*	I	[15]
42	2β-hydroxy-15, 16-epoxy-5β, 8β, 9β, 10α-cleroda-3, 13（16）, 14-trien-18-oic acid	*Duranta repens*	II	[16]
43	cascarilladione	*Croton eluteria* Bennet	II	[17]
44	eluterin K	*Croton eluteria* Bennet	II	[17]
45	ravidin A	*Nannoglottis ravida*	II	[18]
46	ravidin B	*Nannoglottis ravida*	II	[18]
47	bafoudiosbulbin C	*Dioscorea bulbifera*	II	[19]
48	bafoudiosbulbin A	*Dioscorea bulbifera*	II	[19]
49	bafoudiosbulbin B	*Dioscorea bulbifera*	II	[19]
50	revised bafoudiosbulbin B	*Dioscorea bulbifera*	II	[20]
51	1β, 12：15, 16-diepoxy-*cis-ent*-cleroda-13（16）, 14-dien-18α, 6α-olide	*Adelanthus lindenbergianus*	II	[21]
52	8β, 12：15, 16-diepoxy-*cis-ent*-cleroda-13（16）, 14-dien-18α, 6α-olide	*Adelanthus lindenbergianus*	II	[21]
53	parvitexins A	*Scapania parvitexta*	II	[22]
54	parvitexins E	*Scapania parvitexta*	II	[22]
55	compound **55**	*Tinospora crispa*	II	[23]
56	compound **56**	*Tinospora crispa*	II	[23]
57	compound **57**	*Tinospora crispa*	II	[23]
58	compound **58**	*Tinospora crispa*	II	[23]
59	compound **59**	*Tinospora crispa*	II	[23]
60	compound **60**	*Tinospora crispa*	II	[23]
61	compound **61**	*Tinospora crispa*	II	[23]
62	compound **62**	*Tinospora crispa*	II	[23]
63	compound **63**	*Tinospora crispa*	II	[23]

编号	名称	来源植物	类型	文献
64	compound **64**	*Salvia miniata*	II	[24]
65	compound **65**	*Salvia miniata*	II	[24]
66	compound **66**	*Salvia miniata*	II	[24]
67	compound **67**	*Salvia miniata*	II	[24]
68	compound **68**	*Salvia miniata*	II	[24]
69	compound **69**	*Salvia miniata*	II	[24]
70	compound **70**	*Salvia miniata*	II	[24]
71	compound **71**	*Salvia miniata*	II	[24]
72	compound **72**	*Salvia miniata*	II	[24]
73	compound **73**	*Salvia miniata*	II	[24]
74	polystachyne A	*Salvia polystachya*	II	[25]
75	polystachyne B	*Salvia polystachya*	II	[25]
76	polystachyne C	*Salvia polystachya*	II	[25]
77	polystachyne D	*Salvia polystachya*	II	[25]
78	polystachyne E	*Salvia polystachya*	II	[25]
79	tehuanin A	*Salvia herbacea*	II	[26]
80	tehuanin B	*Salvia herbacea*	II	[26]
81	tehuanin C	*Salvia herbacea*	II	[26]
82	acetyltehuanin C	*Salvia herbacea*	II	[26]
83	tehuanin D	*Salvia herbacea*	II	[26]
84	tehuanin E	*Salvia herbacea*	II	[26]
85	tehuanin F	*Salvia herbacea*	II	[26]
86	tehuanin G	*Salvia herbacea*	II	[26]
87	tehuanin H	*Salvia herbacea*	II	[26]
88	1β, 10β-epoxysalviarin	*Salvia herbacea*	II	[26]
89	fibrauretin A	*Fibraurea tinctoria*	II	[27]
90	fibrauretinoside A	*Fibraurea tinctoria*	II	[27]
91	*epi*-12-palmatoside G	*Fibraurea tinctoria*	II	[27]
92	methyl dodonate A	*Dodonaea viscosa*	II	[28]
93	methyl dodonate C	*Dodonaea viscosa*	II	[28]
94	gaudichanolide A	*Baccharis gaudichaudiana*	III	[29]
95	methyl 6-oxocleroda-3, 13-dien-15, 16-olid-18-oate	*Pulicaria wightiana*	III	[30]
96	2β-(methylbutanoyl)cleroda-3, 13-dien-15, 16-olid-18-oic acid	*Pulicaria wightiana*	III	[30]
97	clerodane diterpenoid **97**	*Pulicaria wightiana*	III	[31]
98	clerodane diterpenoid **98**	*Pulicaria wightiana*	III	[31]
99	ballatenolide A	*Ballota limbata*	III	[32]

编号	名称	来源植物	类型	文献
100	salvinicins A	*Salvia divinorum*	III	[33]
101	limbatolide A	*Onosma hispida*	III	[34]
102	limbatolide B	*Onosma hispida*	III	[34]
103	12（*S*），16(*R* or *S*)-dihydroxycleroda-3, 13-dien-15, 16-olide	*Callicarpa americana*	III	[35]
104	16(*R* or *S*)-hydroxycleroda-3, 11（*E*），13-trien-15, 16-olide	*Callicarpa americana*	III	[35]
105	(-)-methyl-16-hydroxy-19-*nor*-2-oxo-*cis*-cleroda-3, 13-dien-15, 16-olide-20-oate	*Croton schiedeanus*	III	[36]
106	1*β*，16：15, 16-die-poxy-*cis-ent*-cleroda-12, 14-dien-18, 6*α*-olide	*Adelanthus lindenbergianus*	III	[37]
107	7*β*，12：8*β*, 12-diepoxy-15-hydroxy-*cis-ent*-cleroda-13-en-16, 15：18*α*, 6*α*-diolide	*Adelanthus lindenbergianus*	III	[37]
108	1*β*, 12-epoxy-16-hydroxy-*cis-ent*-cleroda-13-en-15, 16：18*α*, 6*α*-diolide	*Adelanthus lindenbergianus*	III	[37]
109	ajugaciliatin A	*Ajuga ciliata*	III	[38]
110	ajugaciliatin B	*Ajuga ciliata*	III	[38]
111	ajugaciliatin C	*Ajuga ciliata*	III	[38]
112	ajugaciliatin D	*Ajuga ciliata*	III	[38]
113	ajugaciliatin E	*Ajuga ciliata*	III	[38]
114	ajugaciliatin F	*Ajuga ciliata*	III	[38]
115	ajugaciliatin G	*Ajuga ciliata*	III	[38]
116	ajugaciliatin H	*Ajuga ciliata*	III	[38]
117	ajugaciliatin I	*Ajuga ciliata*	III	[38]
118	ajugaciliatin J	*Ajuga ciliata*	III	[38]
119	scutolide A	*Scutellaria barbata*	III	[39]
120	scutolide B	*Scutellaria barbata*	III	[39]
121	scutolide C	*Scutellaria barbata*	III	[39]
122	scutolide D	*Scutellaria barbata*	III	[39]
123	scutolide E	*Scutellaria barbata*	III	[39]
124	scutolide F	*Scutellaria barbata*	III	[39]
125	scutolide G	*Scutellaria barbata*	III	[39]
126	scutolide H	*Scutellaria barbata*	III	[39]
127	scutolide I	*Scutellaria barbata*	III	[39]
128	scutolide J	*Scutellaria barbata*	III	[39]
129	hastifolin A	*Scutellaria hastifolia*	III	[40]
130	scutolide L	*Scutellaria barbata*	III	[39]
131	scutebarbatine X	*Scutellaria barbata*	III	[41]
132	scutebarbatine Y	*Scutellaria barbata*	III	[41]
133	scutebarbatine Z	*Scutellaria barbata*	III	[41]
134	scutebarbatine C	*Scutellaria barbata*	III	[42]

编号	名称	来源植物	类型	文献
135	scutebarbatine K	*Scutellaria barbata*	III	[43]
136	scutebarbatine F	*Scutellaria barbata*	IV	[44]
137	6-*O*-nicotinoylscutebarbatine G	*Scutellaria barbata*	IV	[45]
138	barbatine A	*Scutellaria barbata*	IV	[45]
139	scutebarbatine W	*Scutellaria barbata*	IV	[41]
140	hastifolin B	*Scutellaria hastifolia*	IV	[46]
141	hastifolin C	*Scutellaria hastifolia*	IV	[46]
142	hastifolin D	*Scutellaria hastifolia*	IV	[46]
143	hastifolin E	*Scutellaria hastifolia*	IV	[46]
144	hastifolin F	*Scutellaria hastifolia*	IV	[46]
145	hastifolin G	*Scutellaria hastifolia*	IV	[46]
146	scutolide K	*Scutellaria barbata*	IV	[39]
147	(14*R*)-14β-hydroxyscutolide K	*Scutellaria barbata*	IV	[39]
148	barbatin A	*Scutellaria barbata*	IV	[47]
149	scutebarbatine I	*Scutellaria barbata*	V	[43]
150	inermes A	*Clerodendrum inerme*	V	[48]
151	ajubractin A	*Ajuga bracteosa*	V	[49]
152	ajubractin C	*Ajuga bracteosa*	V	[49]
153	15-*epi*-lupulin B	*Ajuga bracteosa*	V	[49]
154	ajubractin B	*Ajuga bracteosa*	V	[49]
155	ajubractin D	*Ajuga bracteosa*	V	[49]
156	ajubractin E	*Ajuga bracteosa*	V	[49]
157	scopariusic acid	*Isodon scoparius*	VI	[50]
158	scopariusicide A	*Isodon scoparius*	VI	[51]
159	scopariusicide B	*Isodon scoparius*	VI	[51]
160	crotoeurin A	*Crotoneuryphyllus*	VI	[52]
161	crotinsulactone	*Croton insularis*	VI	[53]
162	baenzigeride B	*Tinospora baenzigeri*	VI	[54]
163	salvixalapoxide	*Salvia xalapensis*	VI	[55]
164	dodonolide	*Dodonaea viscosa*	VI	[56]
165	jamesoniellide K	*Jamesoniella colorata*	VI	[57]
166	teotihuacanin	*Salvia amarissima*	VI	[58]
167	microphyllandiolide	*Salvia microphylla*	VI	[59]
168	laevinoid A	*Croton laevigatus*	VI	[60]
169	laevinoid B	*Croton laevigatus*	VI	[60]
170	jamesoniellide K	*Solidago altissima*	VI	[61]

续表

编号	名称	来源植物	类型	文献
171	salvixalapoxide	*Solidago altissima*	Ⅵ	[61]
172	compound **172**	*Salvia rhyacophila*	Ⅵ	[62]
173	teubrevin E	*Teucrium brevifolium*	Ⅵ	[63]
174	teubrevin F	*Teucrium brevifolium*	Ⅵ	[63]
175	salvileucantholide	*Salviu leucantha*	Ⅵ	[64]

参 考 文 献

[1]　Kolocouris A, Mavromoustakos T, Demetzos C, et al. Structure elucidation and conformational properties of a novel bioactive clerodane diterpene using a combination of high field NMR spectroscopy, computational analysis and X-ray diffraction[J]. Bioorganic and Medicinal Chemistry Letters, 2001, 11 (6): 837-840.

[2]　Nogueira R T, Shepherd G J, Laverde Jr A, et al. Clerodane-type diterpenes from the seed pods of *Hymenaea courbaril* var. *stilbocarpa*[J]. Phytochemistry, 2001, 58 (8): 1153-1157.

[3]　Nagashima F, Suzuki M, Shigeru Takaoka A, et al. Sesqui-and diterpenoids from the Japanese liverwort *Jungermannia infusca*[J]. Journal of Natural Products, 2001, 64 (10): 1309-1317.

[4]　Cavin A L, Hay A E, Marston A, et al. Bioactive diterpenes from the fruits of *Detarium microcarpum*[J]. Journal of Natural Products, 2006, 69 (5): 768-773.

[5]　Mambu L, Grellier P, Florent L, et al. Clerodane and labdane diterpenoids from *Nuxia sphaerocephala*[J]. Phytochemistry, 2006, 67 (5): 444-451.

[6]　Chin Y W, Jones W P, Mi Q, et al. Cytotoxic clerodane diterpenoids from the leaves of *Premna tomentosa*[J]. Phytochemistry, 2006, 67 (12): 1243-1248.

[7]　Vieirajúnior G M, Dutra L A, Ferreira P M, et al. Cytotoxic clerodane diterpenes from *Casearia rupestris*[J]. Journal of Natural Products, 2011, 74 (4): 776-781.

[8]　Wang B, Wang X L, Wang S Q, et al. Cytotoxic clerodane diterpenoids from the leaves and twigs of *Casearia balansae*[J]. Journal of Natural Products, 2013, 76 (9): 1573-1579.

[9]　Xu J, Zhang Q, Wang M, et al. Bioactive clerodane diterpenoids from the twigs of *Casearia balansae*[J]. Journal of Natural Products, 2014, 77 (10): 2182-2189.

[10]　Calder C, De F C, Castro V, et al. Cytotoxic clerodane diterpenes from *Zuelania guidonia*[J]. Journal of Natural Products, 2012, 77 (3): 455-463.

[11]　Oberlies N H, Burgess J P, Navarro H A, et al. Novel bioactive clerodane diterpenoids from the leaves and twigs of *Casearia sylvestris*[J]. Journal of Natural Products, 2002, 65 (2): 95-99.

[12]　Kanokmedhakul S, Kanokmedhakul K, Kanarsa T, et al. New bioactive clerodane diterpenoids from the bark of *Casearia grewiifolia*[J]. Journal of Natural Products, 2005, 68 (2): 183-188.

[13]　Oberlies N H, Burgess J P, Navarro H A, et al. Bioactive constituents of the roots of *Licania intrapetiolaris*[J]. Journal of Natural Products, 2001, 64 (4): 497-501.

[14]　Li X L, Yang L M, Zhao Y, et al. Tetranorclerodanes and clerodane-type diterpene glycosides from *Dicranopteris dichotoma*[J]. Journal of Natural Products, 2007, 70 (2): 265-268.

[15]　Carbone M, Gavagnin M, Mollo E, et al. Further syphonosides from the sea hare *Syphonota geographica* and the sea-grass *Halophila stipulacea*[J]. Tetrahedron, 2008, 64 (1): 191-196.

[16]　Anis I, Anis E, Ahmed S, et al. Thrombin inhibitory constituents from *Duranta repens*[J]. Helvetica Chimica Acta, 2001,

84（3）：649-655.

[17] Appendino G，Borrelli F，Capasso R，et al. Minor diterpenoids from cascarilla（*Croton eluteria* Bennet）and evaluation of the cascarilla extract and cascarillin effects on gastric acid secretion[J]. Journal of Agricultural and Food Chemistry，2003，51（24）：6970-6974.

[18] Qin H L，Li Z H. Clerodane-type diterpenoids from *Nannoglottis ravida*[J]. Phytochemistry，2004，65（18）：2533-2537.

[19] Teponno R B，Tapondjou A L，Ju-Jung H，et al. Three new clerodane diterpenoids from the bulbils of *Dioscorea bulbifera* L. var. *sativa*[J]. Helvetica Chimica Acta，2007，90（8）：1599-1605.

[20] Teponno R B，Tapondjou A L，Abou-Mansour E，et al. Bafoudiosbulbins F and G，further clerodane diterpenoids from *Dioscorea bulbifera* L. var *sativa* and revised structure of bafoudiosbulbin B[J]. Phytochemistry，2008，69（12）：2374-2379.

[21] Bläs B，Zapp J，Becker H. *ent*-Clerodane diterpenes and other constituents from the liverwort *Adelanthus lindenbergianus*（Lehm.）Mitt[J]. Phytochemistry，2004，65（1）：127-137.

[22] Katayama K，Shimazaki K，Tazaki H，et al. Parvitexins A-E，clerodane-type diterpenes isolated from the *in vitro*-cultured liverwort，*Scapania parvitexta*[J]. Bioscience，Biotechnology，and Biochemistry，2007，71（11）：2751-2758.

[23] Choudhary M I，Ismail M，Shaari K，et al. *cis*-Clerodane-type furanoditerpenoids from *Tinospora crispa*[J]. Journal of Natural Products，2010，73（4）：541-547.

[24] Bisio A，Damonte G，Fraternale D，et al. Phytotoxic clerodane diterpenes from *Salvia miniata* Fernald（Lamiaceae）[J]. Phytochemistry，2011，72（2）：265-275.

[25] Maldonado E，Ortega A. Polystachynes A-E，five *cis-neo*-clerodane diterpenoids from *Salvia polystachya*[J]. Phytochemistry，2010，31（19）：103-109.

[26] Bautista E，Maldonado E，Ortega A. *neo*-Clerodane diterpenes from *Salvia herbacea*[J]. Journal of Natural Products，2012，75（5）：951-958.

[27] Su C R，Ueng Y F，Dung N X，et al. Cytochrome P3A4 inhibitors and other constituents of *Fibraurea tinctoria*[J]. Journal of Natural Products，2007，70（12）：1930-1933.

[28] Ortega A，García P E，Cárdenas J，et al. Methyl dodonates，a new type of diterpenes with a modified clerodane skeleton from *Dodonaea viscosa*[J]. Tetrahedron，2001，57（15）：2981-2989.

[29] Hayashi K，Kanamori T，Yamazoe A，et al. Gaudichanolides A and B，clerodane diterpenes from *Baccharis gaudichaudiana*[J]. Journal of Natural Products，2005，68（7）：1121-1124.

[30] Venkateswarlu K，Satyalakshmi G，Suneel K，et al. A benzofuranoid and two clerodane diterpenoids from *Pulicaria wightiana*[J]. Helvetica Chimica Acta，2008，91（11）：2081-2088.

[31] Das B，Reddy M R，Ramu R，et al. Clerodane diterpenoids from *Pulicaria wightiana*[J]. Phytochemistry，2005，66（6）：633-638.

[32] Ahmad V U，Farooq U，Abbaskhan A，et al. Four new diterpenoids from *Ballota limbata*[J]. Helvetica Chimica Acta，2004，87（3）：682-689.

[33] Harding W W，Tidgewell K，Schmidt M，et al. Salvinicins A and B，new neoclerodane diterpenes from *Salvia divinorum*[J]. Organic Letters，2005，7（14）：3017-3020.

[34] Ahmad I，Nawaz S A，Afza N，et al. Isolation of onosmins A and B，lipoxygenase inhibitors from *Onosma hispida*[J]. Chemical and Pharmaceutical Bulletin，2005，53（8）：907-910.

[35] Jones W P，Lobo-Echeverri T，Mi Q，et al. Cytotoxic constituents from the fruiting branches of *Callicarpa americana* collected in Southern Florida[J]. Journal of Natural Products，2007，70（3）：372-377.

[36] Puebla P，Correa S X，Guerrero M，et al. New *cis*-clerodane diterpenoids from *Croton schiedeanus*[J]. Chemical and Pharmaceutical Bulletin，2005，53（3）：328-329.

[37] Bläs B，Zapp J，Becker H. *ent*-Clerodane diterpenes and other constituents from the liverwort *Adelanthus lindenbergianus*（Lehm.）Mitt[J]. Phytochemistry，2004，65（1）：127-137.

[38] Guo P，Li Y，Xu J，et al. Bioactive *neo*-clerodane diterpenoids from the whole plants of *Ajuga ciliata Bunge*[J]. Journal of

Natural Products，2011，74（7）：1575-1583.

[39] Wu T，Wang Q，Jiang C，et al. neo-Clerodane diterpenoids from Scutellaria barbata with activity against Epstein-Barr Virus Lytic replication[J]. Journal of Natural Products，2015，78（3）：500-509.

[40] Raccuglia R A，Bellone G，Loziene K，et al. Hastifolins A-G，antifeedant neo-clerodane diterpenoids from Scutellaria hastifolia[J]. Phytochemistry，2010，71（17）：2087-2091.

[41] Wang F，Ren F C，Li Y J，et al. Scutebarbatines W-Z，new neo-clerodane diterpenoids from Scutellaria barbata and structure revision of a series of 13-spiro neo-clerodanes[J]. Chemical and Pharmaceutical Bulletin，2010，58（9）：1267-1270.

[42] Dai S J，Chen M，Liu K，et al. Four new neo-clerodane diterpenoid alkaloids from Scutellaria barbata with cytotoxic activities[J]. Chemical and Pharmaceutical Bulletin，2006，54（6）：869-872.

[43] Dai S J，Peng W B，Shen L，et al. Two new neo-clerodane diterpenoid alkaloids from Scutellaria barbata with cytotoxic activities[J]. Journal of Asian Natural Products Research，2009，11（5）：451-456.

[44] Dai S J，Liang D D，Ren Y，et al. New neo-clerodane diterpenoid alkaloids from Scutellaria barbata with cytotoxic activities[J]. Chemical and Pharmaceutical Bulletin，2008，56（2）：207-209.

[45] Nguyen V H，Pham V C，Nguyen T T H，et al. Novel Antioxidant neo-clerodane diterpenoids from Scutellaria barbata[J]. European Journal of Organic Chemistry，2009，2009（33）：5810-5815.

[46] Raccuglia R A，Bellone G，Loziene K，et al. Hastifolins A-G，antifeedant neo-clerodane diterpenoids from Scutellaria hastifolia[J]. Phytochemistry，2010，71（17）：2087-2091.

[47] Dai S J，Tao J Y，Liu K，et al. neo-Clerodane diterpenoids from Scutellaria barbata with cytotoxic activities[J]. Phytochemistry，2006，67（13）：1326-1330.

[48] Pandey R，Verma R K，Gupta M M. neo-Clerodane diterpenoids from Clerodendrum inerme[J]. Phytochemistry，2005，66（6）：643-648.

[49] Brock M V，Are C，Wu T T，et al. neo-Clerodane diterpenoids from Ajuga bracteosa[J]. Journal of Natural Products，2011，74（5）：1036-1041.

[50] Zhou M，Zhang H B，Wang W G，et al. Scopariusic acid，a new meroditerpenoid with a unique cyclobutane ring isolated from Isodon scoparius[J]. Organic Letters，2013，15（17）：4446-4449.

[51] Zhou M，Li X R，Tang J W，et al. Scopariusicides，Novel unsymmetrical cyclobutanes：structural elucidation and concise synthesis by a combination of intermolecular [2 + 2] cycloaddition and C-H functionalization[J]. Organic Letters，2015，17（24）：6062-6065.

[52] Pan Z，Ning D，Wu X，et al. New clerodane diterpenoids from the twigs and leaves of Croton euryphyllus[J]. Bioorganic & Medicinal Chemistry Letters，2015，46（29）：1329-1332.

[53] Graikou K，Aligiannis N，Chinou Ι，et al. Chemical constituents from Croton insularis[J]. Helvetica Chimica Acta，2005，88（10）：2654-2660.

[54] Tuntiwachwuttikul P，Taylor W C. New rearranged clerodane diterpenes from Tinospora baenzigeri[J]. Chemical and Pharmaceutical Bulletin，2001，49（7）：854-857.

[55] Esquivel B，Tello R，Sánchez A A. Unsaturated diterpenoids with a novel carbocyclic skeleton from Salvia xalapensis[J]. Journal of Natural Products，2005，68（5）：787-790.

[56] Ortega A，García P E，Cárdenas J，et al. Methyl dodonates，a new type of diterpenes with a modified clerodane skeleton from Dodonaea viscosa[J]. Tetrahedron，2001，57（15）：2981-2989.

[57] Hertewich U M，Zapp J，Becker H. Secondary metabolites from the liverwort Jamesoniella colorata[J]. Phytochemistry，2003，63（2）：227-233.

[58] Bautista E，Fragoso-Serrano M，Toscano R A，et al. Teotihuacanin，a diterpene with an unusual spiro-10/6 system from Salvia amarissima with potentmodulatory activity of multidrug tesistance in cancer cells[J]. Organic Letters，2015，46（46）：3280-3282.

[59] Bautista E，Toscano R A，Ortega A. Microphyllandiolide，a new diterpene with an unprecedented skeleton from Salvia

microphylla[J]. Organic Letters, 2013, 15 (13): 3210-3213.

[60]　Wang G C, Zhang H, Liu H B, et al. Laevinoids A and B: two diterpenoids with an unprecedented backbone from *Croton laevigatus*[J]. Organic Letters, 2013, 15 (18): 4880-4883.

[61]　Tori M, Katto A, Sono M. Nine new clerodane diterpenoids from rhizomes of *Solidago altissima*[J]. Phytochemistry, 1999, 52 (3): 487-493.

[62]　María del Carmen Fernández, Baldomero Esquivel, Jorge Cárdenas et al. Clerodane and aromatic *seco*-clerodane diterpenoids from *salvia rhyacophila*[J]. Tetrahedron, 1991, 47 (35): 7199-7208.

[63]　Rodríguez B, Torre M C D L, Jimeno M L, et al. Rearranged *neo*-clerodane diterpenoids from *Teucrium brevifolium*, and their biogenetic pathway[J]. Tetrahedron, 1995, 51 (3): 837-848.

[64]　Esquivel B, Dominguez R M, Hernández-Ortega S, et al. Salvigenane and isosalvipuberulan diterpenoids from *Salvia leucantha*[J]. Tetrahedron, 1994, 50 (40): 11593-11600.

第六章 其他二环二萜类化合物

其他常见二环二萜类化合物有如下 5 种类型，详见图 6-1 以及表 6-1，Ⅰ为银杏内酯型二萜，是一类具有特殊 C20 骨架的天然二萜类化合物，仅在银杏中发现，分子中有一个特有的叔丁基和六个五元环，包括了一个螺环壬烷、一个四氢呋喃环和三个含氧内酯环，代表化合物为 **1～7**；Ⅱ为囊绒苔烷二萜，由血苋烷倍半萜单元和一个异戊二烯结构单元构成，代表化合物为 **8～14**；Ⅲ为细齿烷二萜，由杜松烷倍半萜单元和一个异戊二烯结构单元构成，代表化合物为 **15～27**；Ⅳ为异戊二烯基桉叶烷二萜，由桉烷倍半萜单元和一个异戊二烯结构单元构成，代表化合物为 **28～33**；Ⅴ为 viscidane 烷二萜，该类型含有一个二螺[5.4]癸烷结构单元，代表化合物为 **34～36**。

图 6-1　其他常见二环二萜的 5 种基本骨架（Ⅰ～Ⅴ型）

一、银杏内酯型二环二萜（Ⅰ型）

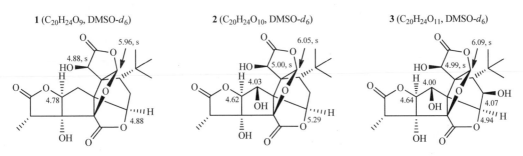

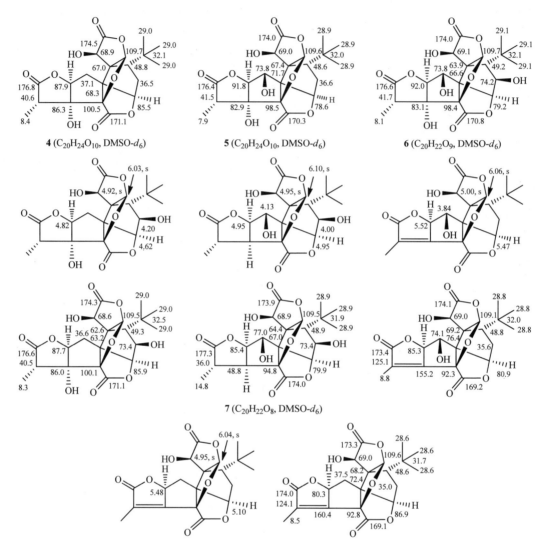

二、囊绒苔烷二环二萜（Ⅱ型）

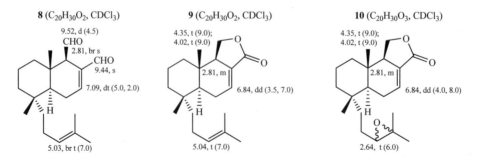

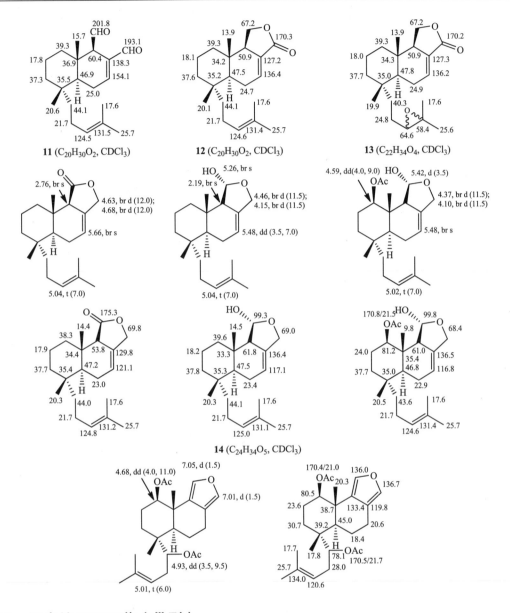

11 (C$_{20}$H$_{30}$O$_2$, CDCl$_3$)　　**12** (C$_{20}$H$_{30}$O$_2$, CDCl$_3$)　　**13** (C$_{22}$H$_{34}$O$_4$, CDCl$_3$)

14 (C$_{24}$H$_{34}$O$_5$, CDCl$_3$)

三、细齿烷二环二萜（Ⅲ型）

15 (C$_{22}$H$_{30}$O$_6$, DMSO-d_6)　　**16** (C$_{20}$H$_{28}$O$_5$, DMSO-d_6)　　**17** (C$_{24}$H$_{34}$O$_5$, DMSO-d_6)

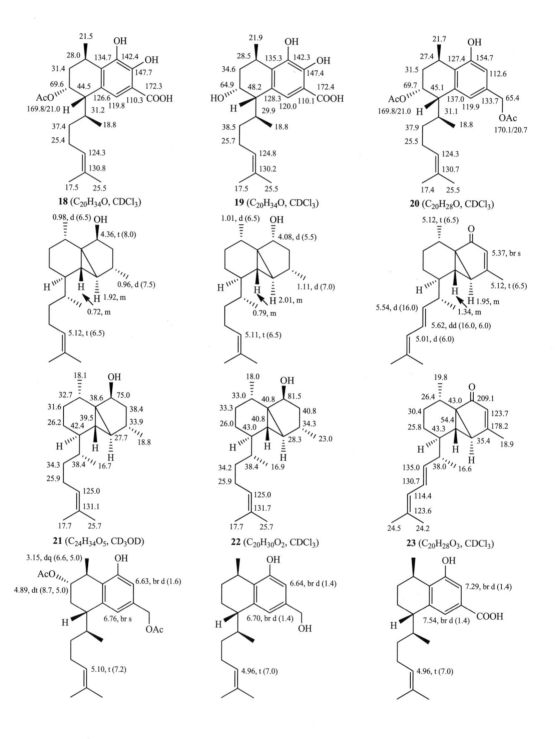

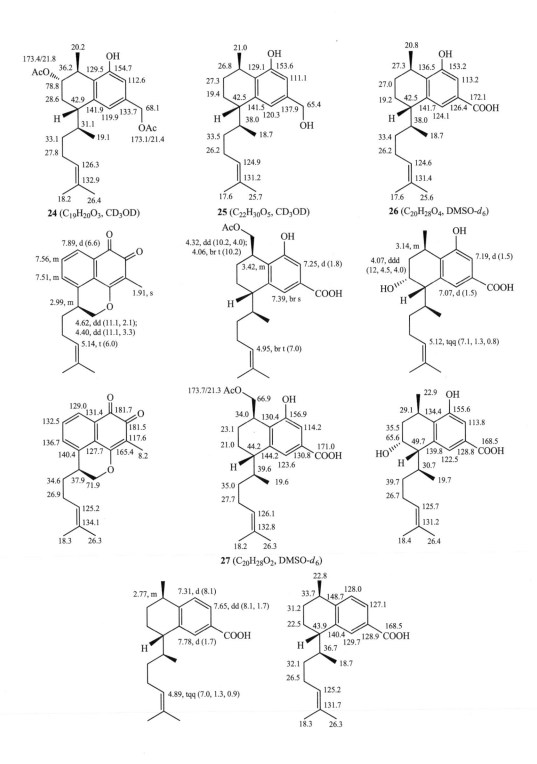

四、异戊二烯基桉叶烷二环二萜（Ⅳ型）

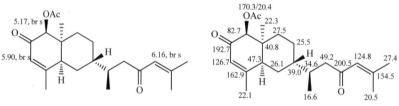

28 ($C_{20}H_{30}O_4$, acetone-d_6)

29 ($C_{20}H_{30}O_3$, acetone-d_6)

30 ($C_{20}H_{32}O_3$, acetone-d_6)

31 ($C_{22}H_{32}O_4$, acetone-d_6)

32 ($C_{20}H_{30}O_3$, acetone-d_6)

33 ($C_{20}H_{32}O_2$, acetone-d_6)

五、viscidane 烷二环二萜（Ⅴ型）

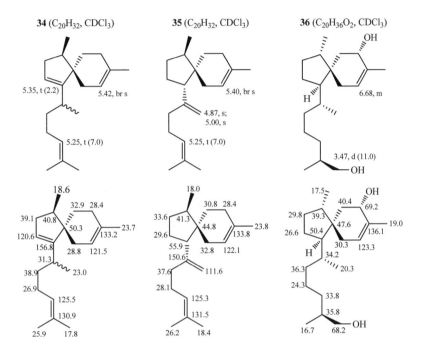

表 6-1　其他二环二萜化合物

编号	名称	来源植物	类型	文献
1	ginkgolide A	*Ginkgo biloba*	Ⅰ	[1]
2	ginkgolide B	*Ginkgo biloba*	Ⅰ	[1]
3	ginkgolide C	*Ginkgo biloba*	Ⅰ	[1]
4	ginkgolide J	*Ginkgo biloba*	Ⅰ	[1]
5	ginkgolide M	*Ginkgo biloba*	Ⅰ	[1]
6	ginkgolide K	*Ginkgo biloba*	Ⅰ	[1]
7	ginkgolide L	*Ginkgo biloba*	Ⅰ	[1]
8	sacculatal	*Fossombronia wondraczekii*	Ⅱ	[2]
9	sacculatanolide	*Fossombronia wondraczekii*	Ⅱ	[2]
10	17, 18-epoxy-7-sacculaten-12, 11-olide	*Fossombronia wondraczekii*	Ⅱ	[2]
11	7, 17-sacculatadien-11, 12-olide	*Fossombronia wondraczekii*	Ⅱ	[2]
12	11β, 12-epoxy-7, 17-sacculatadien-11α-ol	*Fossombronia wondraczekii*	Ⅱ	[2]
13	1β-acetoxy-11β, 12-epoxy-7, 17-sacculatadien-11α-ol	*Fossombronia wondraczekii*	Ⅱ	[2]
14	1β, 15-diacetoxy-11, 12-epoxy-8（12），9（11），17-sacculatatriene	*Fossombronia wondraczekii*	Ⅱ	[2]

续表

编号	名称	来源植物	类型	文献
15	3-acetoxy-7, 8-dihydroxyserrulat-14-en-19-oic acid	*Eremophila microtheca*	III	[3]
16	3, 7, 8-trihydroxyserrulat-14-en-19-oic acid	*Eremophila microtheca*	III	[3]
17	3, 19-diacetoxy-8-hydroxyserrulat-14-ene	*Eremophila microtheca*	III	[3]
18	euplexaurene A	*Euplexaura* sp.	III	[4]
19	euplexaurene B	*Euplexaura* sp.	III	[4]
20	euplexaurene C	*Euplexaura* sp.	III	[4]
21	2, 19-diacetoxy-8-hydroxyserrulat-14-ene	*Eremophila neglecta*	III	[5]
22	8, 19-dihydroxyserrulat-14-ene	*Eremophila neglecta*	III	[5]
23	8-hydroxyserrulat-14-en-19-oic acid	*Eremophila neglecta*	III	[5]
24	9-methyl-3-(4-methyl-3-pentenyl)-2, 3-dihydronaphtho[1, 8-*bc*]-pyran-7, 8-dione	*Eremophila serrulata*	III	[6]
25	20-acetoxy-8-hydroxyserrulat-14-en-19-oic acid	*Eremophila serrulata*	III	[6]
26	3, 8-dihydroxyserrulatic acid	*Eremophila sturtii*	III	[7]
27	serrulatic acid	*Eremophila sturtii*	III	[7]
28	dysoxydenone A	*Dysoxylum densiflorum*	IV	[8]
29	dysoxydenone B	*Dysoxylum densiflorum*	IV	[8]
30	dysoxydenone C	*Dysoxylum densiflorum*	IV	[8]
31	dysoxydenone D	*Dysoxylum densiflorum*	IV	[8]
32	dysoxydenone E	*Dysoxylum densiflorum*	IV	[8]
33	dysoxydenone F	*Dysoxylum densiflorum*	IV	[8]
34	viscida-3, 9, 14-triene	*Radula perrottetii*	V	[9]
35	viscida-3, 11 （18），14-triene	*Radula perrottetii*	V	[9]
36	compound **36**	*Eremophila* sp.	V	[10]

参 考 文 献

[1] Beek T A V. Ginkgolides and bilobalide: their physical, chromatographic and spectroscopic properties[J]. Bioorganic and Medicinal Chemistry, 2005, 13 (17): 5001-5012.

[2] Feld H, Hertewich U M, Zapp J, et al. Sacculatane diterpenoids from axenic cultures of the liverwort *Fossombronia wondraczekii*[J]. Phytochemistry, 2005, 66 (10): 1094-1099.

[3] Barnes E C, Kavanagh A M, Ramu S, et al. Antibacterial serrulatane diterpenes from the Australian native plant *Eremophila microtheca*[J]. Phytochemistry, 2013, 93 (1): 162-169.

[4] Cao F, Shao C L, Liu Y F, et al. Cytotoxic serrulatane-type diterpenoids from the Gorgonian *Euplexaura* sp. and their absolute configurations by vibrational circular dichroism[J]. Scientific Reports, 2017, 7 (1): 12548-12557.

[5] Ndi C P, Semple S J, Griesser H J, et al. Antimicrobial compounds from the Australian desert plant *Eremophila neglecta*[J]. Journal of Natural Products, 2007, 70 (9): 1439-1443.

[6] Ndi C P, Semple S J, Griesser H J, et al. Antimicrobial compounds from *Eremophila serrulata*[J]. Phytochemistry, 2007, 68 (21): 2684-2690.

[7] Liu Q, Harrington D, Kohen J L, et al. Bactericidal and cyclooxygenase inhibitory diterpenes from *Eremophila sturtii*[J].

Phytochemistry，2006，67（12）：1256-1261.

[8]　　Gu J，Qian S，Zhao Y，et al. Prenyleudesmanes，rare natural diterpenoids from *Dysoxylum densiflorum*[J]. Tetrahedron，2014，45（29）：1375-1382.

[9]　　Asakawa Y. Composition of the essential oil of the liverwort *Radula perrottetii* of Japanese origin[J]. Phytochemistry，2005，66（8）：941-949.

[10]　　Forster P G，Ghisalberti E L，Jefferies P R. Viscidane diterpenes from *Eremophila species*[J]. Phytochemistry，1993，32（5）：1225-1228.

第七章　松香烷二萜类化合物

　　松香烷二萜类化合物有如下 9 种类型，详见图 7-1 以及表 7-1，Ⅰ 为松香烷型二萜，其 H-5 为 α 构型，C-20 为 β 构型，代表化合物为 **1～90**；Ⅱ 为对映-松香烷型，其 H-5 为 β 构型，C-20 为 α 构型，代表化合物为 **91～121**；Ⅲ 为多在 C-12 和 C-17 之间形成内酯环的松香烷二萜，代表化合物为 **122～165**；Ⅳ 为开环的松香烷二萜，包括 A、B、C 环开环松香烷型二萜，代表化合物为 **166～179**；Ⅴ 为迁移的松香烷二萜，代表化合物为 **180～186**；Ⅵ 为降松香烷二萜，包括 C-6、C-12、C-18 和 C-20 的一降型，降 C-16、C-17、C-19、C-20 的二降型和降 C-16、C-17、C-20 的三降型松香烷二萜，代表化合物为 **187～200**；Ⅶ 为含杂原子的松香烷二萜，包括含氮、硫和卤素，代表化合物为 **201～206**；Ⅷ 为松香烷聚合

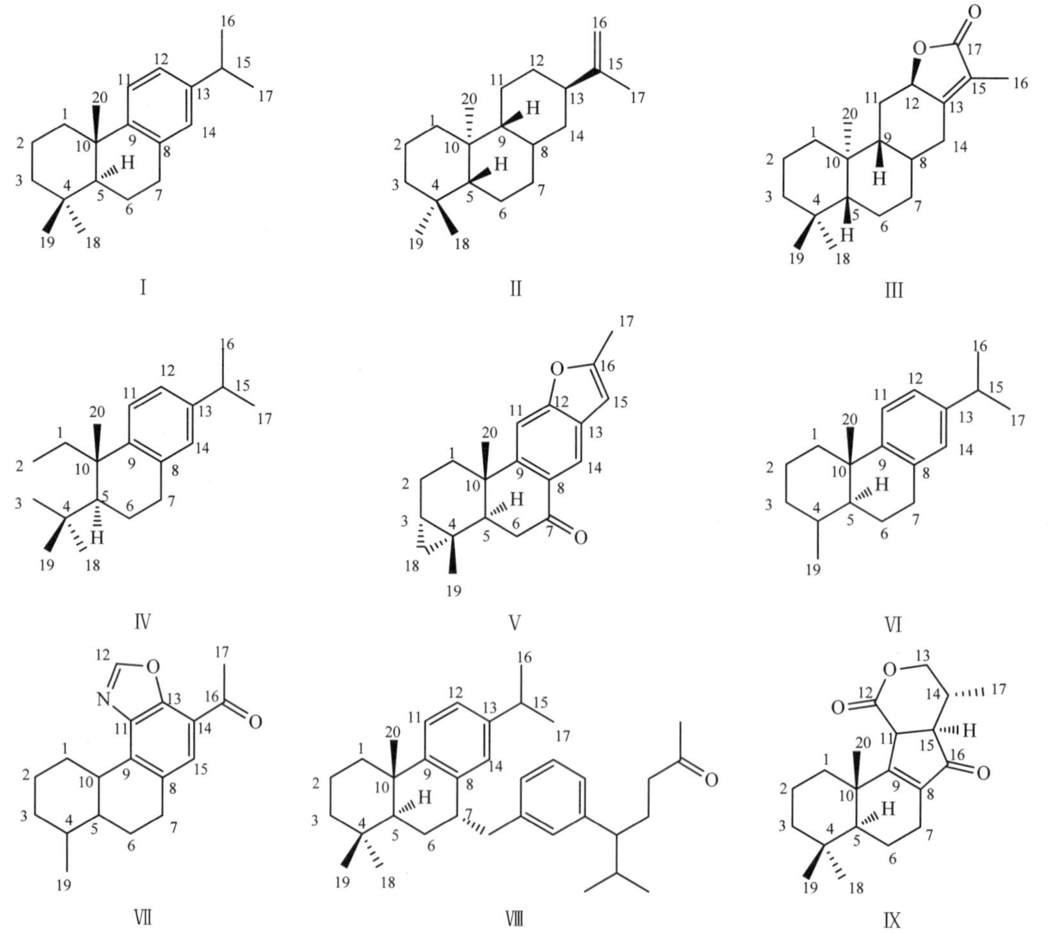

图 7-1　松香烷二萜的 9 种基本骨架（Ⅰ～Ⅸ型）

物，包括松香烷-倍半萜二聚体、松香烷和松香烷、单萜、贝壳杉烷型的二聚体，代表化合物为 **207～217**；IX为结构新颖的松香烷二萜，代表化合物为 **218～226**。

一、松香烷三环二萜（Ⅰ型）

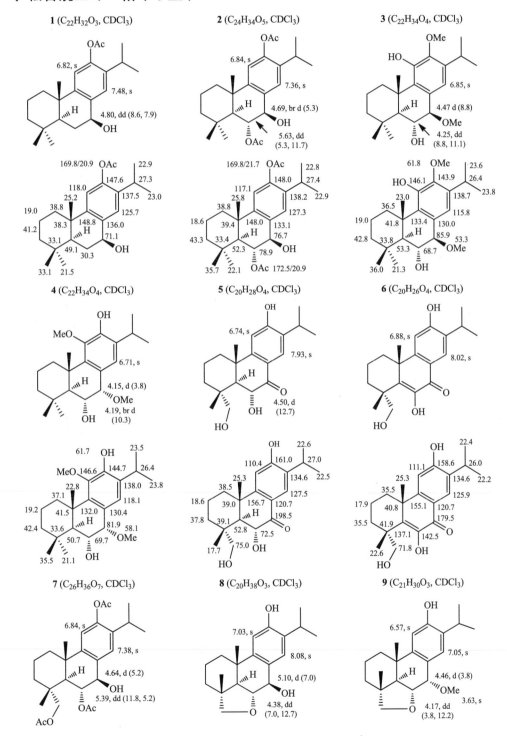

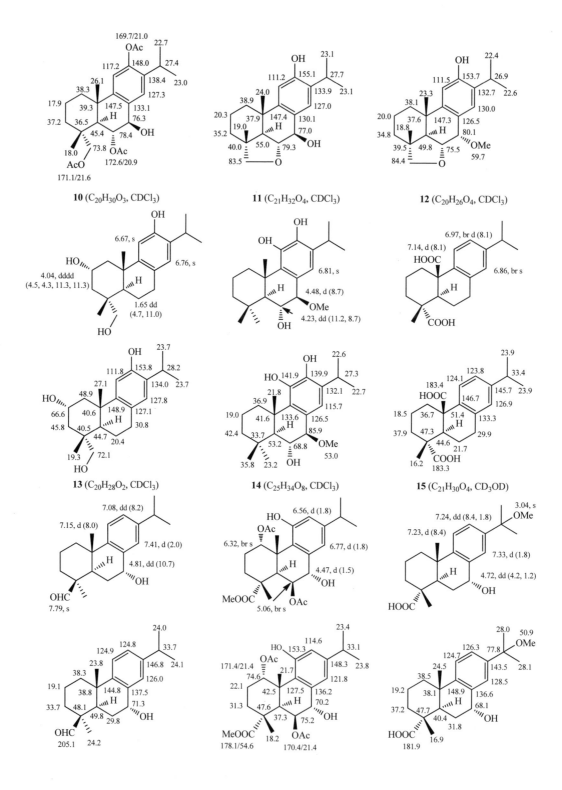

10 ($C_{20}H_{30}O_3$, CDCl₃)

11 ($C_{21}H_{32}O_4$, CDCl₃)

12 ($C_{20}H_{26}O_4$, CDCl₃)

13 ($C_{20}H_{28}O_2$, CDCl₃)

14 ($C_{25}H_{34}O_8$, CDCl₃)

15 ($C_{21}H_{30}O_4$, CD₃OD)

16 (C$_{24}$H$_{34}$O$_5$, CD$_3$OD)

7.08, dd (8.4, 1.8)
7.19, d (8.4)
7.16, d (1.8)
OH
2.09, m
4.72, dd (4.2, 1.8)
OH

17 (C$_{25}$H$_{36}$O$_5$, CD$_3$OD)

7.09, dd (8.1, 1.8)
7.20, d (8.1)
7.16, d (1.8)
2.02, dt (12.6, 1.2)
OH
4.72, dd (3.6, 1.8)
3.59, s
OMe

18 (C$_{24}$H$_{34}$O$_5$, CD$_3$OD)

7.18, br s
OH
7.18, br s
7.11, s
OH

16 (structure with ^{13}C shifts)

24.5
125.0 127.2 34.9
24.9 147.2 24.5
39.4 148.4 129.4
19.9 38.9 136.9
36.8 37.4 68.7
40.2 OH
17.9 29.9
175.5 73.8
31.7 OH
33.0 180.0

17

24.4
125.3 127.2 34.9
24.9 147.3 24.4
39.4 148.4 129.3
19.6 38.9 136.9
36.7 37.5 68.6
40.1 OH
17.8 30.1
174.2 73.7
29.7 52.2
29.9 OMe
174.8

18

31.9
125.0 123.1 72.7 OH
25.7 147.4 31.9
39.6 148.9 139.0
19.5 38.5 31.4
36.7 37.9 20.1
45.5
17.9 73.6
174.2 OH
30.4
30.3 174.3

19 (C$_{25}$H$_{36}$O$_5$, CD$_3$OD)

7.12, dd (1.8, 8.4)
OMe
7.22, d (8.4)
3.02, s
7.02, d (1.8)
4.02, d (10.8); 3.73, d (10.8)
OH

20 (C$_{25}$H$_{36}$O$_5$, CDCl$_3$)

7.22, br s
OH
7.23, br s
7.16, br s
3.99, d (10.8); 3.75, d (10.8)
3.62, s
OMe

21 (C$_{24}$H$_{34}$O$_6$, CD$_3$OD)

7.35, dd (8.4, 2.4)
OH
7.25, d (8.7)
7.41, d (2.1)
4.75, dd (12.3, 1.2)
OH
2.08, m
4.01, d (11.1); 3.73, d (10.8)
OH

19

28.2 50.8
124.3 78.1 OMe
125.4 143.4 28.2
39.6 25.7 127.3
19.6 149.6 135.8
36.6 38.7 31.4
38.0 45.8
17.8 20.1
174.2 73.6
29.8 OH
30.1 176.0

20

31.6
121.9 72.2 OH
124.3 145.9 31.6
38.2 25.3 124.9
18.9 148.1 134.7
35.5 37.4 30.3
36.8 44.2
17.4 18.5
172.3 72.7
28.9 51.7
29.2 OMe
172.7

21

30.3
123.6 124.1 71.3 OH
23.3 146.6 24.5
37.8 147.5 126.1
18.1 37.4 135.1
35.2 36.0 67.3
38.6 OH
16.3 28.4
172.9 72.3
28.7 OH
28.4 174.8

22 (C$_{25}$H$_{36}$O$_6$, CD$_3$OD)

7.28, br s
OMe 3.04, s
7.28, br s
H
7.33, br s
4.75, dd (3.3, 1.5)
OH
4.01, d (11.1);
3.73, d (11.1)
OH

23 (C$_{21}$H$_{30}$O$_3$, CD$_3$OD)

7.11, dd (2.4, 8.4)
3.02, s
OMe
7.21, d (8.4)
7.01, d (2.4)
H
COOH

24 (C$_{22}$H$_{32}$O$_3$, CD$_3$OD)

7.12, dd (2.1, 8.4)
O 3.19, q (6.9)
ethyl
7.21, d (8.4)
7.01, d (2.1)
H
COOH

28.2
50.8
125.4 126.7
78.1 OMe
39.2 24.8
144.0 28.2
19.6 39.0
149.6 136.9 129.0
36.7 37.5
H
68.7
40.1 29.8 OH
O 17.7 73.7
174.4 29.8 OH
30.2 180.3

28.2
50.8
125.3 124.3
78.1 OMe
39.5 25.5
143.3 28.3
19.9 38.3
149.9 136.0 127.4
38.2 48.2
H
31.4
46.7 22.8
17.6 COOH
184.8

28.7
125.2 124.2
77.8 O 16.1
39.5 25.5
144.1 59.1
19.9 38.1
149.9 136.0 28.8
38.3 49.3
H
31.4
46.7 22.8
17.6 COOH
185.0

25 (C$_{24}$H$_{32}$O$_5$, CD$_3$OD)

7.47, dd (8.4, 2.1)
isopropyl
7.39, d (8.4)
7.79, d (2.1)
H
O
3.91, d (11.4);
3.74, d (11.4)
O
OH
O

26 (C$_{24}$H$_{32}$O$_6$, CD$_3$OD)

7.72, dd (8.4, 1.8)
OH
7.43, d (8.4)
8.05, d (1.8)
H
O
3.91, d (11.4);
3.75, d (11.4)
O
OH
O

27 (C$_{22}$H$_{28}$O$_6$, CDCl$_3$)

5.64, s
OH 1.34, d (6.8)
AcO
isopropyl
OH
13.2, s
OH 6.49, s
O

24.2
125.2 134.2
34.8
24.1
148.1 24.2
38.6
125.6
19.1 38.9
155.3 131.6
36.4 37.8
H
201.4
45.0 37.0
17.6 72.9
O
174.8 31.6
OH
31.0 179.0
O

24.2
31.7
125.0 132.2
72.6 OH
24.1
149.1 31.7
38.6
124.1
19.1 38.9
155.7 131.4
36.4 36.4
H
201.2
44.9 37.0
17.5 72.9
O
174.2 30.1
OH
30.2 176.1
O

169.7/21.3
OH 20.0
AcO 129.4 152.8
24.5
30.4
120.4 20.0
32.3
160.1
18.6 41.1 143.8 106.0 OH
36.4 36.7
182.3
143.3 142.0 O
27.0 27.7
OH

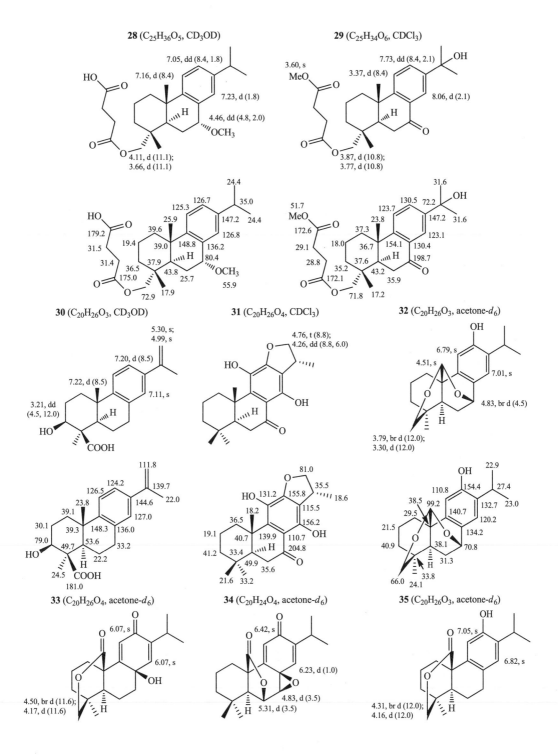

28 (C₂₅H₃₆O₅, CD₃OD)

29 (C₂₅H₃₄O₆, CDCl₃)

30 (C₂₀H₂₆O₃, CD₃OD)

31 (C₂₀H₂₆O₄, CDCl₃)

32 (C₂₀H₂₆O₃, acetone-d₆)

33 (C₂₀H₂₆O₄, acetone-d₆)

34 (C₂₀H₂₄O₄, acetone-d₆)

35 (C₂₀H₂₆O₃, acetone-d₆)

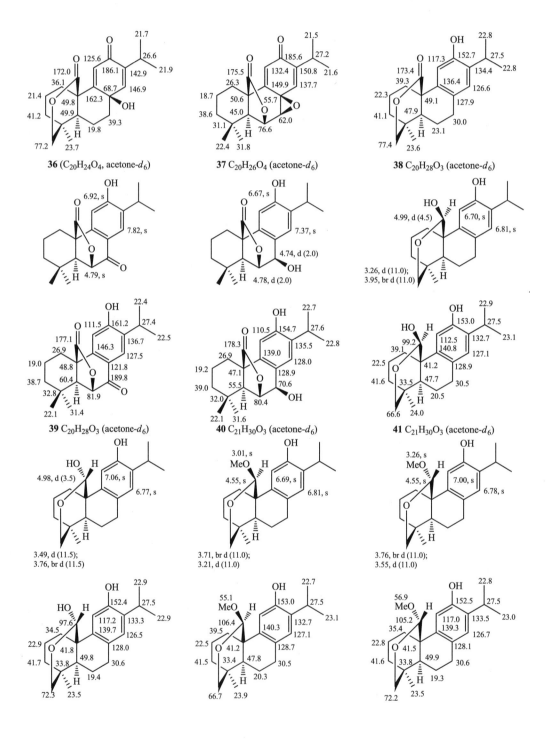

36 (C$_{20}$H$_{24}$O$_4$, acetone-d_6)

37 C$_{20}$H$_{26}$O$_4$ (acetone-d_6)

38 C$_{20}$H$_{28}$O$_3$ (acetone-d_6)

39 C$_{20}$H$_{28}$O$_3$ (acetone-d_6)

40 C$_{21}$H$_{30}$O$_3$ (acetone-d_6)

41 C$_{21}$H$_{30}$O$_3$ (acetone-d_6)

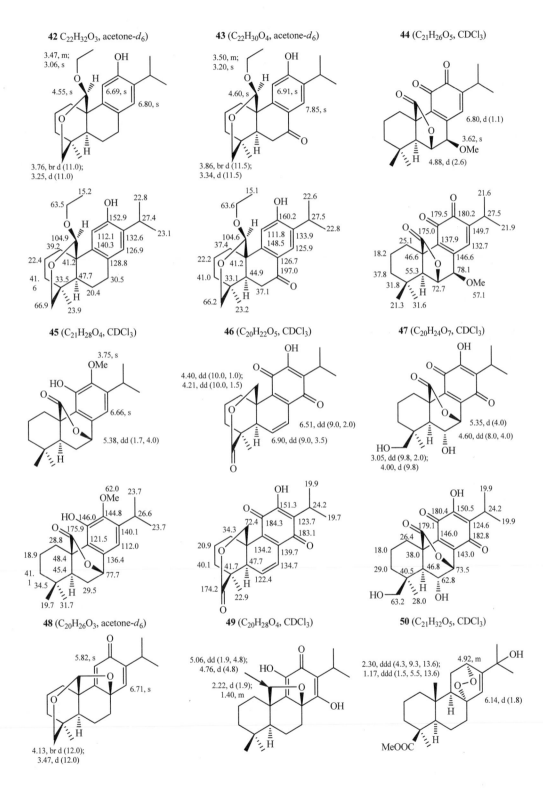

51 (C$_{21}$H$_{32}$O$_4$, CDCl$_3$)

52 (C$_{21}$H$_{32}$O$_5$, CDCl$_3$)

53 (C$_{20}$H$_{30}$O$_3$, acetone-d_6)

54 (C$_{24}$H$_{36}$O$_6$, CDCl$_3$)

55 (C$_{20}$H$_{32}$O$_3$, CDCl$_3$)

56 (C$_{24}$H$_{38}$O$_5$, CDCl$_3$)

57 (C$_{25}$H$_{40}$O$_5$, CDCl$_3$)

58 (C$_{20}$H$_{32}$O$_2$, CDCl$_3$)

59 (C$_{21}$H$_{28}$O$_4$, CDCl$_3$)

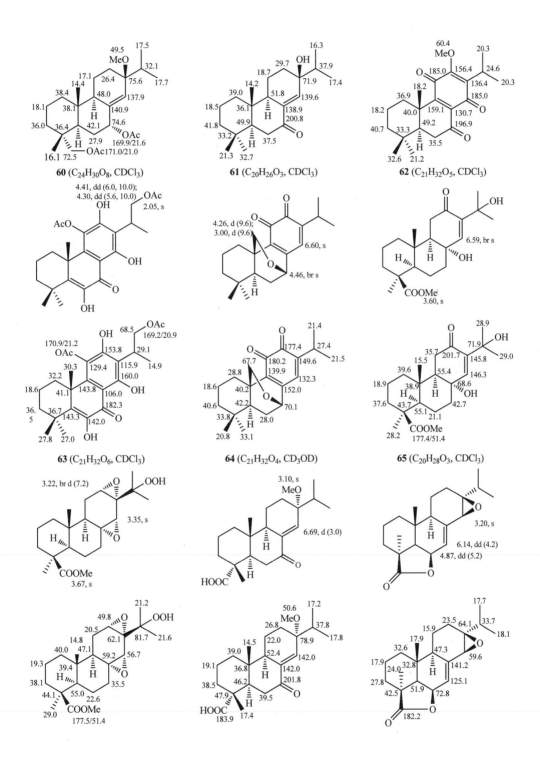

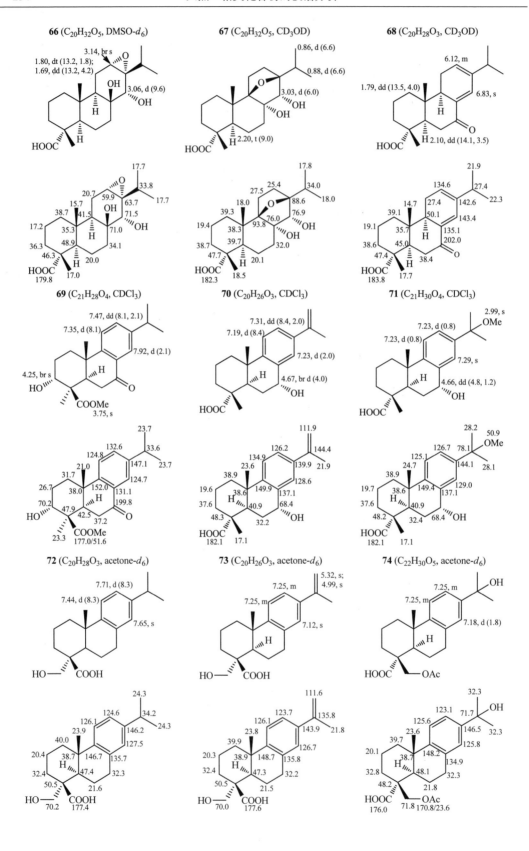

66 (C$_{20}$H$_{32}$O$_5$, DMSO-d_6)

67 (C$_{20}$H$_{32}$O$_5$, CD$_3$OD)

68 (C$_{20}$H$_{28}$O$_3$, CD$_3$OD)

69 (C$_{21}$H$_{28}$O$_4$, CDCl$_3$)

70 (C$_{20}$H$_{26}$O$_3$, CDCl$_3$)

71 (C$_{21}$H$_{30}$O$_4$, CDCl$_3$)

72 (C$_{20}$H$_{28}$O$_3$, acetone-d_6)

73 (C$_{20}$H$_{26}$O$_3$, acetone-d_6)

74 (C$_{22}$H$_{30}$O$_5$, acetone-d_6)

75 (C$_{22}$H$_{28}$O$_5$, acetone-d_6)

5.36, d (1.5);
5.29, d (1.8)
7.20, m
7.24, m
7.09, s
OH
HOOC—OAc

76 (C$_{22}$H$_{28}$O$_4$, acetone-d_6)

5.33, s;
5.00, m
7.25, d (2.6)
7.25, d (2.6)
7.14, s
HOOC—OAc

77 (C$_{22}$H$_{30}$O$_4$, acetone-d_6)

6.98, d (8.3)
7.21, d (8.2)
6.87, m
HOOC—OAc
4.38, (10.5);
4.14, d (10.4)

110.4 137.1 OH
124.2 126.1 136.9 64.2 127.1
39.9 24.0 148.8 135.8
20.4 39.0 47.7 32.3
32.9 H 21.8
48.1
HOOC—OAc
178.2 71.8 171.0/24.0

111.7 138.8
123.8 143.9 21.8
126.1 23.6 148.4 126.7
39.6 38.9 135.6
20.1 47.9 32.2
32.8 H 21.8
48.4
HOOC—OAc
176.7 71.8 170.8/23.6

24.3
124.7 34.2 24.3
126.1 23.6 146.4 127.5
39.7 38.8 135.5
20.1 48.0 32.2
32.9 H 21.8
48.3
HOOC—OAc
176.3 71.8 170.8/23.6

78 (C$_{20}$H$_{28}$O$_3$, CD$_3$OD)

OH
6.89, br d (8.0) H 2.72, m
7.13, d (8.0)
6.81, br s
COOH

79 (C$_{20}$H$_{28}$O$_3$, CD$_3$OD)

OH
6.89, br d (8.0) H 2.72, m
7.13, d (8.0)
6.81, br s
COOH

80 (C$_{20}$H$_{30}$O$_3$, CD$_3$OD)

OH
OH
7.11, br d (8.5)
7.15, d (8.5)
7.05, br s
OH

69.5 OH
126.2 43.6 H
126.9 142.8 18.7
24.0 147.7 129.2
41.1 39.8 136.6
21.5 54.7 33.5
39.1 H 22.6
45.2 COOH
29.6 181.8

69.5 OH
126.2 43.6 H
126.9 142.8 18.7
24.0 147.7 129.2
41.1 39.8 136.6
21.5 54.7 33.5
39.1 H 22.7
45.2 COOH
29.9 181.8

72.2 OH
124.3 75.6 OH
125.5 144.3 26.3
26.5 149.8 127.2
40.6 39.0 135.8
20.3 53.3 32.6
36.7 H 20.6
40.2 OH
27.9 65.3

81 (C$_{20}$H$_{30}$O$_3$, CD$_3$OD)

OH
OH
7.11, dd (1.5, 8.5)
7.15, d (8.0)
7.05, br s
H
HO

82 (C$_{20}$H$_{28}$O$_3$, CD$_3$OD)

OH
7.66, dd (8.5, 2.0)
7.38, d (8.5)
8.00, d (2.0)
O
H
HO

83 (C$_{20}$H$_{30}$O$_2$, CDCl$_3$)

OH
7.23, dd (8.3, 2.0)
7.20, d (8.3)
7.17, d (2.0)
3.29, dd (11.0, 5.0)
HO H

84 (C$_{20}$H$_{28}$O$_2$, CDCl$_3$)

85 (C$_{20}$H$_{26}$O$_3$, CDCl$_3$)

86 (C$_{20}$H$_{26}$O$_2$, CDCl$_3$)

87 (C$_{20}$H$_{28}$O$_2$, CDCl$_3$)

88 (C$_{20}$H$_{28}$O$_3$, CDCl$_3$)

89 (C$_{19}$H$_{26}$O$_2$, CDCl$_3$)

90 (C$_{20}$H$_{28}$O$_3$, CDCl$_3$)

二、对映-松香烷三环二萜（Ⅱ型）

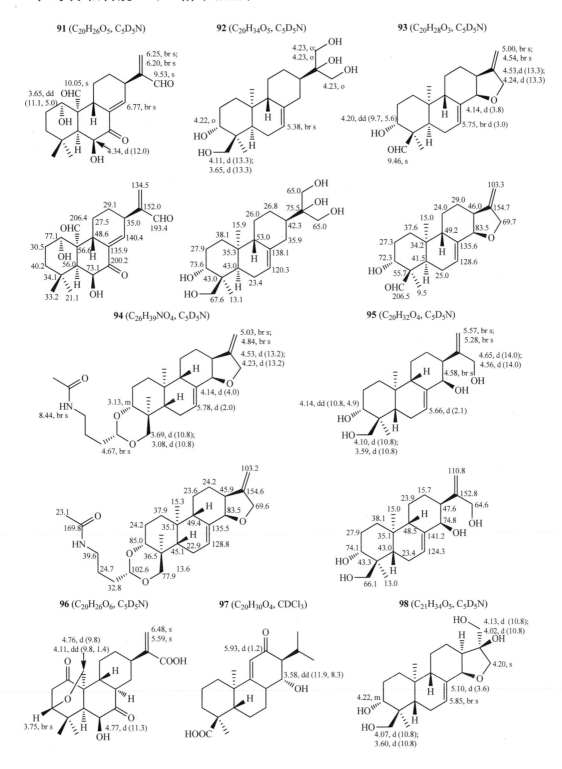

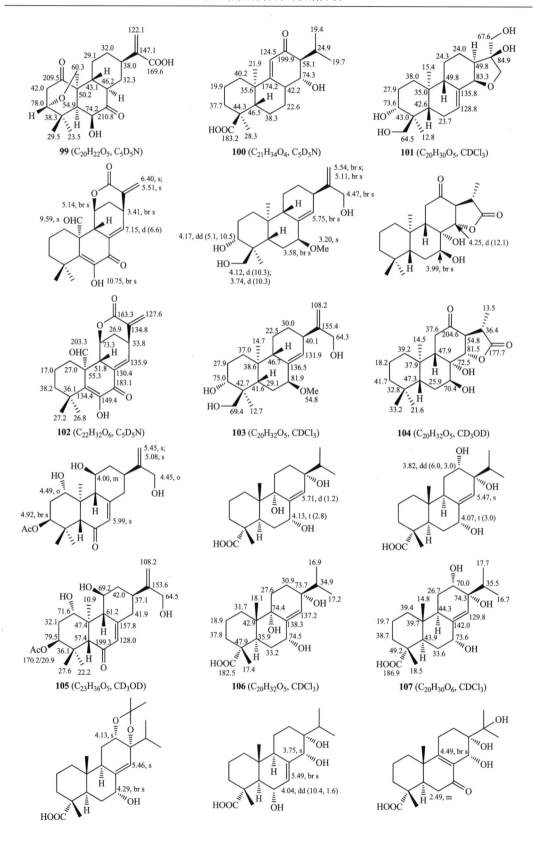

99 (C$_{20}$H$_{22}$O$_5$, C$_5$D$_5$N)　　　100 (C$_{21}$H$_{34}$O$_4$, C$_5$D$_5$N)　　　101 (C$_{20}$H$_{30}$O$_5$, CDCl$_3$)

102 (C$_{22}$H$_{32}$O$_6$, C$_5$D$_5$N)　　　103 (C$_{20}$H$_{32}$O$_5$, CDCl$_3$)　　　104 (C$_{20}$H$_{32}$O$_5$, CD$_3$OD)

105 (C$_{23}$H$_{36}$O$_5$, CD$_3$OD)　　　106 (C$_{20}$H$_{32}$O$_5$, CDCl$_3$)　　　107 (C$_{20}$H$_{30}$O$_6$, CDCl$_3$)

108 (C$_{20}$H$_{28}$O$_3$, CD$_3$OD)

109 (C$_{20}$H$_{32}$O$_5$, CD$_3$OD)

110 (C$_{22}$H$_{34}$O$_3$, CDCl$_3$)

111 (C$_{20}$H$_{32}$O$_3$, CDCl$_3$)

112 (C$_{20}$H$_{30}$O$_3$, CDCl$_3$)

113 (C$_{21}$H$_{34}$O$_3$, CDCl$_3$)

114 (C$_{20}$H$_{32}$O$_4$, CDCl$_3$)

115 (C$_{20}$H$_{32}$O$_4$, CDCl$_3$)

116 (C$_{20}$H$_{32}$O$_3$, CDCl$_3$)

117 ($C_{21}H_{34}O_4$, CDCl$_3$)　　　　**118** ($C_{21}H_{34}O_3$, CDCl$_3$)　　　　**119** ($C_{21}H_{34}O_4$, CDCl$_3$)

120 ($C_{20}H_{30}O_2$, CDCl$_3$)　　　　**121** ($C_{21}H_{32}O_2$, CDCl$_3$)

三、五元内酯型松香烷二萜（Ⅲ型）

122 ($C_{20}H_{28}O_4$, acetone-d_6)

4.88, ddq (13.2, 6.0, 1.2)

6.52, br s

3.25, m
HO

4.42, dd (5.6, 2.8)
OH

174.7
118.4　8.4
28.2　76.5　156.4
16.4　47.2　115.7
38.1
28.6　42.2　153.2
78.5　47.2　72.0
HO　39.3　31.6　OH
29.0　16.2

123 ($C_{20}H_{28}O_4$, C_5D_5N)

5.32, t (8.0)

4.98, s
OH

3.67, d (10.7);
OH 3.98, d (10.7)

176.4
121.6　9.8
34.7　77.9　163.5
20.8　64.9
37.2　139.6
20.0　39.5　130.4
37.0　40.3　30.1
53.3
28.9　65.2　OH

124 ($C_{20}H_{26}O_5$, CDCl$_3$)

4.84, m
H

3.70, s

3.91, t (3.2)
HO

173.9
75.9　128.8　8.7
26.0　154.8
211.7　16.9　40.8　60.5　56.0
43.0　38.2
79.7　50.4　20.2　34.8
HO　53.2　22.4　28.0

125 ($C_{22}H_{28}O_5$, C_5D_5N)

5.13, ddd (13.2, 5.6, 2.0)

OAc
5.28, d (6.0)
3.94, s
5.93, dd (10.0, 6.0)
5.66, d (10.0)
H
H
H

170.1/20.8　24.0　75.7　128.1　8.7
OAc　17.8　156.4
71.3　39.8　61.4　55.8
119.8　41.9
143.5　44.8　21.5　34.4
35.1
31.6　23.6

126 ($C_{22}H_{30}O_7$, CDCl$_3$)

5.07, m
4.49, s
OH
OH
AcO
5.03, t (3.4)

31.6　76.8　123.7　8.4
16.2　160.6
211.8　48.0　75.0　73.1
39.5　37.1
AcO　51.2　20.3　41.4
53.4
170.1/21.0
21.9　27.7

127 ($C_{24}H_{30}O_8$, CDCl$_3$)

4.78, ddd (13.0, 5.8, 2.1) H
3.80, s
4.99, t (3.0)
AcO
5.27, ddd (11.0, 5.4, 3.4)
OAc

174.1　120.0
40.3　67.7　8.8
17.9　153.8
208.4　40.6　58.8　55.5
39.1　37.3
AcO　54.2　25.9
81.2　52.3　75.5
170.0/22.4　20.9　30.3　OAc 169.9/21.5

128 ($C_{22}H_{32}O_6$, CDCl$_3$)

5.20, m
OH
4.47, s
OH
4.67, m
AcO

129 ($C_{22}H_{28}O_7$, CDCl$_3$)

5.03, m
OH
5.74, d (10)
4.53, s
6.29, d (10)
OH
5.49, dt (11.9, 3.8)
OAc

130 ($C_{22}H_{30}O_5$, CDCl$_3$)

4.98, ddd (10.1, 5.5, 2.2) H
3.72, s
4.70, t (2.7)
AcO

131 (C$_{24}$H$_{32}$O$_7$, CDCl$_3$)

132 (C$_{22}$H$_{28}$O$_6$, CDCl$_3$)

133 (C$_{20}$H$_{24}$O$_4$, CDCl$_3$)

134 (C$_{22}$H$_{26}$O$_6$, CDCl$_3$)

135 (C$_{20}$H$_{26}$O$_6$, C$_5$D$_5$N)

136 (C$_{24}$H$_{30}$O$_7$, C$_5$D$_5$N)

137 ($C_{24}H_{30}O_7$, C_5D_5N)

138 ($C_{24}H_{32}O_7$, C_5D_5N)

139 ($C_{24}H_{32}O_7$, C_5D_5N)

140 ($C_{22}H_{30}O_6$, C_5D_5N)

141 ($C_{24}H_{32}O_8$, C_5D_5N)

142 ($C_{24}H_{34}O_8$, C_5D_5N)

143 ($C_{24}H_{34}O_8$, C_5D_5N)

144 ($C_{24}H_{32}O_8$, C_5D_5N)

145 ($C_{22}H_{30}O_6$, C_5D_5N)

146 (C$_{22}$H$_{30}$O$_7$, C$_5$D$_5$N)

147 (C$_{20}$H$_{28}$O$_5$, C$_5$D$_5$N)

148 (C$_{20}$H$_{26}$O$_4$, CDCl$_3$)

149 (C$_{20}$H$_{28}$O$_3$, CDCl$_3$)

150 (C$_{20}$H$_{24}$O$_4$, CDCl$_3$)

151 (C$_{20}$H$_{28}$O$_3$, CDCl$_3$)

152 (C$_{20}$H$_{28}$O$_3$, CDCl$_3$)

4.13, o
4.65, d (4.3)
5.99, m

153 (C$_{20}$H$_{28}$O$_6$, C$_5$D$_5$N)

5.94, d (5.4)
4.60, br s
OH

154 (C$_{20}$H$_{28}$O$_5$, CDCl$_3$ + CD$_3$OD)

5.46, ddd
(11.3, 7.6, 1.8)
4.83, s
OH
0.60, ddd
(9.0, 8.8, 6.1)
3.8, t (3.0)
OH

(152 structure values) 4.13, o; 30.6; 44.4; 8.8; 63.8; 39.7; 12.8; 37.4; 83.3; 181.7; 30.9; 32.2; 131.3; 18.9; 44.4; 133.0; 19.9; 14.7; 26.7; 20.1; 24.3

(153 structure values) 34.7; 105.0; 162.8; 172.4; 15.8; 46.1; 128.0; 24.6; 40.0; 79.9; 72.7; 18.8; 38.0; 69.7; 42.0; 47.0; 26.8; 33.8; 33.5; 22.0

(154 structure values) 177.6; 126.0; 8.5; 27.9; 79.4; 164.0; 33.2; 13.3; 42.5; 64.9; 19.8; 37.3; 76.6; 20.5; 16.9; 43.3; 69.9; 22.5; 24.9; 29.6

155 (C$_{20}$H$_{28}$O$_5$, CDCl$_3$ + CD$_3$OD)

4.54, ddd
(11.9, 6.0, 2.0)
4.45, s
0.35, ddd
(9.7, 7.0, 4.5)
3.62, t (3.0)

156 (C$_{20}$H$_{30}$O$_5$, CDCl$_3$ + CD$_3$OD)

5.12, ddd
(10.3, 8.4, 1.7)
4.28, s
3.12, dd
(11.3, 5.0)
HO

157 (C$_{20}$H$_{28}$O$_3$, CDCl$_3$)

3.17, br s
HO
6.19, dd (2.0, 2.0)
2.29, dd (14.8, 7.4)

(155 structure values) 176.0; 122.2; 8.2; 28.5; 79.1; 162.5; 12.3; 41.1; 71.4; 34.5; 77.5; 18.8; 35.4; 15.7; 42.2; 67.9; 18.6; 28.0; 21.7; 23.1

(156 structure values) 176.0; 122.0; 7.5; 28.4; 77.3; 163.0; 16.0; 56.1; 71.9; 39.9; 74.0; 27.0; 38.5; 41.7; 78.3; 54.2; 20.3; 38.5; 15.4; 28.5

(157 structure values) 173.1; 116.3; 8.1; 102.4; 102.4; 154.2; 14.6; 51.4; 113.4; 39.0; 154.4; 18.6; 38.9; 39.0; 41.7; 54.0; 36.0; 33.4; 33.5; 22.0

158 (C$_{20}$H$_{26}$O$_4$, CDCl$_3$)

5.39, br ddq
(12.0, 7.7, 2.0)
0.71, dt
(9.3, 5.7)
OH

159 (C$_{20}$H$_{24}$O$_3$, CDCl$_3$)

5.11, ddq
(10.4, 6.5, 2.3)
0.74, dt
(9.3, 6.0)
1.33, dt
(12.7, 2.7)

160 (C$_{20}$H$_{24}$O$_3$, CDCl$_3$)

4.98, ddq
(11.3, 7.1, 2.2)
2.01, tt
(13.5, 5.1)
6.97, dt
(5.3, 2.4)
1.65, dd
(11.3, 5.6)

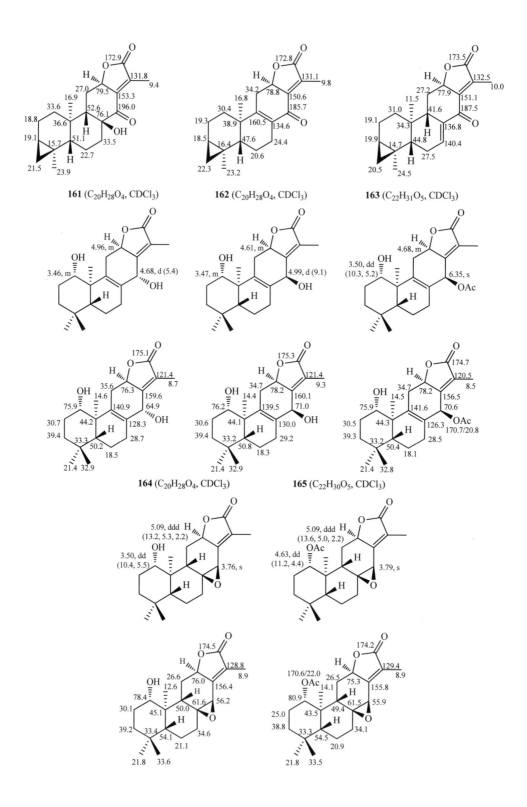

四、开环松香烷二萜（Ⅳ型）

166 (C$_{20}$H$_{28}$O$_2$, CDCl$_3$)

6.90, br d (8.07)
7.08, d (8.1)
5.68, dd (17.2,10.4)
4.86, d (10.4);
4.83, d (17.2)
HOOC
6.79, br s

167 (C$_{20}$H$_{28}$O$_3$, acetone-d_6)

6.73, s
OH
HOOC
6.81, s
4.74, br s;
4.94, br s

168 (C$_{21}$H$_{32}$O$_2$, CDCl$_3$)

MeOOC
3.66, s
5.43, s
4.68, br s;
4.91, br s

24.9
33.4
24.9
123.7
124.0
145.6
147.2
16.8
146.9
126.7
112.6
50.5
134.6
HOOC
47.0 48.8
181.5
18.8
29.6
23.8 29.3

22.0
26.7
22.2
OH
112.4
152.8
27.6
133.4
174.3
34.8
141.1
126.5
HOOC
28.6
40.4
127.7
22.4
147.2
29.0
47.0
25.1
113.7

21.1
34.2
21.1
23.5
29.8
144.1
23.2
31.3
120.6
MeOOC
29.9
41.2
140.3
129.1
174.7/51.5
22.8
147.1
26.2
46.7
24.6
113.9

169 (C$_{20}$H$_{24}$O$_3$, CDCl$_3$)

O
OH
O
7.04, d (1.2)
7.00, d (7.6)
7.16, d (7.6)

170 (C$_{20}$H$_{24}$O$_2$, CDCl$_3$)

4.64, br s
O
7.1, s
7.34, d (8.0)
7.02, d (8.0)
O

171 (C$_{21}$H$_{26}$O$_3$, CDCl$_3$)

5.49, dq (1.0, 8.9)
5.01, ddd (4.4, 8.9, 13.1)
O
OMe
7.08, d (7.6)
6.95, d (7.6)
O

21.4 21.2
21.5
O
27.3
210.5
55.7
OH
203.5
22.0
40.3
81.9
141.2
24.7
140.5
138.3
141.1
129.1
137.9
127.5
21.2
130.8

110.1
22.4
148.4
26.7
38.4
30.3
19.8
145.7
182.5
144.6
128.2
140.3
136.6
134.9
140.1
128.1
181.4
21.5
26.8
21.5

18.4
136.3
125.1
25.9
65.5
30.9
50.2
18.8
133.4
132.2
OMe
136.4
93.6
135.6
130.4
195.4
140.2
22.6
126.3
128.9
27.2
21.4

172 (C$_{21}$H$_{26}$O$_2$, CDCl$_3$)

H
O
7.05, d (8.5)
7.63, d (8.5)
OMe
3.88, s

173 (C$_{20}$H$_{24}$O$_2$, CDCl$_3$)

4.90, s
O
OH
6.90, s
7.11, d (7.7)
6.99, d (7.7)

174 (C$_{16}$H$_{14}$O$_4$, CDCl$_3$)

O
OH
O
7.98, s
8.01, d (8.2)
7.45, d (8.2)

175 (C$_{20}$H$_{26}$O$_4$, CDCl$_3$)

176 (C$_{19}$H$_{26}$O$_3$, acetone-d_6)

177 (C$_{20}$H$_{28}$O$_3$, CDCl$_3$)

178 (C$_{20}$H$_{30}$O$_3$, CDCl$_3$)

179 (C$_{20}$H$_{32}$O$_2$, CDCl$_3$)

五、迁移型松香烷二萜（Ⅴ型）

180 ($C_{20}H_{22}O_4$, CDCl$_3$)

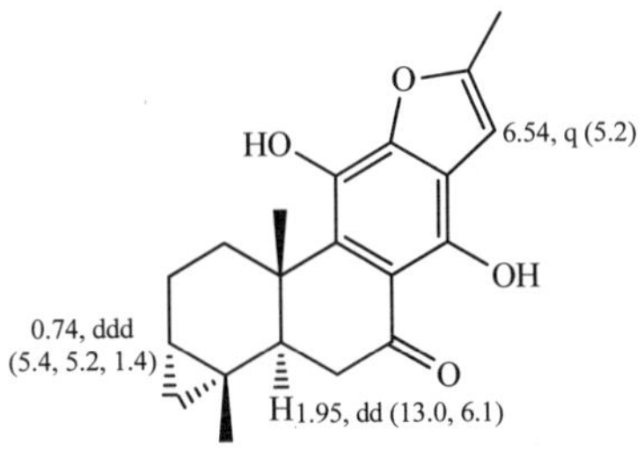

6.54, q (5.2)

0.74, ddd
(5.4, 5.2, 1.4)

H 1.95, dd (13.0, 6.1)

181 ($C_{20}H_{28}O_6$, DMSO-d_6)

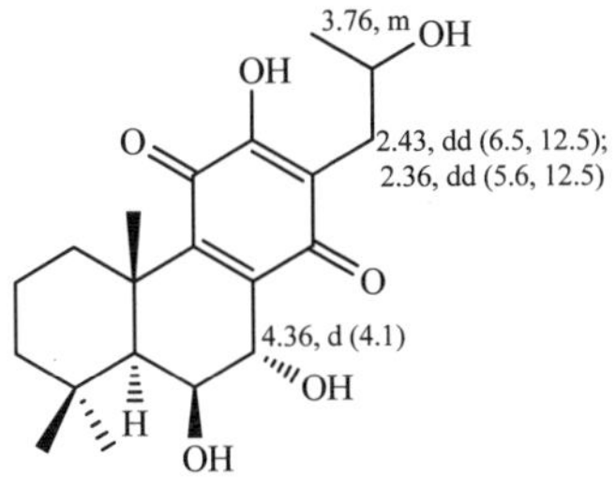

3.76, m OH

2.43, dd (6.5, 12.5);
2.36, dd (5.6, 12.5)

4.36, d (4.1)

182 ($C_{21}H_{20}O_6$, CDCl$_3$)

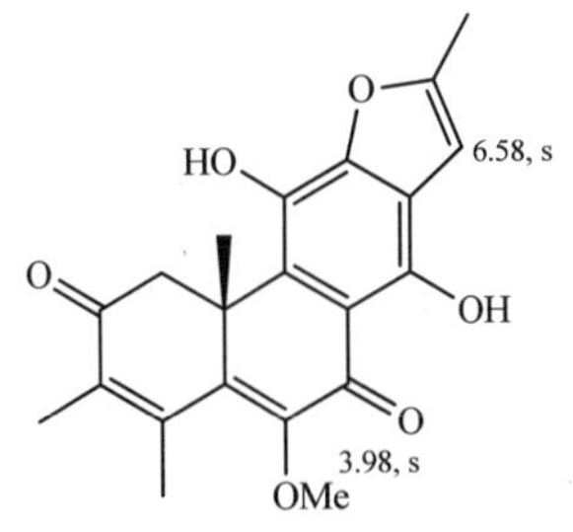

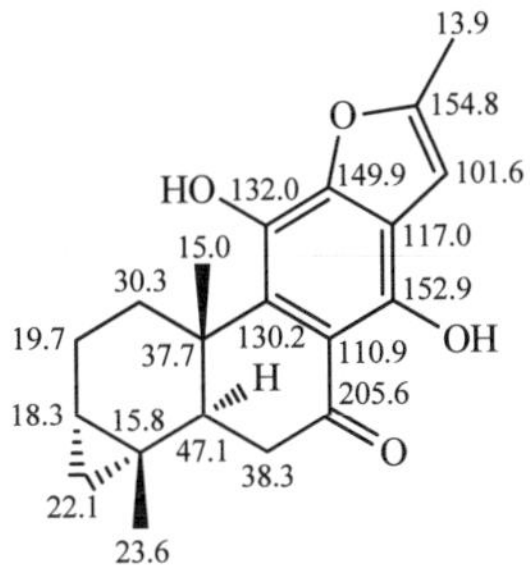

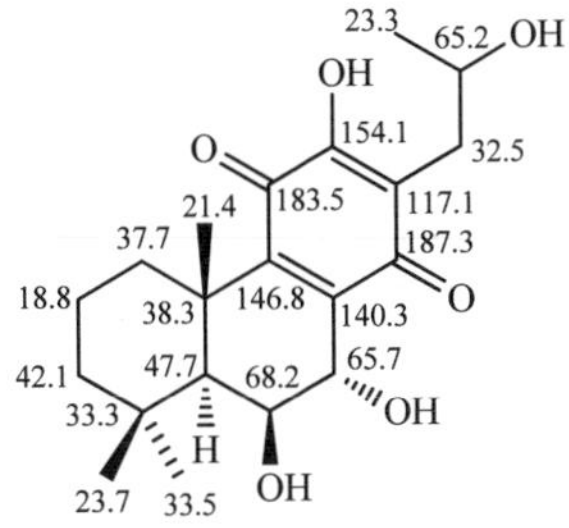

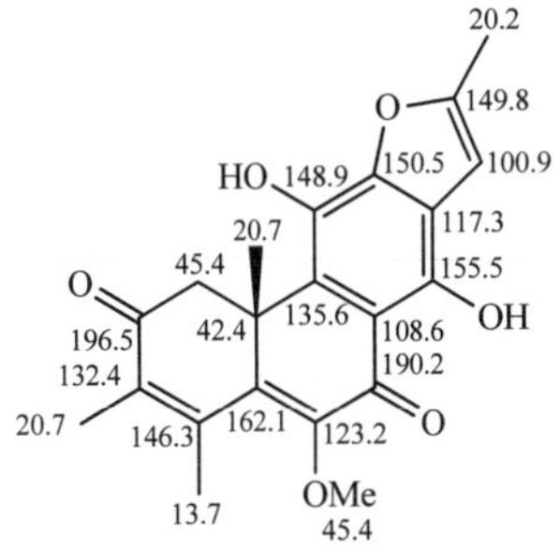

6.58, s

3.98, s

183 ($C_{20}H_{24}O_5$, CD$_3$OD)

4.62, s

6.73, s

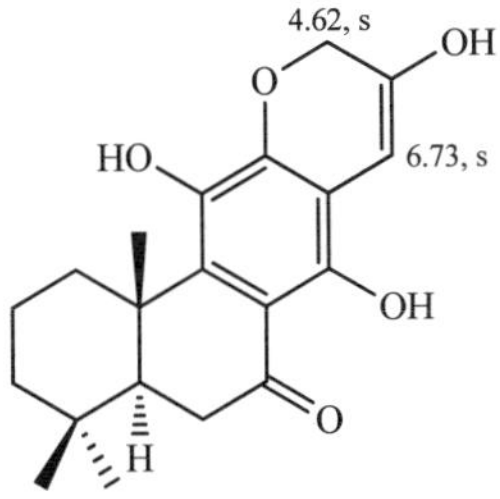

184 ($C_{20}H_{22}O_3$, CDCl$_3$)

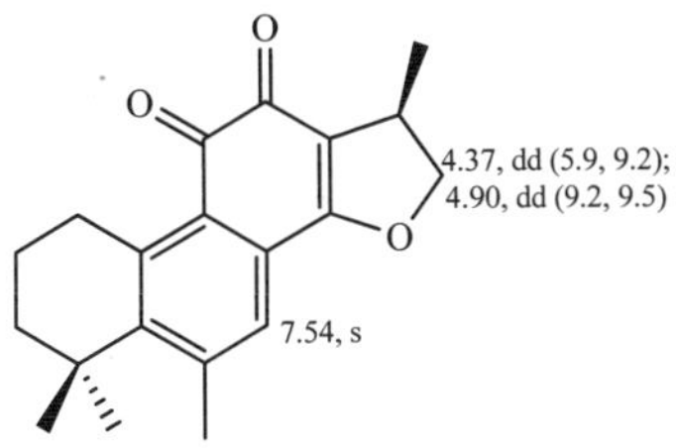

4.37, dd (5.9, 9.2);
4.90, dd (9.2, 9.5)

7.54, s

185 ($C_{21}H_{20}O_6$, CDCl$_3$)

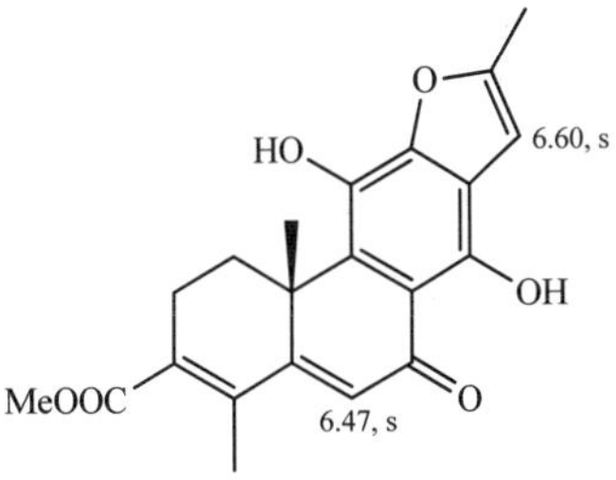

6.60, s

6.47, s

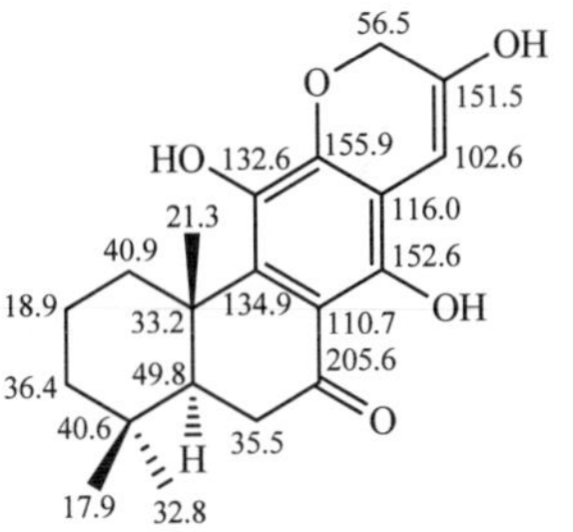

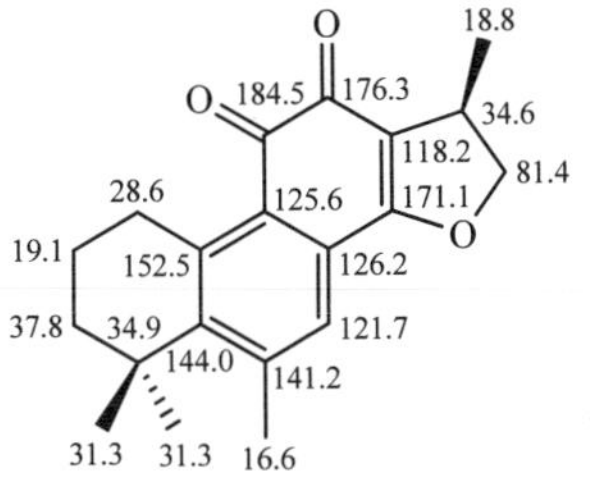

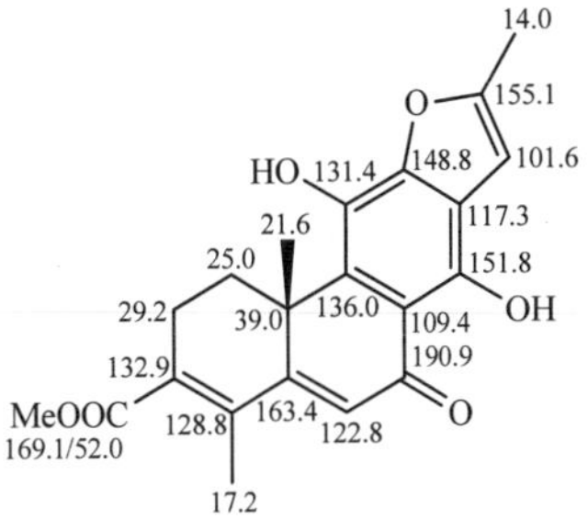

186 ($C_{26}H_{34}O_{11}$, acetone-d_6)

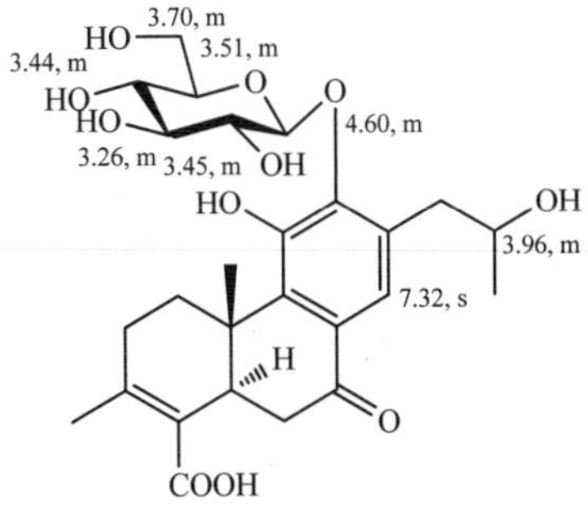

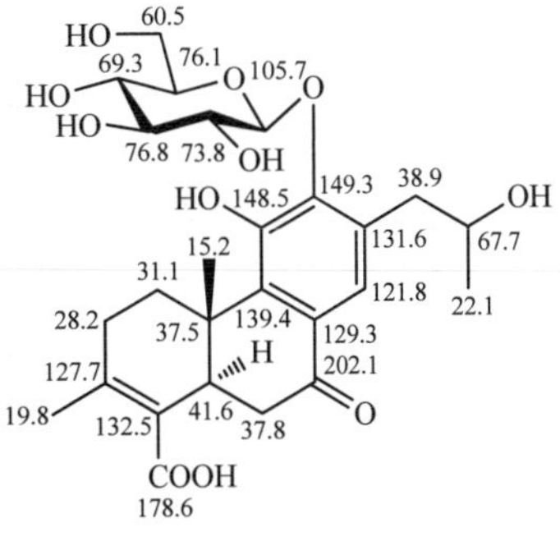

3.70, m
3.44, m
3.51, m
3.26, m 3.45, m 4.60, m

7.32, s

3.96, m

六、降松香烷二萜（Ⅵ型）

187 (C$_{19}$H$_{24}$O$_3$, CDCl$_3$)

3.75, t (8.3, 8.1)
4.40, t (8.3, 8.1)
7.32, s

188 (C$_{21}$H$_{22}$O$_5$, CDCl$_3$)

4.09, s
OMe
6.87, d (2.8)
7.16, s
OH

189 (C$_{19}$H$_{26}$O$_3$, acetone-d_6)

OH
7.01, s
OH
7.81, s

168.7
121.6
27.4
19.0
38.2
35.1
153.1
138.0
144.7
117.6
143.9
31.8 32.0 13.3
112.9
44.9
77.0
33.3
18.2

73.1
OMe
20.4
182.9 159.0
73.1 130.3 125.7 139.2
25.9 190.9
29.2 45.1 113.0
174.2 149.2 162.0
16.2 118.2
24.4
20.2
OH

22.6
110.9 160.1 27.5
37.5 OH 135.1 22.7
19.0 70.4 149.9 126.2
42.2 33.8 50.4 124.7 197.5
21.9 31.9 H 35.7

190 (C$_{19}$H$_{22}$O$_2$, acetone-d_6)

OH
8.80, s
7.64, s
7.95, d (8.4)
7.41, d (8.4)

191 (C$_{19}$H$_{24}$O$_2$, acetone-d_6)

OH
7.31, s
6.40, d (2.0)
7.03, s
H

192 (C$_{19}$H$_{26}$O$_2$, acetone-d_6)

OH
2.73, ddd
(11.5, 11.5, 4.0)
6.94, s
7.82, s
H
H

22.7
OH 28.0
109.6 157.2 137.8 22.7
131.9 126.0
200.3
37.8 128.9 125.0
37.7 35.7 134.9
154.2 121.6
30.3 30.3

22.6
OH 27.8
111.2 153.9 139.4 22.6
119.5 155.9 119.5
198.5 130.7 133.0
53.9 36.8 48.1 30.5
20.4 29.2 24.5

22.6
OH 27.4
112.6 160.4 133.9 22.7
31.7 148.5 125.9
22.4 38.5 125.8 196.8
41.8 33.6 49.9 40.5
20.2 29.8 H

193 (C$_{19}$H$_{26}$O$_4$, acetone-d_6)

OH
6.94, s
OH
7.82, s
HO
H

194 (C$_{19}$H$_{26}$O$_2$, acetone-d_6)

OH
7.15, s
OH
4.36, br s
6.85, s

195 (C$_{21}$H$_{28}$O$_3$, acetone-d_6)

OH
4.47, dd
(3.6, 2.4)
6.44, d (1.8)
7.35, s
3.60, m;
3.49, m
O
1.13, t (7.2)
H

196 (C$_{19}$H$_{20}$O$_4$, CDCl$_3$)

197 (C$_{19}$H$_{22}$O, CDCl$_3$)

198 (C$_{18}$H$_{22}$O$_3$, CDCl$_3$)

199 (C$_{17}$H$_{18}$O$_3$, CDCl$_3$)

200 (C$_{26}$H$_{42}$O$_{10}$, C$_5$D$_5$N)

七、含杂原子的松香烷二萜（Ⅶ型）

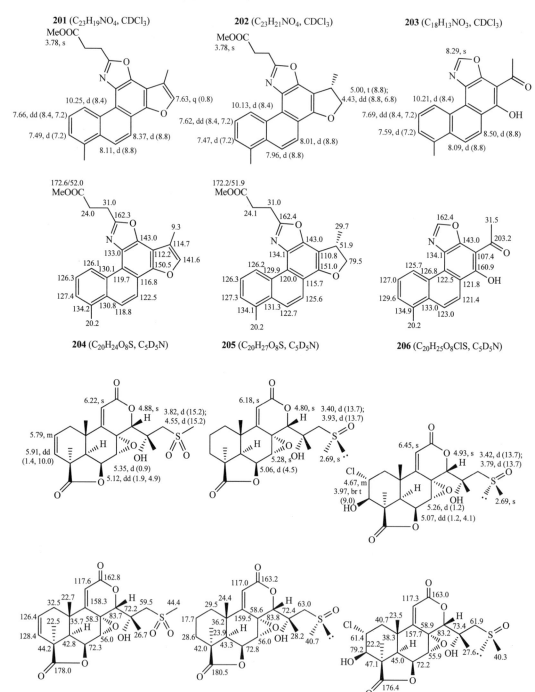

八、松香烷二萜二聚体（Ⅷ型）

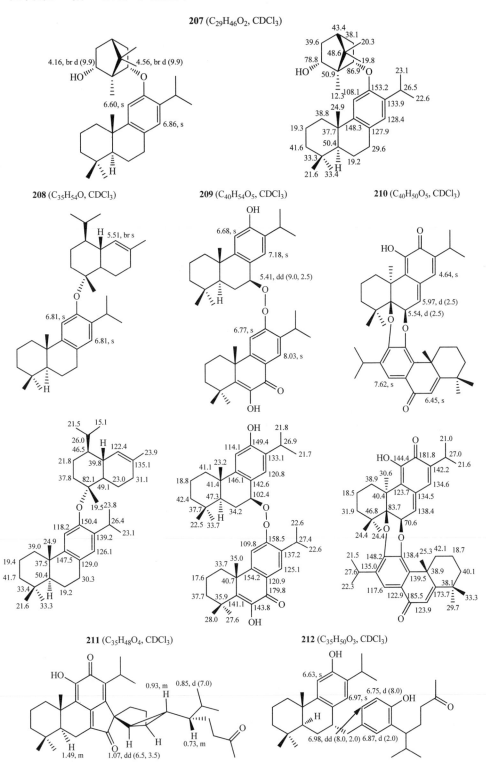

213 ($C_{40}H_{60}O_{11}$, C_5D_5N)　　　　**214** ($C_{40}H_{58}O_9$, C_5D_5N)　　　　**215** ($C_{46}H_{68}O_4$, $CDCl_3$)

216 ($C_{40}H_{48}O_4$, $CDCl_3$)　　　　**217** ($C_{38}H_{42}O_6$, $CDCl_3$)

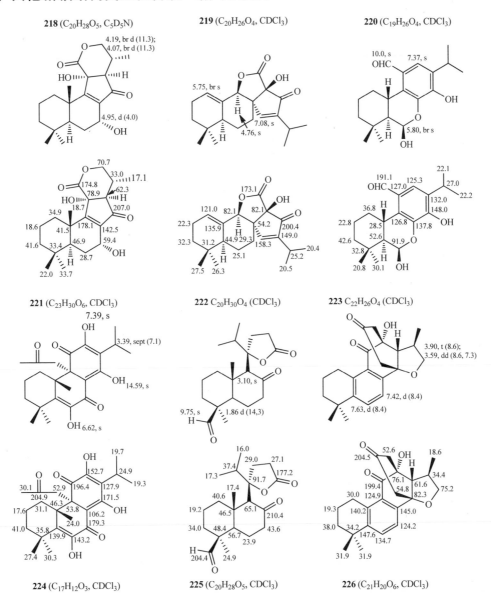

九、其他新颖结构类型松香烷二萜（Ⅸ型）

（化合物结构图，含 NMR 化学位移标注）

结构一标注：10.4, s OHC；7.40, s；8.42, d (8.0)；7.39, d (1.5)；7.49, t (8.0)；7.41, d (8.0)；7.79, d (8.5)；7.84, d (8.5)

结构二标注：7.07, d (13.0)；6.22, d (13.0)；7.5, s；4.15, s OMe；OH；3.25, o HO；5.98, br s；H；OH

结构三标注：110.3；158.7；120.4；141.1；158.7；8.6；120.7；123.5；126.9；149.6；108.0；116.6；128.9；133.2；120.8；134.6；19.6

结构四标注：191.8 OHC；128.1；124.4；22.5；28.0；22.6；132.3；149.2；41.8；23.2；29.3；37.1；134.1；139.1；80.0；53.6；93.2；OH；39.7；17.5；28.5；OH

结构五标注：130.8；138.0；120.5；132.3；135.9；180.2；61.4 OMe；158.8；196.8；115.6；190.3；140.4；20.2；21.0；200.7；132.9；158.4；24.6；63.8；OH；20.2；21.0；20.2

表 7-1　松香烷二萜类化合物

编号	名称	来源植物	类型	文献
1	fortunin A	*Cryptomeria fortunei*	I	[1]
2	fortunin B	*Cryptomeria fortunei*	I	[1]
3	fortunin C	*Cryptomeria fortunei*	I	[1]
4	fortunin D	*Cryptomeria fortunei*	I	[1]
5	fortunin E	*Cryptomeria fortunei*	I	[1]
6	fortunin F	*Cryptomeria fortunei*	I	[1]
7	fortunin G	*Cryptomeria fortunei*	I	[1]
8	fortunin H	*Cryptomeria fortunei*	I	[1]
9	fortunin I	*Cryptomeria fortunei*	I	[1]
10	fortunin J	*Cryptomeria fortunei*	I	[1]
11	taxodistines A	*Taxodium distichum*	I	[2]
12	cordioic acid	*Cordia latifolia*	I	[3]
13	7β-hydroxyabieta-8, 11, 13-trien-19-al	*Juniperus chinensis*	I	[4]
14	euroabienol	*Lycopus europaeus*	I	[5]
15	abiesadine O	*Abies georgei*	I	[6]
16	abiesadine F	*Abies georgei*	I	[6]
17	abiesadine H	*Abies georgei*	I	[6]
18	abiesadine I	*Abies georgei*	I	[6]
19	abiesadine J	*Abies georgei*	I	[6]
20	abiesadine K	*Abies georgei*	I	[6]
21	abiesadine L	*Abies georgei*	I	[6]
22	abiesadine M	*Abies georgei*	I	[6]
23	abiesadine N	*Abies georgei*	I	[6]

编号	名称	来源植物	类型	文献
24	abiesadine P	*Abies georgei*	I	[6]
25	abiesadine Q	*Abies georgei*	I	[6]
26	abiesadine R	*Abies georgei*	I	[6]
27	11-acetoxy-coleon U	*Coleus xanthanthus*	I	[7]
28	abiesadine G	*Abies georgei*	I	[6]
29	abiesadine S	*Abies georgei*	I	[6]
30	3β-hydroxy-8, 11, 13（14），15-abietatetraen-19-oic acid	*Callicarpa japonica*	I	[8]
31	gerardianin A	*Isodon lophanthoides*	I	[9]
32	(-)-(4*S*, 5*S*, 7*S*, 10*R*, 20*S*)-7, 12, 18-trihydroxya-bieta-8, 11, 13-trien-20-aldehyde 7, 18, 20-acetal	*Fraxinus sieboldiana*	I	[10]
33	(-)-(4*S*, 5*S*, 8*R*, 10*R*)-8, 18-dihydroxy-12-oxo-abieta-9（11），13-dien-20-oic acid 18, 20-lactone	*Fraxinus sieboldiana*	I	[10]
34	(+)-(5*S*, 6*S*, 7*S*, 8*R*, 10*R*)-6-hydroxy-7, 8-epoxy-12-oxo-abieta-9（11），13-dien-20-oic acid 6, 20-lactone	*Fraxinus sieboldiana*	I	[10]
35	(-)-(4*S*, 5*S*, 10*R*)-12, 18-dihydroxyabieta-8, 10, 12-trien-20-oic acid 18, 20-lactone	*Fraxinus sieboldiana*	I	[10]
36	(+)-(5*S*, 6*S*, 10*R*)-12-hydroxy-7-oxo-abieta-8, 11, 13-trien-20-oic acid 6, 20-lactone	*Fraxinus sieboldiana*	I	[10]
37	(+)-(5*S*, 6*S*, 7*R*, 10*R*)-6, 7, 12-trihydroxyabieta-8, 11, 13-trien-20-oic acid 6, 20-lactone	*Fraxinus sieboldiana*	I	[10]
38	(4*S*, 5*S*, 10*R*, 20*R*)-12, 18-dihydroxyabieta-8, 11, 13-trien-20-aldehyde 18, 20-hemiacetal	*Fraxinus sieboldiana*	I	[10]
39	(4*S*, 5*S*, 10*R*, 20*S*)-12, 18-dihydroxyabieta-8, 11, 13-trien-20-aldehyde 18, 20-hemiacetal	*Fraxinus sieboldiana*	I	[10]
40	(-)-(4*S*, 5*S*, 10*R*, 20*R*)-12, 18-dihydroxyabieta-8, 11, 13-trien-20-aldehyde-18, 20-methyl acetal	*Fraxinus sieboldiana*	I	[10]
41	(-)-(4*S*, 5*S*, 10*R*, 20*S*)-12, 18-dihydroxyabieta-8, 11, 13-trien-20-aldehyde-18, 20-methyl acetal	*Fraxinus sieboldiana*	I	[10]
42	(-)-(4*S*, 5*S*, 10*R*, 20*R*)-12, 18-dihydroxyabieta-8, 11, 13-trien-20-aldehyde-18, 20-ethyl acetal	*Fraxinus sieboldiana*	I	[10]
43	(-)-(4*S*, 5*S*, 10*R*, 20*R*)-12, 18-dihydroxy-7-oxo-abieta-8, 11, 13-trien-20-aldehyde 18, 20-ethyl acetal	*Fraxinus sieboldiana*	I	[10]
44	rosmaquinone A	*Rosmarinus officinalis*	I	[11]
45	12-*O*-methyl carnosol	*Salvia officinalis*	I	[12]
46	12-hydroxy-11, 14-diketo-6, 8, 12-abietatrien-19, 20-olide	*Salvia gilliesii*	I	[13]
47	6α, 12, 19-trihydroxy-11, 14-diketo-8, 12-abietadien-20, 7β-olide	*Salvia gilliesii*	I	[13]
48	(-)-(4*S*, 5*S*, 8*R*, 10*R*, 20*S*)-8, 18-dihydroxy-12-oxo-abieta-9（11），13-dien-20-aldehyde 8, 18, 20-acetal	*Fraxinus sieboldiana*	I	[10]
49	barreliol	*Salvia barrelieri*	I	[14]
50	methyl 15-hydroxy-8α, 12α-epidioxyabiet-13-en-19-oate	*Juniperus thurifera*	I	[15]
51	methyl 12-oxo-8α-hydroxyabiet-13-en-19-oate	*Juniperus phoenicea*	I	[15]
52	methyl 15-hydroxy-8α, 12α-epidioxyabiet-13-en-19-oate	*Juniperus phoenicea*	I	[15]
53	3-oxo-9α, 13α-epidioxiabiet-8(14)-eno	*Sagittaria montevidensis*	I	[16]

编号	名称	来源植物	类型	文献
54	7α, 18-diacetoxy, 9β, 13β-*epi*-dioxiabiet-8(14)-ene	*Cedrus atlantica*	I	[17]
55	9α, 13α-epidioxiabiet-8(14)-en-18-ol	*Cedrus atlantica*	I	[17]
56	7α, 18-diacetoxyabiet-8(14)-en-13β-ol	*Cedrus atlantica*	I	[17]
57	7α, 18-diacetoxy-13β-methoxyabiet-8(14)-ene	*Cedrus atlantica*	I	[17]
58	13β-hydroxyabiet-8(14)-en-7-one	*Cedrus atlantica*	I	[17]
59	7-oxoroyleanone-12-methyl ether	*Salvia barrelieri*	I	[18]
60	11, 16-diacetoxy-coleon U	*Coleus xanthanthus*	I	[7]
61	przewalskin G	*Salvia przewalskii*	I	[19]
62	methyl 12-oxo-8α, 15-dihydroxyabiet-13-en-19-oate	*Juniperus thurifera*	I	[15]
63	methyl 15-hydroperoxy-8α, 14α, 12α, 13α-diepoxyabie-tan-13-en-19-oate	*Juniperus thurifera*	I	[15]
64	abiesadine T	*Abies georgei*	I	[6]
65	13β, 14β-epoxyabiet-7-en-19, 6β-olide	*Juniperus chinensis*	I	[4]
66	abiesadine C	*Abies georgei*	I	[6]
67	abiesadine D	*Abies georgei*	I	[6]
68	abiesadine E	*Abies georgei*	I	[6]
69	methyl 3α-hydroxy-7-oxo-dehydroabietate	*Pterorhachis zenkeri*	I	[20]
70	aquilarabietic acid H	Chinese eaglewood	I	[21]
71	aquilarabietic acid I	Chinese eaglewood	I	[21]
72	bodinieric acid B	*Callicarpa bodinieri*	I	[22]
73	bodinieric acid C	*Callicarpa bodinieri*	I	[22]
74	bodinieric acid D	*Callicarpa bodinieri*	I	[22]
75	bodinieric acid E	*Callicarpa bodinieri*	I	[22]
76	bodinieric acid F	*Callicarpa bodinieri*	I	[22]
77	bodinieric acid I	*Callicarpa bodinieri*	I	[22]
78	majusanic acid E	*Illicium majus*	I	[23]
79	majusanic acid F	*Illicium majus*	I	[23]
80	majusanin A	*Illicium majus*	I	[23]
81	majusanin B	*Illicium majus*	I	[23]
82	majusanin C	*Illicium majus*	I	[23]
83	sessilifol J	*Chloranthus sessilifolius*	I	[24]
84	sessilifol K	*Chloranthus sessilifolius*	I	[24]
85	sessilifol L	*Chloranthus sessilifolius*	I	[24]
86	sessilifol M	*Chloranthus sessilifolius*	I	[24]
87	euolutchuol A	*Euonymus lutchuensis*	I	[25]
88	euolutchuol B	*Euonymus lutchuensis*	I	[25]
89	euolutchuol C	*Euonymus lutchuensis*	I	[25]

续表

编号	名称	来源植物	类型	文献
90	euolutchuol D	*Euonymus lutchuensis*	I	[25]
91	hebeiabinins A	*Isodon rubescens*	II	[26]
92	hebeiabinins B	*Isodon rubescens*	II	[26]
93	hebeiabinins C	*Isodon rubescens*	II	[26]
94	rubescensin K	*Isodon rubescens*	II	[27]
95	rubescensin I	*Isodon rubescens*	II	[27]
96	laxiflorin N	*Isodon eriocalyx*	II	[28]
97	macrophynin F	*Isodon macrophylla*	II	[29]
98	dayecrystal C	*Isodon macrophyllus*	II	[30]
99	xerophilusins R	*Isodon xerophilus*	II	[31]
100	parvifoline N	*Isodon parvifolius*	II	[32]
101	7β, 8α-dihydroxy-12-oxo-ent-abietan-16, 14-olide	*Suregada glomerulata*	II	[33]
102	adenanthins L	*Isodon adenantha*	II	[34]
103	aquilarabietic acid A	Chinese eaglewood	II	[21]
104	aquilarabietic acid B	Chinese eaglewood	II	[21]
105	aquilarabietic acid C	Chinese eaglewood	II	[21]
106	aquilarabietic acid D	Chinese eaglewood	II	[21]
107	aquilarabietic acid E	Chinese eaglewood	II	[21]
108	aquilarabietic acid F	Chinese eaglewood	II	[21]
109	aquilarabietic acid G	Chinese eaglewood	II	[21]
110	aquilarabietic acid J	Chinese eaglewood	II	[21]
111	sessilifol D	*Chloranthus sessilifolius*	II	[24]
112	sessilifol E	*Chloranthus sessilifolius*	II	[24]
113	sessilifol F	*Chloranthus sessilifolius*	II	[24]
114	sessilifol G	*Chloranthus sessilifolius*	II	[24]
115	sessilifol H	*Chloranthus sessilifolius*	II	[24]
116	sessilifol I	*Chloranthus sessilifolius*	II	[24]
117	15-hydroxysessilifol F	*Chloranthus henryi*	II	[35]
118	13-*O*-methylsessilifol D	*Chloranthus henryi*	II	[35]
119	chloranhenryin B	*Chloranthus henryi*	II	[35]
120	chloranhenryin C	*Chloranthus henryi*	II	[35]
121	15-*O*-methylsessilifol J	*Chloranthus henryi*	II	[35]
122	3α, 7β-dihydroxy-ent-abieta-8（14），13(15)-dien-16, 12-olide	*Suregada glomerulata*	III	[33]
123	phlogacantholide C	*Phlogacanthus curviflorus*	III	[36]
124	3β-hydroxy-1-one-8β, 14β-epoxy-13, 15-abiatene-16, 12-olide	*Suregada multiflora*	III	[37]
125	gelomulide K	*Gelonium aequoreum*	III	[38]

编号	名称	来源植物	类型	文献
126	3β-acetoxy-8β, 14α-dihydroxy-1-one-13, 15-abiatene-16, 12-olide	*Suregada multiflora*	III	[37]
127	3β, 6β-diacetoxy-1-one-8β, 14β-epoxy-13, 15-abiatene-16, 12-olide	*Suregada multiflora*	III	[37]
128	3β-acetoxy-8β, 14α-dihydroxy-13, 15-abiatene-16, 12-olide	*Suregada multiflora*	III	[37]
129	6β-acetoxy-2-ene-8β, 14α-dihydroxy-1-one-13, 15-abiatene-16, 12-olide	*Suregada multiflora*	III	[37]
130	3β-acetoxy-8β, 14β-epoxy-13, 15-abiatene-16, 12-olide	*Suregada multiflora*	III	[37]
131	3β, 6β-diacetoxy-8β, 14β-epoxy-13, 15-abiatene-16, 12-olide	*Suregada multiflora*	III	[37]
132	3β-acetoxy-1-one-8β, 14β-epoxy-13, 15-abiatene-16, 12-olide	*Suregada multiflora*	III	[37]
133	2-ene-1-one-8β, 14β-epoxy-13, 15-abiatene-16, 12-olide	*Suregada multiflora*	III	[37]
134	6β-acetoxy-2-ene-1-one-8β, 14β-epoxy-13, 15-abiatene-16, 12-olide	*Suregada multiflora*	III	[37]
135	gelomulide W	*Gelonium aequoreum*	III	[38]
136	gelomulide L	*Gelonium aequoreum*	III	[38]
137	gelomulide M	*Gelonium aequoreum*	III	[38]
138	gelomulide N	*Gelonium aequoreum*	III	[38]
139	gelomulide O	*Gelonium aequoreum*	III	[38]
140	gelomulide P	*Gelonium aequoreum*	III	[38]
141	gelomulide Q	*Gelonium aequoreum*	III	[38]
142	gelomulide R	*Gelonium aequoreum*	III	[38]
143	gelomulide S	*Gelonium aequoreum*	III	[38]
144	gelomulide T	*Gelonium aequoreum*	III	[38]
145	gelomulide U	*Gelonium aequoreum*	III	[38]
146	gelomulide V	*Gelonium aequoreum*	III	[38]
147	gelomulide X	*Gelonium aequoreum*	III	[38]
148	3, 4, 18β-cyclopropa-7β, 17-dihydroxy-*ent*-abieta-8（14）, 13(15)-dien-16, 12-olide	*Suregada glomerulata*	III	[33]
149	8α, 14-dihydro-7-oxo-jolkinolide E	*Euphorbia characias*	III	[39]
150	retusolide D	*Euphorbia retusa*	III	[40]
151	retusolide E	*Euphorbia retusa*	III	[40]
152	retusolide F	*Euphorbia retusa*	III	[40]
153	bannaringaolide A	*Suregada multiflora*	III	[41]
154	suregadolide C	*Suregada multiflora*	III	[41]
155	suregadolide D	*Suregada multiflora*	III	[41]
156	suremulide	*Suregada multiflora*	III	[41]
157	12β-hydroxy-*ent*-abieta-8(14), 13(15)-dien-16, 12-olide	*Euphorbia sessiliflora*	III	[42]
158	retusolide A	*Euphorbia retusa*	III	[43]
159	retusolide B	*Euphorbia retusa*	III	[43]
160	retusolide C	*Euphorbia retusa*	III	[43]
161	eurifoloid C	*Euphorbia neriifolia*	III	[44]

编号	名称	来源植物	类型	文献
162	eurifoloid D	*Euphorbia neriifolia*	Ⅲ	[44]
163	eurifoloid E	*Euphorbia neriifolia*	Ⅲ	[44]
164	eurifoloid F	*Euphorbia neriifolia*	Ⅲ	[44]
165	eurifoloid G	*Euphorbia neriifolia*	Ⅲ	[44]
166	cordifolic acid	*Cordia latifolia*	Ⅳ	[45]
167	*seco*-hinokiol	*Rosmarinus officinalis*	Ⅳ	[46]
168	12-deoxy-11, 12-dihydro-*seco*-hinokiol methyl ester	*Callicarpa pilosissima*	Ⅳ	[47]
169	3-oxomicrostegiol	*Taiwania cryptomerioides*	Ⅳ	[48]
170	1, 4-dihydro-6-methyl-2-(1-methylethyl)-5-(4-methylpent-4-enyl)naphthalen-1, 4-dione	*Salvia sahendica*	Ⅳ	[49]
171	sahandinone	*Salvia sahendica*	Ⅳ	[49]
172	prionitin	*Salvia sahendica*	Ⅳ	[49]
173	saprirearine	*Salvia prionitis*	Ⅳ	[50]
174	saprionide	*Salvia prionitis*	Ⅳ	[50]
175	callicarpic acid B	*Callicarpa pilosissima*	Ⅳ	[47]
176	taxodal	*Taxodium distichum*	Ⅳ	[51]
177	7, 8-*seco*-para-ferruginone	*Salvia prionitis*	Ⅳ	[50]
178	8-oxo-8, 14-*seco*-abiet-12-en-14, 19-dial	*Juniperus chinensis*	Ⅳ	[4]
179	negundoin F	*Vitex negundo*	Ⅳ	[51]
180	teuvincenone J	*Teucrium lanigerum*	Ⅴ	[52]
181	sincoetsin A	*Isodon coetsa*	Ⅴ	[53]
182	mandarone F	*Clerodendrum mandarinorum*	Ⅴ	[54]
183	12, 17-epoxy-11, 14, 16-trihydroxy-17(15→16)-abeo-abieta-8, 11, 13, 15-tetraen-7-one	*Schnabelia tetradonta*	Ⅴ	[55]
184	6-methylcryptotanshinone	*Salvia aegyptiaca*	Ⅴ	[56]
185	formidiol	*Clerodendrum formicarum*	Ⅴ	[57]
186	11, 16-dihydroxy-12-*O*-β-D-glucopyranosyl-17（15→16），18(4→3)-abeo-4-carboxy-3, 8, 11, 13-abietatetraen-7-one	*Clerodendrum bungei*	Ⅴ	[58]
187	6-methylcryptoacetalide	*Salvia aegyptiaca*	Ⅵ	[56]
188	dracocequinone B	*Dracocephalum komarovi*	Ⅵ	[59]
189	(+)-(5S, 10R)-10, 12-dihydroxy-7-oxo-20-norabieta-8, 11, 13-triene	*Fraxinus sieboldiana*	Ⅵ	[10]
190	12-hydroxy-1-oxo-20-norabieta-5(10), 6, 8, 11, 13-pentaene	*Fraxinus sieboldiana*	Ⅵ	[10]
191	(+)-(5S)-12-hydroxy-2-oxo-20-norabieta-1(10), 8, 11, 13-tetraene	*Fraxinus sieboldiana*	Ⅵ	[10]
192	(-)-(5R, 10S)-12-hydroxy-7-oxo-20-norabieta-8, 11, 13-triene	*Fraxinus sieboldiana*	Ⅵ	[10]
193	(-)-(4S, 5S, 10R)-10, 12, 18-trihydroxy-7-oxo-20-norabieta-8, 11, 13-triene	*Fraxinus sieboldiana*	Ⅵ	[10]
194	(+)-(1R)-1, 12-dihydroxy-20-norabieta-5(10), 8, 11, 13-tetraene	*Fraxinus sieboldiana*	Ⅵ	[10]
195	(+)-(5S, 7R)-7-ethoxy-12-hydroxy-2-oxo-20-norabieta-1(10), 8, 11, 13-tetraene	*Fraxinus sieboldiana*	Ⅵ	[10]

编号	名称	来源植物	类型	文献
196	sanigerone	*Salvia lanigera*	VI	[60]
197	9, 10-dihydro-7, 8-dimethyl-2-(1-methylethyl)phenanthren-3-ol	*Salvia hydrangea*	VI	[61]
198	przewalskin F	*Salvia przewalskii*	VI	[19]
199	neocryptotanshinone Ⅱ	*Salvia miltiorrhiza*	VI	[62]
200	9α, 13α-epoxy-8β, 14β-dihydroxy-abietic acid-18-*O*-β-D-glucopyranoside	*Pinus densiflora*	VI	[63]
201	isosalviamine C	*Salvia yunnanensis*	VII	[64]
202	isosalviamine D	*Salvia yunnanensis*	VII	[64]
203	isosalviamine E	*Salvia yunnanensis*	VII	[64]
204	rakanmakilactone A	*Podocarpus macrophyllus* var. *maki*	VII	[65]
205	rakanmakilactone D	*Podocarpus macrophyllus* var. *maki*	VII	[65]
206	rakanmakilactone E	*Podocarpus macrophyllus* var. *maki*	VII	[65]
207	calocedimer B	*Calocedrus macrolepis* var. *formosana*	VIII	[43]
208	calocedimer A	*Calocedrus macrolepis* var. *formosana*	VIII	[43]
209	obtusanol B	*Chamaecyparis obtusa*	VIII	[67]
210	hongencaotone	*Salvia prionitis*	VIII	[68]
211	crytotrione	*Cryptomeria japonica*	VIII	[69]
212	sugikurojin I	*Cryptomeria japonica*	VIII	[69]
213	hebeiabinin D	*Isodon rubescens*	VIII	[26]
214	rubescensin M	*Isodon rubescens*	VIII	[27]
215	formosadimers A	*Calocedrus macrolepis*	VIII	[70]
216	bisprioterone A	*Salvia prionitis*	VIII	[71]
217	bisprioterone C	*Salvia prionitis*	VIII	[71]
218	micranthin C	*Isodon lophanthoids*	IX	[72]
219	przewalskin B	*Salvia przewalskii*	IX	[73]
220	salvidorol	*Salvia dorrii*	IX	[74]
221	6, 12, 14-trihydroxy-9α-(2-oxopropyl)abieta-5, 8(14), 12-triene-7, 11-dione	*Plectranthus grandidentatus*	IX	[75]
222	8, 19-dioxo-8, 14-*seco*-chinan-14, 11-olide	*Juniperus chinensis*	IX	[4]
223	(12*R*, 13*S*, 14*S*, 15*R*)-14, 16-epoxy-12α-hydroxy-12β, 14β-(2-oxopropan-1, 3-diyl)-20-*nor*-abieta-5(10), 6, 8-trien-11-one	*Plectranthus grandidentatus*	IX	[75]
224	*neo*-tanshinlactone	*Salvia miltiorrhiza*	IX	[76]
225	taiwaninal	*Taiwania cryptomerioides*	IX	[48]
226	3-oxo-tilifolidione	*Salvia thymoides*	IX	[77]

参 考 文 献

[1]　Yao S，Tang C P，Ke C Q，et al. Abietane diterpenoids from the bark of *Cryptomeria fortunei*[J]. Journal of Natural Products，
2008，71（7）：1242-1246.

[2]　Hirasawa Y，Izawa E，Matsuno Y，et al. Taxodistines A and B，abietane-type diterpenes from *Taxodium distichum*[J].
Bioorganic & Medicinal Chemistry Letters，2007，17（21）：5868-5871.

[3]　Siddiqui B S，Perwaiz S，Begum S. Two new abietane diterpenes from *Cordia latifolia*[J]. Tetrahedron，2006，62（43）：
10087-10090.

[4]　Lee C K，Cheng Y S. Diterpenoids from the leaves of *Juniperus chinensis* var. *kaizuka*[J]. Journal of Natural Products，2001，
64（4）：511-514.

[5]　Radulović N，Denić M，Stojanović-Radić Z. Antimicrobial phenolic abietane diterpene from *Lycopus europaeus*，L.
（Lamiaceae）[J]. Bioorganic & Medicinal Chemistry Letters，2010，20（17）：4988-4991.

[6]　Yang X W，Feng L，Li S M，et al. Isolation，structure，and bioactivities of abiesadines A-Y，25 new diterpenes from *Abies
georgei* Orr[J]. Bioorganic and Medicinal Chemistry，2010，18（2）：744-754.

[7]　Mei S X，Jiang B，Niu X M，et al. Two new abietane diterpenoids from *Coleus xanthanthus*[J]. Chinese Chemical Letters，
2000，11（12）：1069-1072.

[8]　Ono M，Chikuba T，Mishima K，et al. A new diterpenoid and a new triterpenoid glucosyl ester from the leaves of *Callicarpa
japonica* Thunb. var. *luxurians* Rehd[J]. Journal of Natural Medicines，2009，63（3）：318-322.

[9]　Lin C Z，Zhang C X，Xiong T Q，et al. Gerardianin A，a new abietane diterpenoid from *Isodon lophanthoides* var.
gerardianus[J]. Journal of Asian Natural Products Research，2008，10（9）：841-844.

[10]　Lin S，Zhang Y，Liu M，et al. Abietane and C$_{20}$-norabietane diterpenes from the stem bark of *Fraxinus sieboldiana* and their
biological activities[J]. Journal of Natural Products，2010，73（11）：1914-21.

[11]　Mahmoud A A，Alshihry S S，Son B W. Diterpenoid quinones from rosemary（*Rosmarinus officinalis* L.）[J]. Phytochemistry，
2005，66（14）：1685-1690.

[12]　Miura K，Kikuzaki H，Nakatani N. Antioxidant activity of chemical components from sage（*Salvia officinalis* L.）and thyme
（*Thymus vulgaris* L.）measured by the oil stability index method[J]. Journal of Agricultural and Food Chemistry，2002，
50（7）：1845-1851.

[13]　Nieto M，García E E，Giordano O S，et al. Icetexane and abietane diterpenoids from *Salvia gilliessi*[J]. Phytochemistry，2000，
53（8）：911-915.

[14]　Kolak U，Kabouche A，Öztürk M，et al. Antioxidant diterpenoids from the roots of *Salvia barrelieri*[J]. Phytochemical
Analysis，2010，20（4）：320-327.

[15]　Barrero A F，Moral J F Q D，Herrador M M，et al. Oxygenated diterpenes and other constituents from Moroccan *Juniperus
phoenicea* and *Juniperus thurifera* var. *africana*[J]. Phytochemistry，2004，65（17）：2507-2515.

[16]　Radke V S C de O，Amaral M do C E，Schuquel T A，et al. Abietane diterpenes from *Sagittaria montevidensis* ssp
montevidensis Charm. & Schltdl[J]. Journal of the Brazilian Chemical Society，2007，18（2）：477-477.

[17]　Barrero A F，Jf Q D M，Mar H M，et al. Abietane diterpenes from the cones of *Cedrus atlantica*[J]. Phytochemistry，2005，
66（1）：105-111.

[18]　Kabouche A，Kabouche Z，Öztürk M，et al. Antioxidant abietane diterpenoids from *Salvia barrelieri*[J]. Food Chemistry，
2007，102（4）：1281-1287.

[19]　Xu G，Peng L，Tu L，et al. Three new diterpenoids from *Salvia przewalskii* Maxim[J]. Helvetica Chimica Acta，2010，
92（2）：409-413.

[20]　Nieto M，García E E，Giordano O S，et al. Icetexane and abietane diterpenoids from *Salvia gilliessi*[J]. Phytochemistry，2000，
53（8）：911-915.

[21]　Yang L，Qiao L，Ji C，Xie D，et al. Antidepressant abietane diterpenoids from Chinese Eaglewood[J]. Journal of Natural

Products，2013，76（2）：216-222.

[22]　Gao J B，Yang S J，Yan Z R，et al. Isolation，characterization，and structure-activity relationship analysis of abietane diterpenoids from *Callicarpa bodinieri* as Spleen Tyrosine Kinase Inhibitors[J]. Journal of Natural Products，2018，81（4）：998-1006.

[23]　WangY D，Zhang G J，Qu J，et al. Diterpenoids and sesquiterpenoids from the roots of *Illicium majus*[J]. Journal of Natural Products，2013，76（10）：1976-1983.

[24]　Wang L J，Xiong J，Liu S T，Pan L L，et al. *ent*-Abietane-type and related *seco-/nor*-diterpenoids from the rare chloranthaceae plant *Chloranthus sessilifolius* and their antineuroinflammatory activities[J]. Journal of Natural Products，2015，78（7）：1635-1646.

[25]　Inaba Y，Hasuda T，Hitotsuyanagi Y，et al. Abietane diterpenoids and a sesquiterpene pyridine alkaloid from *Euonymus lutchuensis*[J]. Journal of Natural Products，2013，76（6）：1085-1090.

[26]　Huang S X，Pu J X，Xiao W L，et al. *ent*-Abietane diterpenoids from *Isodon rubescens* var. *rubescens*[J]. Phytochemistry，2007，68（5）：616-622.

[27]　Han Q B，Li R T，Zhang J X，et al. New *ent*-abietanoids from *Isodon rubescens*[J]. Helvetica Chimica Acta，2004，87（4）：1007-1015.

[28]　Niu X M，Li S H，Zhao Q S，et al. Novel *ent*-abietane diterpenoids from *Isodon eriocalyx* var. *Laxiflora*[J]. Helvetica Chimica Acta，2003，86（2）：299-306.

[29]　Qin S，Chen S H，Guo Y W，et al. Diterpenoids of *Isodon macrophylla*[J]. Helvetica Chimica Acta，2007，90（10）：2041-2046.

[30]　Chen Z Y，Qiu N P Y，Wang N Y X，et al. A new *ent*-abietane diterpenoid from *Isodon macrophyllus*[J]. Chinese Chemical Letters，2008，19（7）：849-851.

[31]　Niu X M，Li S H，Na Z，et al. Two novel *ent*-abietane diterpenoids from *Isodon xerophilus*[J]. Helvetica Chimica Acta，2004，87（8）：1951-1957.

[32]　Li L M，Huang S X，Peng L Y，et al. *ent*-Abietane and *ent*-labdane diterpenoids from *Isodon parvifolius*[J]. Chemical and Pharmaceutical Bulletin，2006，54（7）：1050-1052.

[33]　Yan R Y，Tan Y X，Cui X Q，et al. Diterpenoids from the roots of *Suregada glomerulata*[J]. Journal of Natural Products，2008，71（2）：195-198.

[34]　Jiang B，Yang H，Li M L，et al. Diterpenoids from *Isodon adenantha*[J]. Journal of Natural Products. 2002，65（8）：1111-1116.

[35]　Xie C，Sun L，Liao K，et al. Bioactive *ent*-pimarane and *ent*-abietane diterpenoids from the whole plants of *Chloranthus henryi*[J]. Journal of Natural Products，2015，78（11）：2800-2807.

[36]　Yuan X H，Li B G，Zhang X Y，et al. Two diterpenes and three diterpene glucosides from *Phlogacanthus curviflorus*[J]. Journal of Natural Products，2005，68（1）：86-89.

[37]　Choudhary M I，Gondal H Y，Abbaskhan A，et al. Revisiting diterpene lactones of *Suregada multiflora*[J]. Tetrahedron，2004，60（36）：7933-7941.

[38]　Lee C L，Chang F R，Hsieh P W，et al. Cytotoxic *ent*-abietane diterpenes from *Gelonium aequoreum*[J]. Phytochemistry，2008，69（1）：276-287.

[39]　Appendino G，Belloro E，Tron G C，et al. Polycyclic diterpenoids from *Euphorbia characias*[J]. Fitoterapia，2000，71（2）：134-142.

[40]　Haba H，Lavaud C，Magid A A，et al. Diterpenoids and triterpenoids from *Euphorbia retusa*[J]. Journal of Natural Products，2009，72（7）：1258-1264.

[41]　Jahan I A，Nahar N，Mosihuzzaman M，et al. Six new diterpenoids from *Suregada multiflora*[J]. Journal of Natural Products，2004，67（11）：1789-1795.

[42]　Sutthivaiyakit S，Thapsut M，Prachayasittikul V. Constituents and bioactivity of the tubers of *Euphorbia sessiliflora*[J]. Phytochemistry，2000，53（8）：947-950.

[43]　Hsieh C L，Shiu L L，Tseng M H，et al. Calocedimers A，B，C，and D from the bark of *Calocedrus macrolepis* var.

formosana[J]. Journal of Natural Products，2006，69（4）：665-667.

[44]　Zhao J X，Liu C P，Qi W Y，et al. Eurifoloids A-R, structurally diverse diterpenoids from *Euphorbia neriifolia*[J]. Journal of Natural Products，2014，77（10）：2224-2233.

[45]　Siddiqui B S，Perwaiz S，Begum S. Two new abietane diterpenes from *Cordia latifolia*[J]. Tetrahedron，2006，62（43）：10087-10090.

[46]　Cantrell C L，Richheimer S L，Nicholas G M，et al. *seco*-Hinokiol, a new abietane diterpenoid from *Rosmarinus officinalis*[J]. Journal of Natural Products，2005，68（1）：98-100.

[47]　Chen J J，Wu H M，Peng C F，et al. *seco*-Abietane diterpenoids，a phenylethanoid derivative, and antitubercular constituents from *Callicarpa pilosissima*[J]. Planta Medica，2009，72（2）：223-228.

[48]　Tan N，Kaloga M，Radtke O A，et al. Abietane diterpenoids and triterpenoic acids from *Salvia cilicica*，and their antileishmanial activities[J]. Phytochemistry，2002，61（8）：881-884.

[49]　Jassbi A R，Mehrdad M，Eghtesadi F，et al. Novel rearranged abietane diterpenoids from the roots of *Salvia sahendica*[J]. Chemistry and Biodiversity. 2006，3：916-922.

[50]　Chen X，Ding J，Ye Y M，et al. Bioactive abietane and *seco*-abietane diterpenoids from *Salvia prionitis*[J]. Journal of Natural Products. 2002，65（7）：1016-1020.

[51]　Kusumoto N，Murayama T，Kawai Y，et al. Taxodal, a novel irregular abietane-type diterpene from the cones of *Taxodium distichum*[J]. Tetrahedron Letters，2008，49：4845-4847.

[52]　Rodrıguez B，Robledo A，Pascual-Villalobos M J. Rearranged abietane diterpenoids from the root of *Teucrium lanigerum*[J]. Biochemical Systematics and Ecology，2009，37（2）：76-79.

[53]　Liu Y H，Chia L S，Ding J K，et al. Two new rearranged abietane diterpenoids from tropical *Isodon coetsa*[J]. Journal of Asian Natural Products Research，2006，8（8）：671-675.

[54]　Fan T P，Min Z D，Iinuma M，et al. Rearranged abietane diterpenoids from *Clerodendrum Mandarinorum*[J]. Journal of Asian Natural Products Research，2000，2（3）：237-243.

[55]　Dou H，Liao X，Peng S L，et al. Chemical constituents from the roots of *Schnabelia tetradonta*[J]. Helvetica Chimica Acta，2003，86：2797-2804.

[56]　Yousuf M H A，Bashir A K，Blunden G，et al. 6-Methylcryptoacetalide, 6-methyl-epicryptoacetalide and 6-methylcryptotanshinone from *Salvia aegyptiaca*[J]. Phytochemistry，2002，61（4）：361-365.

[57]　Ali M S，Ahmed Z，Ngoupayo J，et al. Terpenoids from *clerodendrum formicarum* Gürke（Lamiaceae）of Cameroon[J]. Zeitschrift Für Naturforschung B，2010，65（4）：521-524.

[58]　Liu S，Zhu H，Zhang S，et al. Abietane diterpenoids from *Clerodendrum bungei*[J]. Journal of Natural Products，2008，71（5）：755-759.

[59]　Uchiyama N，Kiuchi F，Ito M，et al. Trypanocidal constituents of *Dracocephalum komarovi*[J]. Tetrahedron，2006，62（18）：4355-4359.

[60]　El-Lakany A M. Two new diterpene quinones for the roots of *Salvia lanigera* Poir[J]. Pharmazie，2003，58（1）：75-76.

[61]　Sairafianpour M，Bahreininejad B，Witt M，et al. Terpenoids of *Salvia hydrangea*：two new，rearranged 20-norabietanes and the effect of oleanolic acid on erythrocyte membranes[J]. Planta Medica，2003，69（9）：846-850.

[62]　Lin H C，Chang W L. Diterpenoids from *Salvia miltiorrhiza*[J]. Phytochemistry，2000，53（8）：951-953.

[63]　Jung M J，Jung H A，Kang S S，et al. A new abietic acid-type diterpene glucoside from the needles of *Pinus densiflora*[J]. Archives of Pharmacal Research，2009，32（12）：1699-1704.

[64]　Lin F W，Damu A G，Wu T S. Abietane diterpene alkaloids from *Salvia Yunnanensis*[J]. Journal of Natural Products，2006，69（1）：93-96.

[65]　Park H S，Yoda N，Fukaya H，et al. Rakanmakilactones A-F, new cytotoxic sulfur-containing norditerpene dilactones from leaves of *Podocarpus macrophyllus* var. *maki*[J]. Tetrahedron，2004，60（1）：171-177.

[66]　Kuo Y H，Chen C H，and Wein Y S. New dimeric monoterpenes and dimeric diterpenes from the heartwood of *Chamaecyparis*

obtusa var. *formosana*[J]. Helvetica Chimica Acta，2002，85：2657-2663.

[67]　Li M，Zhang J S，and Chen M Q. A novel dimeric diterpene from *Salvia prionitis*[J]. Journal of Natural Products，2001，64（7）：971-972.

[68]　Chen C C，Wu J H，Yang N S，et al. Cytotoxic C$_{35}$ terpenoid cryptotrione from the bark of *Cryptomeria japonica*[J]. Organic Letters，2010，12（12）：2786-2789.

[69]　Yoshikawa K，Suzuki K，Umeyama A，et al. Abietane diterpenoids from the barks of *Cryptomeria japonica*[J]. Chemical and Pharmaceutical Bulletin，2006，54（4）：574-578.

[70]　Hsieh C L，Tseng M H，and Kuo Y H. Formosadimers A，B，and C from the bark of *Calocedrus macrolepis* var. *formosana*[J]. Chemical and Pharmaceutical Bulletin，2005，53（11）：1463-1465.

[71]　Xu J，Chang J，Zhao M，et al. Abietane diterpenoid dimers from the roots of *Salvia prionitis*[J]. Phytochemistry，2006，67（8）：795-799.

[72]　Zhao A H，Li S H，Zhao Q S，et al. Micranthin C，a novel 13（12→11）*abeo*-abietanoid from *Isodon lophanthoids* var. *micranthus*[J]. Helvetica Chimica Acta，2010，86（10）：3470-3475.

[73]　Xu G，Hou A J，Zheng Y T，et al. Przewalskin B，a novel diterpenoid with an unprecedented skeleton from *Salvia przewalskii* maxim[J]. Organic Letters，2007，9（2）：291-293

[74]　Ahmed A A，Mohamed E H H，Karchesy J，et al. Salvidorol，a *nor*-abietane diterpene with a rare carbon skeleton and two abietane diterpene derivatives from *Salvia dorrii*[J]. Phytochemistry，2010，67（5）：424-428.

[75]　Gaspar-Marques C，M. Simoes M F，and Rodrıguez B. A trihomoabietane diterpenoid from *Plectranthus grandidentatus* and an unusual addition of acetone to the *ortho*-quinone system of cryptotanshinone[J]. Journal of Natural Products，2005，68（9）：1408-1411.

[76]　Wang X H，Bastow K F，Sun C M，et al. Antitumor agents. 239. isolation，structure elucidation，total synthesis，and anti-breast cancer activity of *neo*-tanshinlactone from *Salvia miltiorrhiza*[J]. Journal of Medicinal Chemistry，2004，47（23）：5816-5819.

[77]　Sanchez B E A A. Rearranged icetexane diterpenoids from the roots of *Salvia thymoides*（Labiatae）[J]. Natural Product Research，2005，19（4）：413-417.

第八章　海松烷二萜类化合物

海松烷三环二萜类化合物有如下 4 种类型，详见图 8-1 以及表 8-1，Ⅰ为海松烷型二萜，其 CH_3-17 和 CH_3-18 为 α 构型，CH_3-19 和 CH_3-20 为 β 构型，H-5、H-8 和 H-9 为 α 构型，代表化合物为 **1**～**6**；Ⅱ为异海松烷型，其 CH_3-17、CH_3-19 和 CH_3-20 为 β 构型，H-5、H-8 和 H-9 为 α 构型，是海松烷型二萜中最多的一类，代表化合物为 **7**～**62**；Ⅲ为对映-海松烷型二萜，与海松烷型二萜互为对映异构体，代表化合物为 **63**～**109**；Ⅳ为对映-异海松烷二萜，与异海松烷型二萜互为对映异构体，代表化合物为 **110**～**117**。

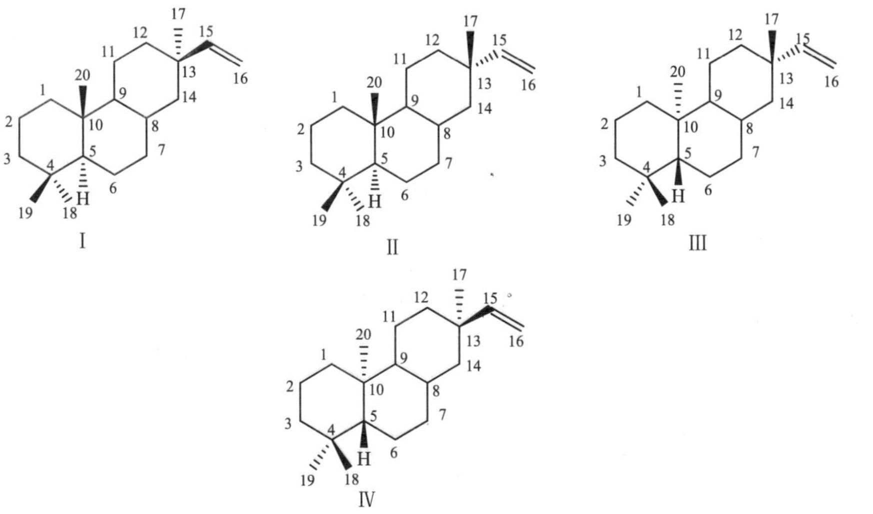

图 8-1　海松烷二萜的 4 种基本骨架（Ⅰ～Ⅳ型）

一、海松烷三环二萜（Ⅰ型）

1 ($C_{22}H_{32}O_4$, $CDCl_3$)

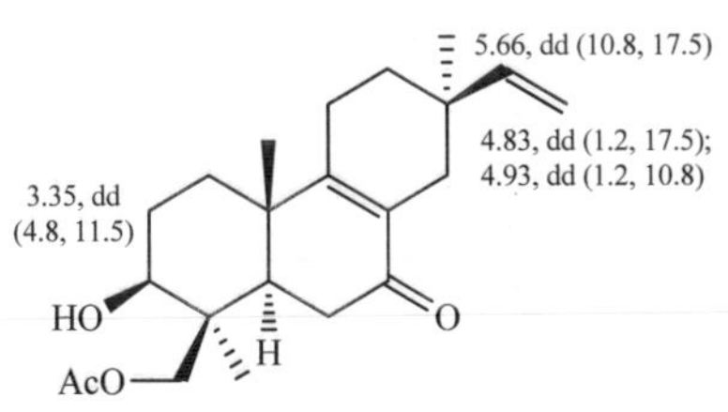

2 ($C_{20}H_{28}O_4$, acetone-d_6)

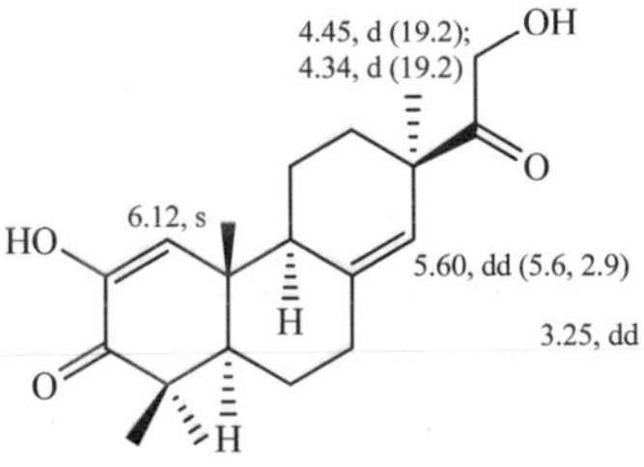

3 ($C_{20}H_{32}O_3$, $CDCl_3$)

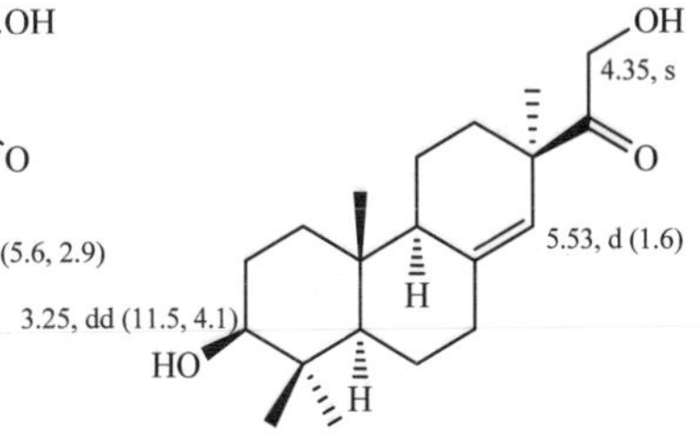

4 (C$_{20}$H$_{22}$O$_3$ CD$_3$OD)　　　**5** (C$_{20}$H$_{25}$NO$_4$, CDCl$_3$)　　　**6** (C$_{26}$H$_{34}$O$_8$, CDCl$_3$)

二、异海松烷三环二萜（Ⅱ型）

7 (C$_{20}$H$_{32}$O$_3$, CDCl$_3$)　　　**8** (C$_{20}$H$_{32}$O$_3$, CDCl$_3$)　　　**9** (C$_{20}$H$_{30}$O$_2$, CDCl$_3$)

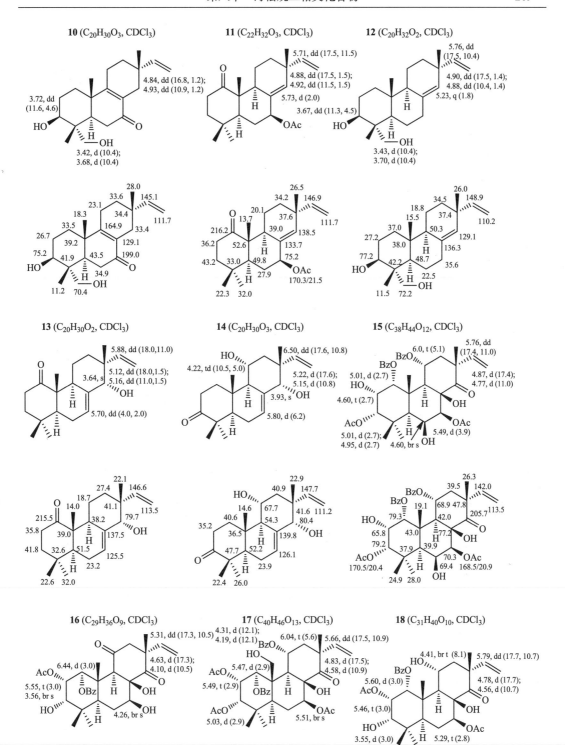

19 (C$_{39}$H$_{44}$O$_{14}$, CDCl$_3$)

20 (C$_{29}$H$_{36}$O$_9$, CDCl$_3$)

21 (C$_{24}$H$_{32}$O$_8$, CDCl$_3$)

22 (C$_{22}$H$_{28}$O$_7$, CDCl$_3$)

23 (C$_{20}$H$_{32}$O$_4$, CDCl$_3$)

24 (C$_{20}$H$_{30}$O$_4$, CD$_3$OD)

25 (C$_{20}$H$_{32}$O$_4$, CD$_3$OD)

26 (C$_{20}$H$_{28}$O$_3$, CD$_3$OD)

27 (C$_{20}$H$_{28}$O$_4$, CD$_3$OD)

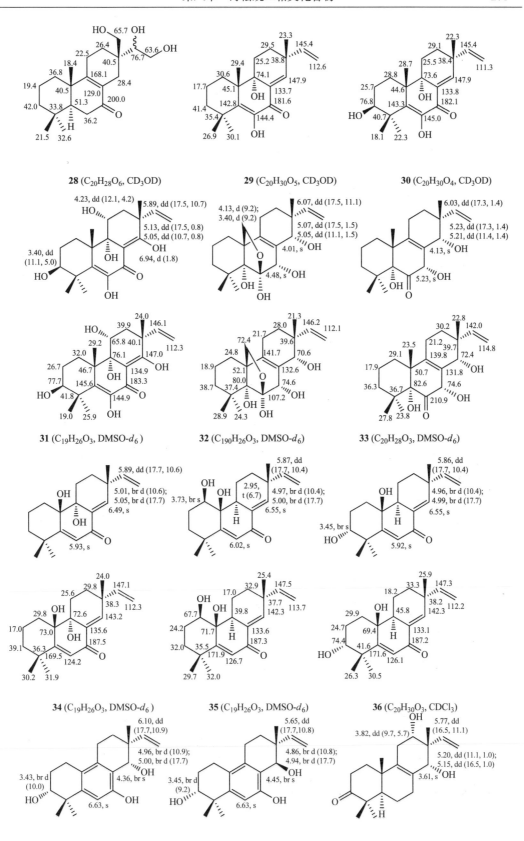

28 (C$_{20}$H$_{28}$O$_6$, CD$_3$OD)

29 (C$_{20}$H$_{30}$O$_5$, CD$_3$OD)

30 (C$_{20}$H$_{30}$O$_4$, CD$_3$OD)

31 (C$_{19}$H$_{26}$O$_3$, DMSO-d_6)

32 (C$_{190}$H$_{26}$O$_3$, DMSO-d_6)

33 (C$_{20}$H$_{28}$O$_3$, DMSO-d_6)

34 (C$_{19}$H$_{26}$O$_3$, DMSO-d_6)

35 (C$_{19}$H$_{26}$O$_3$, DMSO-d_6)

36 (C$_{20}$H$_{30}$O$_3$, CDCl$_3$)

37 (C$_{20}$H$_{32}$O$_3$, CDCl$_3$)

38 (C$_{20}$H$_{28}$O$_4$, CDCl$_3$)

39 (C$_{20}$H$_{32}$O$_2$, CDCl$_3$)

40 (C$_{20}$H$_{32}$O$_2$, CDCl$_3$)

41 (C$_{20}$H$_{32}$O$_4$, CDCl$_3$)

42 (C$_{21}$H$_{32}$O$_4$, DMSO-d_6)

43 (C$_{20}$H$_{28}$O$_5$, DMSO-d_6)

44 (C$_{20}$H$_{30}$O$_2$, DMSO-d_6)

45 (C$_{20}$H$_{30}$O$_2$, DMSO-d_6)

46 (C$_{22}$H$_{32}$O$_4$, DMSO-d_6)　　　　　　**47** (C$_{20}$H$_{30}$O$_3$, DMSO-d_6)

48 (C$_{26}$H$_{42}$O$_9$, C$_5$D$_5$N)

49 (C$_{26}$H$_{42}$O$_9$, C$_5$D$_5$N)

50 (C$_{26}$H$_{38}$O$_{10}$, C$_5$D$_5$N)

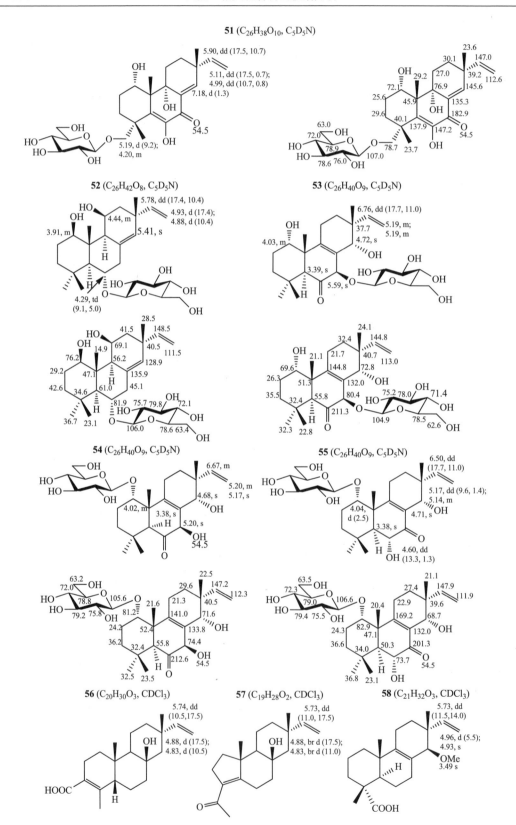

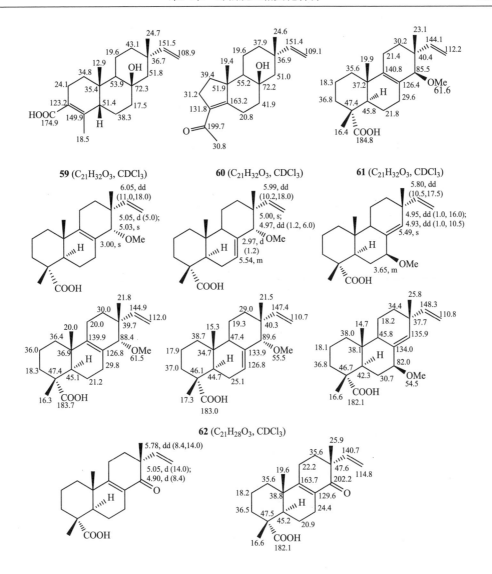

59 (C$_{21}$H$_{32}$O$_3$, CDCl$_3$)

60 (C$_{21}$H$_{32}$O$_3$, CDCl$_3$)

61 (C$_{21}$H$_{32}$O$_3$, CDCl$_3$)

62 (C$_{21}$H$_{28}$O$_3$, CDCl$_3$)

三、对映海松烷三环二萜（Ⅲ型）

63 (C$_{20}$H$_{28}$O$_2$, CDCl$_3$)

64 (C$_{20}$H$_{28}$O$_3$, CDCl$_3$)

65 (C$_{20}$H$_{30}$O$_2$, CDCl$_3$)

66 (C$_{22}$H$_{36}$O$_4$, CDCl$_3$)

67 (C$_{19}$H$_{30}$O$_4$, CDCl$_3$)

68 (C$_{20}$H$_{32}$O$_4$, CD$_3$OD)

69 (C$_{20}$H$_{32}$O$_3$, CD$_3$OD)

70 (C$_{20}$H$_{32}$O$_4$, CD$_3$OD)

71 (C$_{20}$H$_{32}$O$_4$, CD$_3$OD)

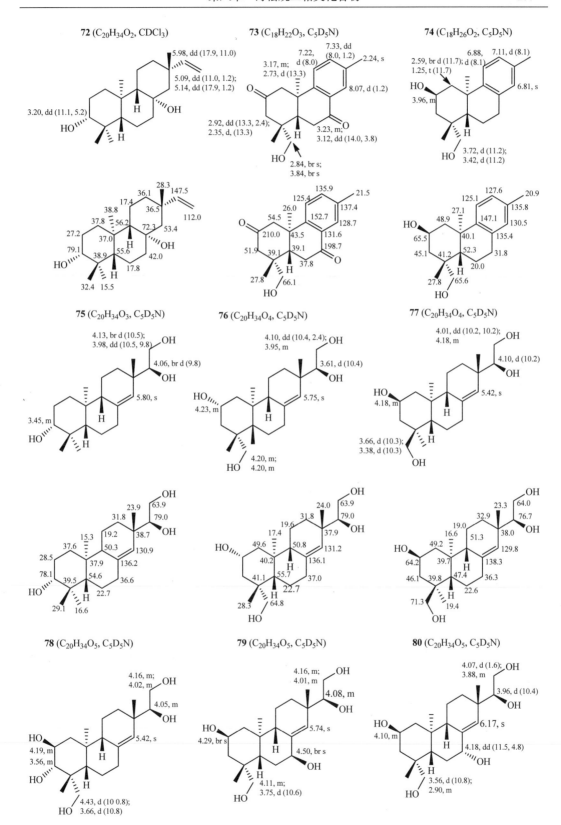

72 (C₂₀H₃₄O₂, CDCl₃)

73 (C₁₈H₂₂O₃, C₅D₅N)

74 (C₁₈H₂₆O₂, C₅D₅N)

75 (C₂₀H₃₄O₃, C₅D₅N)

76 (C₂₀H₃₄O₄, C₅D₅N)

77 (C₂₀H₃₄O₄, C₅D₅N)

78 (C₂₀H₃₄O₅, C₅D₅N)

79 (C₂₀H₃₄O₅, C₅D₅N)

80 (C₂₀H₃₄O₅, C₅D₅N)

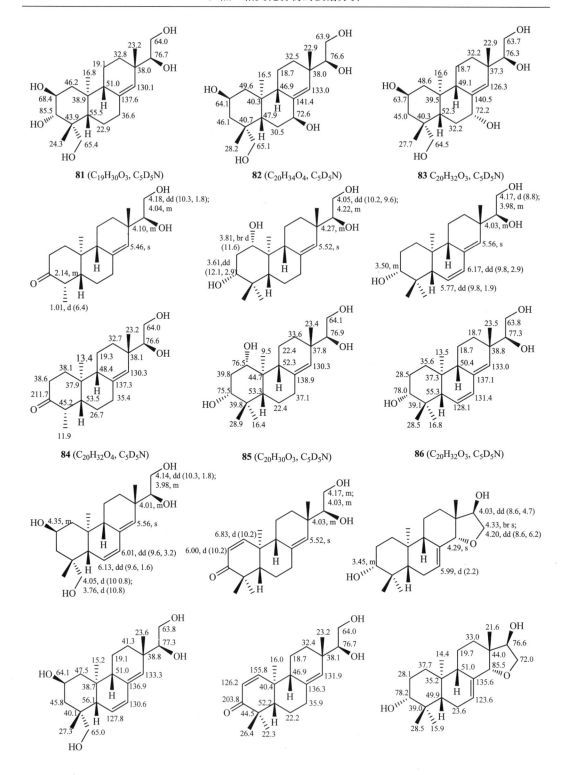

81 (C₁₉H₃₀O₃, C₅D₅N)　　　**82** (C₂₀H₃₄O₄, C₅D₅N)　　　**83** C₂₀H₃₂O₃, C₅D₅N

84 (C₂₀H₃₂O₄, C₅D₅N)　　　**85** (C₂₀H₃₀O₃, C₅D₅N)　　　**86** (C₂₀H₃₂O₃, C₅D₅N)

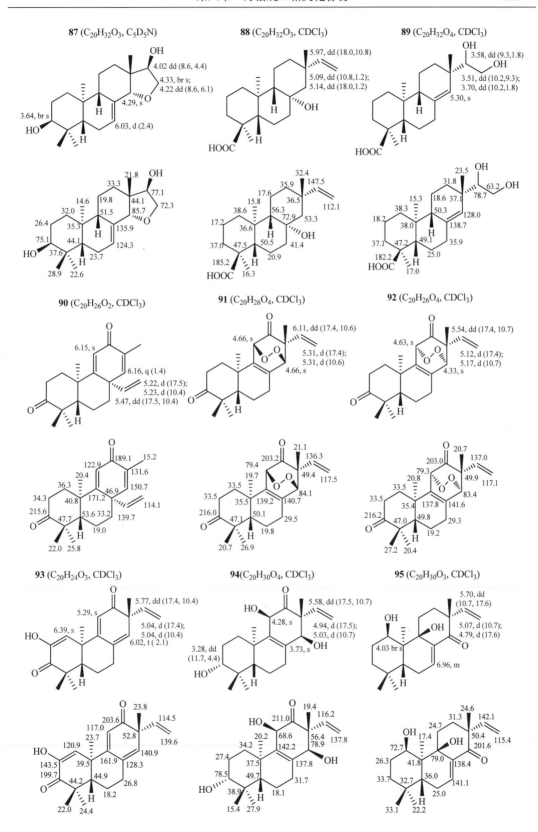

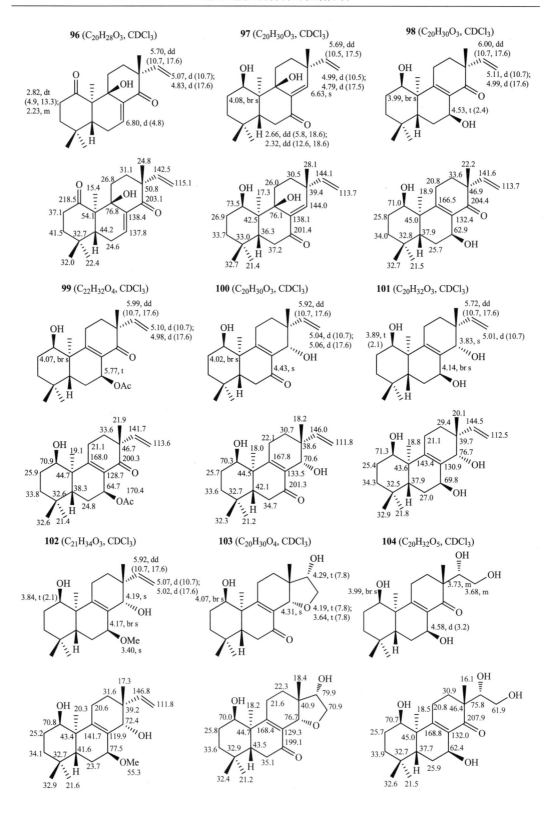

105 (C$_{20}$H$_{34}$O$_4$, DMSO-d_6)

OH
3.28, m OH
3.43, dd (9.6, 3.6);
3.23, m
5.31, s
3.04, m
3.95, d (2.4)
HO
H OH

106 (C$_{28}$H$_{64}$O$_{11}$, acetone-d_6)

OH
3.73, m OAc
4.11, dd (11.2, 2.8);
4.01, m
3.88, s
OOH
5.71, d (5.6)
GlcO
H

107 (C$_{20}$H$_{32}$O$_5$, DMSO-d_6)

3.30, m OH
3.46, d (10.0);
3.25, m OH
5.17, s
HO
3.84, m H
COOH

22.3 OH
17.4 31.6 75.2
13.9 37.1
36.7 45.3 62.6
27.5 37.7 131.9
77.1 45.9 139.8 71.1
38.2 H 29.7
HO
28.3 16.1 OH

18.1 OH
29.1 68.5
19.3 41.1 OAc
38.0 15.0 66.3
23.7 47.6 90.9
35.4 134.3
GlcO 85.1 50.3 OOH
38.3 H 129.5
101.2/74.4/77.6/ 28.9 16.7 23.7
71.5/76.8/62.8

22.5 OH
31.8 75.4
14.3 18.0 OH
48.1 36.9 62.6
HO 40.1 49.3 129.1
62.5 54.3 136.6
46.8 23.8 36.0
44.3 H
28.7 COOH
178.4

108 (C$_{23}$H$_{38}$O$_3$, CDCl$_3$)

O
O
4.01, t (7.2);
3.88, t (8.1) 3.75, t (8.1)
5.06, s
3.25, dd
(11.7, 3.6)
HO

109 (C$_{29}$H$_{48}$O$_8$, CDCl$_3$)

O
O
3.88, t (7.6) 4.00, t (6.8);
3.75, t (7.6)
5.06, s
3.25, dd
(11.6, 3.2)
GlcO

25.2 26.2
22.4 O 108.5
32.0 O
18.2 35.8 79.8
14.9 65.4
37.1 50.1 126.7
27.5 139.6
79.0 38.9 36.0
38.1 54.1
HO 22.1
28.4 15.7

25.2 26.2
22.5 O 108.5
32.0 O
18.3 35.8 79.8
14.9 65.3
36.9 50.1 126.9
23.7 139.4
85.7 38.3 35.9
37.9 54.7 22.2
GlcO
100.4/73.5/76.3/ 28.6 16.7
70.3/75.1/62.3

四、对映异海松烷三环二萜（IV型）

110 (C$_{20}$H$_{32}$O$_2$, CDCl$_3$)

5.78, dd (17.6, 10.7)
3.23, d (9.3) OH
4.88, dd (10.7, 1.4);
4.92, dd (17.6, 1.4)
HO 5.29, br s
3.63, ddd
(12.4, 9.3, 4.4)
H

111 (C$_{20}$H$_{32}$O, CDCl$_3$)

5.78, dd (17.3, 10.7)
4.89, dd (10.7, 1.4);
4.92, dd (17.3, 1.4)
HO 5.25, s
3.84, dddd (11.5,
11.5, 4.1, 4.1)
H

112 (C$_{27}$H$_{42}$O$_5$, CDCl$_3$)

5.89, dd (18.1, 10.8)
OH
3.85, br d (2.3) 5.04, dd (18.1, 1.5);
5.03, dd (10.8, 1.5)
5.14, O
H
3.93, d (10.9);
3.65, d (10.9) O
O

113 (C_{24}H_{36}O_4, CDCl_3)

114 (C_{23}H_{34}O_4, CDCl_3)

5.72, dd (17.4, 10.5)
4.82, dd (17.4, 1.4);
4.87, dd (10.5, 1.4)
4.34, d (10.9);
3.96, d (10.9)　3.73, s

5.72, dd (17.5, 1.5)
4.82, dd (17.5, 1.5);
4.87, dd (10.5, 1.5)
4.38, d (11.0);
4.00, d (11.0)

115 (C_{20}H_{28}O_2, CDCl_3)

116 (C_{20}H_{28}O_4, CDCl_3)

117 (C_{20}H_{28}O_3, CDCl_3)

5.80, dd (10.8, 17.4)
5.00, d (17.4);
4.97, dd (0.6, 10.8)
5.37, br d (1.2)

5.83, dd (17.3, 11.3)
5.22, d (11.3);
5.12, d (17.3)
4.05, OH br s

6.03, dd (18.1, 10.6)
5.14, d (10.6);
5.03, d (18.1)
3.48, t (3.0)

表 8-1　海松烷二萜类化合物

编号	名称	来源植物	类型	文献
1	3β-hydroxy-19-O-acetyl-pimara-8(9), 15-dien-7-one	*Croton joufra*	I	[1]
2	lonchophylloid A	*Ephemerantha lonchophylla*	I	[2]
3	lonchophylloid B	*Ephemerantha lonchophylla*	I	[3]
4	eutypenoid A	*Eutypella* sp.	I	[4]
5	eutypenoid B	*Eutypella* sp.	I	[4]
6	eutypenoid C	*Eutypella* sp.	I	[4]
7	(1R, 2S, 5S, 7S, 9R, 10S, 13R)-1, 2, 7-trihydroxy-pimara-8 (14), 15-diene	*Kaempferia marginata*	II	[3]
8	(1R, 2S, 5S, 7S, 9R, 10S, 13R)-1, 2-dihydroxypimara-8 (14), -15-dien-7-one	*Kaempferia marginata*	II	[3]
9	7β-hydroxyisopimara-8, 15-dien-14-one	*Hypoestes serpens*	II	[5]
10	3β, 19-dihydroxy-8(9), 15-isopimaradien-7-one	*Platycladus orientalis*	II	[6]
11	7β-acetoxyisopimara-8(14), 15-dien-1-one	*Hypoestes serpens*	II	[5]
12	8(14), 15-isopimaradien-3β, 19-diol	*Platycladus orientalis*	II	[6]
13	14α-hydro-xyisopimara-7, 15-dien-1-one	*Hypoestes serpens*	II	[5]
14	agallochin J	*Excoecaria Agallocha*	II	[7]
15	6-hydroxyorthosiphol B	*Orthosiphon stamineus*	II	[8]
16	3-O-deacetylorthosiphol I	*Orthosiphon stamineus*	II	[8]
17	siphonol A	*Orthosiphon stamineus*	II	[8]
18	lorthosiphol U	*Orthosiphon stamineus*	II	[9]
19	siphonol E	*Orthosiphon stamineus*	II	[8]
20	orthosiphonone C	*Orthosiphon stamineus*	II	[10]
21	orthosiphol Y	*Orthosiphon stamineus*	II	[9]
22	orthosiphol Z	*Orthosiphon stamineus*	II	[9]
23	agallochaol D	*Excoecaria agallocha L*	II	[11]
24	15, 16-dihydroxy-7, 11-dioxopimar-8(9)-ene	*Lavandula multifida*	II	[12]
25	15, 16, 17-trihydroxy-7-oxopimar-8(9)-ene	*Lavandula multifida*	II	[12]
26	scopararane C	*Eutypella scoparia*	II	[13]
27	scopararane D	*Eutypella scoparia*	II	[13]
28	scopararane E	*Eutypella scoparia*	II	[13]
29	scopararane F	*Eutypella scoparia*	II	[13]
30	scopararane G	*Eutypella scoparia*	II	[13]
31	aspewentin D	*Aspergillus wentii*	II	[14]
32	aspewentin E	*Aspergillus wentii*	II	[14]
33	aspewentin F	*Aspergillus wentii*	II	[14]
34	aspewentin G	*Aspergillus wentii*	II	[14]
35	aspewentin H	*Aspergillus wentii*	II	[14]

续表

编号	名称	来源植物	类型	文献
36	excoecarin F	*Excoecaria acerifolia*	II	[15]
37	excoecarin G	*Excoecaria acerifolia*	II	[15]
38	excoecarin H	*Excoecaria acerifolia*	II	[15]
39	boesenberol I	*Boesenbergia pandurata*	II	[16]
40	boesenberol J	*Boesenbergia pandurata*	II	[16]
41	boesenberol K	*Boesenbergia pandurata*	II	[16]
42	wentinoid A	*Aspergillus wentii*	II	[17]
43	wentinoid B	*Aspergillus wentii*	II	[17]
44	wentinoid C	*Aspergillus wentii*	II	[17]
45	wentinoid D	*Aspergillus wentii*	II	[17]
46	wentinoid E	*Aspergillus wentii*	II	[17]
47	wentinoid F	*Aspergillus wentii*	II	[17]
48	lyonivaloside A	*Lyonia ovalifolia*	II	[18]
49	lyonivaloside B	*Lyonia ovalifolia*	II	[18]
50	lyonivaloside C	*Lyonia ovalifolia*	II	[18]
51	lyonivaloside D	*Lyonia ovalifolia*	II	[18]
52	lyonivaloside E	*Lyonia ovalifolia*	II	[18]
53	lyonivaloside F	*Lyonia ovalifolia*	II	[18]
54	lyonivaloside G	*Lyonia ovalifolia*	II	[18]
55	lyonivaloside H	*Lyonia ovalifolia*	II	[18]
56	euonymusisopimaric acid A	*Euonymus oblongifolius*	II	[19]
57	euonymusone A	*Euonymus oblongifolius*	II	[19]
58	euonymusisopimaric acid B	*Euonymus oblongifolius*	II	[19]
59	euonymusisopimaric acid C	*Euonymus oblongifolius*	II	[19]
60	euonymusisopimaric acid D	*Euonymus oblongifolius*	II	[19]
61	euonymusisopimaric acid E	*Euonymus oblongifolius*	II	[19]
62	euonymusisopimaric acid F	*Euonymus oblongifolius*	II	[19]
63	*ent*-15（13→8）*abeo*-8β-(ethyl)-pimarane	*Jatropha divaricata*	III	[20]
64	*ent*-3β, 14R-hydroxypimara-7, 9(11), 15-triene-12-one	*Jatropha divaricata*	III	[20]
65	(2β, 5β, 10α, 13α)-2-hydroxypimara-9(11), 15-dien-12-one	*Macaranga tanarius*	III	[21]
66	*ent*-18-acetoxy-8(14)-pimarane-15S, 16-diol	*Dysoxylum hainanense*	III	[22]
67	*ent*-19-*nor*-4, 16, 18-trihydroxy-8(14)-pimarane-15-one	*Dysoxylum hainanense*	III	[22]
68	*ent*-12α, 16-epoxy-2β, 15α, 19-trihydroxypimar-8-ene	*Siegesbeckia orientalis*	III	[23]
69	*ent*-12α, 16-epoxy-2β, 15α, 19-trihydroxypimar-8(14)-ene	*Siegesbeckia orientalis*	III	[23]
70	*ent*-15-oxo-2β, 16, 19-trihydroxypimar-8(14)-ene	*Siegesbeckia orientalis*	III	[23]
71	*ent*-2-oxo-15, 16, 19-trihydroxypimar-8(14)-ene	*Siegesbeckia orientalis*	III	[23]

续表

编号	名称	来源植物	类型	文献
72	*ent*-pimar-15-ene-3α, 8α-diol	*Gnaphalium gaudichaudianum*	III	[24]
73	19-hydroxy-15-devinyl-*ent*-pimar-8, 11, 13-triene-2, 7-dione	*Siegesbeckia pubescens*	III	[25]
74	2β, 19-dihydroxy-15-devinyl-*ent*-pimar-8, 11, 13-triene	*Siegesbeckia pubescens*	III	[25]
75	*ent*-3β, 15R, 16-trihydroxypimar-8(14)-ene	*Siegesbeckia pubescens*	III	[25]
76	*ent*-2α, 15R, 16, 19-tetrahydroxypimar-8(14)-ene	*Siegesbeckia pubescens*	III	[25]
77	*ent*-2α, 15, 16, 18-tetrahydroxypimar-8(14)-ene	*Siegesbeckia pubescens*	III	[25]
78	*ent*-2α, 3β, 15, 16, 19-pentahydroxypimar-8(14)-ene	*Siegesbeckia pubescens*	III	[25]
79	*ent*-2α, 7α, 15, 16, 19-pentahydroxypimar-8(14)-ene	*Siegesbeckia pubescens*	III	[25]
80	*ent*-2α, 7β, 15, 16, 19-pentahydroxypimar-8(14)-ene	*Siegesbeckia pubescens*	III	[25]
81	*ent*-15, 16-dihydroxy-18-norpimar-8(14)-en-3-one	*Siegesbeckia pubescens*	III	[25]
82	*ent*-1β, 3β, 15, 16-tetrahydroxypimar-8(14)-ene	*Siegesbeckia pubescens*	III	[25]
83	*ent*-3β, 15, 16-trihydroxypimar-6, 8(14)-diene	*Siegesbeckia pubescens*	III	[25]
84	*ent*-2α, 15, 16, 19-tetrahydroxypimar-6, 8(14)-diene	*Siegesbeckia pubescens*	III	[25]
85	*ent*-15, 16-dihydroxypimar-1, 8(14)-dien-3-one	*Siegesbeckia pubescens*	III	[25]
86	14β, 16-epoxy-*ent*-3β, 15α, 19-trihydroxypimar-7-ene	*Siegesbeckia pubescens*	III	[25]
87	14β, 16-epoxy-*ent*-3α, 15α, 19-trihydroxypimar-7-ene	*Siegesbeckia pubescens*	III	[25]
88	*ent*-8β-hydroxypimar-15-en-18-oic acid	*Mitrephora alba*	III	[26]
89	*ent*-15, 16-dihydroxypimar-8(14)-en-18-oic acid	*Mitrephora alba*	III	[26]
90	EBC-316	*Croton insularis*	III	[27]
91	EBC-325	*Croton insularis*	III	[27]
92	EBC-326	*Croton insularis*	III	[27]
93	EBC-327	*Croton insularis*	III	[27]
94	EBC-345	*Croton insularis*	III	[27]
95	pedinophyllol A	*Pedinophyllum interruptum*	III	[28]
96	pedinophyllol B	*Pedinophyllum interruptum*	III	[28]
97	pedinophyllol C	*Pedinophyllum interruptum*	III	[28]
98	pedinophyllol D	*Pedinophyllum interruptum*	III	[28]
99	pedinophyllol E	*Pedinophyllum interruptum*	III	[28]
100	pedinophyllol F	*Pedinophyllum interruptum*	III	[28]
101	pedinophyllol G	*Pedinophyllum interruptum*	III	[28]
102	pedinophyllol H	*Pedinophyllum interruptum*	III	[28]
103	pedinophyllol I	*Pedinophyllum interruptum*	III	[28]
104	pedinophyllol J	*Pedinophyllum interruptum*	III	[28]
105	*ent*-3α, 7β, 15, 16-tetrahydroxypimar-8(14)-ene	*Siegesbeckia pubescens*	III	[29]
106	*ent*-16-aetoxy-3α, 15-dihydroxy-14α-hydroperoxypimar-7-en-3α-*O*-β-glucopyranoside	*Siegesbeckia pubescens*	III	[29]

续表

编号	名称	来源植物	类型	文献
107	*ent*-2β, 15, 16-trihydroxypimar-8(14)-en-19-oic acid	*Siegesbeckia pubescens*	III	[29]
108	*ent*-3α, 15, 16-trihydroxypimar-8(14)-en-15, 16-acetonide	*Siegesbeckia pubescens*	III	[29]
109	*ent*-3α, 15, 16-trihydroxypimar-8(14)-en-3α-O-β-glucopyranoside-15, 16-acetonide	*Siegesbeckia pubescens*	III	[29]
110	(1*R*, 2*R*)-*ent*-1, 2-dihydroxyisopimara-8(14), 15-diene	*Trichocolea mollissima*	IV	[30]
111	(2*R*)-*ent*-2-hydroxyisopimara-8(14), 15-diene	*Trichocolea mollissima*	IV	[30]
112	parnapimarol	*Nepeta parnassica*	IV	[31]
113	19-methylmalonyloxy-*ent*-isopimara-8(9), 15-diene.	*Calceolaria pinifolia*	IV	[32]
114	19-malonyloxy-*ent*-isopimara-8(9), 15-diene	*Calceolaria pinifolia*	IV	[32]
115	agallochaexcoerin D	*Excoecaria agallocha*	IV	[33]
116	agallochaexcoerin E	*Excoecaria agallocha*	IV	[33]
117	agallochaexcoerin F	*Excoecaria agallocha*	IV	[33]

参 考 文 献

[1] Sutthivaiyakit S，Nareeboon P，Ruangrangsi N，et al. Labdane and pimarane diterpenes from *Croton joufra*[J]. Phytochemistry，2001，56（8）：811-814.

[2] Ma G X，Wang T S，Yin L，et al. Two pimarane diterpenoids from *Ephemerantha lonchophylla* and their evaluation as modulators of the multidrug resistance phenotype[J]. Journal of Natural Products，1998，61（1）：112-115.

[3] Thongnest S，Mahidol C，Sutthivaiyakit S，et al. Oxygenated pimarane diterpenes from *Kaempferia marginata*[J]. Journal of Natural Products，2005，68（11）：1632-1636.

[4] Zhang L Q，Chen X C，Chen Z Q，et al. Eutypenoids A-C：novel pimarane diterpenoids from the arctic fungus *Eutypella* sp. D-1[J]. Marine Drugs，2016，14（3）：44-53.

[5] Rasoamiaranjanahary L，Guilet D，Marston A，et al. Antifungal isopimaranes from *Hypoestes serpens*[J]. Phytochemistry，2003，64（2）：543-548.

[6] Asili J，Lambert M，Ziegler H L，et al. Labdanes and isopimaranes from *Platycladus orientalis* and their effects on erythrocyte membrane and on *Plasmodium falciparum* growth in the erythrocyte host cells[J]. Journal of Natural Products，2004，67（4）：631-637.

[7] Anjaneyulu A S，Rao V L，Sreedhar K. Agallochins J-L，new isopimarane diterpenoids from *Excoecaria agallocha* L. [J]. Natural Product Research，2003，17（1）：27-32.

[8] Awale S，Tezuka Y，Banskota A H，et al. Highly-oxygenated isopimarane-type diterpenes from *Orthosiphon stamineus* of Indonesia and their nitric oxide inhibitory activity[J]. Chemical and Pharmaceutical Bulletin，2003，51（3）：268-275.

[9] Awale S，Tezuka Y，Banskota A H，et al. Nitric oxide inhibitory isopimarane-type diterpenes from *Orthosiphon stamineus* of Indonesia[J]. Journal of Natural Products，2003，66（2）：255-258.

[10] Nguyen M T，Awale S，Tezuka Y，et al. Staminane-and isopimarane-type diterpenes from *Orthosiphon stamineus* of Taiwan and their nitric oxide inhibitory activity[J]. Journal of Natural Products，2004，67（4）：654-658.

[11] Wang J D，Li Z Y，Guo Y W. Secoatisane-and isopimarane-type diterpenoids from the Chinese mangrove *Excoecaria agallocha* L. [J]. Helvetica Chimica Acta，2005，88（88）：979-985.

[12] Matteo Politi M，De Tommasi N，Pescitelli G，et al. Structure and absolute configuration of new diterpenes from *Lavandula multifida*[J]. Journal of Natural Products，2002，65（11）：1742-1745.

[13]　Sun L，Li D，Tao M，et al. Scopararanes C-G：new oxygenated pimarane diterpenes from the marine sediment-derived fungus *Eutypella scoparia* FS26[J]. Marine Drugs，2012，10（3）：539-550.

[14]　Li X D，Li X M，Li X，et al. Aspewentins D-H，20-*nor*-isopimarane derivatives from the deep sea sediment-derived fungus *Aspergillus wentii* SD-310[J]. Journal of Natural Products，2016，79（5）：1347-1354.

[15]　Huang S Z，Ma Q Y，Fang W W，et al. Three new isopimarane diterpenoids from *Excoecaria acerifolia*[J]. Journal of Asian Natural Products Research，2013，15（7）：750-755.

[16]　Karmakar U K，Arai M A，Koyano T，et al. Boesenberols I-K，new isopimarane diterpenes from *Boesenbergia pandurata*，with TRAIL-resistance overcoming activity[J]. Tetrahedron Letters，2017，58：3838-3841.

[17]　Li X，Li X D，Li X M，et al. Wentinoids A-F，six new isopimarane diterpenoids from *Aspergillus wentii* SD-310，a deep-sea sediment derived fungus[J]. RSC Advances，2017，7（8）：4387-4394.

[18]　Lv X J，Li Y，Ma S G，et al. Isopimarane and *nor*-diterpene glucosides from the twigs and leaves of *Lyonia ovalifolia*[J]. Tetrahedron，2017，73（6）：776-784.

[19]　Li F，Ma J，Li C J，et al. Bioactive isopimarane diterpenoids from the stems of *Euonymus oblongifolius*[J]. Phytochemistry，2016，135：144-150.

[20]　Denton R W，Harding W W，Anderson C I，et al. New diterpenes from *Jatropha divaricata*[J]. Journal of Natural Products，2001，64（6）：829-831.

[21]　Wada S I，Tanaka R. Isolation，DNA topoisomerase-Ⅱ inhibition，and cytotoxicity of three new terpenoids from the bark of *Macaranga tanarius*[J]. Chemistry & Biodiversity，2006，3（3）：473-479.

[22]　Luo X D，Wu S H，Ma Y B，et al. *ent*-Pimarane derivatives from *Dysoxylum hainanense*[J]. Phytochemistry，2001，57（1）：131-134.

[23]　Xiang Y，Zhang H，Fan C Q，et al. Novel diterpenoids and diterpenoid glycosides from *Siegesbeckia orientalis*[J]. Journal of Natural Products，2004，67（9）：1517-1521.

[24]　Meragelman T L，Silva G L，Elena M，et al. *ent*-Pimarane type diterpenes from *Gnaphalium gaudichaudianum*[J]. Phytochemistry，2003，62（62）：569-572.

[25]　Wang J，Duan H，Wang Y，et al. *ent*-Strobane and *ent*-pimarane diterpenoids from *Siegesbeckia pubescens*[J]. Journal of Natural Products，2017，73（1）：17-21.

[26]　Rayanil K，Limpanawisut S，Tuntiwachwuttikul P. *ent*-Pimarane and *ent*-trachylobane diterpenoids from *Mitrephora alba* and their cytotoxicity against three human cancer cell lines[J]. Phytochemistry，2013，89（3）：125-130.

[27]　Maslovskaya L A，Savchenko A I，Gordon V A，et al. EBC-316，325-327，and 345：new pimarane diterpenes from *Croton insularis* found in the Australian rainforest[J]. Australian Journal of Chemistry，2015，68（4）：652-659.

[28]　Liu N，Li R J，Wang X N，et al. Highly oxygenated *ent*-pimarane-type diterpenoids from the Chinese liverwort *Pedinophyllum interruptum* and their allelopathic activities[J]. Journal of Natural Products，2013，76（9）：1647-1653.

[29]　Wang R，Chen W H，Shi Y P. *ent*-Kaurane and *ent*-pimarane diterpenoids from *Siegesbeckia pubescens*[J]. Journal of Natural Products，2010，73（1）：17-21.

[30]　Nagashima F，Murakami M，Takaoka S，et al. *ent*-Isopimarane-type diterpenoids from the New Zealand liverwort *Trichocolea mollissima*[J]. Phytochemistry，2003，64（8）：1319-1325.

[31]　Gkinis G，Ioannou E，Quesada A，et al. Parnapimarol and nepetaparnone from *Nepeta parnassica*[J]. Journal of Natural Products，2008，71（5）：926-928.

[32]　Woldemichael G M，Wächter G，Singh M P，et al. Antibacterial diterpenes from *Calceolaria pinifolia*[J]. Journal of Natural Products，2003，66（2）：242-246.

[33]　Ponnapalli M G，Ankireddy M，Annam S C V A R，et al. Unusual *ent*-isopimarane-type diterpenoids from the wood of *Excoecaria agallocha*[J]. Tetrahedron Letters，2013，54（23）：2942-2945.

第九章　其他三环二萜化合物

　　其他三环二萜化合物常见的有如下 15 种类型，详见图 9-1 以及表 9-1，其中 I 为玫瑰烷二萜，代表化合物为 **1～15**；II 为卡山烷二萜，代表化合物为 **16～55**；III 为 dolabrane 烷二萜，代表化合物为 **56～79**；IV 为闭花木烷二萜，代表化合物为 **80～94**；V 为 staminane 烷二萜，代表化合物为 **95～103**；VI 为桃柘烷二萜，代表化合物为 **104～109**；VII 为海绵烷二萜，代表化合物为 **110～135**；VIII 为壳梭孢菌素烷二萜，代表化合物为 **136～147**；IX 为 rameswaralide 烷二萜，代表化合物为 **148～149**；X 为 sphaeroane 烷二萜，代表化合物为 **150～153**；XI 为多拉斯烷二萜，代表化合物为 **154～158**；XII 为瑞香烷二萜，代表化合物为 **159～164**；XIII 为 rhamnofolane 烷二萜，代表化合物为 **165～176**；XIV 为 crotofolane 烷二萜，代表化合物为 **177～178**；XV 为 cyathane 烷二萜，代表化合物为 **179～185**。

图 9-1　其他常见三环二萜的 15 种基本骨架（Ⅰ～ⅩⅤ型）

一、玫瑰烷三环二萜（Ⅰ型）

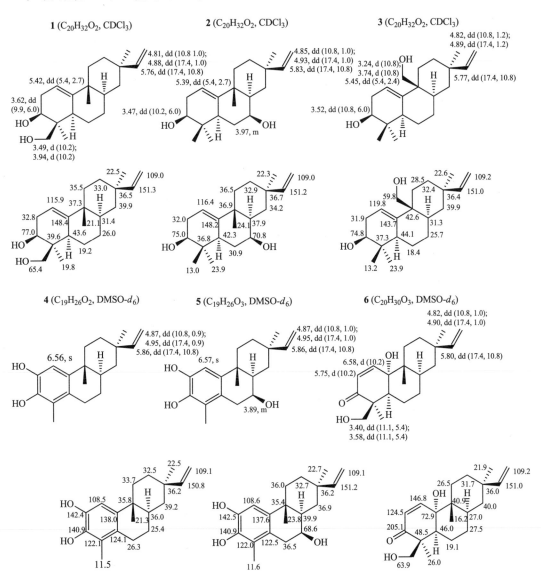

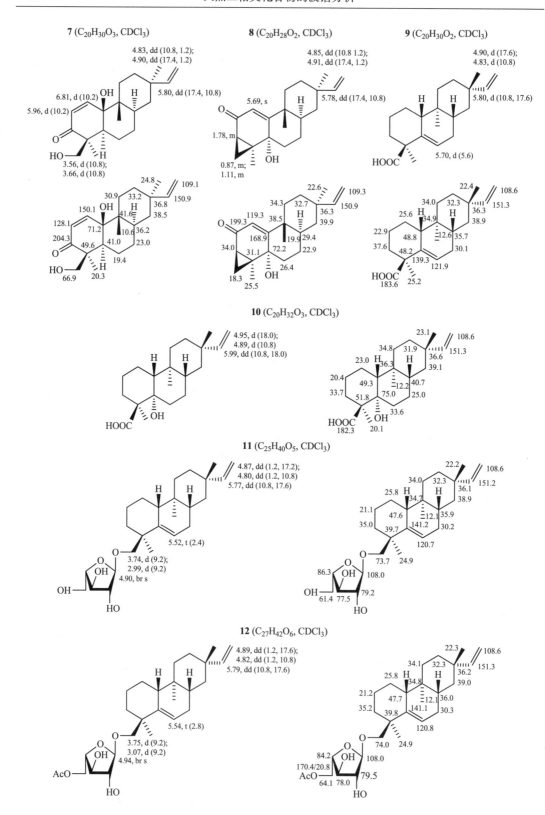

7 (C₂₀H₃₀O₃, CDCl₃)

8 (C₂₀H₂₈O₂, CDCl₃)

9 (C₂₀H₃₀O₂, CDCl₃)

10 (C₂₀H₃₂O₃, CDCl₃)

11 (C₂₅H₄₀O₅, CDCl₃)

12 (C₂₇H₄₂O₆, CDCl₃)

13 (C$_{27}$H$_{42}$O$_6$, CDCl$_3$)

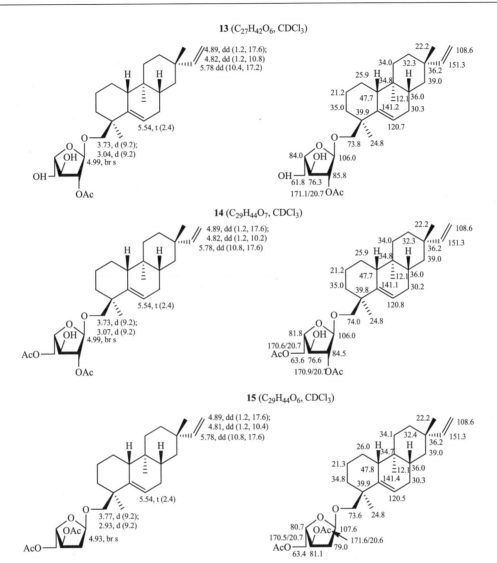

14 (C$_{29}$H$_{44}$O$_7$, CDCl$_3$)

15 (C$_{29}$H$_{44}$O$_6$, CDCl$_3$)

二、卡山烷三环二萜（Ⅱ型）

16 (C$_{20}$H$_{30}$O$_4$, CDCl$_3$)　　　　**17** (C$_{22}$H$_{32}$O$_5$, CDCl$_3$)　　　　**18** (C$_{24}$H$_{34}$O$_6$, CDCl$_3$)

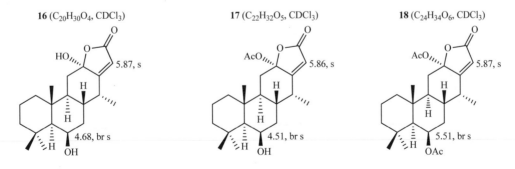

19 (C$_{22}$H$_{32}$O$_5$, CDCl$_3$)　　**20** (C$_{20}$H$_{30}$O$_4$, CDCl$_3$)　　**21** (C$_{22}$H$_{32}$O$_5$, CDCl$_3$)

22 (C$_{22}$H$_{28}$O$_3$, CDCl$_3$)　　**23** (C$_{20}$H$_{24}$O, CDCl$_3$)　　**24** (C$_{22}$H$_{32}$O$_4$, CDCl$_3$)

25 (C$_{22}$H$_{32}$O$_4$, CDCl$_3$)

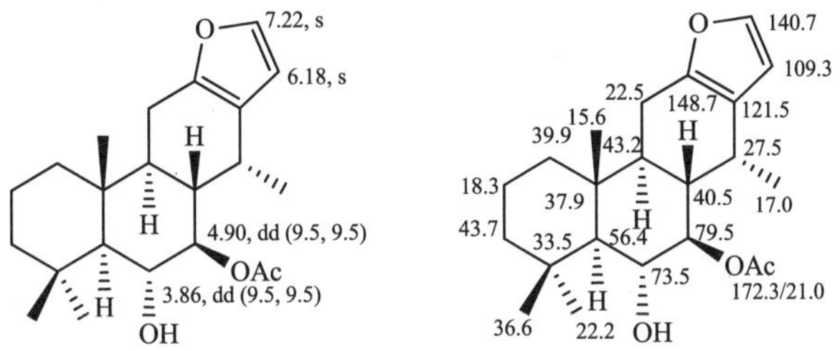

7.22, s
6.18, s
4.90, dd (9.5, 9.5)
3.86, dd (9.5, 9.5)
OAc
OH

140.7
109.3
22.5　148.7　121.5
15.6
39.9　43.2　27.5
18.3　37.9　40.5　17.0
43.7　33.5　56.4　79.5
73.5
36.6　22.2　OH
172.3/21.0　OAc

26 (C$_{29}$H$_{38}$O$_6$, CDCl$_3$)

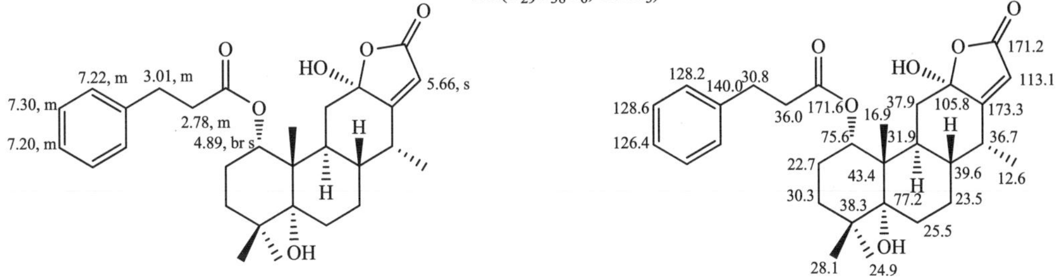

7.22, m　3.01, m
7.30, m
7.20, m
2.78, m
4.89, br s
HO
5.66, s
OH

128.2　140.0　30.8
128.6　36.0　171.6　37.9　105.8　171.2
126.4　16.9　113.1
75.6　31.9　173.3
22.7　43.4　39.6　36.7
30.3　38.3　77.2　23.5　12.6
28.1　24.9　25.5
OH

27 (C$_{29}$H$_{38}$O$_5$, CDCl$_3$)

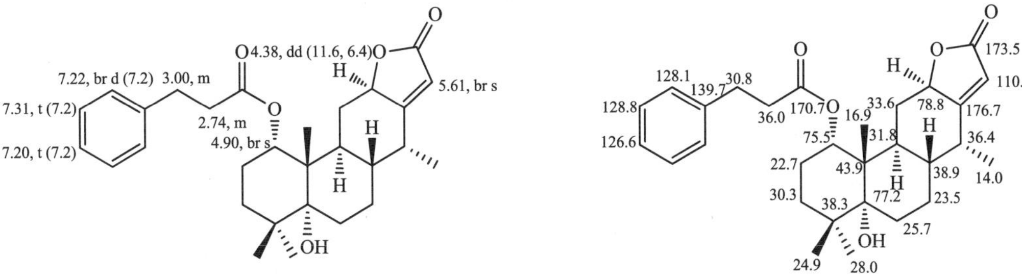

7.22, br d (7.2)　3.00, m
4.38, dd (11.6, 6.4)
7.31, t (7.2)
7.20, t (7.2)
2.74, m
4.90, br s
5.61, br s
OH

128.1　139.7　30.8
128.8　36.0　170.7　33.6　173.5
126.6　16.9　78.8　110.5
75.5　31.8　176.7
22.7　43.9　38.9　36.4
30.3　38.3　77.2　23.5　14.0
24.9　28.0　25.7
OH

28 (C$_{30}$H$_{40}$O$_6$, CDCl$_3$)

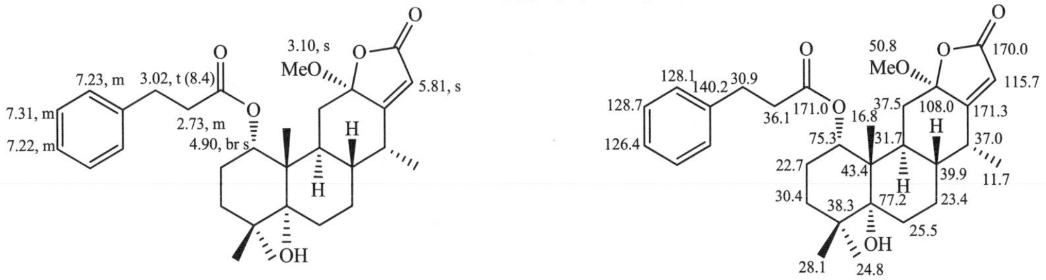

7.23, m　3.02, t (8.4)
3.10, s
MeO
7.31, m
7.22, m
2.73, m
4.90, br s
5.81, s
OH

128.1　140.2　30.9
128.7　36.1　171.0　37.5　50.8
126.4　16.8　108.0　170.0
75.3　31.7　115.7
22.7　43.4　39.9　171.3
30.4　38.3　77.2　23.4　37.0
28.1　24.8　25.5　11.7
OH

29 (C$_{20}$H$_{28}$O$_5$, CDCl$_3$)

4.84, dd (11.6, 6.0)
5.65, d (1.2)
HOOC
OH

33.8　79.2　173.7
14.3
38.5　45.4　110.5
17.9　36.4　40.1　176.9
36.9　47.1　49.1　29.7　36.7
24.0　14.1
HOOC　16.7　OH
183.5

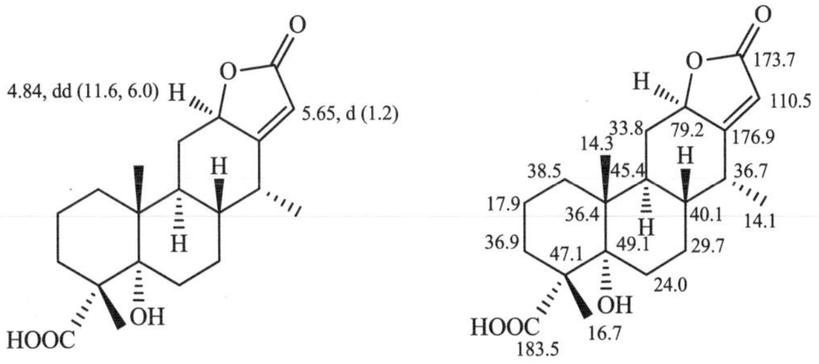

30 (C$_{29}$H$_{38}$O$_4$, CDCl$_3$)

31 (C$_{29}$H$_{36}$O$_5$, CDCl$_3$)

32 (C$_{29}$H$_{32}$O$_6$, CDCl$_3$)

33 (C$_{30}$H$_{42}$O$_6$, CDCl$_3$)

34 (C$_{29}$H$_{40}$O$_6$, CDCl$_3$)

35 (C$_{30}$H$_{40}$O$_7$, CDCl$_3$)

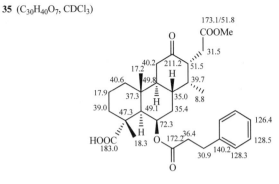

36 (C$_{30}$H$_{38}$O$_7$, CDCl$_3$)

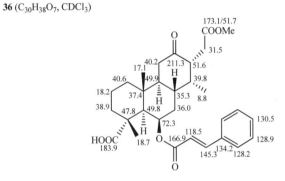

37 (C$_{29}$H$_{40}$O$_6$, CDCl$_3$)

38 (C$_{26}$H$_{39}$NO$_6$, CDCl$_3$)

39 (C$_{26}$H$_{39}$NO$_7$, CDCl$_3$)

40 (C$_{24}$H$_{35}$NO$_5$, CDCl$_3$)

41 (C$_{24}$H$_{37}$NO$_7$, CDCl$_3$)

42 (C$_{22}$H$_{28}$O$_5$, CDCl$_3$)　　　**43** (C$_{28}$H$_{40}$O$_{10}$, DMSO-d_6)　　　**44** (C$_{22}$H$_{30}$O$_6$, DMSO-d_6)

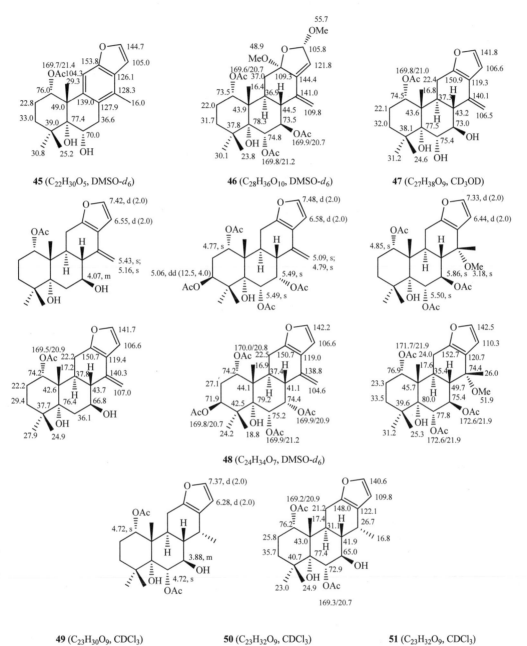

45 (C$_{22}$H$_{30}$O$_5$, DMSO-d_6)　　**46** (C$_{28}$H$_{36}$O$_{10}$, DMSO-d_6)　　**47** (C$_{27}$H$_{38}$O$_9$, CD$_3$OD)

48 (C$_{24}$H$_{34}$O$_7$, DMSO-d_6)

49 (C$_{23}$H$_{30}$O$_9$, CDCl$_3$)　　**50** (C$_{23}$H$_{32}$O$_9$, CDCl$_3$)　　**51** (C$_{23}$H$_{32}$O$_9$, CDCl$_3$)

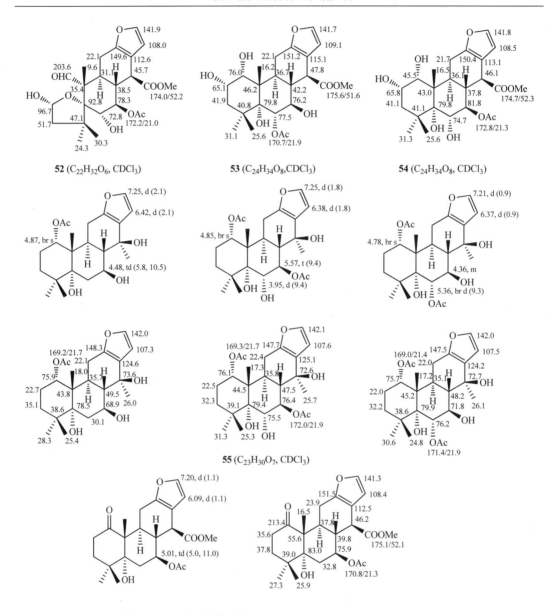

52 (C$_{22}$H$_{32}$O$_6$, CDCl$_3$)

53 (C$_{24}$H$_{34}$O$_8$, CDCl$_3$)

54 (C$_{24}$H$_{34}$O$_8$, CDCl$_3$)

55 (C$_{23}$H$_{30}$O$_7$, CDCl$_3$)

三、dolabrane 烷三环二萜（Ⅲ型）

56 (C$_{20}$H$_{28}$O$_3$, CDCl$_3$)

57 (C$_{21}$H$_{32}$O$_3$, CDCl$_3$)

58 (C$_{22}$H$_{34}$O$_3$, CDCl$_3$)

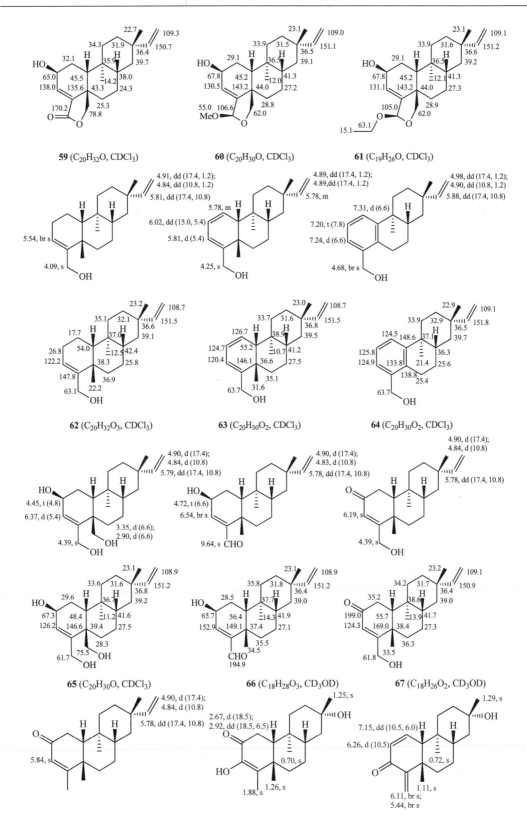

59 (C$_{20}$H$_{32}$O, CDCl$_3$)

60 (C$_{20}$H$_{30}$O, CDCl$_3$)

61 (C$_{19}$H$_{26}$O, CDCl$_3$)

62 (C$_{20}$H$_{32}$O$_3$, CDCl$_3$)

63 (C$_{20}$H$_{30}$O$_2$, CDCl$_3$)

64 (C$_{20}$H$_{30}$O$_2$, CDCl$_3$)

65 (C$_{20}$H$_{30}$O, CDCl$_3$)

66 (C$_{18}$H$_{28}$O$_3$, CD$_3$OD)

67 (C$_{18}$H$_{26}$O$_2$, CD$_3$OD)

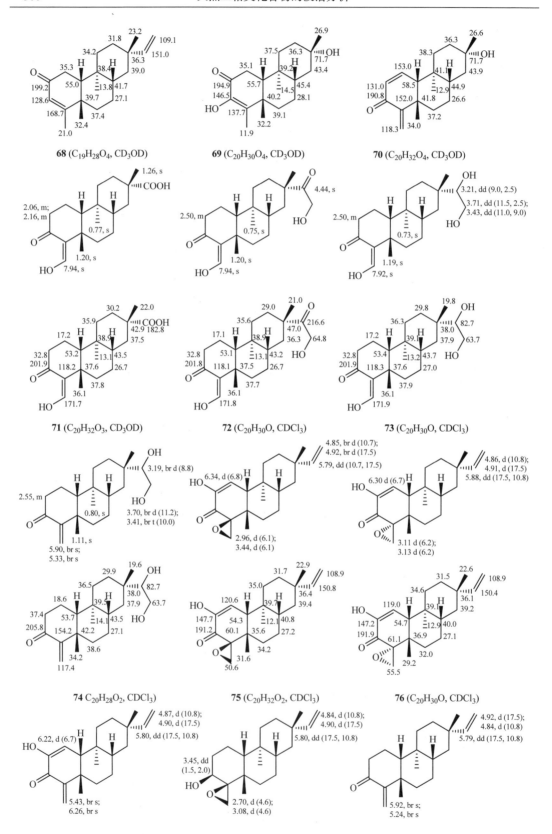

68 (C$_{19}$H$_{28}$O$_4$, CD$_3$OD)　　　　**69** (C$_{20}$H$_{30}$O$_4$, CD$_3$OD)　　　　**70** (C$_{20}$H$_{32}$O$_4$, CD$_3$OD)

71 (C$_{20}$H$_{32}$O$_3$, CD$_3$OD)　　　　**72** (C$_{20}$H$_{30}$O, CDCl$_3$)　　　　**73** (C$_{20}$H$_{30}$O, CDCl$_3$)

74 C$_{20}$H$_{28}$O$_2$, CDCl$_3$　　　　**75** (C$_{20}$H$_{32}$O$_2$, CDCl$_3$)　　　　**76** (C$_{20}$H$_{30}$O, CDCl$_3$)

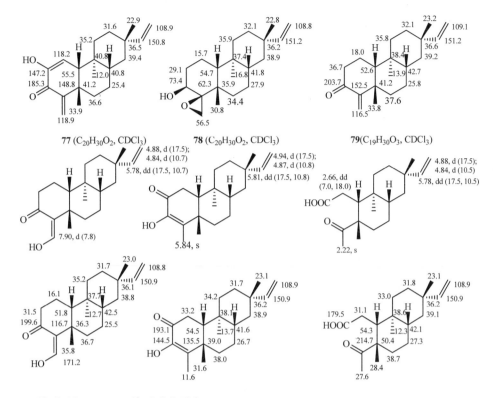

77 (C20H30O2, CDCl3)   **78** (C20H30O2, CDCl3)   **79**(C19H30O3, CDCl3)

四、闭花木烷三环二萜（Ⅳ型）

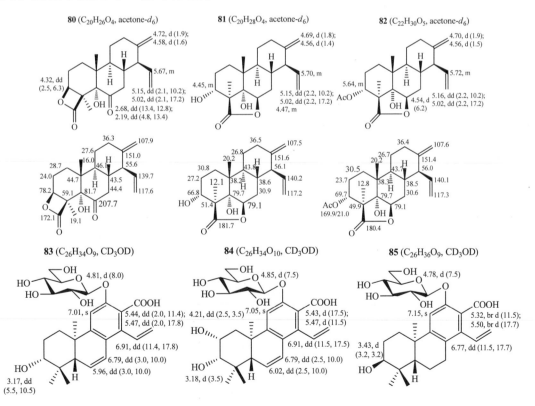

80 (C20H26O4, acetone-d6)   **81** (C20H28O4, acetone-d6)   **82** (C22H30O5, acetone-d6)

83 (C26H34O9, CD3OD)   **84** (C26H34O10, CD3OD)   **85** (C26H36O9, CD3OD)

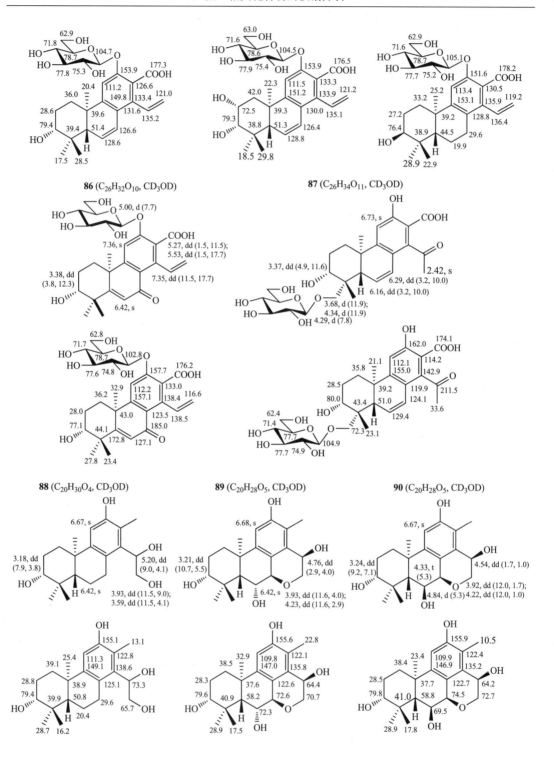

86 (C$_{26}$H$_{32}$O$_{10}$, CD$_3$OD)

87 (C$_{26}$H$_{34}$O$_{11}$, CD$_3$OD)

88 (C$_{20}$H$_{30}$O$_4$, CD$_3$OD)

89 (C$_{20}$H$_{28}$O$_5$, CD$_3$OD)

90 (C$_{20}$H$_{28}$O$_5$, CD$_3$OD)

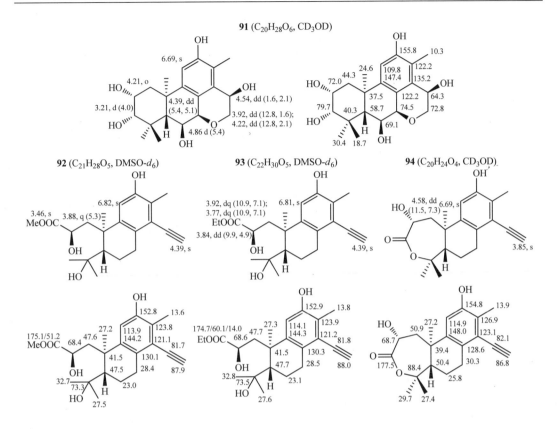

五、staminane 烷三环二萜（V型）

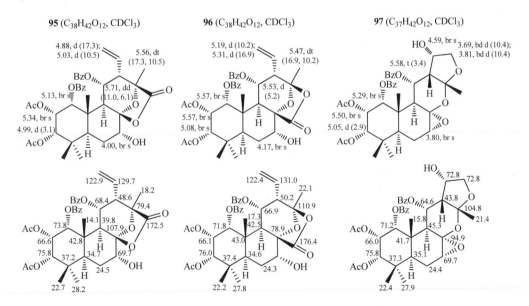

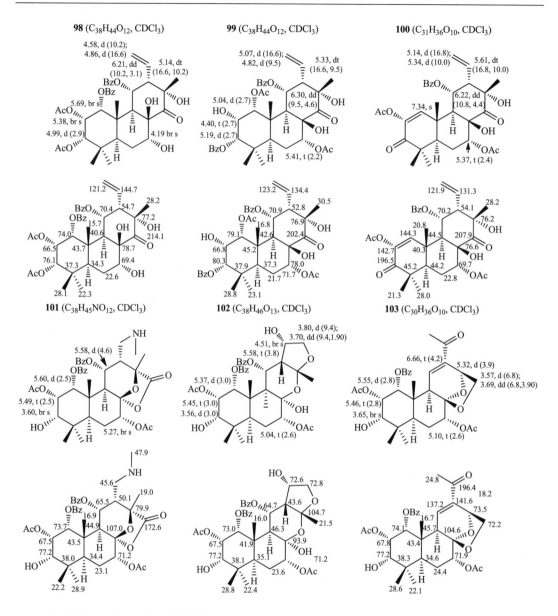

六、桃柘烷三环二萜（Ⅵ型）

104 (C$_{26}$H$_{38}$O$_8$, acetone-d_6)

105 (C$_{42}$H$_{56}$O$_6$, CDCl$_3$)

106 (C$_{42}$H$_{56}$O$_6$, CDCl$_3$)

107 (C$_{42}$H$_{56}$O$_7$, CDCl$_3$)

108 (C$_{42}$H$_{56}$O$_7$, CDCl$_3$)

109 (C$_{40}$H$_{54}$O$_8$, C$_5$D$_5$N)

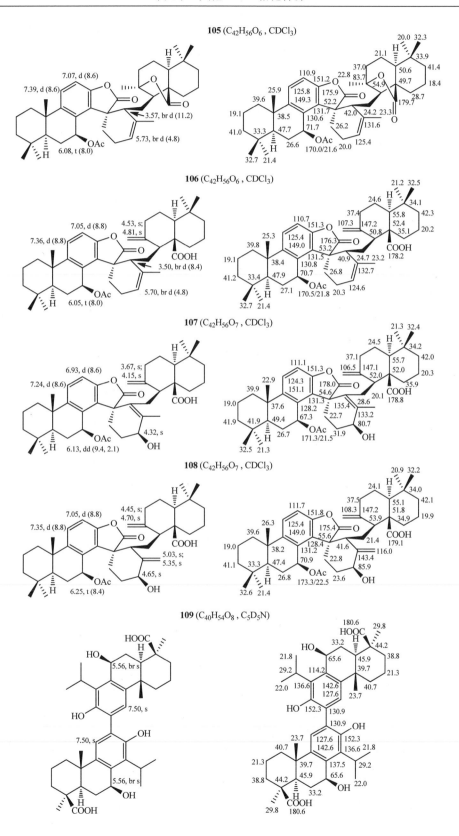

七、海绵烷三环二萜（Ⅶ型）

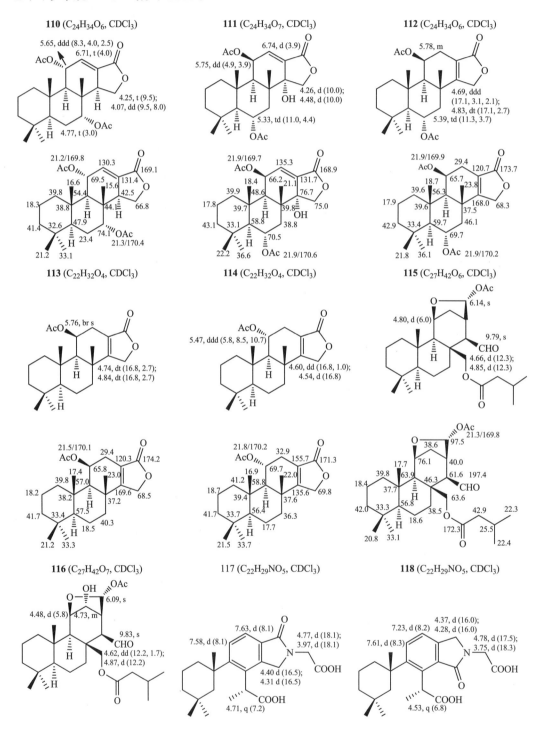

21.2/169.6
OH OAc
96.3
68.4
75.8
18.5
39.6 52.6
18.4 36.9
41.9 33.3 56.6
20.8 33.1
42.7
54.0 198.2
45.4 CHO
64.7
37.9 172.4
42.8 25.5 22.3
22.3
O

127.8 122.7 130.2 169.4
32.9
41.0 151.5 43.8
20.1 39.8 135.2 142.0 50.2 COOH
39.8 31.9 50.9 173.9
33.1 27.4 15.5 40.9
COOH 179.2

119 (C$_{25}$H$_{33}$N$_3$O$_3$, CDCl$_3$)

121.4 140.9 49.8
130.4
33.1
41.1 146.8 44.5
20.2 39.4 139.4 130.4 COOH
39.9 31.9 51.0 170.0 175.3
33.1 27.3 18.3 40.6
COOH 181.0

7.49, d (8.1)
7.56, d (8.3)
3.73, dt (13.7, 7.8);
3.69, dt (13.5, 7.6)
H
6.82, br s
4.47, d (17.1)
4.10, d (17.2)
7.56, br s
4.55, q (7.1)
COOH

120 (C$_{22}$H$_{32}$N$_2$O$_3$, CDCl$_3$)

126.9 120.9 131.0 166.8
32.7
40.8 149.6 41.8
19.7 39.2 136.3 141.8 49.1 H 116.3
39.7 31.4 50.0 134.4 134.9
32.9 26.7 15.5 40.8 26.0
COOH 174.4

121 (C$_{24}$H$_{35}$NO$_3$, CDCl$_3$)

122 (C$_{28}$H$_{35}$NO$_3$, CDCl$_3$)

7.47, d (8.2)
7.54, d (8.2)
3.73, ddd (14.0, 9.7, 5.5);
3.66, ddd (13.9, 9.7, 6.0)
4.67, (d 17.3);
4.06, (d 17.3)
NH$_2$
4.54, q (7.1)
COOH

120 (repeat)

7.68, d (8.1)
7.61, d (8.1)
3.38, dd (14.5, 7.5);
3.35, dd (14.5, 7.5)
4.38, d (17.0);
4.21, d (17.0)
4.75, q (7.3)
COOH

7.67, d (8.2)
7.59, d (8.2)
3.83, dt (14.1 7.1);
3.74, dt (14.1 7.3)
4.14, d (16.9)
4.01, d (16.9)
7.25, t (7.1)
4.69, q (7.3)
COOH
7.20, d (7.6)
7.19, t (6.8)

127.3 121.1 131.5 167.1
33.2
40.8 150.0 39.4
20.1 39.6 136.6 142.4 49.9 50.0
39.7 31.8 50.4
33.3 27.2 15.8 40.8 NH$_2$
COOH 175.1

123 (C$_{25}$H$_{37}$NO$_3$, CDCl$_3$)

127.6 122.4 131.6 168.4
32.9 50.0
41.0 150.3 20.1
20.0 39.7 134.3 141.3 50.1 27.8
39.6 31.8 50.8 20.1
32.9 27.3 15.5 40.5
COOH 175.8

124 (C$_{25}$H$_{37}$NO$_3$, CDCl$_3$)

127.5 122.0 131.2 168.4
32.8
40.9 150.5 44.1
20.0 39.7 135.1 141.5 50.3 34.7 138.7
39.6 31.7 50.7 128.8
33.0 27.1 15.4 40.8 128.6 126.5
COOH 176.8

125 (C$_{23}$H$_{31}$NO$_5$, CDCl$_3$)

7.68, d (8.2)
7.61, d (8.2)
3.42, dd (13.9, 7.1);
3.39, dd (13.7, 7.9)
4.38, d (17.0);
4.18, d (17.0)
4.75, q (7.5)
COOH

7.65, d (8.2)
7.59, d (8.2)
3.61, dt(14.1, 7.8);
3.52, dt(13.8, 7.7)
4.37, d (16.8);
4.19, d (16.9)
4.72, q (7.2)
COOH

7.71, d (8.3)
7.64, d (8.3)
4.39, d(17.7);
4.35, d(17.6)
4.53, d (16.3);
4.33, d (16.3)
COOH
4.74, q (7.5) COOMe
3.73 s

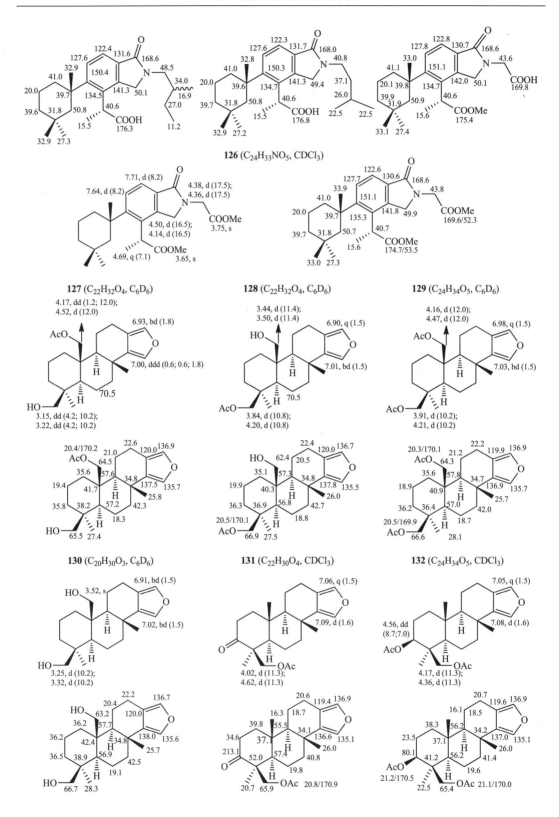

126 (C$_{24}$H$_{33}$NO$_5$, CDCl$_3$)

127 (C$_{22}$H$_{32}$O$_4$, C$_6$D$_6$)　　　　**128** (C$_{22}$H$_{32}$O$_4$, C$_6$D$_6$)　　　　**129** (C$_{24}$H$_{34}$O$_5$, C$_6$D$_6$)

130 (C$_{20}$H$_{30}$O$_3$, C$_6$D$_6$)　　　　**131** (C$_{22}$H$_{30}$O$_4$, CDCl$_3$)　　　　**132** (C$_{24}$H$_{34}$O$_5$, CDCl$_3$)

133 (C$_{22}$H$_{32}$O$_3$, CDCl$_3$)　　**134** (C$_{22}$H$_{32}$O$_3$, CDCl$_3$)　　**135** (C$_{22}$H$_{30}$O$_3$, CDCl$_3$)

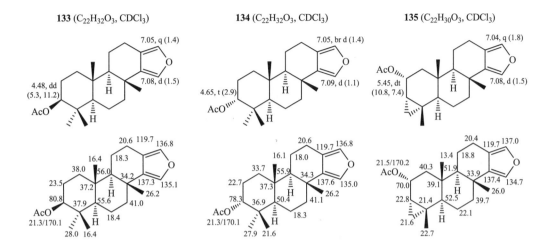

八、壳梭孢菌素烷三环二萜（Ⅷ型）

136 (C$_{20}$H$_{28}$O$_3$, CDCl$_3$)　　**137** (C$_{20}$H$_{28}$O$_4$, CDCl$_3$)　　**138** (C$_{20}$H$_{32}$O$_2$, CDCl$_3$)

139 (C$_{20}$H$_{32}$O$_2$, CDCl$_3$)　　**140** (C$_{20}$H$_{32}$O$_2$, CDCl$_3$)　　**141** (C$_{20}$H$_{34}$O, CDCl$_3$)

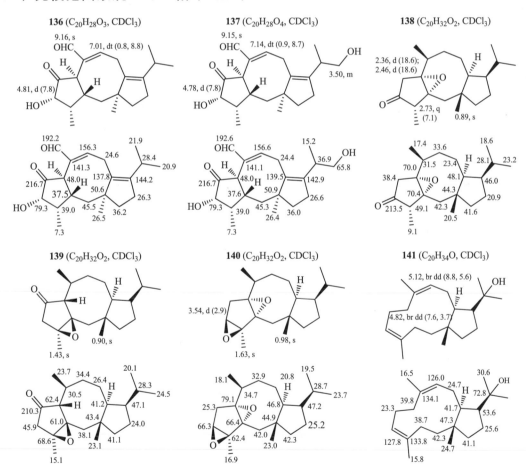

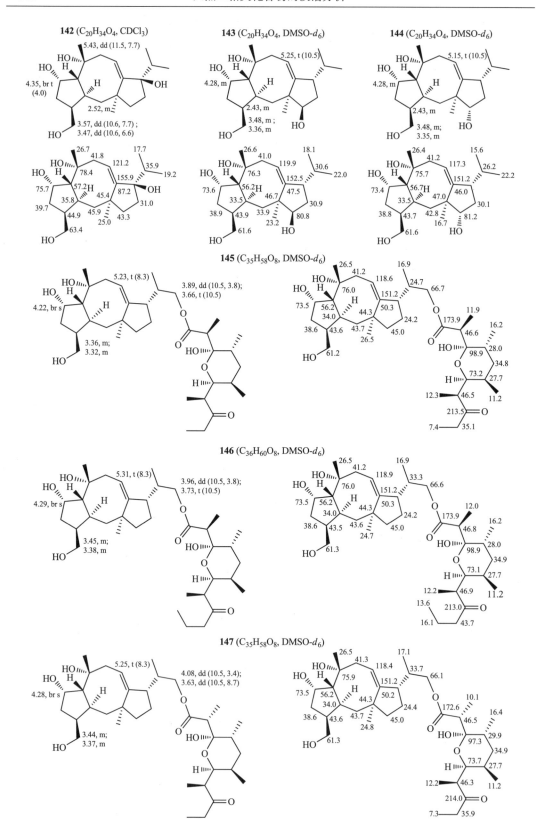

142 (C$_{20}$H$_{34}$O$_4$, CDCl$_3$)

143 (C$_{20}$H$_{34}$O$_4$, DMSO-d_6)

144 (C$_{20}$H$_{34}$O$_4$, DMSO-d_6)

145 (C$_{35}$H$_{58}$O$_8$, DMSO-d_6)

146 (C$_{36}$H$_{60}$O$_8$, DMSO-d_6)

147 (C$_{35}$H$_{58}$O$_8$, DMSO-d_6)

九、rameswaralide 烷三环二萜（IX型）

148 ($C_{21}H_{24}O_7$, CDCl$_3$)

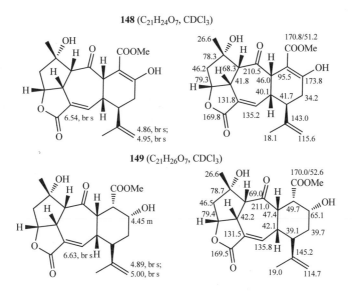

十、sphaeroane 烷三环二萜（X型）

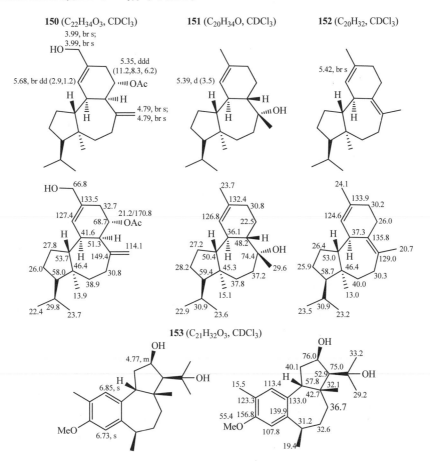

十一、多拉斯烷三环二萜（XI型）

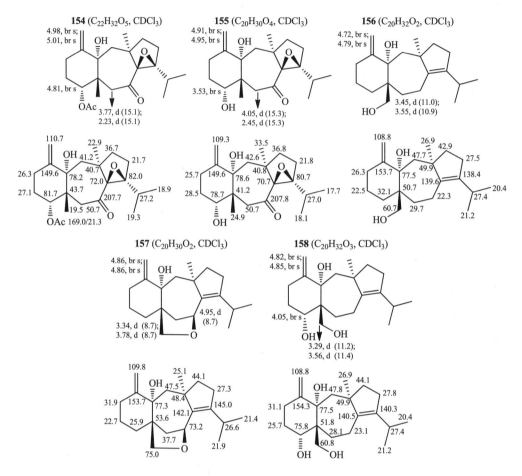

十二、瑞香烷三环二萜（XII型）

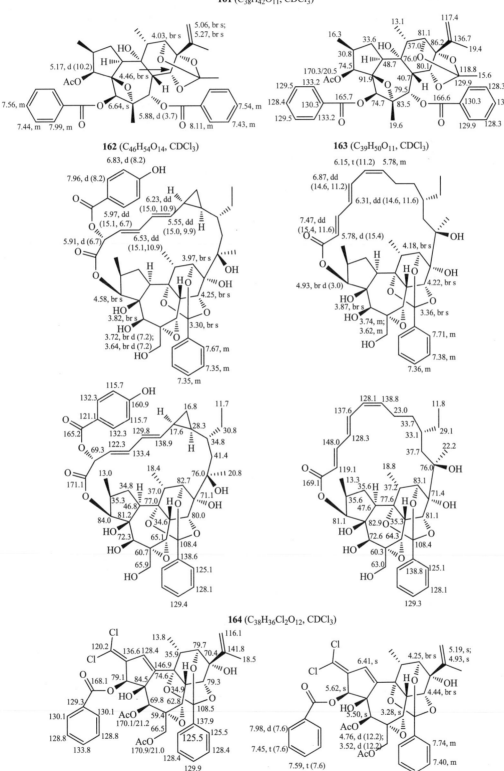

161 (C$_{38}$H$_{42}$O$_{11}$, CDCl$_3$)

162 (C$_{46}$H$_{54}$O$_{14}$, CDCl$_3$)

163 (C$_{39}$H$_{50}$O$_{11}$, CDCl$_3$)

164 (C$_{38}$H$_{36}$Cl$_2$O$_{12}$, CDCl$_3$)

十三、rhamnofolane 烷三环二萜（ⅩⅢ型）

165 (C$_{20}$H$_{24}$O$_5$, CDCl$_3$)

HO— 3.54, d (11.7); 3.47, d (11.7)
4.88, m
4.79, s
6.54, dp (2.5, 1.3)
4.26, d (17.3); 4.03, d (17.3)

169.1 69.4 28.3 25.9 83.3 46.4 114.6 40.9 145.6 137.5 46.9 42.5 142.6 145.0 205.2 193.6 137.0 30.2 21.5

166 (C$_{20}$H$_{24}$O$_3$, CDCl$_3$)

4.74, s; 4.31, s
4.72, s; 4.73, s
5.58, dp (9.6, 1.5)

108.1 35.3 205.1 145.6 42.3 35.0 43.3 32.9 17.8 129.4 51.8 180.6 45.4 112.4 138.1 146.7 167.2 126.2 18.6 18.9

167 (C$_{21}$H$_{28}$O$_4$, CDCl$_3$)

4.66, s; 4.57, s
4.87, s; 4.79, s
3.48, s COOMe
5.47, d (10.5)

36.8 32.7 111.1 108.6 146.6 54.5 150.4 43.9 19.6 114.2 44.9 COOMe 200.3 147.5 170.9 41.6 207.0 OH 127.4 38.8 19.0 21.5

168 (C$_{20}$H$_{24}$O$_3$, CDCl$_3$)

4.12, s; 4.64, s
4.74, d (9.8)
4.60, s; 4.64, s

17.3 107.9 210.3 35.5 39.3 146.8 33.2 38.1 41.7 51.4 153.6 46.3 112.0 142.7 118.0 147.1 167.5 147.7 18.5 19.8

169 (C$_{20}$H$_{24}$O$_3$, CDCl$_3$)

4.25, s; 4.73, s
4.74, s; 4.75, s
4.84, dp (9.8, 0.9)

15.7 108.1 209.9 35.5 40.2 146.7 33.1 38.4 41.6 51.4 152.8 46.5 112.0 143.1 118.1 147.1 167.5 147.6 18.5 19.7

170 (C$_{21}$H$_{28}$O$_3$, CDCl$_3$)

4.67, s; 4.06, s
4.87, s; 4.88, s
3.39, s
MeO

104.7 34.2 32.3 111.7 147.7 48.4 145.4 45.0 17.6 204.7 40.6 49.2 142.7 33.8 12.9 80.3 37.3 160.0 209.6 55.9 15.5 MeO

171 (C$_{20}$H$_{26}$O$_4$, CDCl$_3$)

4.82, s; 4.34, s
4.83, s; 4.83, s
3.70, s ····OH
····OH

36.3 34.0 112.9 106.8 146.8 47.5 146.7 47.1 19.1 39.0 209.9 140.5 70.2 ····OH 40.7 34.0 81.9 18.2 167.9 207.7 ····OH 55.9 26.8

172 (C$_{20}$H$_{24}$O$_3$, CDCl$_3$)

4.90, s; 4.05, s
4.92, s; 4.93, s
3.35, s

36.7 35.6 114.3 108.4 149.5 51.9 146.6 41.2 19.6 43.5 210.9 147.6 33.8 40.3 36.0 65.5 14.8 153.8 204.5 64.2 17.3

173 (C$_{20}$H$_{26}$O$_3$, CDCl$_3$)

4.92, s; 4.72, s
4.79, s; 4.73, s
4.02, d (2.3)

35.2 33.5 112.4 109.0 142.8 48.1 146.4 41.6 18.5 39.2 211.9 51.9 80.4 42.2 31.4 39.2 42.1 18.0 86.6 215.4 15.6

174 (C$_{20}$H$_{24}$O$_3$, CDCl$_3$)　　**175** (C$_{20}$H$_{26}$O$_3$, CDCl$_3$)　　**176** (C$_{20}$H$_{24}$O$_4$, CDCl$_3$)

十四、crotofolane 烷三环二萜（XIV型）

177 (C$_{25}$H$_{32}$O$_7$, CDCl$_3$)

178 (C$_{20}$H$_{24}$O$_2$, CDCl$_3$)

十五、cyathane 烷三环二萜（XV型）

179 (C$_{20}$H$_{28}$O$_3$, CD$_3$OD)　　**180** (C$_{21}$H$_{32}$O$_3$, CD$_3$OD)　　**181** (C$_{21}$H$_{32}$O$_4$, CD$_3$OD)

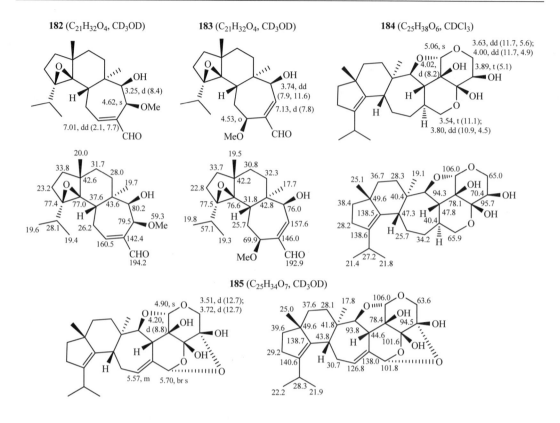

表 9-1　其他三环二萜化合物

编号	名称	来源植物	类型	文献
1	ebractenoid C	*Euphorbia ebracteolata*	I	[1]
2	ebractenoid D	*Euphorbia ebracteolata*	I	[1]
3	ebractenoid E	*Euphorbia ebracteolata*	I	[1]
4	ebractenoid F	*Euphorbia ebracteolata*	I	[1]
5	ebractenoid G	*Euphorbia ebracteolata*	I	[1]
6	ebractenoid H	*Euphorbia ebracteolata*	I	[1]
7	ebractenoid I	*Euphorbia ebracteolata*	I	[1]
8	ebractenoid J	*Euphorbia ebracteolata*	I	[1]
9	sagittine A	*Sagittaria sagittifolia*	I	[2]
10	sagittine G	*Sagittaria sagittifolia*	I	[2]
11	sagittine B	*Sagittaria sagittifolia*	I	[2]
12	sagittine C	*Sagittaria sagittifolia*	I	[2]
13	sagittine D	*Sagittaria sagittifolia*	I	[2]
14	sagittine E	*Sagittaria sagittifolia*	I	[2]
15	sagittine F	*Sagittaria sagittifolia*	I	[2]
16	caesalpinolide C	*Caesalpinia bonduc*	II	[3]
17	12-acetylated-caesalpinolide C	*Caesalpinia bonduc*	II	[3]

编号	名称	来源植物	类型	文献
18	6, 12-diacetylated caesalpinolide C	*Caesalpinia bonduc*	II	[3]
19	caesalpinolide E	*Caesalpinia bonduc*	II	[3]
20	caesalpinolide D	*Caesalpinia bonduc*	II	[3]
21	12-acetylated caesalpinolide D	*Caesalpinia bonduc*	II	[3]
22	sucutinirane C	*Bowdichia nitida*	II	[4]
23	sucutinirane D	*Bowdichia nitida*	II	[4]
24	sucutinirane E	*Bowdichia nitida*	II	[4]
25	sucutinirane F	*Bowdichia nitida*	II	[4]
26	echinalide H	*Caesalpinia echinata*	II	[5]
27	echinalide I	*Caesalpinia echinata*	II	[5]
28	echinalide J	*Caesalpinia echinata*	II	[5]
29	echinalide K	*Caesalpinia echinata*	II	[5]
30	echinalide L	*Caesalpinia echinata*	II	[5]
31	echinalide M	*Caesalpinia echinata*	II	[5]
32	echinalide N	*Caesalpinia echinata*	II	[5]
33	echinalide O	*Caesalpinia echinata*	II	[5]
34	echinalide P	*Caesalpinia echinata*	II	[5]
35	echinalide Q	*Caesalpinia echinata*	II	[5]
36	echinalide R	*Caesalpinia echinata*	II	[5]
37	echinalide S	*Caesalpinia echinata*	II	[5]
38	22-acetoxy-*nor*-cassa-mide	*Erythrophleum suaveolens*	II	[6]
39	22-acetoxy-6α-hydroxy-*nor*-cassa-mide	*Erythrophleum suaveolens*	II	[6]
40	8-dehydro-*nor*-cassamide	*Erythrophleum suaveolens*	II	[6]
41	6α-hydroxy-*nor*-erythrophlamide	*Erythrophleum suaveolens*	II	[6]
42	caesall A	*Caesalpinia bonduc*	II	[7]
43	caesall B	*Caesalpinia bonduc*	II	[7]
44	caesall C	*Caesalpinia bonduc*	II	[7]
45	caesall D	*Caesalpinia bonduc*	II	[7]
46	caesall E	*Caesalpinia bonduc*	II	[7]
47	caesall F	*Caesalpinia bonduc*	II	[7]
48	caesall G	*Caesalpinia bonduc*	II	[7]
49	spirocaesalmin B	*Caesalpinia minax*	II	[8]
50	caesalpinin M$_1$	*Caesalpinia minax*	II	[8]
51	caesalpinin M$_2$	*Caesalpinia minax*	II	[8]
52	caesalmin E$_1$	*Caesalpinia minax*	II	[8]
53	caesalmin E$_2$	*Caesalpinia minax*	II	[8]

编号	名称	来源植物	类型	文献
54	caesalmin E₃	*Caesalpinia minax*	II	[8]
55	caesalpinin F₁	*Caesalpinia minax*	II	[8]
56	notolutesin A	*Notoscyphus lutescens*	III	[9]
57	notolutesin B	*Notoscyphus lutescens*	III	[9]
58	notolutesin C	*Notoscyphus lutescens*	III	[9]
59	notolutesin D	*Notoscyphus lutescens*	III	[9]
60	notolutesin E	*Notoscyphus lutescens*	III	[9]
61	notolutesin F	*Notoscyphus lutescens*	III	[9]
62	notolutesin G	*Notoscyphus lutescens*	III	[9]
63	notolutesin H	*Notoscyphus lutescens*	III	[9]
64	notolutesin I	*Notoscyphus lutescens*	III	[9]
65	notolutesin J	*Notoscyphus lutescens*	III	[9]
66	tagalsin P	*Ceriops tagal*	III	[10]
67	tagalsin Q	*Ceriops tagal*	III	[10]
68	tagalsin R	*Ceriops tagal*	III	[10]
69	tagalsin S	*Ceriops tagal*	III	[10]
70	tagalsin T	*Ceriops tagal*	III	[10]
71	tagalsin U	*Ceriops tagal*	III	[11]
72	tagalsin A	*Ceriops tagal*	III	[11]
73	tagalsin B	*Ceriops tagal*	III	[11]
74	tagalsin C	*Ceriops tagal*	III	[11]
75	tagalsin D	*Ceriops tagal*	III	[11]
76	tagalsin E	*Ceriops tagal*	III	[11]
77	tagalsin F	*Ceriops tagal*	III	[11]
78	tagalsin G	*Ceriops tagal*	III	[11]
79	tagalsin H	*Ceriops tagal*	III	[11]
80	hawaiinolide E	*Paraconiothyrium hawaiiense*	IV	[12]
81	hawaiinolide F	*Paraconiothyrium hawaiiense*	IV	[12]
82	hawaiinolide G	*Paraconiothyrium hawaiiense*	IV	[12]
83	phyllanembloid A	*Phyllanthus emblica*	IV	[13]
84	phyllanembloid B	*Phyllanthus emblica*	IV	[13]
85	phyllanembloid C	*Phyllanthus emblica*	IV	[13]
86	phyllanembloid D	*Phyllanthus emblica*	IV	[13]
87	phyllanembloid E	*Phyllanthus emblica*	IV	[13]
88	phyllaciduloid A	*Phyllanthus acidus*	IV	[14]
89	phyllaciduloid B	*Phyllanthus acidus*	IV	[14]

续表

编号	名称	来源植物	类型	文献
90	phyllaciduloid C	*Phyllanthus acidus*	IV	[14]
91	phyllaciduloid D	*Phyllanthus acidus*	IV	[14]
92	phyllanglin A	*Phyllanthus glaucus*	IV	[15]
93	phyllanglin B	*Phyllanthus glaucus*	IV	[15]
94	phyllanglin C	*Phyllanthus glaucus*	IV	[15]
95	staminolactone A	*Orthosiphon stamineus*	V	[16]
96	staminolactone B	*Orthosiphon stamineus*	V	[16]
97	norstaminol A	*Orthosiphon stamineus*	V	[16]
98	staminol B	*Orthosiphon stamineus*	V	[16]
99	staminols C	*Orthosiphon stamineus*	V	[17]
100	staminols D	*Orthosiphon stamineus*	V	[17]
101	norstaminols A	*Orthosiphon stamineus*	V	[18]
102	norstaminols B	*Orthosiphon stamineus*	V	[18]
103	norstaminols C	*Orthosiphon stamineus*	V	[18]
104	rospiglioside	*Retrophyllum rospigliosii*	VI	[19]
105	hispidanin A	*Isodon hispida*	VI	[20]
106	hispidanin B	*Isodon hispida*	VI	[20]
107	hispidanin C	*Isodon hispida*	VI	[20]
108	hispidanin D	*Isodon hispida*	VI	[20]
109	7β-hydroxymacrophyllic acid	*Podocarpus falcatus*	VI	[21]
110	compound **110**	*Dysidea cf. arenaria*	VII	[22]
111	compound **111**	*Dysidea cf. arenaria*	VII	[22]
112	compound **112**	*Dysidea cf. arenaria*	VII	[22]
113	compound **113**	*Dysidea cf. arenaria*	VII	[22]
114	compound **114**	*Dysidea cf. arenaria*	VII	[22]
115	compound **115**	*Dysidea cf. arenaria*	VII	[22]
116	compound **116**	*Dysidea cf. arenaria*	VII	[22]
117	oxeatamide A	*Darwinella oxeata*	VII	[23]
118	*iso*-oxeatamide A	*Darwinella oxeata*	VII	[23]
119	*iso*-oxeatamide B	*Darwinella oxeata*	VII	[23]
120	*iso*-oxeatamide C	*Darwinella oxeata*	VII	[23]
121	*iso*-oxeatamide D	*Darwinella oxeata*	VII	[23]
122	*iso*-oxeatamide E	*Darwinella oxeata*	VII	[23]
123	*iso*-oxeatamide F	*Darwinella oxeata*	VII	[23]
124	*iso*-oxeatamide G	*Darwinella oxeata*	VII	[23]
125	oxeatamide A 23-methyl ester	*Darwinella oxeata*	VII	[23]

续表

编号	名称	来源植物	类型	文献
126	dimethyl oxeatamide A	*Darwinella oxeata*	VII	[23]
127	20-acetoxy-19-hydroxyspongia-13（16），14-diene	*Spongia* sp	VII	[24]
128	19-acetoxy-20-hydroxyspongia-13（16），14-diene	*Spongia* sp	VII	[24]
129	19, 20-diacetoxyspongia-13（16），14-diene	*Spongia* sp	VII	[24]
130	19, 20-dihydroxyspongia-13（16），14-diene	*Spongia* sp.	VII	[24]
131	19-acetoxyspongia-13（16），14-dien-3-one	*Spongia* sp.	VII	[25]
132	3β, 19-diacetoxyspongia-13（16），14-diene	*Spongia* sp.	VII	[25]
133	3β-acetoxyspongia-13（16），14-diene	*Spongia* sp.	VII	[25]
134	3α-acetoxyspongia-13（16），14-diene	*Spongia* sp.	VII	[25]
135	3, 18-methylene-2α-acetoxyspongia-13（16），14-diene	*Spongia* sp.	VII	[25]
136	periconicins A	*Periconia* sp.	VIII	[26]
137	periconicins B	*Periconia* sp.	VIII	[26]
138	fusicogigantone A	*Pleurozia gigantea*	VIII	[27]
139	fusicogigantone B	*Pleurozia gigantea*	VIII	[27]
140	18-hydroxy-4, 8-dolabelladiene	*Pleurozia gigantea*	VIII	[27]
141	pleurodiol	*Pleurozia gigantea*	VIII	[27]
142	14-hydroxycyclooctatin	*Ailuropoda melanoleuca*	VIII	[28]
143	12α-hydroxycyclooctatin	*Ailuropoda melanoleuca*	VIII	[28]
144	12β-hydroxycyclooctatin	*Ailuropoda melanoleuca*	VIII	[28]
145	fusicomycin A	*Ailuropoda melanoleuca*	VIII	[28]
146	fusicomycin B	*Ailuropoda melanoleuca*	VIII	[28]
147	isofusicomycin	*Ailuropoda melanoleuca*	VIII	[28]
148	rarneswaralide	*Sinularia dissecta.*	IX	[29]
149	dihydrorameswaralide	*Sinularia dissecta.*	IX	[29]
150	(3R, 4S, 8R, 9S, 13R, 14R)-16-hydroxy-9-acetoxy-8-*epi*-isosphaerodiene-2	*Sphaerococcus coronopifolius*	X	[30]
151	presphaerol	*Sphaerococcus coronopifolius*	X	[30]
152	isosphaerodiene-1	*Sphaerococcus coronopifolius*	X	[30]
153	tintinnadiol	*Mycena tintinnabulum*	X	[31]
154	4R-acetoxy-8S, 9S-epoxy-14S-hydroxy-7-oxodolastane	*Canistrocarpus cervicornis*	XI	[32]
155	4R-hydroxy-8S, 9S-epoxy-14S-hydroxy-7-oxodolastane	*Canistrocarpus cervicornis*	XI	[32]
156	dictindiol	*Dictyota indica*	XI	[33]
157	dictinol	*Dictyota indica*	XI	[33]
158	dictintriol	*Dictyota indica*	XI	[33]
159	trigonothyrin A	*Trigonostemon thyrsoideum*	XII	[34]
160	trigonothyrin B	*Trigonostemon thyrsoideum*	XII	[34]
161	trigonothyrin C	*Trigonostemon thyrsoideum*	XII	[34]

续表

编号	名称	来源植物	类型	文献
162	trigochilide A	*Trigonostemon chinensis*	XII	[35]
163	trigochilide B	*Trigonostemon chinensis*	XII	[35]
164	trigocherrin A	*Trigonostemon cherrieri*	XII	[36]
165	curcusecon A	*Jatropha curcas*	XIII	[37]
166	curcusecon B	*Jatropha curcas*	XIII	[37]
167	curcusecon C	*Jatropha curcas*	XIII	[37]
168	curcusecon D	*Jatropha curcas*	XIII	[37]
169	curcusecon E	*Jatropha curcas*	XIII	[37]
170	curcusone F	*Jatropha curcas*	XIII	[37]
171	curcusone G	*Jatropha curcas*	XIII	[37]
172	curcusone H	*Jatropha curcas*	XIII	[37]
173	4-*epi*-curcusone E	*Jatropha curcas*	XIII	[37]
174	3-dehydroxy-2-*epi*-caniojane	*Jatropha curcas*	XIII	[37]
175	curcusone I	*Jatropha curcas*	XIII	[38]
176	curcusone J	*Jatropha curcas*	XIII	[38]
177	compound **177**	*Croton cascarilloides*	XIV	[39]
178	crotofolin C	*Croton insularis*	XIV	[40]
179	cyathin D	*Cyathus africanus*	XV	[41]
180	cyathin E	*Cyathus africanus*	XV	[41]
181	cyathin F	*Cyathus africanus*	XV	[41]
182	cyathin G	*Cyathus africanus*	XV	[41]
183	cyathin H	*Cyathus africanus*	XV	[41]
184	laxitextine A	*Laxitextum incrustatum*	XV	[42]
185	laxitextine B	*Laxitextum incrustatum*	XV	[42]

参 考 文 献

[1] Liu Z G，Li Z L，Bai J，et al. Anti-inflammatory diterpenoids from the roots of *Euphorbia ebracteolata*[J]. Journal of Natural Products，2014，77（4）：792-799.

[2] Liu X T，Pan Q，Shi Y，et al. *ent*-Rosane and labdane diterpenoids from *Sagittaria sagittifolia* and their antibacterial activity against three oral pathogens[J]. Journal of Natural Products，2006，69（2）：255-260.

[3] Yadav P P，Maurya R，Sarkar J，et al. Cassane diterpenes from *Caesalpinia bonduc*[J]. Phytochemistry，2009，70（2）：256-261.

[4] Matsuno Y，Deguchi J，Hosoya T，et al. Sucutiniranes C-F，cassane-type diterpenes from *Bowdichia nitida*[J]. Journal of Natural Products，2009，72（5）：976-979.

[5] Mitsui T，Ishihara R，Hayashi K，et al. Cassane-type diterpenoids from *Caesalpinia echinata*（Leguminosae）and their NF-κB signaling inhibition activities[J]. Phytochemistry，2015，116（1）：349-358.

[6] Kablan L A，Dade J M E，Say M，et al. Four new cassane diterpenoid amides from *Erythrophleum suaveolens*，[（Guill. et Perr.），Brenan][J]. Phytochemistry Letters，2014，10（1）：60-64.

[7]　Wu L，Luo J，Zhang Y，et al. Cassane-type diterpenoids from the seed kernels of *Caesalpinia bonduc*[J]. Fitoterapia，2014，93（4）：201-208.

[8]　Wu J，Chen G，Xu X，et al. Seven new cassane furanoditerpenes from the seeds of *Caesalpinia minax*[J]. Fitoterapia，2014，92（2）：168-176.

[9]　Wang S，Li R J，Zhu R X，et al. Notolutesins A-J，dolabrantype diterpenoids from the Chinese liverwort *Notoscyphus lutescens*[J]. Journal of Natural Products，2014，77（9）：2081-2087.

[10]　Hu W M，Li M Y，Li J，et al. Dolabranes from the Chinese mangrove，*Ceriops tagal*[J]. Journal of Natural Products，2010，73（10）：1701-1705.

[11]　Zhang Y，Deng Z，Gao T，et al. Tagalsins A-H，dolabrane-type diterpenes from the mangrove plant，*Ceriops tagal*[J]. Phytochemistry，2005，66（12）：1465-1471.

[12]　Chen S，Zhang Y，Niu S，et al. Hawaiinolides E-G，cytotoxic cassane and cleistanthane diterpenoids from the entomogenous fungus *Paraconiothyrium hawaiiense*[J]. Journal of Natural Products，2014，99（6）：236-242.

[13]　Lv J J，Yu S，Xin Y，et al. Stereochemistry of cleistanthane diterpenoid glucosides from *Phyllanthus emblica*[J]. RSC Advances，2015，5：29098-29107.

[14]　Zheng X H，Yang J，Lv J J，et al. Phyllaciduloids A-D：four new cleistanthane diterpenoids from *Phyllanthus acidus*（L.）Skeels[J]. Fitoterapia，2018，125：89-93.

[15]　Wu Z，Lai Y，Zhang Q，et al. Phenylacetylene-bearing 3，4-*seco*-cleistanthane diterpenoids from the roots of *Phyllanthus glaucus*[J]. Fitoterapia，2018，128：79-85.

[16]　Pavlos S，Yasuhiro T，Arjun H B，et al. Staminolactones A and B and norstaminol A：three highly oxygenated staminane-type diterpenes from *Orthosiphon stamineus*[J]. Organic Letters，1999，1（9）：1367-1370.

[17]　Nguyen M T，Awale S，Tezuka Y，et al. Staminane-and isopimarane-type diterpenes from *Orthosiphon stamineus* of Taiwan and their nitric oxide inhibitory activity [J]. Journal of Natural Products，2004，67（4）：654-658.

[18]　Awale S，Tezuka Y，Banskota A H，et al. Norstaminane-and isopimarane-type diterpenes of *Orthosiphon stamineus*，from Okinawa[J]. Tetrahedron，2002，58（27）：5503-5512.

[19]　Juan M A，Ángel E A，Roger M，et al. Rospiglioside，a New Totarane diterpene from the leaves of *Retrophyllum rospigliosii*[J]. Journal of the Mexican Chemical Society，2006，50（3），96-99.

[20]　Addo E M，Chai H B，Hymete A，et al. Antiproliferative constituents of the roots of ethiopian *Podocarpus falcatus* and structure revision of 2α-hydroxynagilactone F and nagilactone I[J]. Journal of Natural Products，2015，78（4）：827-35.

[21]　Huang B，Xiao C J，Huang Z Y，et al. Hispidanins A-D：four new asymmetric dimeric diterpenoids from the rhizomes of *Isodon hispida*[J]. Organic Letters，2014，16（13）：3552-3555.

[22]　Agena M，Tanaka C，Hanif N，et al. New cytotoxic spongian diterpenes from the sponge *Dysidea* cf. *arenaria*[J]. Tetrahedron，2009，65（7）：1495-1499.

[23]　Wojnar J M，Dowle K O，Northcote P T. The Oxeatamides：nitrogenous spongian diterpenes from the New Zealand marine sponge *Darwinella oxeata*[J]. Journal of Natural Products，2014，77（10）：2288-2295.

[24]　Carroll A R，Lamb J，Moni R，et al. Spongian diterpenes with thyrotropin releasing hormone receptor 2 binding affinity from *Spongia* sp. [J]. Journal of Natural Products，2008，71（5）：884-886.

[25]　Ponomarenko L P，Kalinovsky A I，Ssh A，et al. Spongian diterpenoids from the sponge *Spongia*（Heterofibria）sp. [J]. Journal of Natural Products，2007，70（7）：1110-1113.

[26]　Kim S，Shin D S，Lee T，et al. Periconicins，two new fusicoccane diterpenes produced by an endophytic fungus *Periconia* sp. with antibacterial activity[J]. Journal of Natural Products，2004，67（3）：448-450.

[27]　Asakawa Y，Lin X H，Tori M，et al. Fusicoccane-，dolabellane-and rearranged labdane-type diterpenoids from the liverwort *Pleurozia gigantea*[J]. Phytochemistry，1990，29（8）：2597-2603.

[28]　Zheng D，Han L，Qu X，et al. Cytotoxic fusicoccane-type diterpenoids from *Streptomyces violascens* isolated from *Ailuropoda melanoleuca* Feces[J]. Journal of Natural Products，2017，80（4）：837-844.

[29] Ramesh P, Reddy N S, Venkateswarlu Y, et al. Rameswaralide, a novel diterpenoid from the soft coral *Sinularia dissecta*[J]. Tetrahedron Letters, 1998, 39（45）：8217-8220.

[30] Smyrniotopoulos V, Vagias C, Roussis V. Sphaeroane and neodolabellane diterpenes from the red alga *Sphaerococcus coronopifolius*[J]. Marine Drugs, 2009, 7（2）：184-195.

[31] Engler M, Anke T, Sterner O. Tintinnadiol, a sphaeroane diterpene from fruiting bodies of *Mycena tintinnabulum*[J]. Phytochemistry, 1998, 49（8）：2591-2593.

[32] Campbell S, Murray J A, Delgoda R, et al. Two new oxodolastane diterpenes from the Jamaican Macroalga *Canistrocarpus cervicornis*[J]. Marine Drugs, 2017, 15（6）：150-157.

[33] Ahma V U, Parveen S, Bano S, et al. Dolastane diterpenoids from the brown alga *Dictyota indica*[J]. Phytochemistry, 1991, 30（3）：1015-1018.

[34] Zhang L, Luo R H, Wang F, et al. Highly functionalized daphnane diterpenoids from *Trigonostemon thyrsoideum*[J]. Organic Letters, 2010, 12（1）：152-155.

[35] Chen H D, He X F, Ai J, et al. Trigochilides A and B, two highly modified daphnane-type diterpenoids from *Trigonostemon chinensis*[J]. Organic Letters, 2010, 41（5）：4080-4083.

[36] Allard P M, Martin M T, Dau M E, et al. Trigocherrin A, the first natural chlorinated daphnane diterpene orthoester from *Trigonostemon cherrieri*[J]. Organic Letters, 2012, 14（1）：342-345.

[37] Liu J Q, Yang Y F, Li X Y, et al. Cytotoxicity of naturally occurring rhamnofolane diterpenes from *Jatropha curcas*[J]. Phytochemistry, 2013, 96（12）：265-272.

[38] Sarotti A M. Structural revision of two unusual rhamnofolane diterpenes, curcusones I and J, by means of DFT calculations of NMR shifts and coupling constants[J]. Organic and Biomolecular Chemistry, 2018, 16（6）：944-950.

[39] Kawakami S, Matsunami K, Otsuka H, et al. A crotofolane-type diterpenoid and a rearranged nor-crotofolane-type diterpenoid with a new skeleton from the stems of *Croton cascarilloides*[J]. Tetrahedron Letters, 2010, 51（33）：4320-4322.

[40] Maslovskaya L A, Savchenko A I, Pierce C J, et al. Unprecedented 1, 14-*seco*-crotofolanes from *Croton insularis*: oxidative cleavage of crotofolin C by a putative homo-Baeyer-Villiger rearrangement[J]. Chemistry-A European Journal, 2014, 20（44）：14226-14230.

[41] Han J, Chen Y, Bao L, et al. Anti-inflammatory and cytotoxic cyathane diterpenoids from the medicinal fungus *Cyathus africanus*[J]. Fitoterapia, 2013, 84（3）：22-31.

[42] Mudalungu C M, Richter C, Wittstein K, et al. Laxitextines A and B, cyathane xylosides from the tropical fungus *Laxitextum incrustatum*[J]. Journal of Natural Products, 2016, 79（4）：894-898.

第十章　贝壳杉烷二萜化合物

　　贝壳杉烷二萜化合物常见的为对映-贝壳杉烷型，有如下 10 种类型，详见图 10-1 以及表 10-1，其中 I 为 6/6/6/5 的 C-20 未氧化型对映-贝壳杉烷二萜，代表化合物为 **1~33**；II 为 3：20 环氧的对映-贝壳杉烷二萜，代表化合物为 **34~42**；III 为 7：20 环氧的对映-贝壳杉烷二萜，代表化合物为 **43~68**；IV 为 11：20 环氧的对映-贝壳杉烷二萜，代表化合物为 **69~81**；V 为 7：20 和 14：20 双环氧的对映-贝壳杉烷二萜，代表化合物为 **82~94**；VI 为 20 氧化未成环的对映-贝壳杉烷二萜，代表化合物为 **95~124**；VII 为 6，7 氧化断裂形成的延命素型二萜，代表化合物为 **125~143**；VIII 为 6，7 氧化断裂成螺环内酯型二萜，代表化合物为 **144~153**；IX 为二聚体对映-贝壳杉烷二萜，代表化合物为 **154~167**；X 为近年来发现的新骨架对映-贝壳杉烷型二萜，代表化合物为 **168~184**。

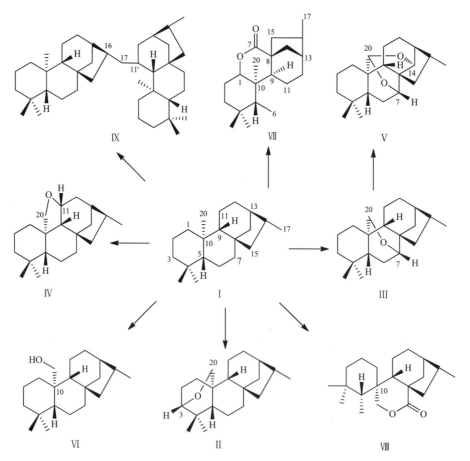

图 10-1　贝壳杉烷二萜的 10 种基本骨架（I～X 型，其中 X 型为近年来发现的新颖类型，结构略）

一、C-20 未氧化型对映-贝壳杉烷二萜（Ⅰ型）

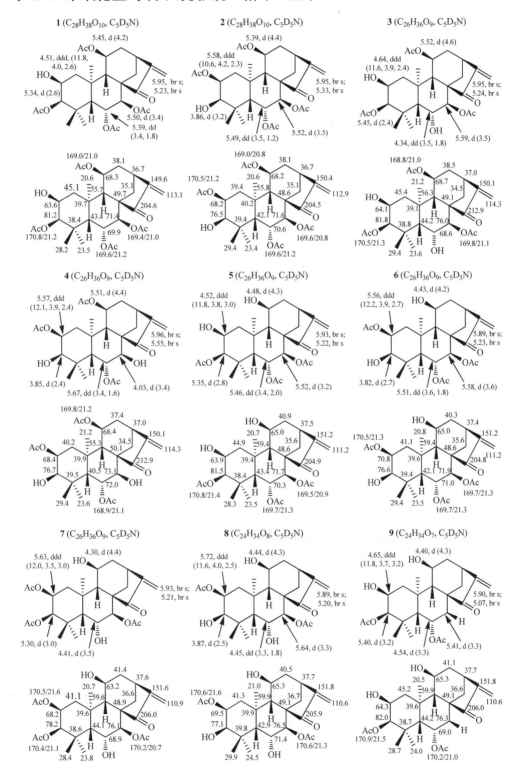

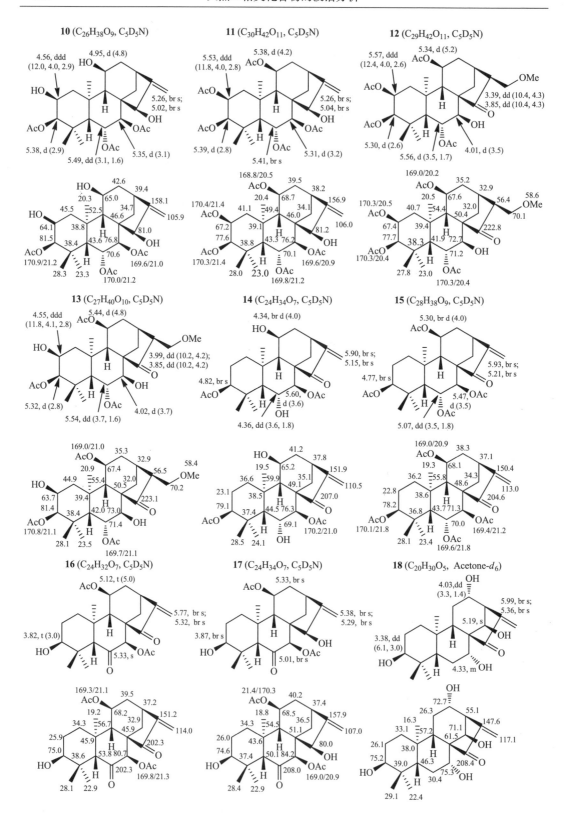

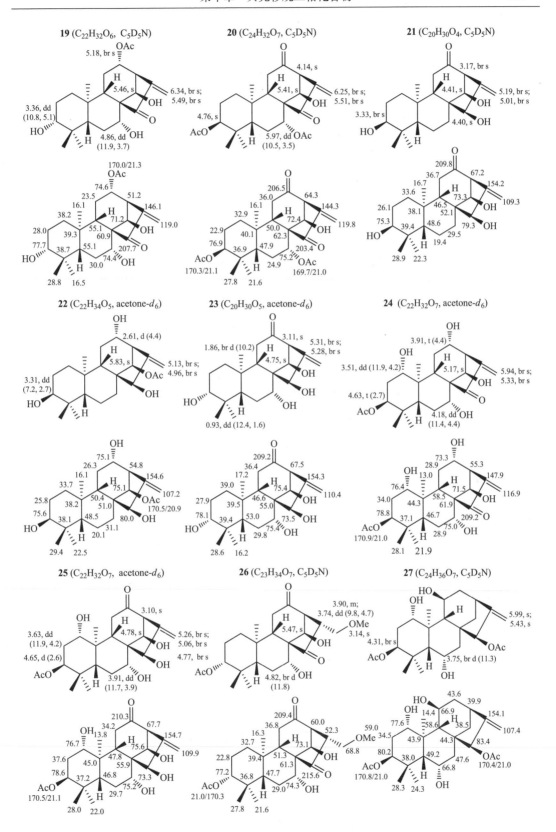

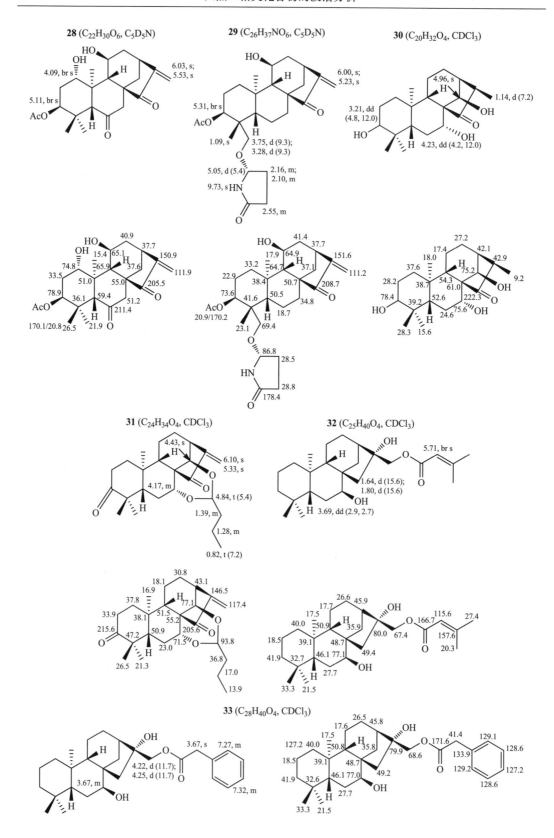

二、单环氧型对映-贝壳杉烷二萜

1. 3：20 环氧的对映-贝壳杉烷二萜（Ⅱ型）

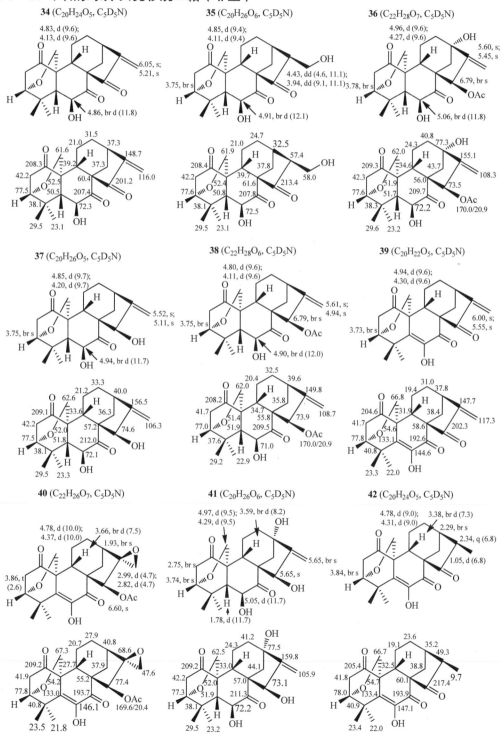

2. 7：20 环氧的对映-贝壳杉烷二萜（Ⅲ型）

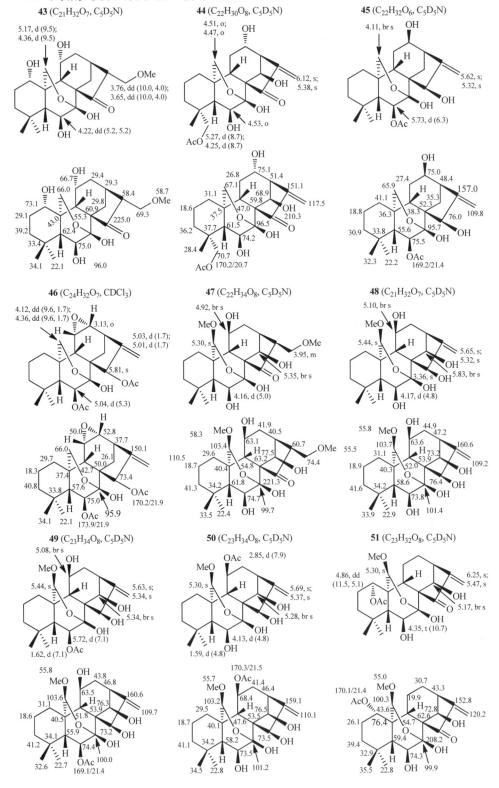

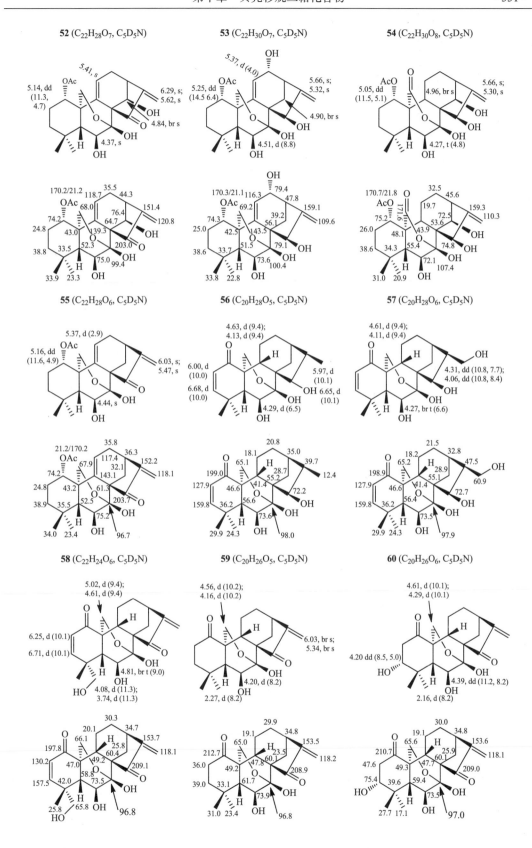

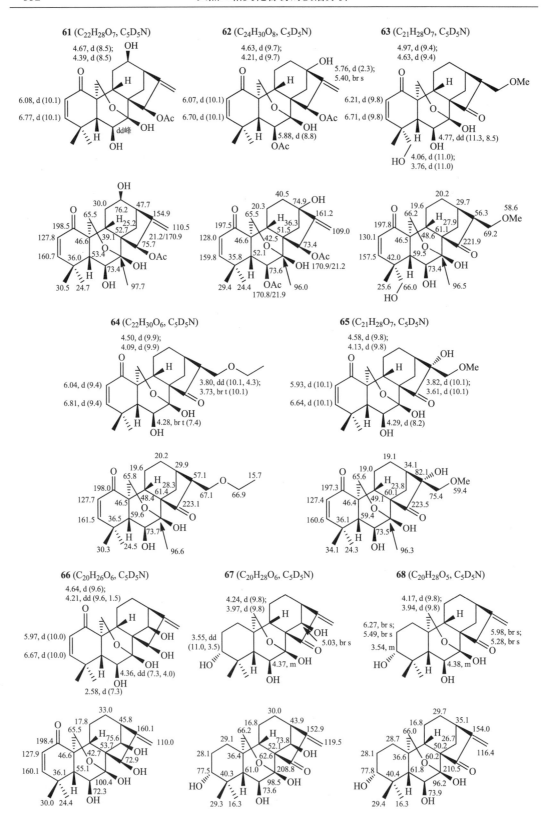

3. 其他环氧的对映-贝壳杉烷二萜（Ⅳ型）

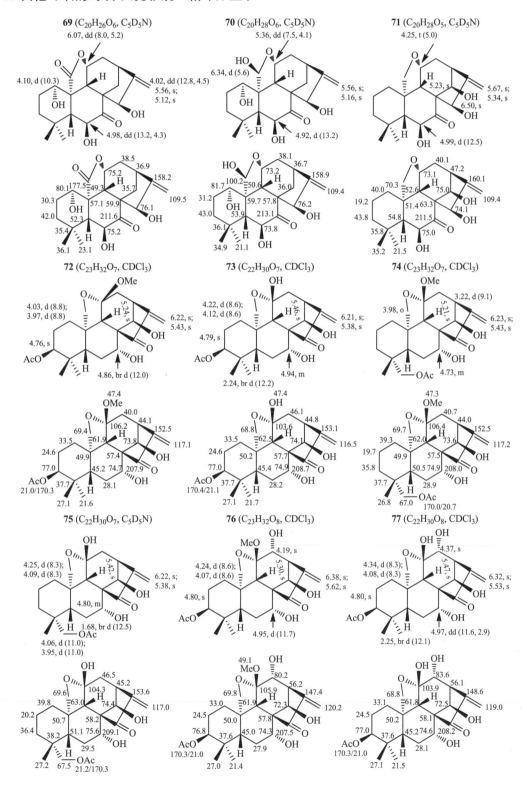

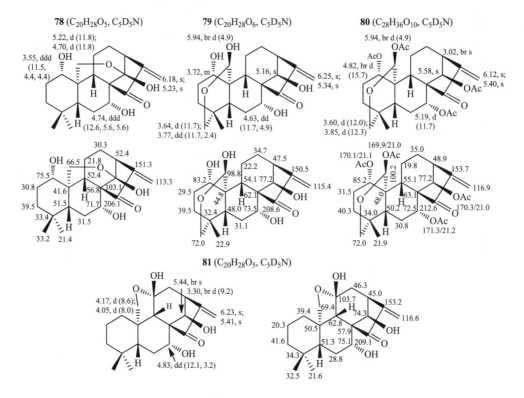

三、双环氧的对映-贝壳杉烷二萜（Ⅴ型）

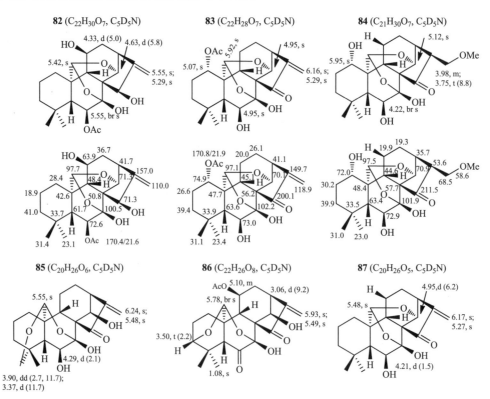

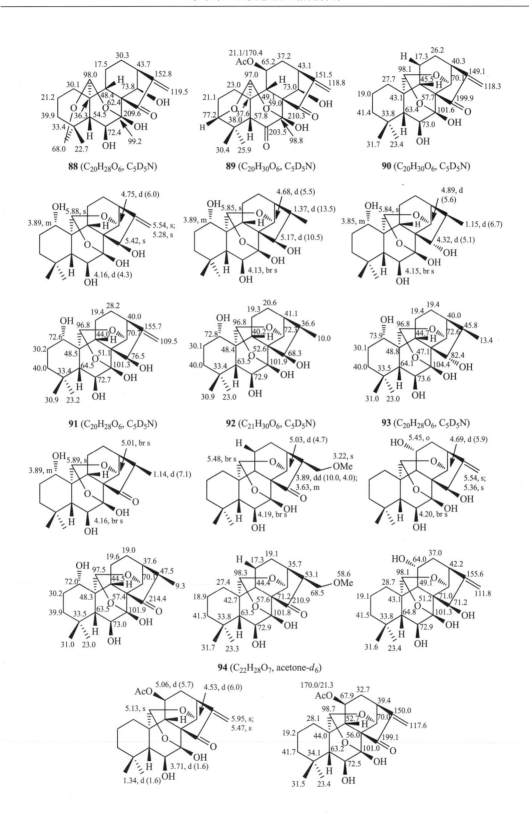

88 (C$_{20}$H$_{28}$O$_6$, C$_5$D$_5$N)　　　**89** (C$_{20}$H$_{30}$O$_6$, C$_5$D$_5$N)　　　**90** (C$_{20}$H$_{30}$O$_6$, C$_5$D$_5$N)

91 (C$_{20}$H$_{28}$O$_6$, C$_5$D$_5$N)　　　**92** (C$_{21}$H$_{30}$O$_6$, C$_5$D$_5$N)　　　**93** (C$_{20}$H$_{28}$O$_6$, C$_5$D$_5$N)

94 (C$_{22}$H$_{28}$O$_7$, acetone-d_6)

四、C-20 位氧化无环氧的对映-贝壳杉烷二萜（Ⅵ型）

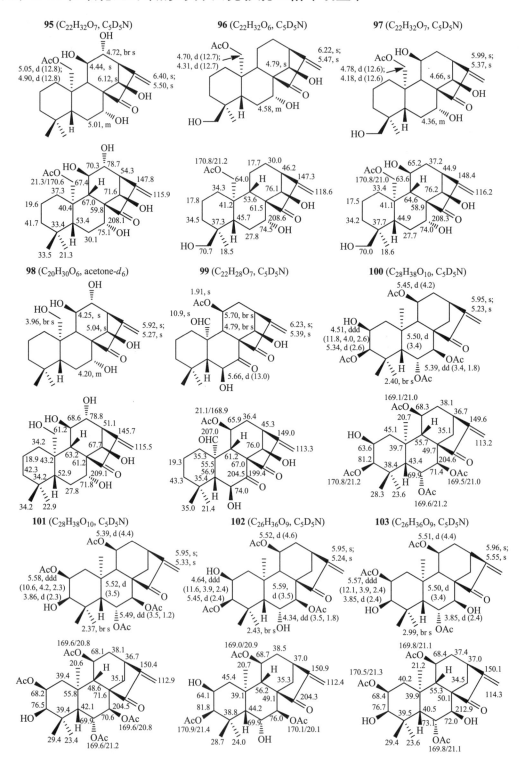

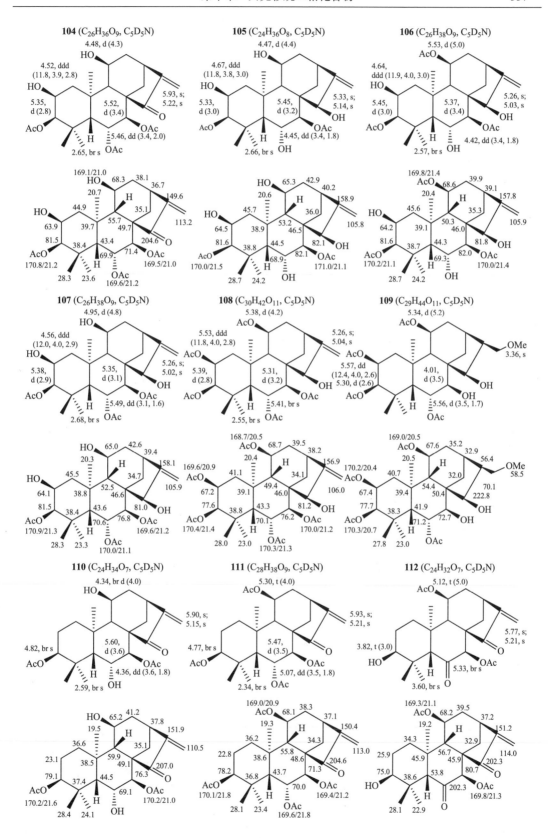

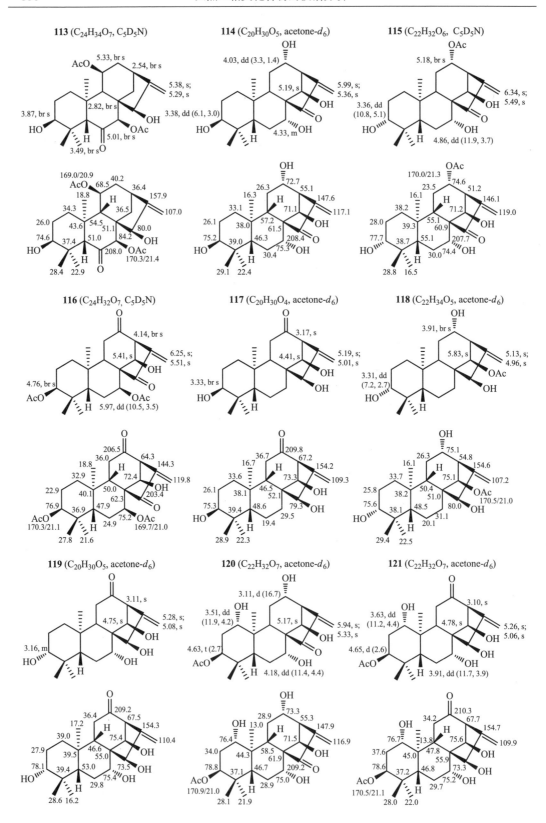

122 (C$_{23}$H$_{34}$O$_7$, C$_5$D$_5$N)　　**123** (C$_{23}$H$_{34}$O$_5$, C$_3$D$_6$O-d_6)

五、延命素型贝壳杉烷二萜（Ⅶ型）

124 (C$_{22}$H$_{28}$O$_7$, CDCl$_3$)　　**125** (C$_{20}$H$_{26}$O$_6$, C$_5$D$_5$N)　　**126** (C$_{20}$H$_{26}$O$_5$, C$_5$D$_5$N)

127 (C$_{20}$H$_{26}$O$_7$, C$_5$D$_5$N)　　**128** (C$_{20}$H$_{28}$O$_8$, C$_5$D$_5$N)　　**129** (C$_{20}$H$_{30}$O$_7$, C$_5$D$_5$N)

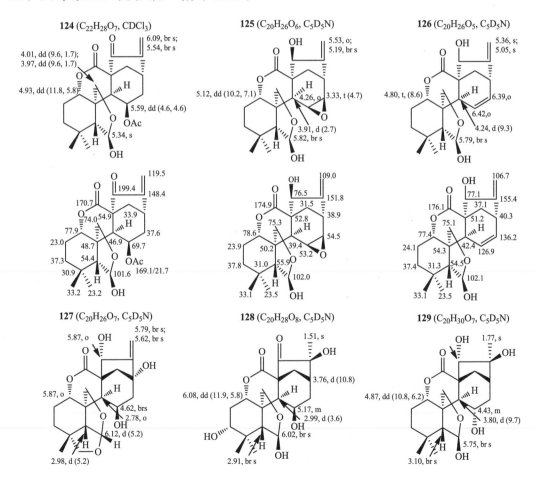

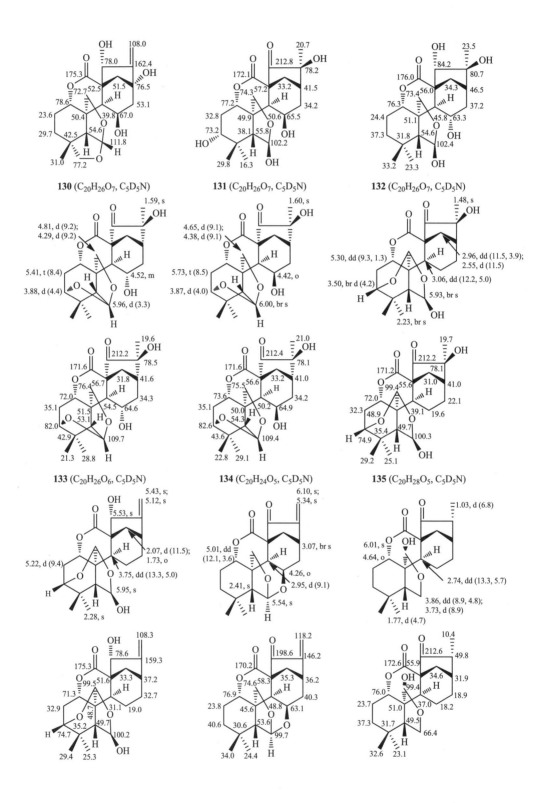

130 (C$_{20}$H$_{26}$O$_7$, C$_5$D$_5$N)　　　**131** (C$_{20}$H$_{26}$O$_7$, C$_5$D$_5$N)　　　**132** (C$_{20}$H$_{26}$O$_7$, C$_5$D$_5$N)

133 (C$_{20}$H$_{26}$O$_6$, C$_5$D$_5$N)　　　**134** (C$_{20}$H$_{24}$O$_5$, C$_5$D$_5$N)　　　**135** (C$_{20}$H$_{28}$O$_5$, C$_5$D$_5$N)

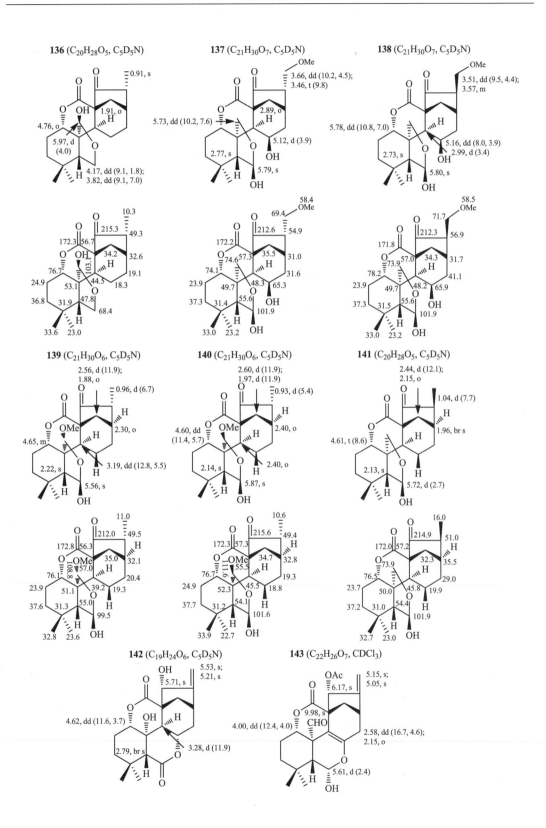

136 (C$_{20}$H$_{28}$O$_5$, C$_5$D$_5$N)

137 (C$_{21}$H$_{30}$O$_7$, C$_5$D$_5$N)

138 (C$_{21}$H$_{30}$O$_7$, C$_5$D$_5$N)

139 (C$_{21}$H$_{30}$O$_6$, C$_5$D$_5$N)

140 (C$_{21}$H$_{30}$O$_6$, C$_5$D$_5$N)

141 (C$_{20}$H$_{28}$O$_5$, C$_5$D$_5$N)

142 (C$_{19}$H$_{24}$O$_6$, C$_5$D$_5$N)

143 (C$_{22}$H$_{26}$O$_7$, CDCl$_3$)

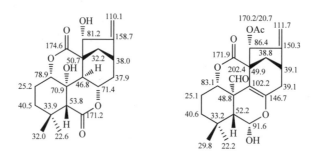

六、螺环内酯类贝壳杉烷二萜（Ⅷ）

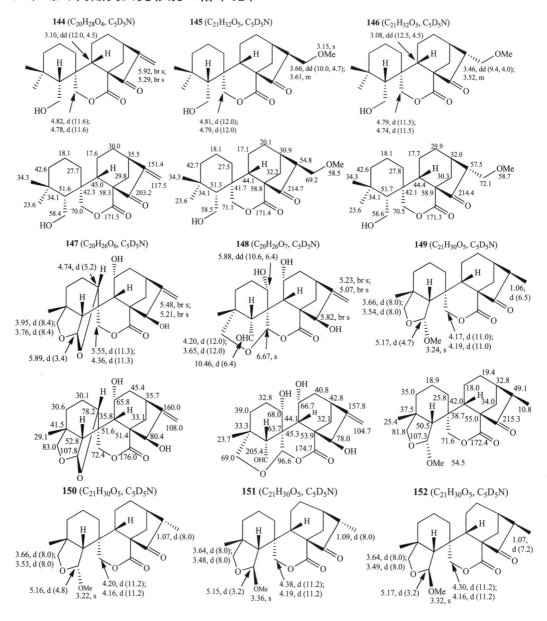

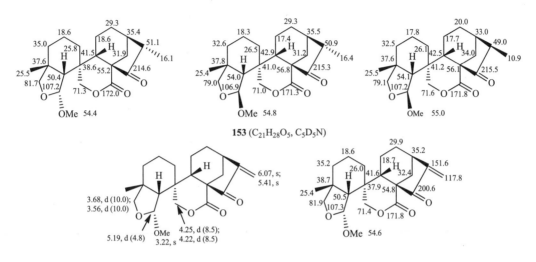

153 (C$_{21}$H$_{28}$O$_5$, C$_5$D$_5$N)

七、对映-贝壳杉烷二聚体（IX型）

154 (C$_{52}$H$_{68}$O$_{18}$, C$_5$D$_5$N)

155 (C$_{52}$H$_{68}$O$_{18}$, C$_5$D$_5$N)

156 (C$_{48}$H$_{64}$O$_{16}$, C$_5$D$_5$N)

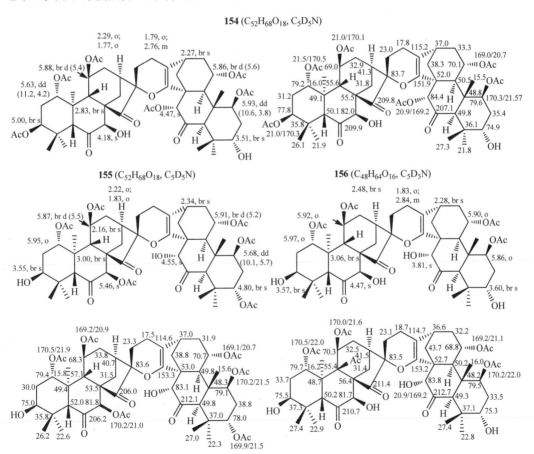

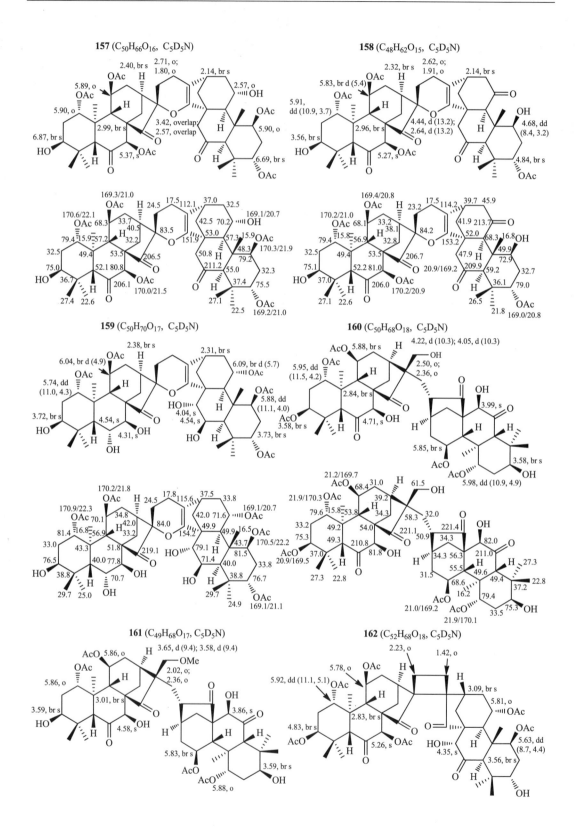

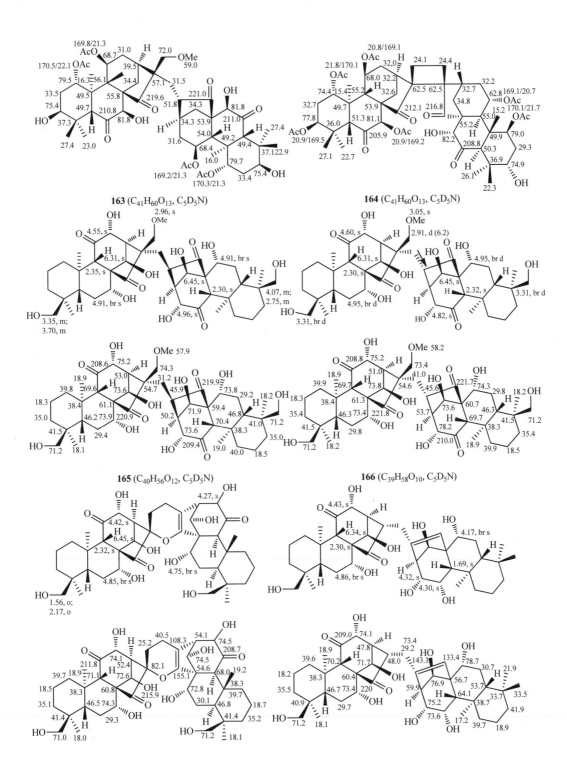

163 (C$_{41}$H$_{60}$O$_{13}$, C$_5$D$_5$N)

164 (C$_{41}$H$_{60}$O$_{13}$, C$_5$D$_5$N)

165 (C$_{40}$H$_{56}$O$_{12}$, C$_5$D$_5$N)

166 (C$_{39}$H$_{58}$O$_{10}$, C$_5$D$_5$N)

167 (C$_{44}$H$_{56}$O$_{14}$, acetone-d_6)

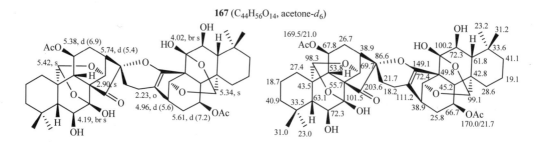

八、新颖对映-贝壳杉烷二萜（X型）

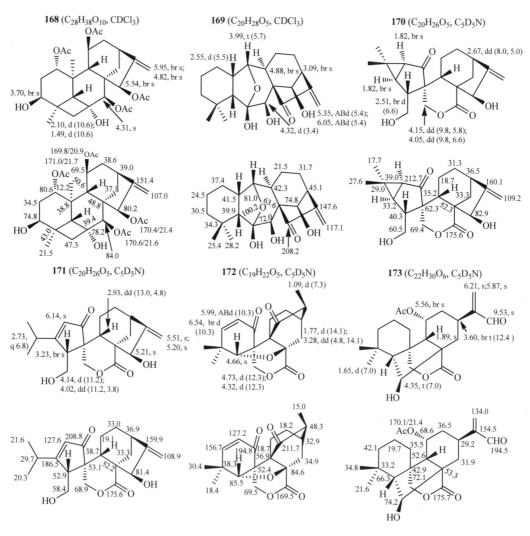

168 (C$_{28}$H$_{38}$O$_{10}$, CDCl$_3$)

169 (C$_{20}$H$_{28}$O$_5$, CDCl$_3$)

170 (C$_{20}$H$_{26}$O$_5$, C$_5$D$_5$N)

171 (C$_{20}$H$_{26}$O$_5$, C$_5$D$_5$N)

172 (C$_{19}$H$_{22}$O$_5$, C$_5$D$_5$N)

173 (C$_{22}$H$_{30}$O$_6$, C$_5$D$_5$N)

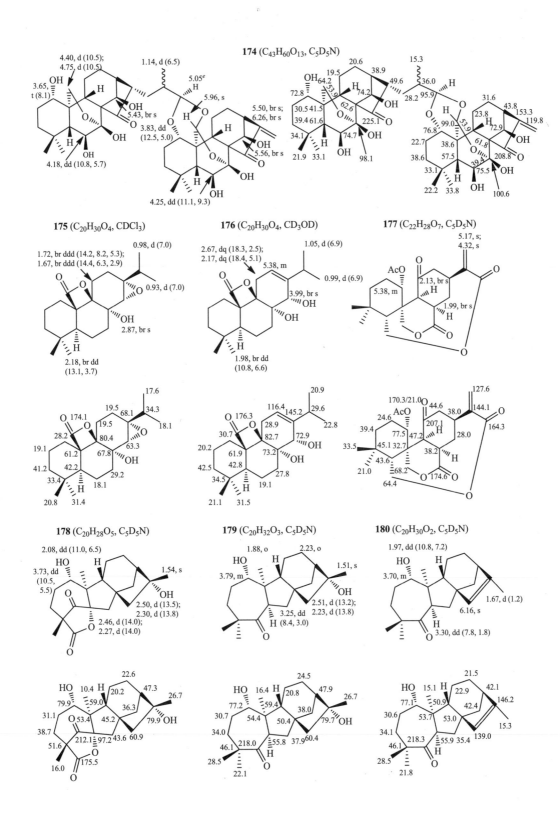

181 (C$_{40}$H$_{54}$O$_{10}$, CDCl$_3$)

182 (C$_{40}$H$_{52}$O$_9$, CDCl$_3$)

183 (C$_{40}$H$_{52}$O$_8$, CDCl$_3$)

184 (C$_{40}$H$_{52}$O$_9$, CDCl$_3$)

表 10-1　贝壳杉烷二萜化合物

编号	名称	来源植物	类型	文献
1	glabcensin A	*Isodon angustifolius*	I	[1]
2	glabcensin B	*Isodon angustifolius*	I	[1]
3	glabcensin C	*Isodon angustifolius*	I	[1]
4	glabcensin D	*Isodon angustifolius*	I	[1]
5	glabcensin E	*Isodon angustifolius*	I	[1]
6	glabcensin F	*Isodon angustifolius*	I	[1]
7	glabcensin G	*Isodon angustifolius*	I	[1]
8	glabcensin H	*Isodon angustifolius*	I	[1]
9	glabcensin I	*Isodon angustifolius*	I	[1]
10	glabcensin M	*Isodon angustifolius*	I	[1]
11	glabcensin N	*Isodon angustifolius*	I	[1]
12	glabcensin O	*Isodon angustifolius*	I	[1]
13	glabcensin P	*Isodon angustifolius*	I	[1]
14	glabcensin V	*Isodon angustifolius*	I	[2]
15	glabcensin W	*Isodon angustifolius*	I	[2]
16	glabcensin X	*Isodon angustifolius*	I	[2]
17	glabcensin Y	*Isodon angustifolius*	I	[2]
18	3-epipseurata B	*Isodon pharicus*	I	[3]
19	12-*O*-acetylpseurata B	*Isodon pharicus*	I	[3]
20	7-*O*-acetylpseurata C	*Isodon pharicus*	I	[3]
21	3β, 14β, 15β-trihydroxy-*ent*-kaur-16-en-12-one	*Isodon pharicus*	I	[3]
22	3β, 12α, 15β-trihydroxy-14β-acetoxy*ent*-kaur-16-ene.	*Isodon pharicus*	I	[3]
23	3α, 7α, 14β, 15β-tetrahydroxy-*ent*-kaur-16-en-12-one	*Isodon pharicus*	I	[3]
24	12-deoxyisodomedin	*Isodon pharicus*	I	[3]
25	dihydropseurata F	*Isodon pharicus*	I	[3]
26	17-methoxydihydropseurata C	*Isodon pharicus*	I	[3]
27	inflexarabdonin D	*Isodon excisus*	I	[4]
28	inflexarabdonin E	*Isodon excisus*	I	[4]
29	excisusin F	*Isodon excisus*	I	[4]
30	glaucocalyxin F	*Rabdosia japonica*	I	[5]
31	glaucocalyxin X	*Rabdosia japonica*	I	[5]
32	sculponeatin N	*Isodon sculponeata*	I	[6]
33	sculponeatin O	*Isodon sculponeata*	I	[6]
34	laxiflorin J	*Isodon eriocalyx* var. *laxiflora*	II	[7]
35	laxiflorin K	*Isodon eriocalyx* var. *laxiflora*	II	[7]
36	laxiflorin M	*Isodon eriocalyx* var. *laxiflora*	II	[7]

编号	名称	来源植物	类型	文献
37	laxiflorin L	*Isodon eriocalyx* var. *laxiflora*	II	[7]
38	maoecrystal A	*Isodon eriocalyx* var. *laxiflora*	II	[7]
39	maoecrystal P	*Isodon eriocalyx* var. *laxiflora*	II	[7]
40	6-hydroxy-15β-acetoxy-3α, 20-epoxy-16β, 17-epoxy-5(6)-ene-*ent*-kaur-1, 7-dione	*Isodon eriocalyx* var. *laxiflora*	II	[8]
41	6β, 13α, 15β-trihydroxy-16-ene-3α, 20-epoxy-*ent*-kaur-1, 7-dione	*Isodon eriocalyx* var. *laxiflora*	II	[8]
42	6-hydroxy-3α, 20-epoxy-5(6)-ene-*ent*-kaur-1, 7, 15-trione	*Isodon eriocalyx* var. *laxiflora*	II	[8]
43	sinuolatin A	*Isodon sinuolata*	III	[9]
44	sinuolatin B	*Isodon sinuolata*	III	[9]
45	sinuolatin C	*Isodon sinuolata*	III	[9]
46	sinuolatin D	*Isodon sinuolata*	III	[9]
47	isoadenolin D	*Isodon adenolomus*	III	[10]
48	isoadenolin E	*Isodon adenolomus*	III	[10]
49	isoadenolin F	*Isodon adenolomus*	III	[10]
50	isoadenolin G	*Isodon adenolomus*	III	[10]
51	isoadenolin H	*Isodon adenolomus*	III	[10]
52	isoadenolin J	*Isodon adenolomus*	III	[10]
53	isoadenolin K	*Isodon adenolomus*	III	[10]
54	isoadenolin L	*Isodon adenolomus*	III	[10]
55	isoadenolin I	*Isodon adenolomus*	III	[10]
56	neolaxiflorin I	*Isodon eriocalyx* var. *laxiflora*	III	[11]
57	neolaxiflorin J	*Isodon eriocalyx* var. *laxiflora*	III	[11]
58	neolaxiflorin K	*Isodon eriocalyx* var. *laxiflora*	III	[11]
59	neolaxiflorin L	*Isodon eriocalyx* var. *laxiflora*	III	[11]
60	neolaxiflorin M	*Isodon eriocalyx* var. *laxiflora*	III	[11]
61	neolaxiflorin N	*Isodon eriocalyx* var. *laxiflora*	III	[11]
62	neolaxiflorin O	*Isodon eriocalyx* var. *laxiflora*	III	[11]
63	neolaxiflorin P	*Isodon eriocalyx* var. *laxiflora*	III	[11]
64	neolaxiflorin Q	*Isodon eriocalyx* var. *laxiflora*	III	[11]
65	neolaxiflorin R	*Isodon eriocalyx* var. *laxiflora*	III	[11]
66	neolaxiflorin S	*Isodon eriocalyx* var. *laxiflora*	III	[11]
67	phyllostacin F	*Isodon phyllostachys*	III	[12]
68	phyllostacin G	*Isodon phyllostachys*	III	[12]
69	jianshirubesin D	*Isodon rubescens*	IV	[13]
70	jianshirubesin E	*Isodon rubescens*	IV	[13]
71	jianshirubesin F	*Isodon rubescens*	IV	[13]
72	isowikstroemin H	*Isodon wikstroemioides*	IV	[14]

续表

编号	名称	来源植物	类型	文献
73	isowikstroemin I	*Isodon wikstroemioides*	IV	[14]
74	isowikstroemin J	*Isodon wikstroemioides*	IV	[14]
75	isowikstroemin K	*Isodon wikstroemioides*	IV	[14]
76	isowikstroemin L	*Isodon wikstroemioides*	IV	[14]
77	isowikstroemin M	*Isodon wikstroemioides*	IV	[14]
78	excisanin H	*Rabdosia excisa*	IV	[15]
79	rabdoinflexin A	*Rabdosia inflexa*	IV	[16]
80	rabdoinflexin B	*Rabdosia inflexa*	IV	[16]
81	pseudoirroratin A	*Isodon pseudo-irrorata*	IV	[17]
82	isoadenolin A	*Isodon adenolomus*	V	[10]
83	isoadenolin B	*Isodon adenolomus*	V	[10]
84	isoadenolin C	*Isodon adenolomus*	V	[10]
85	xerophilusin D	*Isodon xerophilus*	V	[18]
86	xerophilusin E	*Isodon xerophilus*	V	[18]
87	xerophilusin B	*Isodon xerophilus*	V	[19]
88	isorosthornins A	*Isodon rosthornii*	V	[20]
89	isorosthornins B	*Isodon rosthornii*	V	[20]
90	isorosthornins C	*Isodon rosthornii*	V	[20]
91	dihydroponicidin	*Isodon rosthornii*	V	[20]
92	phyllostacin H	*Isodon phyllostachys*	V	[12]
93	phyllostacin I	*Isodon phyllostachys*	V	[12]
94	xerophilusin A	*Isodon enanderiansls*	V	[21]
95	isolushinin G	*Isodon rubescens* var. *lushiensis*	VI	[22]
96	isolushinin H	*Isodon rubescens* var. *lushiensis*	VI	[22]
97	isolushinin I	*Isodon rubescens* var. *lushiensis*	VI	[22]
98	isolushinin J	*Isodon rubescens* var. *lushiensis*	VI	[22]
99	xerophinoid A	*Isodon xerophilus*	VI	[23]
100	glabcensin A	*Isodon angustifolius* var. *glabrescens*	VI	[24]
101	glabcensin B	*Isodon angustifolius* var. *glabrescens*	VI	[24]
102	glabcensin C	*Isodon angustifolius* var. *glabrescens*	VI	[24]
103	glabcensin D	*Isodon angustifolius* var. *glabrescens*	VI	[24]
104	glabcensin E	*Isodon angustifolius* var. *glabrescens*	VI	[24]
105	glabcensin K	*Isodon angustifolius* var. *glabrescens*	VI	[24]
106	glabcensin L	*Isodon angustifolius* var. *glabrescens*	VI	[24]
107	glabcensin M	*Isodon angustifolius* var. *glabrescens*	VI	[24]
108	glabcensin N	*Isodon angustifolius* var. *glabrescens*	VI	[24]

编号	名称	来源植物	类型	文献
109	glabcensin O	*Isodon angustifolius* var. *glabrescens*	VI	[24]
110	glabcensin V	*Isodon angustifolius* var. *glabrescens*	VI	[25]
111	glabcensin W	*Isodon angustifolius* var. *glabrescens*	VI	[25]
112	glabcensin X	*Isodon angustifolius* var. *glabrescens*	VI	[25]
113	glabcensin Y	*Isodon angustifolius* var. *glabrescens*	VI	[25]
114	3-epipseurata B	*Isodon pharicus*	VI	[26]
115	12-*O*-acetylpseurata B	*Isodon pharicus*	VI	[26]
116	7-*O*-acetylpseurata C	*Isodon pharicus*	VI	[26]
117	3β, 14β, 15β-trihydroxy-*ent*-kaur-16-en-12-one	*Isodon pharicus*	VI	[26]
118	3β, 12α, 15β-trihydroxy-14β-acetoxy*ent*-kaur-16-ene	*Isodon pharicus*	VI	[26]
119	3α, 7α, 14β, 15β-tetrahydroxy-*ent*-kaur-16-en-12-one	*Isodon pharicus*	VI	[26]
120	12-deoxyisodomedin	*Isodon pharicus*	VI	[26]
121	dihydropseurata F	*Isodon pharicus*	VI	[26]
122	17-methoxydihydropseurata C	*Isodon pharicus*	VI	[26]
123	pseurata B acetonide	*Isodon pharicus*	VI	[26]
124	sinuolatin E	*Isodon sinuolata*	VII	[9]
125	sculponin M	*Isodon sculponeatus*	VII	[27]
126	sculponin N	*Isodon sculponeatus*	VII	[27]
127	sculponin O	*Isodon sculponeatus*	VII	[27]
128	sculponin P	*Isodon sculponeatus*	VII	[27]
129	sculponin Q	*Isodon sculponeatus*	VII	[27]
130	sculponin R	*Isodon sculponeatus*	VII	[27]
131	sculponin S	*Isodon sculponeatus*	VII	[27]
132	phyllostacin J	*Isodon phyllostachys*	VII	[28]
133	phyllostacin K	*Isodon phyllostachys*	VII	[28]
134	phyllostacin L	*Isodon phyllostachys*	VII	[28]
135	phyllostacin M	*Isodon phyllostachys*	VII	[28]
136	20-epiphyllostacin M	*Isodon phyllostachys*	VII	[28]
137	11-epitaibaijaponicain A	*Isodon phyllostachys*	VII	[28]
138	11, 17-diepitaibaijaponicain A	*Isodon phyllostachys*	VII	[28]
139	phyllostacin N	*Isodon phyllostachys*	VII	[28]
140	20-epiphyllostacin N	*Isodon phyllostachys*	VII	[28]
141	17-epidihydroisodocarpin	*Isodon phyllostachys*	VII	[28]
142	isorosthin A	*Isodon rosthornii*	VII	[29]
143	isorosthin B	*Isodon rosthornii*	VII	[29]
144	sculponeatin N	*Isodon sculponeatus*	VIII	[30]

续表

编号	名称	来源植物	类型	文献
145	sculponeatin O	*Isodon sculponeatus*	Ⅷ	[30]
146	sculponeatin P	*Isodon sculponeatus*	Ⅷ	[30]
147	sculponeatin Q	*Isodon sculponeatus*	Ⅷ	[30]
148	sculponin C	*Isodon sculponeatus*	Ⅷ	[31]
149	ludongnin F	*Isodon rubescens* var. *lushanensis*	Ⅷ	[32]
150	ludongnin G	*Isodon rubescens* var. *lushanensis*	Ⅷ	[32]
151	ludongnin H	*Isodon rubescens* var. *lushanensis*	Ⅷ	[32]
152	ludongnin I	*Isodon rubescens* var. *lushanensis*	Ⅷ	[32]
153	ludongnin J	*Isodon rubescens* var. *lushanensis*	Ⅷ	[32]
154	bistenuifolin A	*Isodon tenuifolius*	Ⅸ	[33]
155	bistenuifolin B	*Isodon tenuifolius*	Ⅸ	[33]
156	bistenuifolin C	*Isodon tenuifolius*	Ⅸ	[33]
157	bistenuifolin D	*Isodon tenuifolius*	Ⅸ	[33]
158	bistenuifolin E	*Isodon tenuifolius*	Ⅸ	[33]
159	bistenuifolin F	*Isodon tenuifolius*	Ⅸ	[33]
160	bistenuifolin G	*Isodon tenuifolius*	Ⅸ	[33]
161	bistenuifolin H	*Isodon tenuifolius*	Ⅸ	[33]
162	bistenuifolin L	*Isodon tenuifolius*	Ⅸ	[33]
163	bisleuconin A	*Isodon leucophyllus*	Ⅸ	[34]
164	bisleuconin B	*Isodon leucophyllus*	Ⅸ	[34]
165	bisleuconin C	*Isodon leucophyllus*	Ⅸ	[34]
166	bisleuconin D	*Isodon leucophyllus*	Ⅸ	[34]
167	enanderinanin J	*Isodon enanderiansls*	Ⅸ	[21]
168	nervonin A	*Isodon nervosus*	Ⅹ	[35]
169	luanchunin A	*Isodon rubescens* var. *lushanensis*	Ⅹ	[36]
170	neolaxiflorin A	*Isodon eriocalyx* var. *laxiflora*	Ⅹ	[37]
171	neolaxiflorin B	*Isodon eriocalyx* var. *laxiflora*	Ⅹ	[37]
172	maoecrystal V	*Isodon eriocalyx*	Ⅹ	[38]
173	maoecrystal Z	*Isodon eriocalyx*	Ⅹ	[39]
174	bisrubescensin A	*Isodon rubescens*	Ⅹ	[40]
175	rubesanolide A	*Isodon rubescens*	Ⅹ	[41]
176	rubesanolide B	*Isodon rubescens*	Ⅹ	[41]
177	ternifolide A	*Isodon ternifolius*	Ⅹ	[42]
178	pierisketolide A	*Pieris formosa*	Ⅹ	[43]
179	pierisketolide B	*Pieris formosa*	Ⅹ	[43]
180	pierisketolide C	*Pieris formosa*	Ⅹ	[43]

续表

编号	名称	来源植物	类型	文献
181	helikaurolide A	*Helianthus annuus* L. var.	X	[44]
182	helikaurolide B	*Helianthus annuus* L. var.	X	[44]
183	helikaurolide C	*Helianthus annuus* L. var.	X	[44]
184	helikaurolide D	*Helianthus annuus* L. var.	X	[44]

参 考 文 献

[1] Zhao Q S，Tian J，Yue J M，et al. *ent*-Kaurane diterpenoids from *Isodon angustifolius* var. *glabresecens*[J]. Journal of Natural Products，1997，60：1075-1081.

[2] Zhao Q S，Lin Z W，Jiang B，et al. Glabcensin V-Y，four *ent*-kaurane diterpenoids from *Isodon angustifolius* var. *glabrescens*[J]. Phytochemistry，1999，50：123-126.

[3] Zhao Y，Pu J X，Huang S X，et al. *ent*-Kaurane diterpenoids from *Isodon pharicus*[J]. Journal of Natural Products，2009，72（6）：988-993.

[4] Hong S S，Lee S A，Kim N，et al. Pyrrolidinone diterpenoid from *Isodon excisus* and inhibition of nitric oxide production in lipopolysaccharide-induced macrophage RAW264.7 cells[J]. Bioorganic and Medicinal Chemistry Letters，2011，21（4）：1279-1281.

[5] Xiang Z B，Xu Y X，Shen Y，et al. Two new diterpenoids from *Rabdosia japonica* var. *glaucocalyx*[J]. Chinese Chemical Letters，2008，39（7）：852-854.

[6] Wang F，Li X M，Liu J K. New terpenoids from *Isodon sculponeata*[J]. Chemical and Pharmaceutical Bulletin，2009，57（5）：525-527.

[7] Niu X M，Li S H，Mei S X，et al. Cytotoxic 3, 20-epoxy-*ent*-kaurane diterpenoids from *Isodon eriocalyx* var. *laxiflora*[J]. Journal of Natural Products，2002，65（12）：1892-1896.

[8] Wang W，Wu H，Du X，et al. *ent*-Kaurane Diterpenoids from *Isodon eriocalyx* var. *laxiflora*[J]. Chinese Journal of Chemistry，2012，30（6）：1226-1230.

[9] He F，Xiao W L，Pu J X，et al. Cytotoxic *ent*-kaurane diterpenoids from *Isodon sinuolata*[J]. Phytochemistry，2009，70（11-12）：1462-1466.

[10] Zhao W，Pu J X，Du X，et al. Structure and cytotoxicity of diterpenoids from *Isodon adenolomus*[J]. Journal of Natural Products，2011，74（5）：1213-1220.

[11] Wang W G，Yang J，Wu H Y，et al. *ent*-Kauranoids isolated from *Isodon eriocalyx* var. *laxiflora*，and their structure activity relationship analyses[J]. Tetrahedron，2015，71（48）：9161-9171.

[12] Li X，Weng Z，Li Y，et al. *ent*-Kaurane diterpenoids from *Isodon phyllostachys*[J]. Helvetica Chimica Acta，2010，91（6）：1130-1136.

[13] Liu X，Zhan R，Wang W G，et al. Three new 11, 20-epoxy-kauranoids from *Isodon rubescens*[J]. Archives of Pharmacal Research，2012，35（12）：2147-2151.

[14] Wu H Y，Wang W G，Du X，et al. Six new cytotoxic and anti-inflammatory 11, 20-epoxy-*ent*-kaurane diterpenoids from *Isodon wikstroemioides*[J]. Chinese Journal of Natural Medicines，2015，13（5）：383-389.

[15] Gui M Y，Aoyagi Y，Jin Y R，et al. Excisanin H，a novel cytotoxic 14, 20-epoxy-*ent*-kaurene diterpenoid，and three new *ent*-kaurene diterpenoids from *Rabdosia excisa*[J]. Journal of Natural Products，2004，67（3）：373-376.

[16] Wang Z Q，Node M，Xu F M，et al. Terpenoids. LIV.：the structures of rabdoinflexins A and B，new diterpenoids from *Rabdosia inflexa*（THUNB.）HARA[J]. Chemical and Pharmaceutical Bulletin，2008，37（10）：2683-2686.

[17] Zhang H J，Fan Z T，G T T，*et al*. Pseudoirroratin A，a new cytotoxic *ent*-kaurene diterpene from *Isodon pseudo-irrorata*[J]. Journal of Natural Products，2002，65（2）：215-217.

[18] Hou A J，Yang H，Liu Y Z，et al. Novel *ent*-kaurane diterpenoids from *Isodon xerophilus*[J]. Chinese Journal of Chemistry，2010，19（4）：365-370.

[19] Hou A J，Li M L，Jiang B，et al. New 7，20：14，20-diepoxy *ent*-kauranoids from *Isodon xerophilus*[J]. Journal of Natural Products，2000，63（5）：599-601.

[20] Zhan R，Du X，Su J，et al. Isorosthornins A-C，new *ent*-kaurane diterpenoids from *Isodon rosthornii*[J]. Natural Products & Bioprospecting，2011，1（3）：116-120.

[21] Na Z，Li S H，Xiang W，et al. A novel asymmetric *ent*-kauranoid dimer from *Isodon enanderianus*[J]. Chinese Journal of Chemistry，2010，20（9）：884-886.

[22] Luo X，Pu J X，Xiao W L，et al. Cytotoxic *ent*-kaurane diterpenoids from *Isodon rubescens* var. *lushiensis*[J]. Journal of Natural Products，2010，73（6）：1112-1116.

[23] Weng Z X，Huang S X，Li M L，et al. Isolation of two bioactive *ent*-kauranoids from the leaves of *Isodon xerophilus*[J]. Journal of Agricultural and Food Chemistry，2007，55（15）：6039-6043.

[24] Zhao Q S，Tian J，Yue J M，et al. *ent*-Kaurane diterpenoids from *Isodon angustifolius* var. *glabresecens*[J]. Journal of Natural Products，1997，60：1075-1081.

[25] Zhao Q S，Lin Z W，Jiang B，et al. Glabcensin V-Y，four *ent*-kaurane diterpenoids from *Isodon angustifolius* var. *Glabrescens*[J]. Phytochemistry，1999，50：123-126.

[26] Zhao Y，Pu J X，Huang S X，et al. *ent*-Kaurane dterpenoids from *Isodon pharicus*[J]. Journal of Natural Products，2009，72（6）：988-993.

[27] Jiang H Y，Wang W G，Zhou M，et al. Enmein-type 6，7-*seco-ent*-kauranoids from *Isodon sculponeatus*[J]. Journal of Natural Products，2013，76（11）：2113-2119.

[28] Yang J，Wang W G，Wu H Y，et al. Bioactive enmein-type *ent*-kaurane diterpenoids from *Isodon phyllostachys*[J]. Journal of Natural Products，2016，79（1）：132-140.

[29] Zhan R，Li X N，Du X，et al. Bioactive *ent*-kaurane diterpenoids from *Isodon rosthornii*[J]. Phytochemistry，2013，76（7）：1267-1275.

[30] Xian L，Pu J X，Weng Z Y，et al. 6，7-*seco-ent*-Kaurane diterpenoids from *Isodon sculponeatus* with cytotoxic activity[J]. Chemistry and Biodiversity，2011，7（12）：2888-2896.

[31] Li L M，Li G Y，Ding L S，et al. Sculponins A-C，three new 6，7-*seco-ent*-kauranoids from *Isodon sculponeatus*[J]. Tetrahedron Letters，2007，48（52）：9100-9103.

[32] Han Q B，Zhao A H，Zhang J X，et al. Cytotoxic constituents of *Isodon rubescens* var. *lushiensis*[J]. Journal of Natural Products，2003，66（10）：1391-1394.

[33] Yang J H，Wang W G，Du X，et al. Heterodimeric *ent*-kauranoids from *Isodon tenuifolius*[J]. Journal of Natural Products，2014，77（11）：2444-53.

[34] Zhang H B，Pu J X，Zhao Y，et al. Bisleuconins A-D：a pair of epimeric *ent*-kauranoid dimers and two new asymmetric analogues isolated from *Isodon leucophyllus*[J]. Tetrahedron Letters，2011，52（46）：6061-6066.

[35] Li L M，Li G Y，Ding L S，et al. *ent*-Kaurane diterpenoids from *Isodon nervosus*[J]. Journal of Natural Products，2008，71（4）：684-688.

[36] Zhang H B，Du X，Pu J X，et al. Two novel diterpenoids from *Isodon rubescens* var. *lushanensis*[J]. Tetrahedron Letters，2010，51（32）：4225-4228.

[37] Wang W G，Du X，Li X N，et al. New bicyclo[3.1.0]hexane unit *ent*-kaurane diterpene and its *seco*-derivative from *Isodon eriocalyx* var. *laxiflora*[J]. Organic Letters，2012，14（1）：302-305.

[38] Li S H，Wang J，Niu X M，et al. Maoecrystal V，cytotoxic diterpenoid with a novel C_{19} skeleton from *Isodon eriocalyx*（Dunn.）hara[J]. Organic Letters，2004，23（13）：4327-4330.

[39]　Han Q B，Cheung S，Tai J，et al. Maoecrystal Z，a cytotoxic diterpene from *Isodon eriocalyx* with a unique skeleton[J]. Organic Letters 2007，38（7）：4727-4730.

[40]　Huang S X，Xiao W L，Li L M，et al. Bisrubescensins A-C：three new dimeric *ent*-kauranoids isolated from *Isodon rubescens*[J]. Organic Letters，2006，8（6）：1157-1160.

[41]　Zou J，Pan L，Li Q，et al. Rubesanolides A and B：diterpenoids from *Isodon rubescens*[J]. Organic Letters，2011，13（6）：1406-1409.

[42]　Zou J，Du X，Pang G，et al. Ternifolide A，a new diterpenoid possessing a rare macrolide motif from *Isodon ternifolius*[J]. Organic Letters，2012，14（12）：3210-3213.

[43]　Niu C S，Li Y，Liu Y B，et al. Pierisketolide A and pierisketones B and C，three diterpenes with an unusual carbon skeleton from the roots of *Pieris formosa*[J]. Organic Letters，2017，19（4）：906-909.

[44]　Torres A，Molinillo J M，Varela R M，et al. Helikaurolides A-D with a diterpene-sesquiterpene skeleton from supercritical fluid extracts of *Helianthus annuus* L. var. Arianna[J]. Organic Letters，2015，17（19）：4730-4733.

第十一章 其他四环二萜化合物

其他四环二萜化合物有如下 10 种类型，详见图 11-1 以及表 11-1，Ⅰ为阿替生和对映-阿替生烷二萜，代表化合物为 **1～12**；Ⅱ为贝叶烷二萜，代表化合物为 **13～23**；Ⅲ为绰奇烷二萜，代表化合物为 **24～38**；Ⅳ为孪生花和阿菲敌可烷二萜，代表化合物为 **39～61**；Ⅴ为滨海孪生花烷二萜，代表化合物为 **62～66**；Ⅵ为木藜芦烷二萜，代表化合物为 **67～109**；Ⅶ为断环木藜芦烷二萜，代表化合物为 **110～120**；Ⅷ为重排木藜芦烷二萜，代表化合物为 **121～123**；Ⅸ为山月桂烷二萜，代表化合物为 **124～127**；Ⅹ为赤霉烷二萜，代表化合物为 **128～130**。

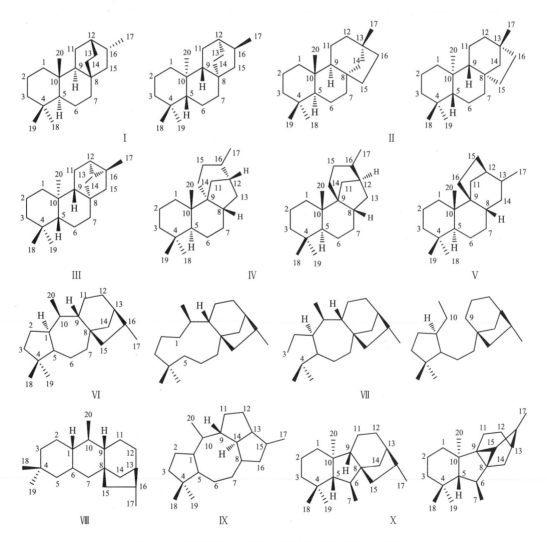

图 11-1　其他四环二萜的 10 种基本骨架（Ⅰ～ Ⅹ型）

一、阿替生和对映-阿替生烷四环二萜（Ⅰ型）

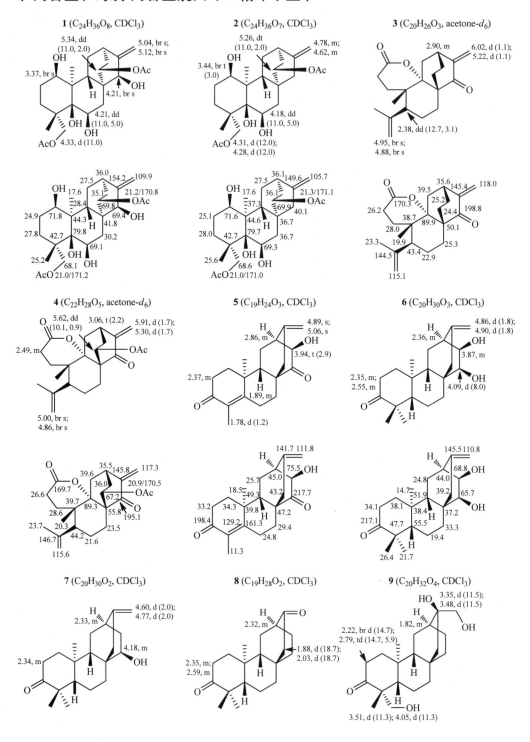

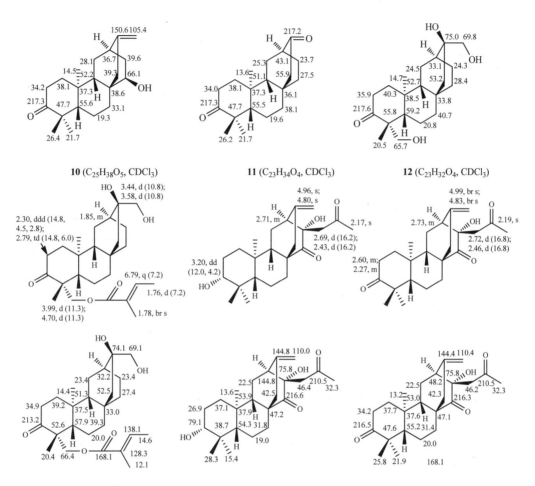

二、贝叶烷四环二萜（Ⅱ型）

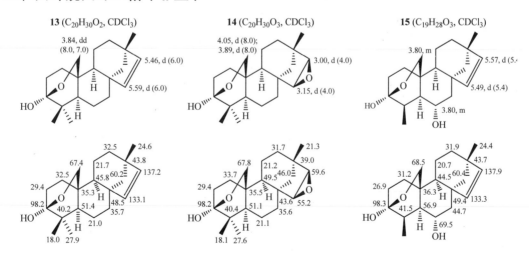

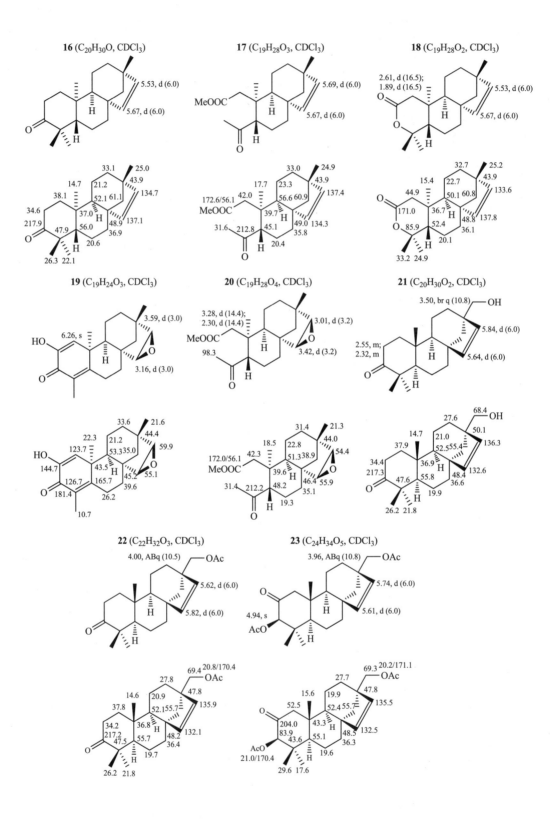

16 (C$_{20}$H$_{30}$O, CDCl$_3$)

17 (C$_{19}$H$_{28}$O$_3$, CDCl$_3$)

18 (C$_{19}$H$_{28}$O$_2$, CDCl$_3$)

19 (C$_{19}$H$_{24}$O$_3$, CDCl$_3$)

20 (C$_{19}$H$_{28}$O$_4$, CDCl$_3$)

21 (C$_{20}$H$_{30}$O$_2$, CDCl$_3$)

22 (C$_{22}$H$_{32}$O$_3$, CDCl$_3$)

23 (C$_{24}$H$_{34}$O$_5$, CDCl$_3$)

三、绰奇烷四环二萜（Ⅲ型）

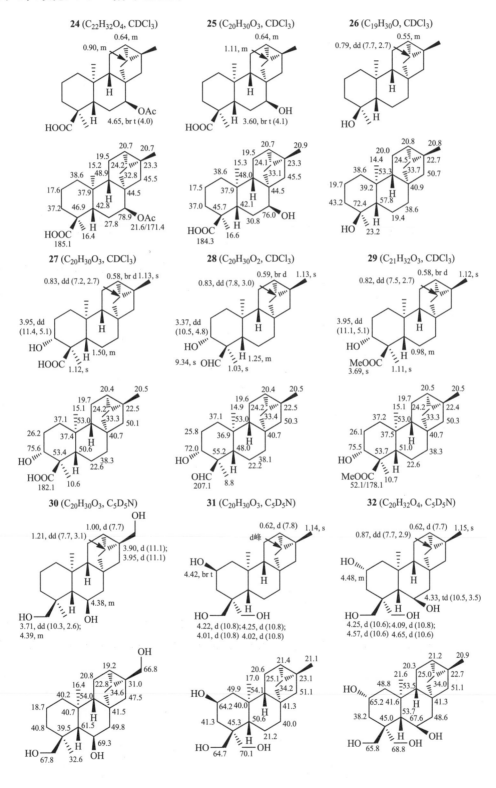

24 (C$_{22}$H$_{32}$O$_4$, CDCl$_3$)

25 (C$_{20}$H$_{30}$O$_3$, CDCl$_3$)

26 (C$_{19}$H$_{30}$O, CDCl$_3$)

27 (C$_{20}$H$_{30}$O$_3$, CDCl$_3$)

28 (C$_{20}$H$_{30}$O$_2$, CDCl$_3$)

29 (C$_{21}$H$_{32}$O$_3$, CDCl$_3$)

30 (C$_{20}$H$_{30}$O$_3$, C$_5$D$_5$N)

31 (C$_{20}$H$_{30}$O$_3$, C$_5$D$_5$N)

32 (C$_{20}$H$_{32}$O$_4$, C$_5$D$_5$N)

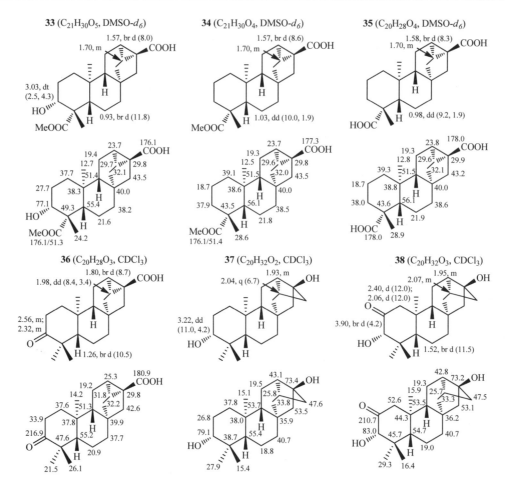

四、孪生花和阿菲敌可烷四环二萜（Ⅳ型）

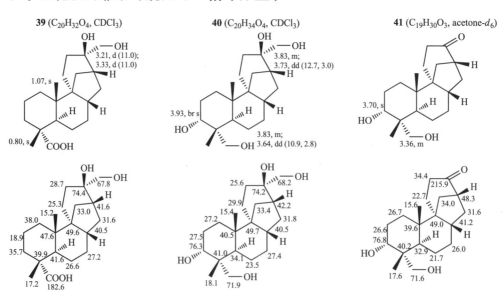

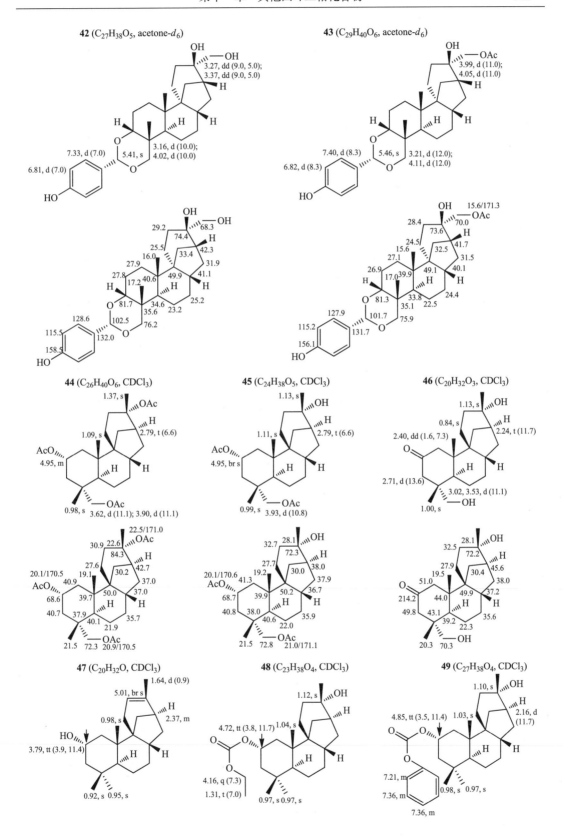

42 (C$_{27}$H$_{38}$O$_5$, acetone-d_6)

OH
—OH
3.27, dd (9.0, 5.0);
3.37, dd (9.0, 5.0)
H
H
7.33, d (7.0)
6.81, d (7.0)
5.41, s
3.16, d (10.0);
4.02, d (10.0)
HO

43 (C$_{29}$H$_{40}$O$_6$, acetone-d_6)

OH
—OAc
3.99, d (11.0);
4.05, d (11.0)
H
H
7.40, d (8.3)
6.82, d (8.3)
5.46, s
3.21, d (12.0);
4.11, d (12.0)
HO

OH
29.2   68.3 —OH
74.4   H
25.5   42.3
16.0   33.4   31.9
27.9   49.9   41.1
27.8   40.6
17.2   34.6   25.2
81.7   23.2
128.6 102.5 35.6
115.5   76.2
132.0
158.5
HO

OH   15.6/171.3
28.4   70.0 —OAc
73.6   H
24.5   41.7
15.6   32.5
27.1   49.1   31.5
26.9   39.9   40.1
17.0   33.8   24.4
81.3   22.5
127.9 75.9
115.2 131.7
156.1
HO

44 (C$_{26}$H$_{40}$O$_6$, CDCl$_3$)

1.37, s
—OAc
1.09, s
2.79, t (6.6)
AcO
4.95, m
H
H
—OAc
0.98, s
3.62, d (11.1); 3.90, d (11.1)

45 (C$_{24}$H$_{38}$O$_5$, CDCl$_3$)

1.13, s
OH
1.11, s
2.79, t (6.6)
AcO
4.95, br s
H
H
—OAc
0.99, s
3.93, d (10.8)

46 (C$_{20}$H$_{32}$O$_3$, CDCl$_3$)

1.13, s OH
0.84, s
2.24, t (11.7)
2.40, dd (1.6, 7.3)
H
O
H
2.71, d (13.6)
3.02, 3.53, d (11.1)
1.00, s
—OH

22.5/171.0
30.9   22.6 OAc
27.6   84.3   H
19.1   30.2   42.7
20.1/170.5   50.0   37.0
40.9   39.7
AcO   37.9   35.7
68.6   21.9
40.7   40.1
21.5   72.3   OAc
20.9/170.5

28.1 OH
32.7   72.3
27.7   H
19.2   30.0   38.0
20.1/170.6   50.2   36.7
41.3   39.9
AcO   38.0   35.9
68.7   22.0
40.8   40.6
21.5   72.8   OAc
21.0/171.1

28.1 OH
32.5   72.2
27.9   H
19.5   30.4   45.6
51.0   49.9   38.0
44.0   37.2
O   43.1   35.6
214.2   22.3
49.8   39.2
20.3   70.3   OH

47 (C$_{20}$H$_{32}$O, CDCl$_3$)

1.64, d (0.9)
5.01, br s
0.98, s
2.37, m
H
HO
3.79, tt (3.9, 11.4)
H
H
0.92, s   0.95, s

48 (C$_{23}$H$_{38}$O$_4$, CDCl$_3$)

1.12, s OH
1.04, s
4.72, tt (3.8, 11.7)
O
H
H
4.16, q (7.3)
0.97, s 0.97, s
1.31, t (7.0)

49 (C$_{27}$H$_{38}$O$_4$, CDCl$_3$)

1.10, s OH
1.03, s
2.16, d (11.7)
4.85, tt (3.5, 11.4)
O
H
H
7.21, m
7.36, m
0.98, s   0.97, s
7.36, m

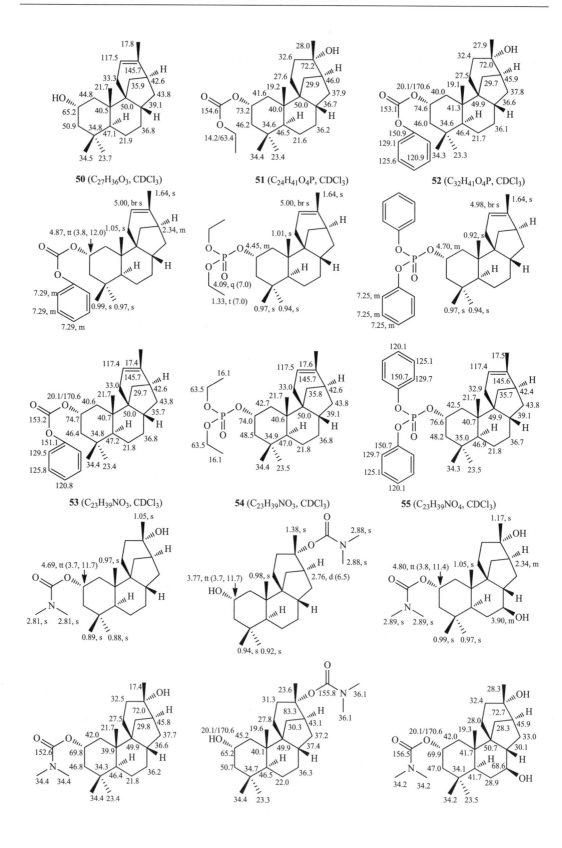

50 (C₂₇H₃₆O₃, CDCl₃)

51 (C₂₄H₄₁O₄P, CDCl₃)

52 (C₃₂H₄₁O₄P, CDCl₃)

53 (C₂₃H₃₉NO₃, CDCl₃)

54 (C₂₃H₃₉NO₃, CDCl₃)

55 (C₂₃H₃₉NO₄, CDCl₃)

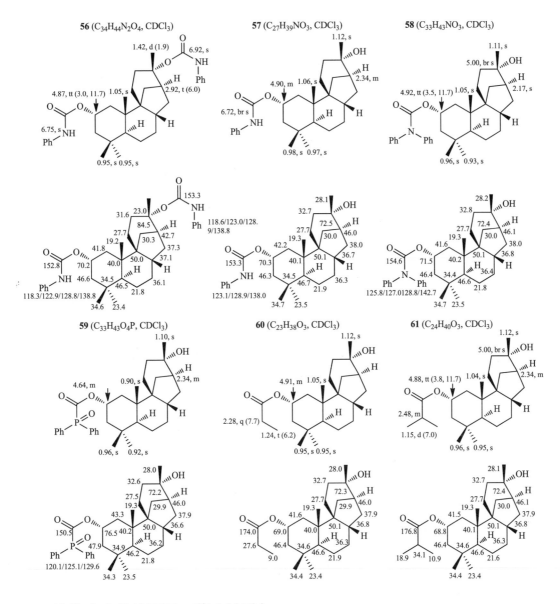

五、滨海孪生花烷四环二萜（V型）

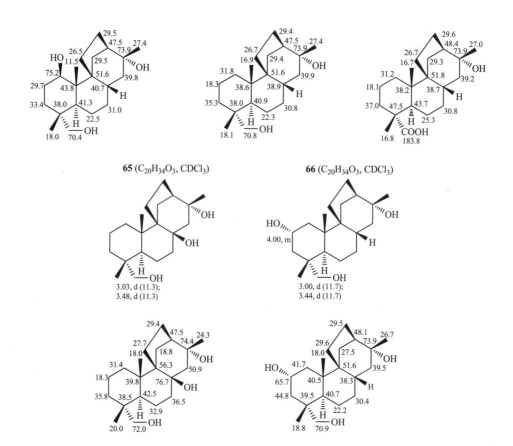

65 (C$_{20}$H$_{34}$O$_3$, CDCl$_3$)　　　　66 (C$_{20}$H$_{34}$O$_3$, CDCl$_3$)

六、木藜芦烷四环二萜（Ⅵ型）

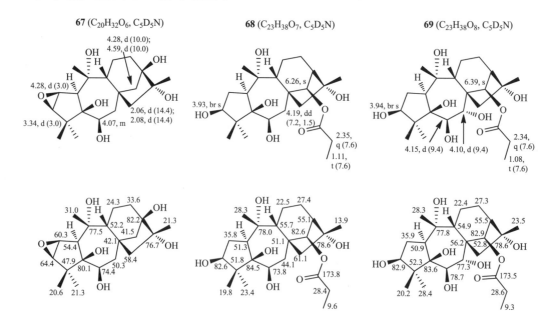

67 (C$_{20}$H$_{32}$O$_6$, C$_5$D$_5$N)　　68 (C$_{23}$H$_{38}$O$_7$, C$_5$D$_5$N)　　69 (C$_{23}$H$_{38}$O$_8$, C$_5$D$_5$N)

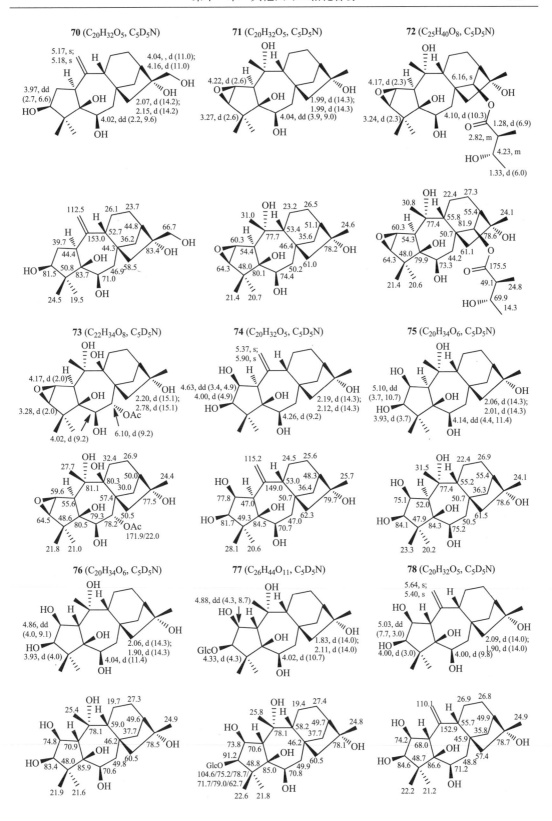

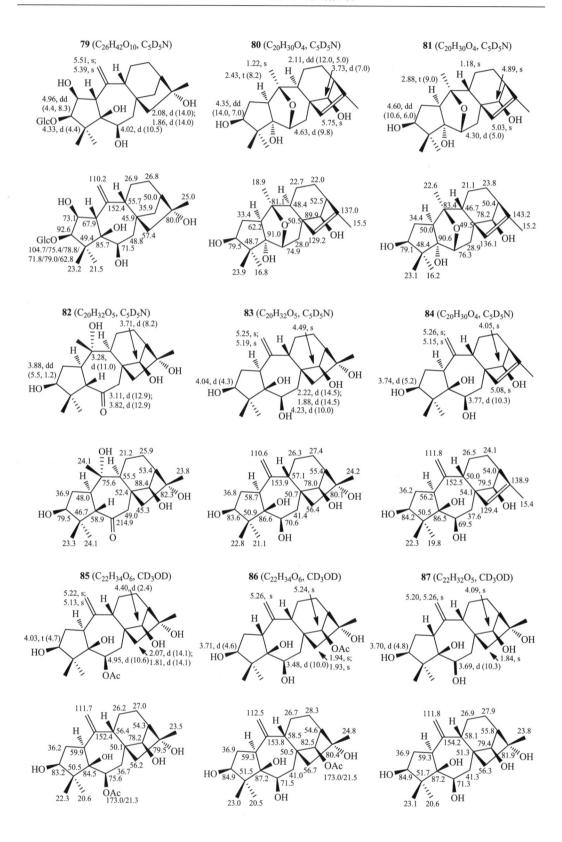

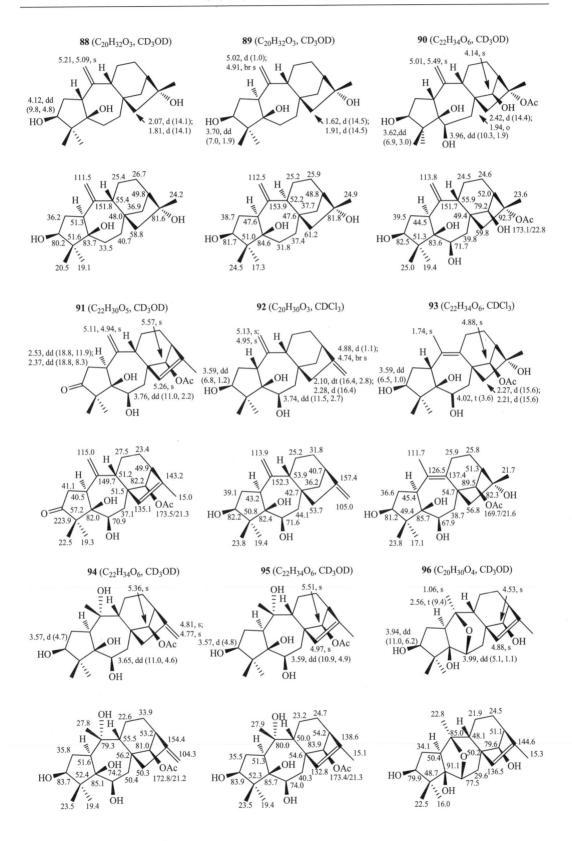

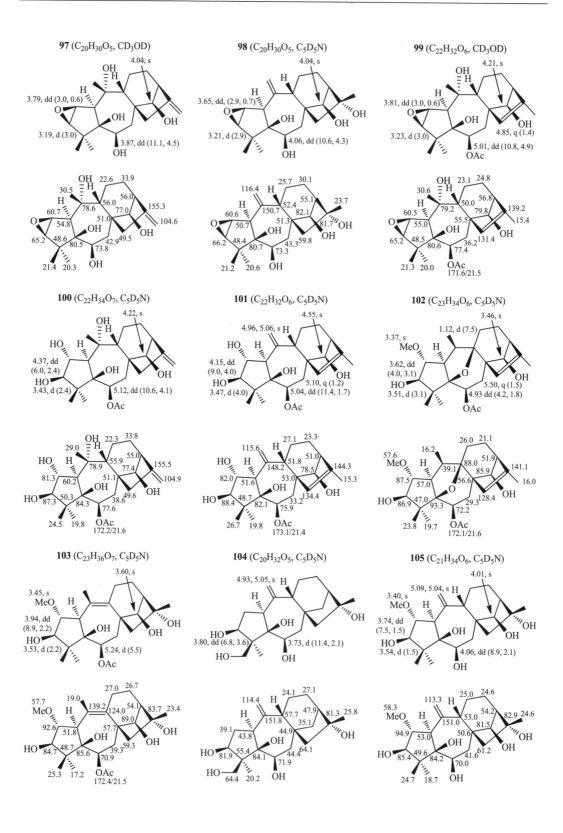

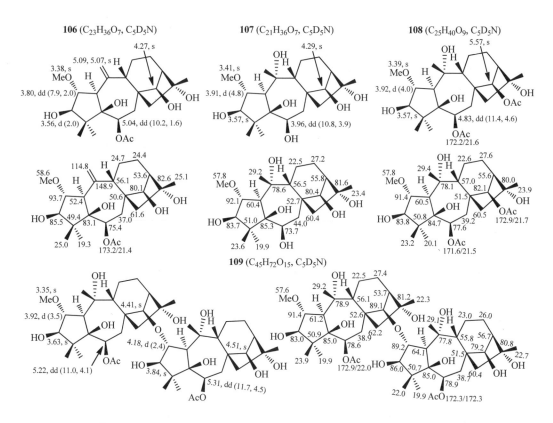

七、断环木藜芦烷四环二萜（Ⅶ型）

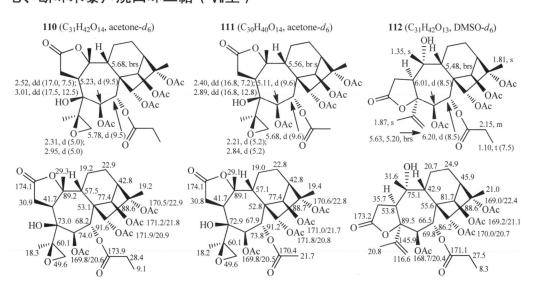

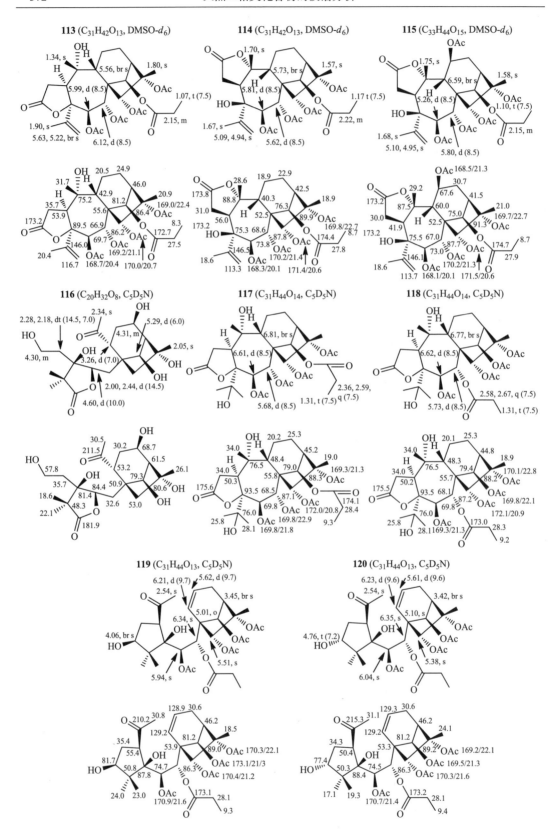

八、重排木藜芦烷四环二萜（VIII型）

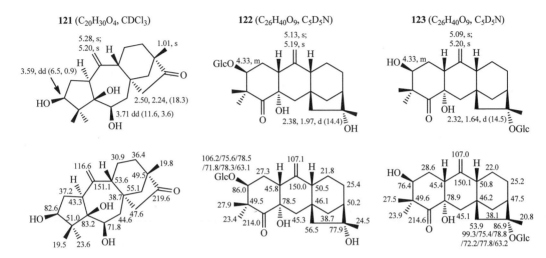

九、山月桂烷四环二萜（IX型）

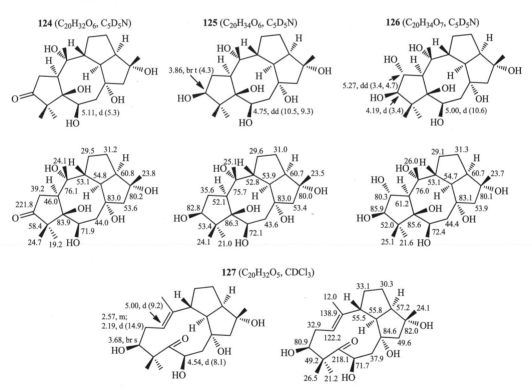

十、赤霉烷四环二萜（X型）

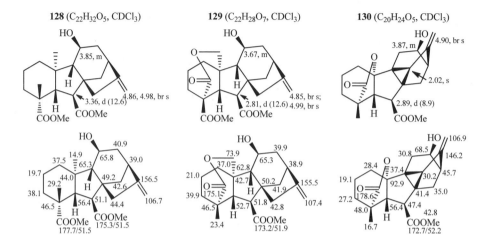

表 11-1　其他四环二萜化合物

编号	名称	来源植物	类型	文献
1	compound **1**	*Lepidolaena clavigera*	I	[1]
2	compound **2**	*Lepidolaena clavigera*	I	[1]
3	crotogoudin	*Croton goudotii*	I	[2]
4	crotobarin	*Croton goudotii*	I	[2]
5	compound **5**	*Euphorbia neriifolia*	I	[3]
6	compound **6**	*Euphorbia neriifolia*	I	[3]
7	compound **7**	*Euphorbia neriifolia*	I	[3]
8	compound **8**	*Euphorbia neriifolia*	I	[3]
9	compound **9**	*Euphorbia neriifolia*	I	[3]
10	compound **10**	*Euphorbia neriifolia*	I	[3]
11	ebractenone A	*Euphorbia ebracteolata*	I	[4]
12	ebractenone B	*Euphorbia ebracteolata*	I	[4]
13	agallochin G	*Excoecaria agallocha*	II	[5]
14	agallochin H	*Excoecaria agallocha*	II	[5]
15	agallochin I	*Excoecaria agallocha*	II	[5]
16	stachenone	*Excoecaria parvifolia*	II	[6]
17	methyl *ent*-2, 4-*seco*-4-oxo-3, 19-dinorbeyer-15-en-2-oate	*Excoecaria parvifolia*	II	[6]
18	*ent*-3-oxa-beyer-15-en-2-one	*Excoecaria parvifolia*	II	[6]
19	*ent*-15, 16-epoxy-2-hydroxy-19-norbeyer-1, 4-dien-3-one	*Excoecaria parvifolia*	II	[6]
20	methyl *ent*-2, 4-*seco*-15, 16-epoxy-4-oxo-3, 19-dinorbeyer-15-en-2-oate	*Excoecaria parvifolia*	II	[6]
21	rhizophorin C	*Rhizophora mucronata*	II	[7]
22	20α-diacetoxy-rhizophorin C	*Rhizophora mucronata*	II	[7]

续表

编号	名称	来源植物	类型	文献
23	rhizophorin D	*Rhizophora mucronata*	Ⅱ	[7]
24	*ent*-7α-acetoxytrachyloban-18-oic acid	*Xylopia langsdorffiana*	Ⅲ	[8]
25	*ent*-7α-hydroxytrachyloban-18-oic acid	*Xylopia langsdorffiana*	Ⅲ	[8]
26	*ent*-trachyloban-4β-ol	*Rhizopus arrhizus*	Ⅲ	[9]
27	*ent*-3β-hydroxytrachyloban-18-oic acid	*Mitrephora alba*	Ⅲ	[10]
28	*ent*-3β-hydroxytrachyloban-18-al	*Mitrephora alba*	Ⅲ	[10]
29	methyl *ent*-3β-hydroxytrachyloban-18-oate	*Mitrephora alba*	Ⅲ	[10]
30	6α，18，19-*ent*-trachylobantriol	*Psiadia punctulata*	Ⅲ	[11]
31	2α，17，18-*ent*-trachylobantriol	*Psiadia punctulata*	Ⅲ	[11]
32	2β，6α，18，19-*ent*-trachylobantriol	*Psiadia punctulata*	Ⅲ	[11]
33	3α-hydroxy-*ent*-trachylobane-17，19-dioic acid 19-methyl ester	*Trewia nudiflora*	Ⅲ	[12]
34	*ent*-trachylobane-17，19-dioic acid 19-methyl ester	*Trewia nudiflora*	Ⅲ	[12]
35	*ent*-trachylobane-17，19-dioic acid	*Trewia nudiflora*	Ⅲ	[12]
36	3-oxo-*ent*-trachyloban-17-oic acid	*Euphorbia wallichii*	Ⅲ	[13]
37	wallichanol A	*Euphorbia wallichii*	Ⅲ	[13]
38	wallichanol B	*Euphorbia wallichii*	Ⅲ	[13]
39	16β，17-dihydroxyaphidicolan-18-oic acid	*Cephalosporium aphidicola*	Ⅳ	[14]
40	aphidicolin	*Cephalosporium aphidicola*	Ⅳ	[15]
41	3α，18-dihydroxy-17-noraphidicolan-16-one	*Cephalosporium aphidicola*	Ⅳ	[15]
42	inflatin A	*Tolypocladium inflatum*	Ⅳ	[16]
43	inflatin B	*Tolypocladium inflatum*	Ⅳ	[16]
44	2α，13，18-triacetoxystemodane	*Beauveria bassiana*	Ⅳ	[17]
45	2α，18-diacetoxy-13-hydroxystemodane	*Beauveria bassiana*	Ⅳ	[17]
46	13，18-dihydroxystemodan-2-one	*Beauveria bassiana*	Ⅳ	[17]
47	2α-hydroxystemod-12-ene	*Beauveria bassiana*	Ⅳ	[17]
48	2α-ethylcarbonyloxy-13-hydroxystemodane	*Beauveria bassiana*	Ⅳ	[17]
49	13-hydroxy-2α-phenylcarbonyloxystemodane	*Beauveria bassiana*	Ⅳ	[17]
50	2α-phenylcarbonyloxystemod-12-ene	*Beauveria bassiana*	Ⅳ	[17]
51	2α-diethylpho-sphatostemod-12-ene	*Beauveria bassiana*	Ⅳ	[17]
52	2α-diphenylpho-sphatostemod-12-ene	*Beauveria bassiana*	Ⅳ	[17]
53	2α-dimethylcarbamoxy-13-hydroxystemodane	*Beauveria bassiana*	Ⅳ	[17]
54	13-dimethylcarbamoxy-2α-hydroxystemodane	*Beauveria bassiana*	Ⅳ	[17]
55	2α-dimethylcarbamoxy-7，13-dihydroxystemodane	*Beauveria bassiana*	Ⅳ	[17]
56	2α，13-bis（phenylcarba-moxy）stemodane	*Beauveria bassiana*	Ⅳ	[17]
57	13-hydroxy-2α-phenylcarbamoxystemodane	*Beauveria bassiana*	Ⅳ	[17]
58	2α-diphenylcarbamyloxy-13-hydroxystemodane	*Beauveria bassiana*	Ⅳ	[17]

编号	名称	来源植物	类型	文献
59	2α-diphenylphosphato-13-hydroxystemodane	*Beauveria bassiana*	IV	[17]
60	13-hydroxy-2α--propionoxystemodane	*Beauveria bassiana*	IV	[17]
61	13-hydroxy-2α-isobutyroxystemodane	*Beauveria bassiana*	IV	[17]
62	stemarin	*Stemodia maritima*	V	[17]
63	1α, 13, 19-trihydroxystemarane	*Stemodia maritima*	V	[17]
64	13-hydro-xystemarane-19-carboxylic acid	*Stemodia maritima*	V	[17]
65	1β, 13, 19-trihydroxystemarane	*Whetzelinia sclerotiorum*	V	[18]
66	13-hydroxystemarane-19-carboxylic acid	*Whetzelinia sclerotiorum*	V	[18]
67	craiobiotoxin IX	*Rhododendron decorum*	VI	[19]
68	pierisformosin B	*Pieris formosa*	VI	[20]
69	pierisformosin A	*Pieris formosa*	VI	[20]
70	craiobiotoxin I	*Craiobiodendron yunnanense*	VI	[21]
71	craiobiotoxin II	*Craiobiodendron yunnanense*	VI	[21]
72	craiobiotoxin III	*Craiobiodendron yunnanense*	VI	[21]
73	craiobiotoxin IV	*Craiobiodendron yunnanense*	VI	[21]
75	craiobiotoxin V	*Craiobiodendron yunnanense*	VI	[21]
76	craiobiotoxin VI	*Craiobiodendron yunnanense*	VI	[21]
77	craiobiotoxin VII	*Craiobiodendron yunnanense*	VI	[21]
78	craiobiotoxin VII	*Craiobiodendron yunnanense*	VI	[21]
79	craiobioside A	*Craiobiodendron yunnanense*	VI	[21]
80	craiobioside B	*Craiobiodendron yunnanense*	VI	[21]
81	principinol A	*Rhododendron principis*	VI	[22]
83	principinol B	*Rhododendron principis*	VI	[22]
84	principinol C	*Rhododendron principis*	VI	[22]
85	principinol D	*Rhododendron principis*	VI	[22]
86	principinol E	*Rhododendron principis*	VI	[22]
87	principinol F	*Rhododendron principis*	VI	[22]
88	1-*epi*-grayanotoxin IV	*Rhododendron micranthum*	VI	[23]
89	1-*epi*-grayanotoxin II	*Rhododendron micranthum*	VI	[23]
90	6-deoxy-1-*epi*-grayanotoxin XVII	*Rhododendron micranthum*	VI	[23]
91	6-deoxygrayanotoxin XVII	*Rhododendron micranthum*	VI	[23]
92	16-acetylgrayanotoxin II	*Rhododendron micranthum*	VI	[23]
93	3-oxograyanotoxin IX	*Rhododendron micranthum*	VI	[23]
94	14-deoxygrayanotoxin VIII	*Rhododendron micranthum*	VI	[23]
95	14-acetylisograyanotoxin II	*Rhododendron micranthum*	VI	[23]
96	rhodomicranol C	*Rhododendron micranthum*	VI	[23]

编号	名称	来源植物	类型	文献
97	rhodomicranol D	*Rhododendron micranthum*	VI	[23]
98	rhodomicranol E	*Rhododendron micranthum*	VI	[23]
99	mollfoliagein B	*Rhododendron molle*	VI	[24]
100	mollfoliagein C	*Rhododendron molle*	VI	[24]
101	mollfoliagein D	*Rhododendron molle*	VI	[24]
102	mollfoliagein E	*Rhododendron molle*	VI	[24]
103	mollfoliagein F	*Rhododendron molle*	VI	[24]
104	mollfoliagein G	*Rhododendron molle*	VI	[24]
105	mollfoliagein H	*Rhododendron molle*	VI	[24]
106	mollfoliagein I	*Rhododendron molle*	VI	[24]
107	mollfoliagein J	*Rhododendron molle*	VI	[24]
108	mollfoliagein K	*Rhododendron molle*	VI	[24]
109	bimollfoliagein A	*Rhododendron molle*	VI	[24]
110	pierisoid A	*Pieris formosa*	VII	[25]
111	pierisoid B	*Pieris formosa*	VII	[25]
112	secorhodomollolide A	*Rhododendron molle*	VII	[26]
113	secorhodomollolide B	*Rhododendron molle*	VII	[26]
114	secorhodomollolide C	*Rhododendron molle*	VII	[26]
115	secorhodomollolide D	*Rhododendron molle*	VII	[26]
116	mollolide A	*Rhododendron molle*	VII	[27]
117	pierisformotoxin A	*Pieris formosa*	VII	[28]
118	pierisformotoxin B	*Pieris formosa*	VII	[28]
119	secopieristoxin A	*Pieris formosa*	VII	[29]
120	secopieristoxin B	*Pieris formosa*	VII	[29]
121	micranthanone A	*Rhododendron micranthum*	VIII	[30]
122	pierisformoside D	*Pieris formosa*	VIII	[31]
123	pierisformoside E	*Pieris formosa*	VIII	[31]
124	rhodomolleins XV	*Rhododendron molle*	IX	[32]
125	kalmanol	*Kalmia angustifolia*	IX	[33]
126	rhodomollein XIV	*Rhododendron molle*	IX	[34]
127	*seco*-rhodomollone	*Rhododendron molle*	IX	[35]
128	GA133	synthesis	X	[36]
129	GA134	synthesis	X	[36]
130	12β-hydroxy-GA103	synthesis	X	[37]

参 考 文 献

[1]　Perry N B，Burgess E J，Baek S H，et al. The first atisane diterpenoids from a liverwort: polyols from *Lepidolaena clavigera*[J]. Organic Letters，2010，33（22）：4243-4245.

[2]　Rakotonandrasana O L，Raharinjato F H，Rajaonarivelo M，et al. Cytotoxic 3，4-*seco*-atisane diterpenoids from *Croton barorum* and *Croton goudotii*[J]. Journal of Natural Products，2010，73（10）：1730-1733.

[3]　Zhao J X，Liu C P，Qi W Y，et al. Eurifoloids A-R，structurally diverse diterpenoids from *Euphorbia neriifolia*[J]. Journal of Natural Products，2014，77（10）：2224-2233.

[4]　Wang B，Wei Y，Zhao X，et al. Unusual *ent*-atisane type diterpenoids with 2-oxopropyl skeleton from the roots of *Euphorbia ebracteolata* and their antiviral activity against human rhinovirus 3 and enterovirus 71[J]. Bioorganic Chemistry，2018，81：234-240.

[5]　Anjaneyulu A S R，Rao V L，Sreedhar K. *ent*-kaurane and beyerane diterpenoids from *Excoecaria agallocha*[J]. Journal of Natural Products，2002，65（3）：382-285.

[6]　Grace M H，Faraldos J A，Lila M A，et al. *ent*-Beyerane diterpenoids from the heartwood of *Excoecaria parvifolia*[J]. Phytochemistry，2007，68（4）：546-553.

[7]　Anjaneyulu A S R，Anjaneyulu V，Rao V L. New beyerane and isopimarane diterpenoids from *Rhizophora mucronata*[J]. Journal of Asian Natural Products Research，2002，4（1）：53-60.

[8]　Tavares J F，Queiroga K F，Silva M V B，et al. *ent*-Trachylobane diterpenoids from *Xylopia langsdorffiana*[J]. Journal of Natural Products，2006，69（6）：960-962.

[9]　Leverrier A，Martin M T，Servy C，et al. Rearranged diterpenoids from the biotransformation of *ent*-trachyloban-18-oic acid by *Rhizopus arrhizus*[J]. Journal of Natural Products，2010，73（6）：1121-1125.

[10]　Rayanil K，Limpanawisut S，Tuntiwachwuttikul P. *ent*-Pimarane and *ent*-trachylobane diterpenoids from *Mitrephora alba* and their cytotoxicity against three human cancer cell lines[J]. Phytochemistry，2013，89（3）：125-130.

[11]　Juma B F，Midiwo J O，Yenesew A，et al. Three *ent*-trachylobane diterpenes from the leaf exudates of *Psiadia punctulata*[J]. Phytochemistry，2006，67（13）：1322-1325.

[12]　Xin W，Lu C H，Shen Y M. Three new *ent*-trachylobane diterpenoids from co-cultures of the calli of *Trewia nudiflora* and *Fusarium* sp. WXE.[J]. Helvetica Chimica Acta，2009，92（12）：2783-2789.

[13]　Pan L，Zhou P，Zhang X F，et al. Skeleton-rearranged pentacyclic diterpenoids possessing a cyclobutane ring from *Euphorbia wallichii*[J]. Organic Letters，2006，8（13）：2775-2778.

[14]　Hanson J R，Truneh A. 16β，17-dihydroxyaphidicolan-18-oic acid，a minor diterpenoid metabolite of *Cephalosporium aphidicola*[J]. Phytochemistry，1998，47（3）：423-424.

[15]　Carmelo J. Rizzo，John L. Wood，George T. Furst，et al. Aphidicolin synthetic studies，2. 2D NMR analysis of aphidicolin and its degradation products 3α，18-dihydroxy-17-noraphidicolan-16-one and 3α，18-isopropylidenedioxy-17-noraphidicolan-16-one[J]. Journal of Natural Products，1990，14（53）：735-739.

[16]　Lin J，Chen X，Cai X，et al. Isolation and characterization of aphidicolin and chlamydosporol derivatives from *Tolypocladium inflatum*[J]. Journal of Natural Products，2011，74（8）：1798-804.

[17]　Buchanan G O，Reese P B. Biotransformation of diterpenes and diterpene derivatives by *Beauveria bassiana* ATCC 7159[J]. Phytochemistry，2001，56（2）：141-151.

[18]　Chen A R，Ruddock P L，Lamm A S，et al. Stemodane and stemarane diterpenoid hydroxylation by Mucor plumbeus and *Whetzelinia sclerotiorum*[J]. Phytochemistry，2005，66（16）：1898-1902.

[19]　Wei D Z，Hui Z J，Gang C，et al. A new grayanane diterpenoid from *Rhododendron decorum*[J]. Fitoterapia，2008，79（7）：602-604.

[20]　Wang L Q，Ding B Y，Qin G W，et al. Grayanoids from *Pieris formosa*[J]. Phytochemistry，1998，49（7）：2045-2048.

[21]　Zhang H P，Wang L Q，Qin G W. Grayanane diterpenoids from the leaves of *Craiobiodendron yunnanense*[J]. Bioorganic &

Medicinal Chemistry, 2005, 13 (17): 5289-5298.

[22]　Liu C C, Lei C, Zhong Y, et al. Novel grayanane diterpenoids from *Rhododendron principis*[J]. Tetrahedron, 2014, 70 (29): 4317-4322.

[23]　Zhang M, Xie Y, Zhan G, et al. Grayanane and leucothane diterpenoids from the leaves of *Rhododendron micranthum*[J]. Phytochemistry, 2015, 117: 107-115.

[24]　Zhou J, Liu T, Zhang H, et al. Anti-inflammatory grayanane diterpenoids from the leaves of *Rhododendron molle*[J]. Journal of Natural Products, 2018, 81 (1): 151-162.

[25]　Li C H, Niu X M, Luo Q, et al. Novel polyesterified 3, 4-*seco*-grayanane diterpenoids as antifeedants from *Pieris formosa*[J]. Organic Letters, 2010, 12 (10): 2426-2429.

[26]　Wang S, Lin S, Zhu C, et al. Highly acylated diterpenoids with a new 3, 4-Secograyanane skeleton from the flower buds of *Rhododendron molle*[J]. Organic Letters, 2010, 12 (7): 1560-1563.

[27]　Li Y, Liu Y B, Zhang J J, et al. Mollolide A, a diterpenoid with a new 1, 10: 2, 3-disecograyanane skeleton from the roots of *Rhododendron molle*[J]. Organic Letters, 2013, 15 (12): 3074-3077.

[28]　Wang W G, Wu Z Y, Chen R, et al. Pierisformotoxins A-D, polyesterified grayanane diterpenoids from *Pieris formosa* and their cAMP-decreasing activities[J]. Chemistry and Biodiversity, 2013, 10 (6): 1061-1071.

[29]　Wu Z Y, Li H Z, Wang W G, et al. Secopieristoxins A and B, two unusual diterpenoids with a new 9, 10-secograyanane skeleton from the fruits of *Pieris formosa*[J]. Phytochemistry Letters, 2012, 5 (1): 87-90.

[30]　Zhang M, Zhu Y, Zhan G, et al. Micranthanone A, a new diterpene with an unprecedented carbon skeleton from *Rhododendron micranthum*[J]. Organic Letters, 2013, 15 (12): 3094-3097.

[31]　Wang L Q, Chen S N, Cheng K F, et al. Diterpene glucosides from *Pieris formosa*[J]. Phytochemistry, 2000, 54 (8): 847-852.

[32]　Li C J, Wang L Q, Chen S N, et al. Diterpenoids from the fruits of *Rhododendron molle*[J]. Journal of Natural Products, 2000, 63 (9): 1214-1217.

[33]　Burke J W, Doskotch R W, C. Z. Ni, et al. Kalmanol, a pharmacologically active diterpenoid with a new ring skeleton from *Kalmia angustifolia* L[J]. Journal of the American Chemical Society, 1989, 20 (44): 5831-5833.

[34]　Chen S N, Zhang H P, Wang L Q, et al. Diterpenoids from the flowers of *Rhododendron molle*[J]. Journal of Natural Products, 2004, 67 (11): 1903-1906.

[35]　Zhou S Z, Yao S, Tang C, et al. Diterpenoids from the flowers of *Rhododendron molle*[J]. Journal of Natural Products, 2014, 77 (5): 1185-1192.

[36]　Le T P, Mander L N, Koshioka M, et al. Confirmation of structure and synthesis of three new 11β-OH C_{20} gibberellins from loquat fruit[J]. Tetrahedron, 2008, 64 (21): 4835-4851.

[37]　Pour M, Wynne G M, Mander L N, et al. Synthesis of 12-hydroxy 9, 15-cyclogibberellins[J]. Tetrahedron Letters, 1998, 39 (14): 1991-1994.

第十二章　紫杉烷二萜类化合物

紫杉烷二萜类化合物有如下 12 种类型，详见图 12-1 以及表 12-1，Ⅰ 为常规 6/8/6 紫杉烷二萜，代表化合物为 **1~21**；Ⅱ 为重排 5/7/6 或 11（15→1）迁移紫杉烷二萜，代表化合物为 **22~26**；Ⅲ 为 6/10/6 或 2（3→20）迁移紫杉烷二萜，代表化合物为 **27~30**；Ⅳ 为 6/12 或 3,8-断裂紫杉烷二萜，代表化合物为 **31~37**；Ⅴ 为 6/5/5/6 或 3,11-成环紫杉烷二萜，代表化合物为 **38~39**；Ⅵ 为 5/6/6 或 11（15→1）和 11（10→9）迁移紫杉烷二萜，代表化合物为 **40~42**；Ⅶ 为 6/5/5/6/5 或 3,11 和 12,20 成环紫杉烷二萜，代表化合物为 **43** 和 **44**；Ⅷ 为 6/6/8/6 或 14,20 成环紫杉烷二萜，代表化合物为 **45**；Ⅸ 为 14-高紫杉烷二萜，代表化合物为 **46**；Ⅹ 为 6/5/5/6/4 或 3,11 和 4,12 成环紫杉烷二萜，代表化合物为 **47**；Ⅺ 为 5/5/4/6/6/6 或 3，11、4、12 和 14，20 成环紫杉烷二萜，代表化合物为 **48**；Ⅻ 为 8/6 或 11,12-断裂紫杉烷二萜，代表化合物为 **49**。

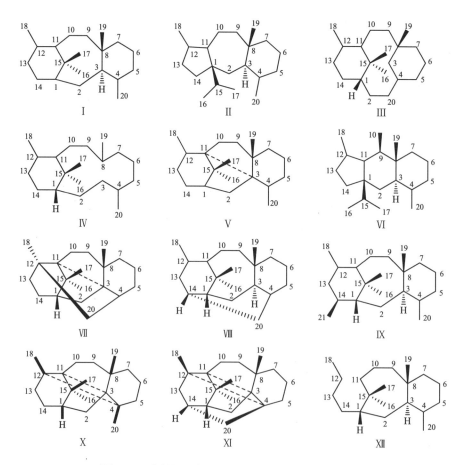

图 12-1　紫杉烷二萜的 12 种基本骨架（Ⅰ~Ⅻ型）

一、常规 6/8/6 紫杉烷二萜（Ⅰ型）

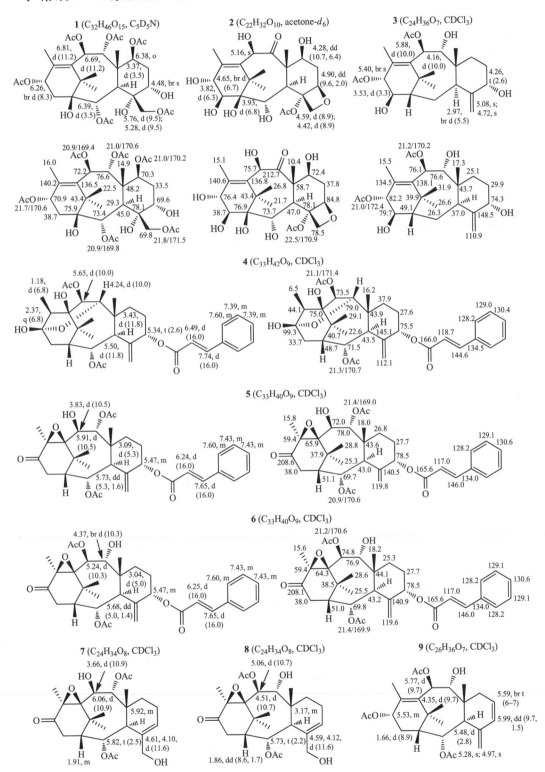

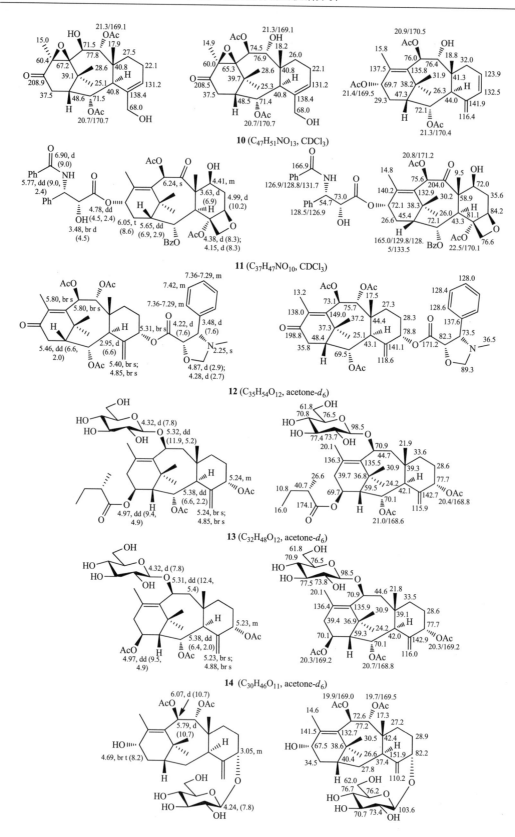

10 (C$_{47}$H$_{51}$NO$_{13}$, CDCl$_3$)

11 (C$_{37}$H$_{47}$NO$_{10}$, CDCl$_3$)

12 (C$_{35}$H$_{54}$O$_{12}$, acetone-d_6)

13 (C$_{32}$H$_{48}$O$_{12}$, acetone-d_6)

14 (C$_{30}$H$_{46}$O$_{11}$, acetone-d_6)

15 (C₃₇H₅₁NO₉, acetone-*d₆*)

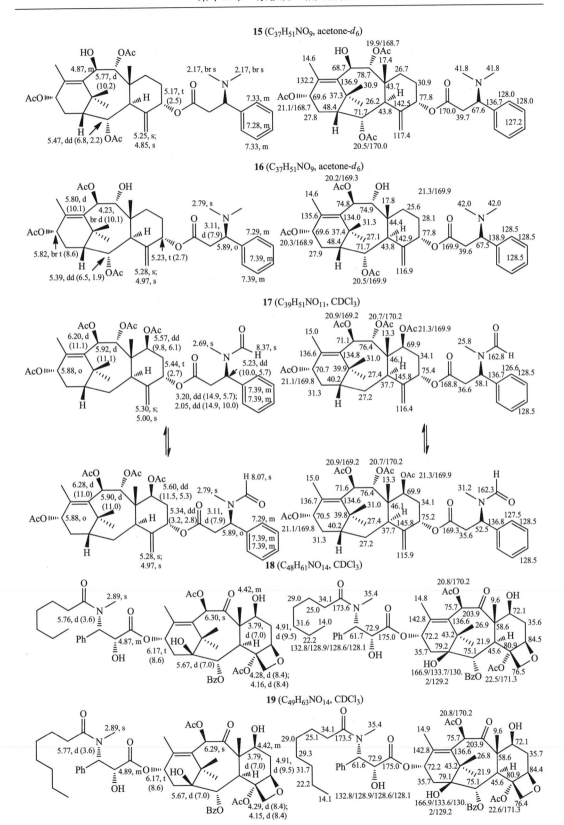

16 (C₃₇H₅₁NO₉, acetone-*d₆*)

17 (C₃₉H₅₁NO₁₁, CDCl₃)

18 (C₄₈H₆₁NO₁₄, CDCl₃)

19 (C₄₉H₆₃NO₁₄, CDCl₃)

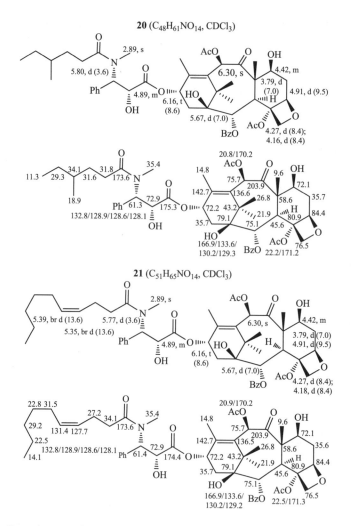

20 (C$_{48}$H$_{61}$NO$_{14}$, CDCl$_3$)

21 (C$_{51}$H$_{65}$NO$_{14}$, CDCl$_3$)

二、重排 5/7/6 或 11（15→1）迁移紫杉烷二萜（Ⅱ型）

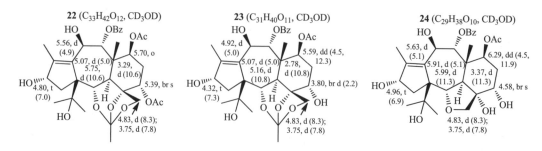

22 (C$_{33}$H$_{42}$O$_{12}$, CD$_3$OD)　　　　　**23** (C$_{31}$H$_{40}$O$_{11}$, CD$_3$OD)　　　　　**24** (C$_{29}$H$_{38}$O$_{10}$, CD$_3$OD)

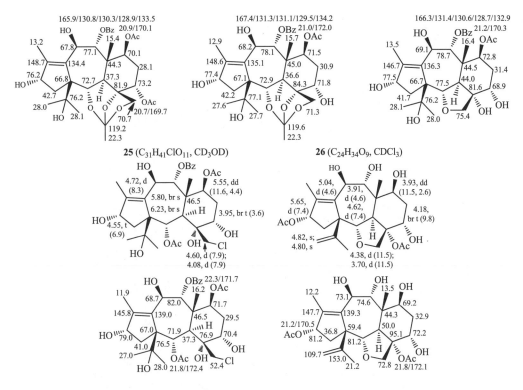

三、6/10/6 或 2（3→20）迁移紫杉烷二萜（Ⅲ型）

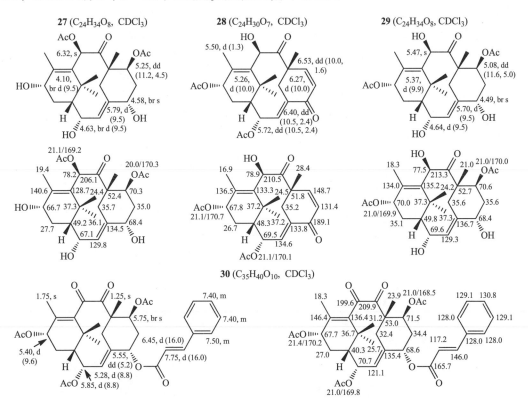

四、6/12 或 3,8-断裂紫杉烷二萜（Ⅳ型）

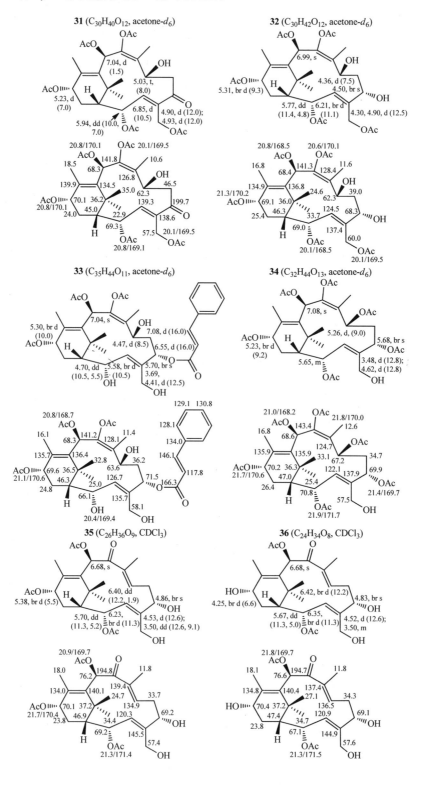

31 (C_{30}H_{40}O_{12}, acetone-d_6)

32 (C_{30}H_{42}O_{12}, acetone-d_6)

33 (C_{35}H_{44}O_{11}, acetone-d_6)

34 (C_{32}H_{44}O_{13}, acetone-d_6)

35 (C_{26}H_{36}O_9, CDCl_3)

36 (C_{24}H_{34}O_8, CDCl_3)

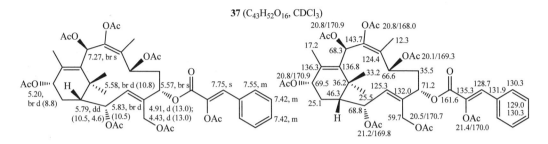

37 (C₄₃H₅₂O₁₆, CDCl₃)

五、6/5/5/6 或 3,11-成环紫杉烷二萜（Ⅴ型）

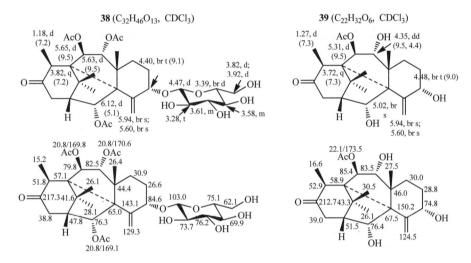

38 (C₃₂H₄₆O₁₃, CDCl₃)　　**39** (C₂₂H₃₂O₆, CDCl₃)

六、5/6/6 或 11（15→1）和 11（10→9）迁移紫杉烷二萜（Ⅵ型）

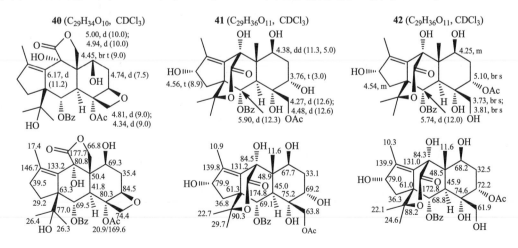

40 (C₂₉H₃₄O₁₀, CDCl₃)　　**41** (C₂₉H₃₆O₁₁, CDCl₃)　　**42** (C₂₉H₃₆O₁₁, CDCl₃)

七、6/5/5/6/5 或 3, 11 和 12, 20 成环紫杉烷二萜（VII型）

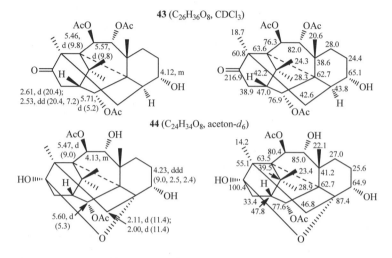

八、6/6/8/6 或 14, 20 成环紫杉烷二萜（VIII型）

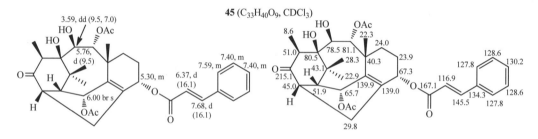

九、14-高紫杉烷二萜（IX型）

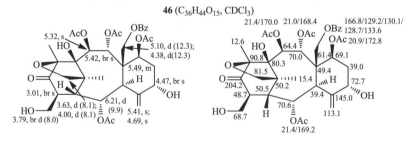

十、6/5/5/6/4 或 3, 11 和 4, 12 成环紫杉烷二萜（X型）

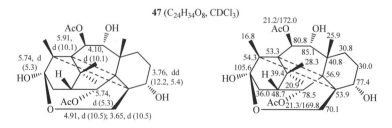

十一、5/5/4/6/6/6 或 3, 11、4, 12 和 14, 20 成环紫杉烷二萜（Ⅺ型）

48 (C₂₄H₃₂O₈, CDCl₃)

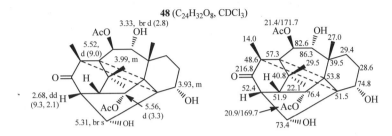

十二、8/6 或 11, 12-断裂紫杉烷二萜（Ⅻ型）

49 (C₂₈H₄₀O₁₂, CDCl₃)

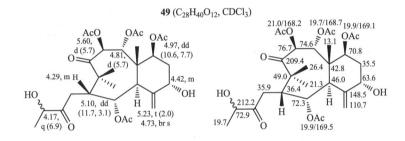

表 12-1　紫杉烷二萜化合物

编号	化合物名称	来源	类型	文献
1	2, 20-*O*-diacetyltaxumairol N	*Taxus chinensis*	I	[1]
2	14β-hydroxy-10-deacetyl-2-*O*-debenzoylbacatin Ⅲ	*Taxus chinensis*	I	[1]
3	10β, 13α-diacetoxytaxa-4（20），11-diene-5α, 9α, 14β, -triol	*Taxus canadensis*	I	[2]
4	2α, 10β-diacetoxy-5α-cinnamoyloxy-9α, 13α-epoxytax-4(20)-ene-11β, 13β-diol	*Taxus cuspidata*	I	[3]
5	2α, 9α-diacetoxy-5α-cinnamoyloxy-11, 12-epoxy-10β-hydroxytax-4(20)-en-13-one	*Taxus cuspidata*	I	[4]
6	2α, 10β-diacetoxy-5α-cinnamoyloxy-11, 12-epoxy-9α-hydroxytax-4(20)-en-13-one	*Taxus cuspidata*	I	[4]
7	2α, 9α-diacetoxy-11, 12-epoxy-10β, 20-dihydroxytax-4-en-13-one	*Taxus cuspidata*	I	[4]
8	2α, 10β-diacetoxy-11, 12-epoxy-9α, 20-dihydroxytax-4-en-13-one	*Taxus cuspidata*	I	[4]
9	9α-hydroxy-2α, 10β, 13-triacetoxytaxa-4（20），5（6），11(12)-triene	*Taxus canadensis*	I	[7]
10	1-deoxypaclitaxel	*Taxus mairei*	I	[5]
11	taxine NA-13	*Taxus cuspidata*	I	[6]
12	2α, 5α-diacetoxy-14β-2′α-methylbutanoate-10β-*O*-(β-D-glc)-taxa-4（20），11-diene	*Taxus canadensis*	I	[7]
13	2α, 5α, 14β-triacetoxy-10β-*O*-(β-D-glc)-taxa-4（20），11-diene	*Taxus canadensis*	I	[7]
14	9α, 10β-diacetoxy-13α-hydroxy-5α-*O*-(β-D-glc)-taxa-4（20），11-diene	*Taxus canadensis*	I	[7]
15	10β-hydroxy-2α, 9α, 13α-triacetoxy-5α-(3′-(dimethylamino)-3′-phenyl)butanoate-taxa-4（20），11-diene	*Taxus canadensis*	I	[7]
16	9α-hydroxy-2α, 10β, 13α-triacetoxy-5α-[3′-(dimethylamino)-3′-phenyl]butanoate-taxa-4（20），11-diene	*Taxus canadensis*	I	[7]
17	7β, 9α, 10β, 13α-tetraacetoxy-5α-[3′-(N-formyl-N-methylamino)-3′-phenylpropanoyl]oxytaxa-4（20），12-diene	*Taxus canadensis*	I	[8]
18	*N*-debenzoyl-*N*-methyl-*N*-heptanoyl-taxol	*Taxus wallichiana*	I	[9]

编号	化合物名称	来源	类型	文献
19	*N*-debenzoyl-*N*-methyl-*N*-octanoyl-taxol	*Taxus wallichiana*	I	[9]
20	*N*-debenzoyl-*N*-methyl-*N*-(4-methylhexanoyl)-taxol	*Taxus wallichiana*	I	[9]
21	*N*-debenzoyl-*N*-methyl-*N*-[(4Z)-1-oxo-4-tenenoyl]-taxol	*Taxus wallichiana*	I	[9]
22	taxuyunnanine W	*Taxus yunnanensis*	II	[10]
23	taxuyunnanine X	*Taxus yunnanensis*	II	[10]
24	taxuyunnanine Y	*Taxus yunnanensis*	II	[10]
25	taxuchin B	*Taxus yunnanensis*	II	[10]
26	4α, 13α-diacetoxy-2α, 20-epoxy-11（15→1）*abeo*taxa-11, 15-diene-5α, 7β, 9α, 10β-tetraol	*Taxus canadensis*	II	[2]
27	7β, 10β-diacetoxy-2α, 5α, 13α-trihydroxy-2(3→20)-abeo-taxa-4(20), 11-dien-9-one	*Taxus mairei*	III	[5]
28	2α, 13α-diacetoxy-10β-hydroxy-2(3→20)-abeo-taxa-4（20）, 6, 11-triene-5, 9-dione	*Taxus mairei*	III	[5]
29	tasumatrol X	*Taxus sumatrana*	III	[11]
30	dantaxusin A	*Taxus yunnanensis*	III	[12]
31	(3E, 8E)-2α, 9, 10β, 13α, 20-pentaacetoxy-7β-hydroxy-3, 8-*seco*taxa-3, 8, 11-trien-5-one	*Taxus sumatrana*	IV	[13]
32	(3E, 8E)-2α, 9, 10β, 13α, 20-pentaacetoxy-5α, 7β-dihydroxy-3, 8-*seco*taxa-3, 8, 11-trien	*Taxus sumatrana*	IV	[13]
33	(3E, 8E)-9, 10β, 13α-triacetoxy-2α, 7β, 20-trihydroxy-5α-[(2E)-cinnamoyloxy]-3, 8-*seco*taxa-3, 8, 11-trien	*Taxus sumatrana*	IV	[13]
34	(3E, 8E)-2α, 5α, 7β, 9, 10β, 13α-hexaacetoxy-20-hydroxy-3, 8-*seco*taxa-3, 8, 11-trien	*Taxus sumatrana*	IV	[13]
35	(3E, 7E)-2α, 10β, 13α-triacetoxy-5α, 20-dihydroxy-3, 8-*seco*taxa-3, 7, 11-trien-9-one	*Taxus chinensis var. mairei*	IV	[14]
36	(3E, 7E)-2α, 10β-diacetoxy-5α, 13α, 20-trihydroxy-3, 11-cyclotaxa-4(20)-en-13-one	*Taxus chinensis var. mairei*	IV	[14]
37	(3E, 8E)-2α, 7β, 9, 10β, 13α, 20-hexaacetoxy-5(2'-acetoxy-cinnamoyloxy)-3, 8-*seco*taxa-3, 8, 11-trien	*Taxus mairei*	IV	[15]
38	10β-acetoxy-5α, 13α, 9α-trihydroxy-2(3→20)-abeo-taxa-4（20）, 6, 11-triene-5, 9-dione	*Taxus yunnanensis*	V	[15]
39	2α, 9α, 10β-triacetoxy-5α-[(β-D-glc)oxy]-3, 11-cyclotax-11-en-13-one	*Taxus cuspidata*	V	[17]
40	tasumatrol Y	*Taxus sumatrana*	VI	[11]
41	20-acetoxy-2α-benzoyloxy-4α, 5α, 7β, 9α, 13α-pentahydroxy-11（15→1）, 11(10→9)-*bisabeo*taxa-11-eno-10, 15-lactone	*Taxus yunnanensis*	VI	[16]
42	tasumatrol H	*Taxus sumatrana*	VI	[18]
43	canataxapropellane	*Taxus canadensis*	VII	[19]
44	dipropellane A	*Taxus canadensis*	VII	[20]
45	2α, 9α-diacetoxy-5α-cinnamoyloxy-10β, 11β-dihydroxy-14, 20-cyclotaxa-3-ene-13-one	*Taxus canadensis*	VIII	[21]
46	tasumatrol L	*Taxus sumatrana*	IX	[22]
47	taxpropellane	*Taxus canadensis*	X	[23]
48	canataxpropellane	*Taxus canadensis*	XI	[24]
49	taxusecone	*Taxus cuspidata*	XII	[25]

参 考 文 献

[1] Xia Z H，Peng L Y，Zhao Y，et al. Two new taxoids from *Taxus chinensis*[J]. Chemistry and Biodiversity，2005，2（10）：1316-1319.

[2] Shi Q W，Dong M，Huo C H，et al. New 14-hydroxy-taxane and 2α, 20-epoxy-11（15→1）*abeo*-taxane from the needles of *Taxus canadensis*[J]. Bioscience，Biotechnology，and Biochemistry，2007，71（7）：1777-1780.

[3] Zhang M L，Shi Q W，Dong M，et al. A taxane with a novel 9α, 13α-oxygen bridge from *Taxus cuspidata* needles[J]. Tetrahedron Letters，2008，49（7）：1180-1183.

[4] Shi Q W，Cao C M，Gu J S，et al. Four new epoxy taxanes from needles of *Taxus cuspidata*（Taxaceae）[J]. Natural Product Research，2006，20（2）：173-179.

[5] Shi Q W，Zhao Y M，Si X T，et al. 1-Deoxypaclitaxel and *abeo*-taxoids from the seeds of *Taxus mairei*[J]. Journal of Natural Products，2006，69（2）：280-283.

[6] Wang L，Bai L，Tokunaga D，et al. The polar neutral and basic taxoids isolated from needles and twigs of *Taxus cuspidata* and their biological activity[J]. Journal of Wood Science，2008，54（5）：390-401.

[7] Shi Q W，Sauriol F，Mamer O，et al. New minor taxane derivatives from the needles of *Taxus canadensis*[J]. Journal of Natural Products，2003，66（11）：1480-1485.

[8] Zhang M L，Dong M，Li X N，et al. A new taxane composed of two *N*-formyl rotamers from *Taxus canadensis*[J]. Tetrahedron Letters，2008，49（21）：3405-3408.

[9] Wang Y，Wang J，Wang H，et al. Novel taxane derivatives from *Taxus wallichiana* with high anticancer potency on tumor cells[J]. Chemical Biology & Drug Design，2016，88（4）：556-561.

[10] Li S H，Zhang H J，Niu X M，et al. Novel taxoids from the Chinese yew *Taxus yunnanensis*[J]. Tetrahedron，2003，59（1）：37-45.

[11] Shen Y C，Wang S S，Chien C T，et al. Tasumatrols U-Z, taxane diterpene esters from *Taxus sumatrana*[J]. Journal of Natural Products，2008，71（4）：576-580.

[12] Shinozaki Y，Fukamiya N，Fukushima M，et al. Dantaxusins A and B, two new taxoids from *Taxus yunnanensis*[J]. Journal of Natural Products，2001，64（8）：1073-1076.

[13] Luh L J，El-Razek M H A，Liaw C C，et al. Tri-and bicyclic taxoids from the Taiwanese Yew *Taxus sumatrana*[J]. Helvetica Chimica Acta，2009，92（7）：1349-1358.

[14] Shi Q W，Oritani T，Sugiyama T，et al. Three novel bicyclic 3, 8-secotaxane diterpenoids from the needles of the Chinese yew，*Taxus chinensis* var. *mairei*[J]. Journal of Natural Products，1998，61（11）：1437-1440.

[15] Shi Q W，Oritani T，Sugiyama T，et al. Isolation and structural determination of a novel bicyclic taxane diterpene from needles of the Chinese yew，*Taxus mairei*[J]. Bioscience，Biotechnology，and Biochemistry，1999，63（4）：756-759.

[16] Kiyota H，Shi Q，Oritani T，et al. New 11（15→1）*abeo*taxane, 11（15→1）, 11（10→9）bisabeotaxane and 3, 11-cyclotaxanes from *Taxus yunnanensis*[J]. Bioscience，Biotechnology，and Biochemistry，2001，65（1）：35-40.

[17] Cao C M，Zhang M L，Wang Y F，et al. Two new taxanes from the needles and branches bark of *Taxus cuspidata*[J]. Chemistry and Biodiversity，2006，3（10）：1153-1161.

[18] Shen Y C，Lin Y S，Cheng Y B，et al. Novel taxane diterpenes from *Taxus sumatrana* with the first C-21 taxane ester[J]. Tetrahedron，2005，61（5）：1345-1352.

[19] Shi Q W，Sauriol F，Mamer O，et al. First example of a taxane-derived propellane in *Taxus canadensis* needles[J]. Chemical Communications，2003，34（20）：68-69.

[20] Shi Q W，Sauriol F，Lesimple A，et al. First three examples of taxane-derived di-propellanes in *Taxus canadensis* needles[J]. Chemical Communications，2004，35（5）：544-545.

[21] Shi Q W，Sauriol F，Mamer O，et al. A novel minor metabolite（taxane？）from *Taxus canadensis* needles[J]. Tetrahedron Letters，2002，43（38）：6869-6873.

[22]　Shen Y C，Lin Y S，Cheng Y B，et al. Novel taxane diterpenes from *Taxus sumatrana* with the first C-21 taxane ester[J]. Tetrahedron，2005，61（5）：1345-1352.

[23]　Zhang M L，Dong M，Huo C H，et al. Taxpropellane：a novel taxane with an unprecedented polycyclic skeleton from the needles of *Taxus canadensis*[J]. European Journal of Organic Chemistry，2008，2008（32）：5414-5417.

[24]　Huo C H，Su X H，Wang Y F，et al. Canataxpropellane，a novel taxane with a unique polycyclic carbon skeleton （tricyclotaxane） from the needles of *Taxus canadensis*[J]. Tetrahedron Letters，2007，48（15）：2721-2724.

[25]　Yu S H，Ni Z Y，Zhang J，et al. Taxusecone，a novel taxane with an unprecedented 11, 12-secotaxane skeleton，from *Taxus cuspidata* needles[J]. Bioscience，Biotechnology，and Biochemistry，2009，73（3）：756-758.

第十三章　大环二萜类化合物

大环二萜类化合物有如下 13 种类型，详见图 13-1 以及表 13-1，其中 Ⅰ 为西松烷型二萜，代表化合物为 **1～20**；Ⅱ 为卡司烷二萜，代表化合物为 **21～29**；Ⅲ 假白榄烷二萜，生源推测是由卡司烷经 C-6，10 环合和 C-1，2 开环形成，代表化合物为 **30～32**；Ⅳ 为续随子烷二萜，生源推测是 6,10-环合的西松烷二萜衍生物，代表化合物为 **33～35**；Ⅴ 为维替生烷二萜，生源推测衍生于西松烷碳正离子经 11,15-环合而成，代表化合物为 **36～40**；Ⅵ 为朵蕾烷二萜，代表化合物为 **41～43**；Ⅶ 为尤尼斯烷二萜，生源推测是西松烷型经 5,14-环合而成，代表化合物为 **44～49**；Ⅷ 为珊瑚烷二萜，骨架来源于西松烷型二萜 C-3 和 C-8 环合，代表化合物为 **50～55**；Ⅸ 为具有特征四元环的齐尼阿菲烷二萜，代表化合物为 **56～61**；Ⅹ 为巴豆烷二萜，代表化合物为 **62～64**；Ⅺ 为 5/7/7/3 四环的巨大戟烷二萜，是由巴豆烷的 C-11→10 重排形成的，代表化合物为 **65～67**；Ⅻ 为 5/6/7/3 四环体系的麻风树烷型二萜，代表化合物为 **68～73**；ⅩⅢ 为新类型大环二萜，类型详见下文，代表化合物为 **74～82**。

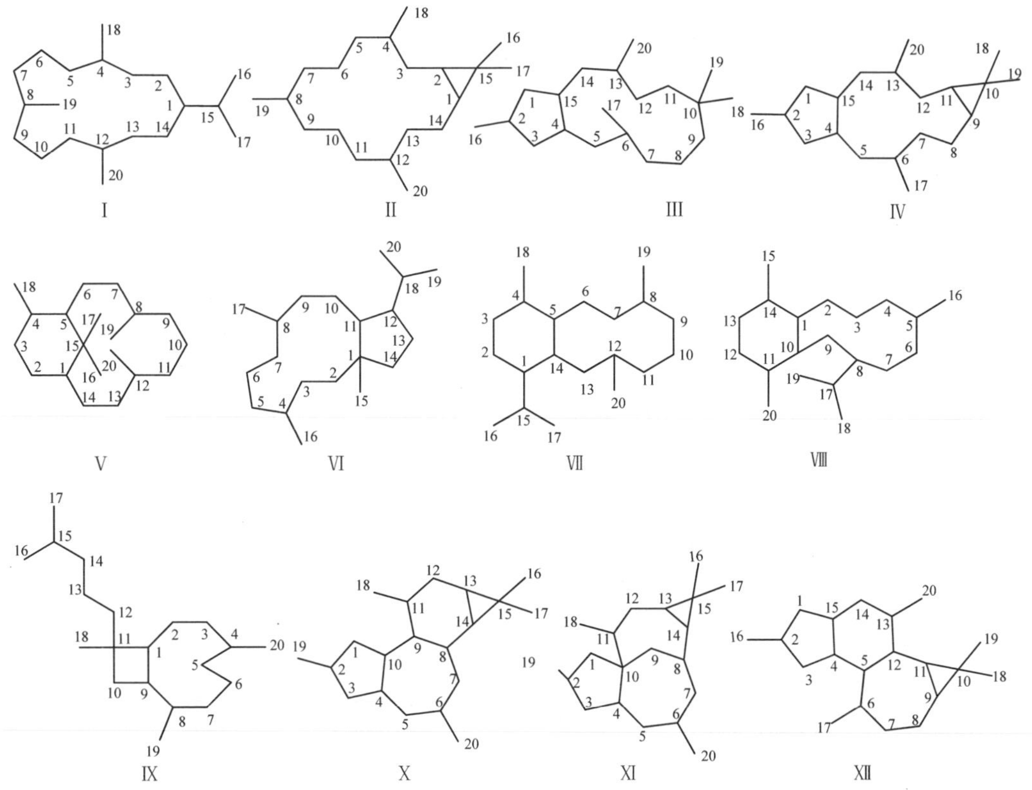

图 13-1　大环二萜主要的 13 种基本骨架（Ⅰ～ⅩⅢ型，其中 ⅩⅢ型没有统一的基本骨架）

一、西松烷大环二萜（Ⅰ型）

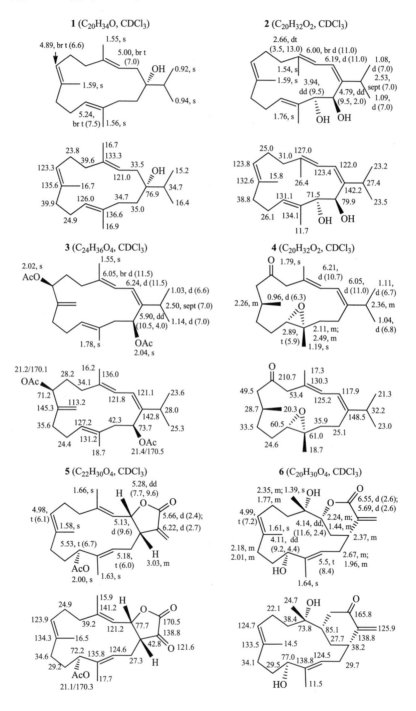

1 (C$_{20}$H$_{34}$O, CDCl$_3$)

2 (C$_{20}$H$_{32}$O$_2$, CDCl$_3$)

3 (C$_{24}$H$_{36}$O$_4$, CDCl$_3$)

4 (C$_{20}$H$_{32}$O$_2$, CDCl$_3$)

5 (C$_{22}$H$_{30}$O$_4$, CDCl$_3$)

6 (C$_{20}$H$_{30}$O$_4$, CDCl$_3$)

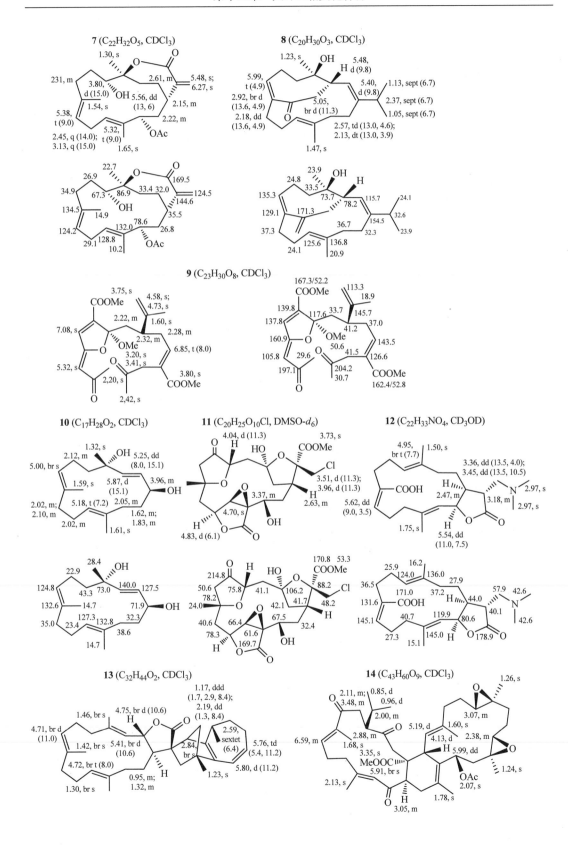

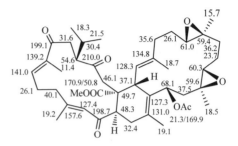

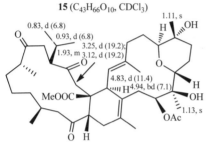

15 (C$_{43}$H$_{66}$O$_{10}$, CDCl$_3$)

16 (C$_{41}$H$_{58}$O$_8$, CDCl$_3$)

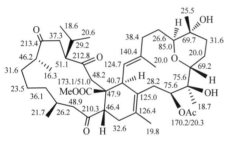

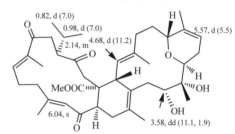

17 (C$_{41}$H$_{59}$ClO$_8$, CDCl$_3$)

18 (C$_{41}$H$_{64}$O$_9$, DMSO-d_6)

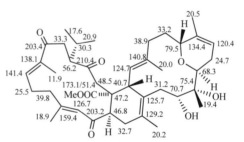

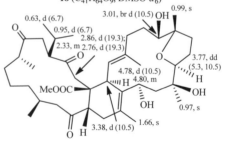

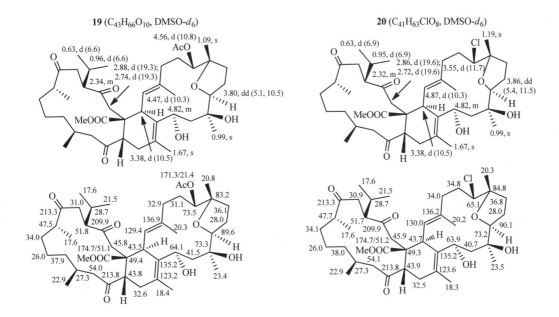

二、卡司烷大环二萜（Ⅱ型）

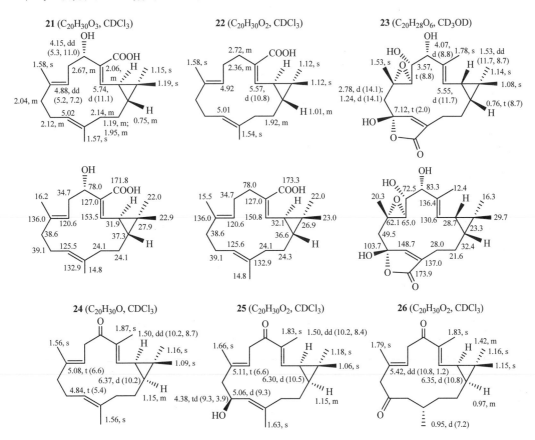

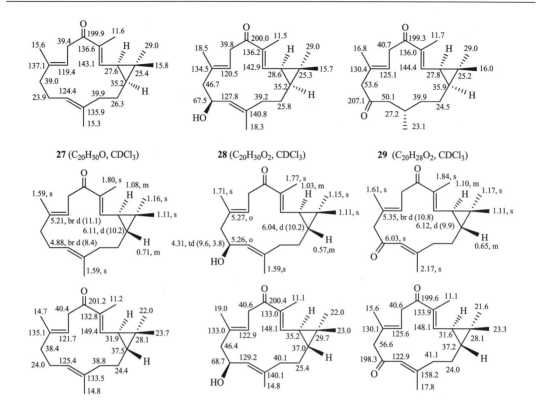

27 (C$_{20}$H$_{30}$O, CDCl$_3$)   **28** (C$_{20}$H$_{30}$O$_2$, CDCl$_3$)   **29** (C$_{20}$H$_{28}$O$_2$, CDCl$_3$)

三、假白榄烷大环二萜（Ⅲ型）

30 (C$_{31}$H$_{40}$O$_8$, CDCl$_3$)   **31** (C$_{33}$H$_{40}$O$_{11}$, CDCl$_3$)   **32** (C$_{34}$H$_{48}$O$_{12}$, CDCl$_3$)

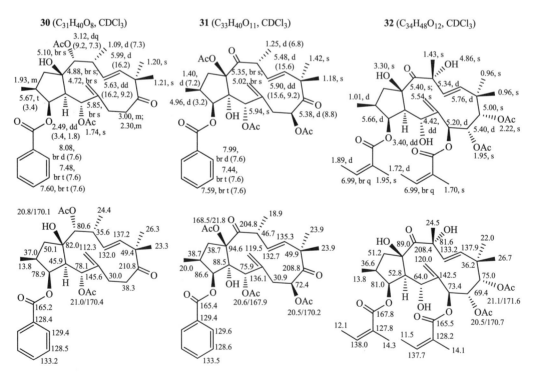

四、续随子烷大环二萜（Ⅳ型）

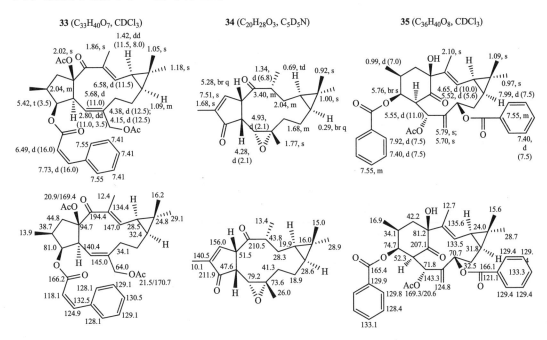

33 (C$_{33}$H$_{40}$O$_7$, CDCl$_3$)　　　**34** (C$_{20}$H$_{28}$O$_3$, C$_5$D$_5$N)　　　**35** (C$_{36}$H$_{40}$O$_8$, CDCl$_3$)

五、维替生烷大环二萜（Ⅴ型）

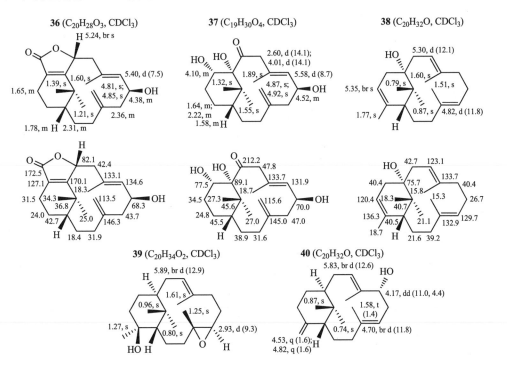

36 (C$_{20}$H$_{28}$O$_3$, CDCl$_3$)　　**37** (C$_{19}$H$_{30}$O$_4$, CDCl$_3$)　　**38** (C$_{20}$H$_{32}$O, CDCl$_3$)

39 (C$_{20}$H$_{34}$O$_2$, CDCl$_3$)　　**40** (C$_{20}$H$_{32}$O, CDCl$_3$)

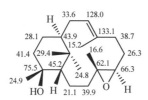

六、朵蕾烷大环二萜（Ⅵ型）

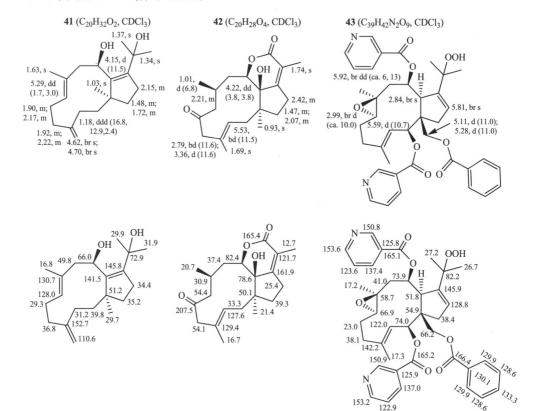

七、尤尼斯烷大环二萜（Ⅶ型）

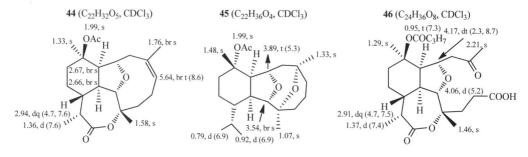

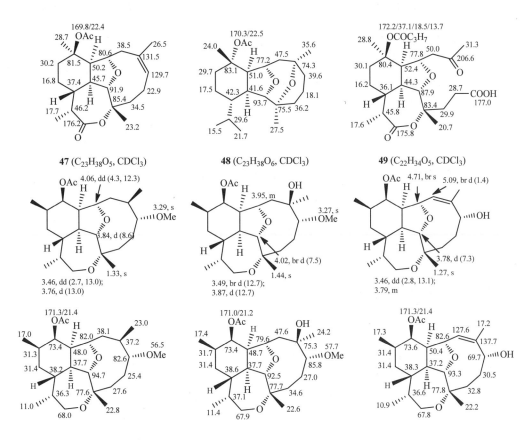

47 (C$_{23}$H$_{38}$O$_5$, CDCl$_3$)　　**48** (C$_{23}$H$_{38}$O$_6$, CDCl$_3$)　　**49** (C$_{22}$H$_{34}$O$_5$, CDCl$_3$)

八、珊瑚烷大环二萜（Ⅷ型）

50 (C$_{26}$H$_{34}$O$_{11}$, CDCl$_3$)　　**51** (C$_{24}$H$_{34}$O$_{11}$, CD$_3$OD)　　**52** (C$_{28}$H$_{38}$O$_{11}$, CD$_3$OD)

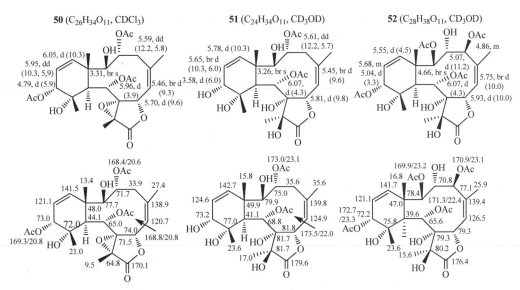

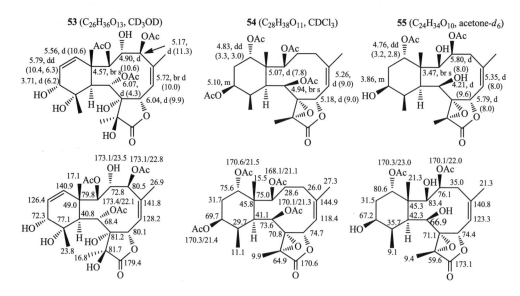

九、齐尼阿菲烷大环二萜（IX型）

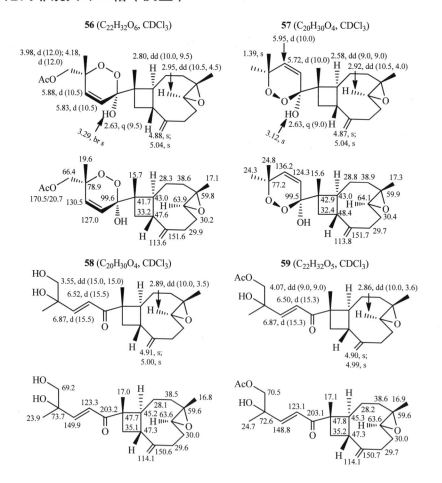

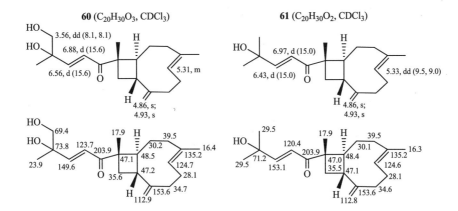

十、巴豆烷大环二萜（X型）

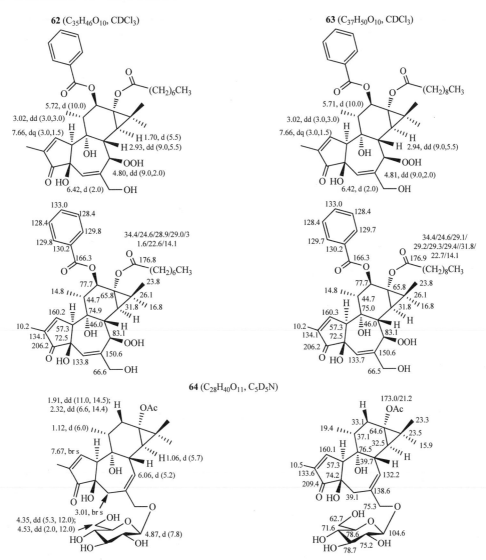

十一、巨大戟烷大环二萜（XI型）

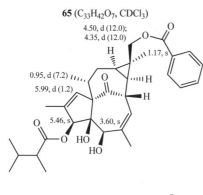

65 (C$_{33}$H$_{42}$O$_{7}$, CDCl$_3$)

66 (C$_{35}$H$_{46}$O$_{9}$, CDCl$_3$)

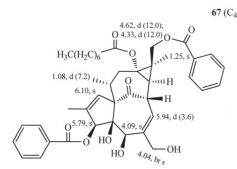

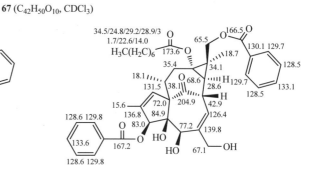

67 (C$_{42}$H$_{50}$O$_{10}$, CDCl$_3$)

十二、麻风树烷大环二萜（XII型）

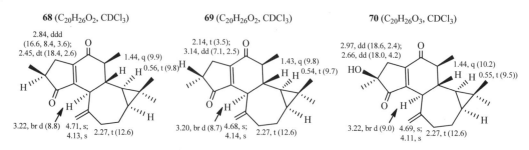

68 (C$_{20}$H$_{26}$O$_{2}$, CDCl$_3$)　　　　**69** (C$_{20}$H$_{26}$O$_{2}$, CDCl$_3$)　　　　**70** (C$_{20}$H$_{26}$O$_{3}$, CDCl$_3$)

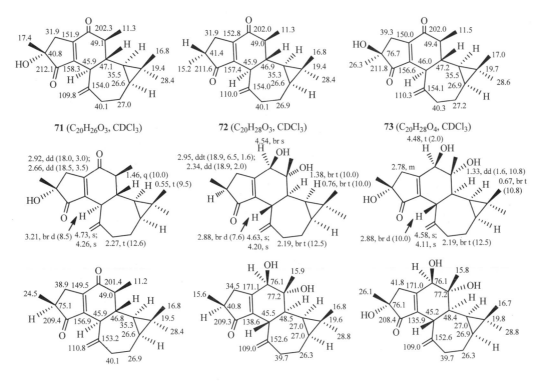

71 (C$_{20}$H$_{26}$O$_3$, CDCl$_3$)　　　**72** (C$_{20}$H$_{28}$O$_3$, CDCl$_3$)　　　**73** (C$_{20}$H$_{28}$O$_4$, CDCl$_3$)

十三、新颖类型大环二萜（XⅢ型）

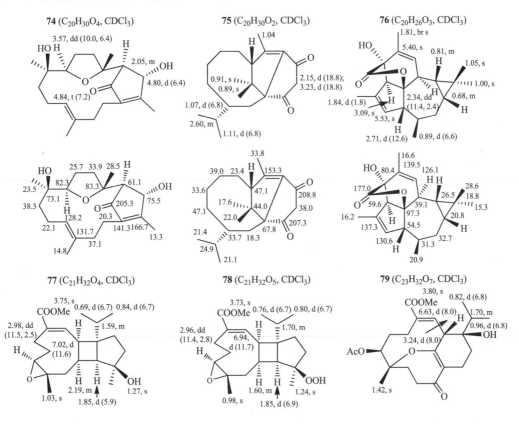

74 (C$_{20}$H$_{30}$O$_4$, CDCl$_3$)　　　**75** (C$_{20}$H$_{30}$O$_2$, CDCl$_3$)　　　**76** (C$_{20}$H$_{26}$O$_3$, CDCl$_3$)

77 (C$_{21}$H$_{32}$O$_4$, CDCl$_3$)　　　**78** (C$_{21}$H$_{32}$O$_5$, CDCl$_3$)　　　**79** (C$_{23}$H$_{32}$O$_7$, CDCl$_3$)

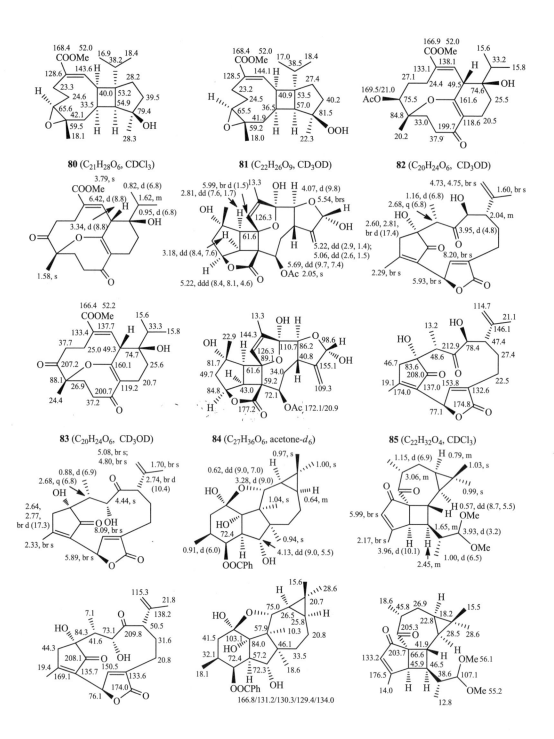

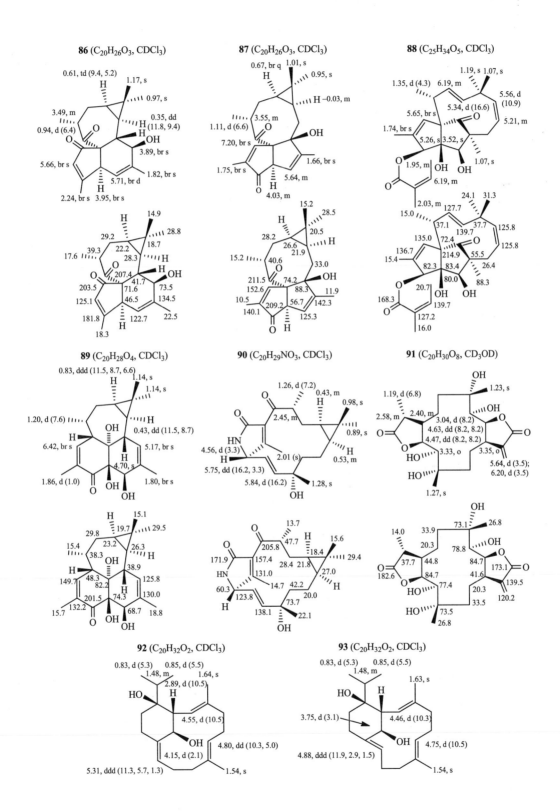

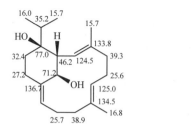
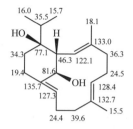

表 13-1　大环二萜化合物

编号	名称	来源植物	类型	文献
1	sarcophytol M	*Sarcophyton glaucum*	I	[1]
2	sarcophytol J	*Sarcophyton glaucum*	I	[1]
3	sarcophytol H diacetate	*Sarcophyton glaucum*	I	[1]
4	(1*E*, 3*E*)-11*S*，12*S*-epoxy-8*S*-cembra-1, 3-diene-6-one	the genus of *Eunicea*	I	[2]
5	cembrane diterpene **5**	*Lobophytum crassum*	I	[3]
6	manaarenolide G	*Sinularia manaarensis*	I	[4]
7	sandensolide-13-acetate	*Sinularia flexibilis*	I	[5]
8	echinodolides A	*Echinodorus macrophyllus*	I	[6]
9	*seco*-sethukarailin	*Sinularia dissecta*	I	[7]
10	chabrolol A	*Nephthea chabroli*	I	[8]
11	sinularectin	*Sinularia erecta*	I	[9]
12	17-dimethylaminolobohedleolide	*Lobophytum* sp.	I	[10]
13	stolonilactone	*Clavularia koellikeri*	I	[11]
14	methyl neosurtmuute uretute	*Sarcophyton tortuosum*	I	[12]
15	nyalolide	*Sarcophyton glaucum*	I	[13]
16	methyl sarcophytoate	*Sarcophyton glaucum*	I	[14]
17	methyl chlorosarcophytoate	*Sarcophyton glaucum*	I	[14]
18	lobophytone O	*Lobophytum pauciflorum*	I	[14]
19	lobophytone P	*Lobophytum pauciflorum*	I	[15]
20	lobophytone Q	*Lobophytum pauciflorum*	I	[15]
21	yuexiandajisu A	*Euphorbia ebracteolata*	II	[16]
22	yuexiandajisu B	*Euphorbia ebracteolata*	II	[16]
23	hookerianolide A	*Mallotus hookerianus*	II	[17]
24	depressin	*Sinularia depressa*	II	[18]
25	10-hydroxydepressin	*Sinularia depressa*	II	[18]
26	10-oxo-11, 12-dihydrodepressin	*Sinularia depressa*	II	[18]
27	1-*epi*-depressin	*Sinularia depressa*	II	[18]
28	1-*epi*-10-hydroxydepressin	*Sinularia depressa*	II	[18]
29	1-*epi*-10-oxodepressin	*Sinularia depressa*	II	[18]
30	guyonianins E	*Euphorbia guyoniana*	III	[19]
31	pubescenol	*Euphorbia pubescens*	III	[20]
32	amygdaloidin D	*Euphorbia amygdaloides*	III	[21]
33	euphorbia factor L$_{7a}$	*Euphorbia lathyris*	IV	[22]

续表

编号	名称	来源植物	类型	文献
34	jatrowedione	*Jatropha weddelliana*	IV	[23]
35	lathyranone A	*Euphorbia lathyris*	IV	[24]
36	cespitularins O	*Cespitularia hypotentaculata*	V	[25]
37	cespitularins M	*Cespitularia hypotentaculata*	V	[25]
38	*ent*-verticilla-4, 9, 13-trien-2α-ol	*Jackiella javanica*	V	[26]
39	(9*S*, 10*S*)-*ent*-9, 10-epoxyverticillol	*Jackiella javanica*	V	[26]
40	*ent*-verticilla-4（18），9, 13-trien-12α-ol	*Jackiella javanica*	V	[26]
41	clavudiol A	*Clavularia viridis*	VI	[27]
42	clavirolide A	*Clavularia viridis*	VI	[27]
43	nigellamine B_2	*Nigella sativa*	VI	[28]
44	briarellin J	*Briareum asbestinum*	VII	[29]
45	polyanthellin A	*Briareum asbestinum*	VII	[29]
46	*seco*-briarellin R	*Briareum polyanthes*	VII	[30]
47	asbestinin-24	*Briareum polyanthes*	VII	[30]
48	asbestinin-25	*Briareum polyanthes*	VII	[30]
49	asbestinin-26	*Briareum polyanthes*	VII	[30]
50	brianodin A	*Pachyclavularia* sp.	VIII	[31]
51	brianodin D	*Pachyclavularia* sp.	VIII	[31]
52	brianodin B	*Pachyclavularia* sp.	VIII	[31]
53	brianodin C	*Pachyclavularia* sp.	VIII	[31]
54	excavatolide G	*Briareum excavatum*	VIII	[32]
55	excavatolide M	*Briareum excavatum*	VIII	[32]
56	sinugibberoside A	*Sinularia gibberosa*	IX	[33]
57	sinugibberoside E	*Sinularia gibberosa*	IX	[33]
58	gibberosin G	*Sinularia gibberosa*	IX	[34]
59	gibberosin H	*Sinularia gibberosa*	IX	[34]
60	gibberosin J	*Sinularia gibberosa*	IX	[34]
61	gibberosin K	*Sinularia gibberosa*	IX	[34]
62	stelleracin E	*Stellera chamaejasme*	X	[35]
63	stelleracin D	*Stellera chamaejasme*	X	[35]
64	fischeroside A	*Euphorbia fischeriana*	X	[36]
65	17-benzoyloxy-3-*O*-(2, 3-dimethylbutanoyl)-20-deoxyingenol	*Euphorbia esula*	XI	[37]
66	17-benzoyloxy-13-octanoyloxyingenol	*Euphorbia esula*	XI	[37]
67	3-*O*-benzoyl-17-benzoyloxy-13-octanoyloxyingenol	*Euphorbia esula*	XI	[37]
68	sikkimenoid A	*Euphorbia ikkimensis*	XII	[38]
69	sikkimenoid B	*Euphorbia ikkimensis*	XII	[38]
70	sikkimenoid C	*Euphorbia ikkimensis*	XII	[38]
71	sikkimenoid D	*Euphorbia ikkimensis*	XII	[38]
72	lagaspholone A	*Euphorbia lagascae*	XII	[39]

编号	名称	来源植物	类型	文献
73	lagaspholone B	*Euphorbia lagascae*	XII	[39]
74	lobocrasol	*Lobophytum crassum*	XIII	[40]
75	amentoditaxone	*Amentotaxus formosana*	XIII	[41]
76	euphorikanin A	*Euphorbia kansui*	XIII	[42]
77	sarcotroate A	*Sarcophyton trocheliophorum*	XIII	[43]
78	sarcotroate B	*Sarcophyton trocheliophorum*	XIII	[43]
79	tortuosene A	*Sarcophyton tortuosum*	XIII	[44]
80	tortuosene B	*Sarcophyton tortuosum*	XIII	[44]
81	bielschowskysin	*Pseudopterogorgia kallos*	XIII	[45]
82	corallolide A	*Pseudopterogorgia bipinnata*	XIII	[46]
83	corallolide B	*Pseudopterogorgia bipinnata*	XIII	[46]
84	euphorbactin	*Euphorbia micractina*	XIII	[47]
85	pepluacetal	*Euphorbia peplus*	XIII	[48]
86	pepluanol A	*Euphorbia peplus*	XIII	[48]
87	pepluanol B	*Euphorbia peplus*	XIII	[48]
88	pepluanol C	*Euphorbia peplus*	XIII	[49]
89	pepluanol D	*Euphorbia peplus*	XIII	[49]
90	jatrophalactam	*Jatropha curcas*	XIII	[50]
91	eryngiolide A	*Pleurotus eryngii*	XIII	[51]
92	mangelonoid A	*Croton mangelong*	XIII	[52]
93	mangelonoid B	*Croton mangelong*	XIII	[52]

参 考 文 献

[1] Kobayashi M, Osabe K. Marine terpenes and terpenoids. VII: Minor cembranoid derivatives, structurally related to the potent anti-tumor-promoter sarcophytol A, from the soft coral *Sarcophyton glaucum*[J]. Chemical and Pharmaceutical Bulletin, 1989, 37 (3): 631-636.

[2] Wei X M, Rodríguez A D, Baran P, et al. Antiplasmodial cembradiene diterpenoids from a Southwestern Caribbean gorgonian octocoral of the genus *Eunicea*[J]. Tetrahedron, 2004, 60 (51): 11813-11819.

[3] Wanzola M, Furuta T, Kohno Y, et al. Four new cembrane diterpenes isolated from an Okinawan soft coral *Lobophytum crassum* with inhibitory effects on nitric oxide production[J]. Chemical and Pharmaceutical Bulletin. 2010, 58 (9): 1203-1209.

[4] Su J H, Ahmed A F, Sung P J, et al. Manaarenolides A-I, diterpenoids from the soft coral *Sinularia manaarensis*[J]. Journal of Natural Products, 2006, 69 (8): 1134-1139.

[5] Anjaneyulu A S R, Sagar K S, Rao G V. New cembranoid lactones from the Indian ocean soft coral *Sinularia flexibilis*[J]. Journal of Natural Products, 1997, 60 (1): 9-12.

[6] Shigemori H, Shimamoto S, Sekiguchi M, et al. Echinodolides A and B, new cembrane diterpenoids with an eight-membered lactone ring from the leaves of *Echinodorus macrophyllus*[J]. Journal of Natural Products, 2002, 65 (1): 82-84.

[7] Reddy N S, Goud T V, Venkateswarlu Y. *seco*-Sethukarailin, a novel diterpenoid from the soft coral *Sinularia dissecta*[J]. Journal of Natural Products, 2002, 65 (7): 1059-1060.

[8] Zhang W H, Williams I D, Che C T. Chabrolols A, B and C, three new norditerpenes from the soft *coral Nephthea chabroli*[J].

Tetrahedron Letters，2001，42：4681-4685.

[9] Rudi A，Shmul G，Benayahu Y，et al. Sinularectin，a new diterpenoid from the soft coral *Sinularia erecta*[J]. Tetrahedron Letters，2006，47（17）：2937-2939.

[10] Rashid M A，Gustafson K R，Boyd，M R. HIV-inhibitory cembrane derivatives from a Philippines collection of the soft coral *Lobophytum Species*[J]. Journal of Natural Products，2000，63（4）：531-533.

[11] Iguchi k，Fukaya T，Takahashi H，et al. Stolonilactone，a novel terpenoid-related compound，isolated from the Okinawan soft coral *Clavularia koellikeri*[J]. Journal of Organic Chemistry，2004，69（13）：4351-4355.

[12] Leone P A，Bowden B F，Carroll A R，et al. Studies of Australian soft corals，XLIX. a new biscembranoid and its probable biosynthetic precursors from the soft coral *Sarcophyton tortuosum*[J]. Journal of Natural Products，1993，56（4）：521-526.

[13] Feller M，Rudi A，Berer N，et al. Isoprenoids of the soft coral *Sarcophyton glaucum*：nyalolide，a new biscembranoid，and other terpenoids[J]. Journal of Natural Products，2004，67（8）：1303-1308.

[14] Kusumi T，Igari M，Ishitsuka M O，et al. A novel chlorinated biscembranoid from the marine soft coral *Sarcophyton glaucum*[J]. Journal of Organic Chemistry，1990，55（26）：6286-6289.

[15] Yan P，Deng Z，Van L O，et al. Lobophytones O-T，new biscembranoids and cembranoid from soft coral *Lobophytum pauciflorum*[J]. Marine Drugs，2010，8（11）：2837-2848.

[16] Xu Z H，Sun J，Xu R S，et al. Casbane diterpenoids from *Euphorbia Ebracteolatap*[J]. Phytochemistry，1998，49（1）：149-151.

[17] Bai Y，Yang Y P，Ye Y. Hookerianolides A-C：three novel casbane-type diterpenoid lactones from *Mallotus hookerianus*[J]. Tetrahedron Letters，2006，47（37）：6637-6640.

[18] Li Y，Carbone M，Vitale R M，et al. Rare casbane diterpenoids from the Hainan soft coral *Sinularia depressa*[J]. Journal of Natural Products，2010，73（2）：133-138.

[19] Hegazy M-E F，Mohamed A E-H H，Aoki N，et al. Bioactive jatrophane diterpenes from *Euphorbia guyoniana*[J]. Phytochcmistry，2010，71（2-3）：249-253.

[20] Cláudia V，Madalena P，Aida D，et al. Bioactive diterpenoids，a new jatrophane and two *ent*-abietanes，and other constituents from *Euphorbia pubescens*[J]. Journal of Natural Products，2004，67（5）：902-904.

[21] Corea G，Fattorusso C，Fattorusso E，et al. Amygdaloidins A-L，twelve new 13α-OH jatrophane diterpenes from *Euphorbia amygdaloides* L.[J]. Tetrahedron，2005，61（18）：4485-4494.

[22] Jiao W，Dong W W，Li Z F，Deng M C，et al. Lathyrane diterpenes from *Euphorbia lathyris* as modulators of multidrug resistance and their crystal structures[J]. Bioorganic and Medicinal Chemistry，2009，17（13）：4786-4792.

[23] Brum R L，Honda N K，Mazarin S M，et al. Jatrowedione，a lathyrane diterpene from *Jatropha weddelliana*[J]. Phytochemistry，1998，48（7）：1225-1227.

[24] Gao S，Liu H Y，Wang Y H，et al. Lathyranone A：a diterpenoid possessing an unprecedented skeleton from *Euphorbia lathyris*[J]. Organic Letters，2007，9（1）：3453-3455.

[25] Duh C Y，li C H，Wang S K，et al. Diterpenoids，norditerpenoids，and secosteroids from the formosan soft coral *Cespitularia hypotentaculata*[J]. Journal of Natural Products，2006，69（8）：1188-1192.

[26] Nagashima F，Kishi K，Hamada Y，et al. *ent*-Verticillane-type diterpenoids from the Japanese liverwort *Jackiella javanica*[J]. Phytochemistry，2005，66（14）：1662-1670.

[27] Su J Y，Zhong Y L，Shi K L. Clavudiol A and clavirolide A，two marine dolabellane diterpenes from the soft coral *Clavularia viridis*[J]. Journal of Organic Chemistry，1991，56（7）：2337-2344.

[28] Morikawa T，Xu F，Kashima Y，et al. Novel dolabellane-type diterpene alkaloids with lipid metabolism promoting activities from the seeds of *Nigella sativa*[J]. Organic Letters，2004，35（32）：869-872.

[29] Ospina C A，Rodríguez A D，Ortega-Barria E，et al. Briarellins J-P and polyanthellin A：new eunicellin-based diterpenes from the gorgonian coral *Briareum polyanthes* and their antimalarial activity[J]. Journal of Natural Products，2003，66（3）：357-363.

[30] Ospina C A，Rodríguez A D. Bioactive compounds from the gorgonian *Briareum polyanthes*. correction of the structures of four asbestinane-type diterpenes[J]. Journal of Natural Products，2006，69（12）：1721-1727.

[31] Ishiyama H，Okubo T，Yasuda T，et al. Brianodins A-D，briarane-type diterpenoids from soft coral *Pachyclavularia* sp.[J]. Journal of Natural Products，2008，71（4）：633-636.

[32] Sheu J H，Sung P J，Su J H，et al. Excavatolides U-Z，new briarane diterpenes from the gorgonian *Briareum excavatum*[J]. Journal of Natural Products，1999，62（3）：1415-1420.

[33] Chen S P，Ahmed A F，Dai C F，et al. Sinugibberosides A-E，new terpenoids with cyclic peroxyhemiketal from the soft coral *Sinularia gibberosa*[J]. Tetrahedron，2006，62（29）：6802-6807.

[34] Chen S P，Su J H，Ahmed A F，et al. Xeniaphyllane-derived terpenoids from the formosan soft coral *Sinularia gibberosa*[J]. Chemical and Pharmaceutical Bulletin，2007，38（7）：1471-1475.

[35] Asada Y，Sukemori A，Watanabe T，et al. Isolation，structure determination，and anti-HIV evaluation of tigliane-type diterpenes and biflavonoid from *Stellera chamaejasme*[J]. Journal of Natural Products，2013，76（5）：852-827.

[36] Pan L L，Fang P L，Zhang X J，et al. Tigliane-type diterpenoid glycosides from *Euphorbia fischeriana*[J]. Journal of Natural Products，2011，74（6）：1508-1512.

[37] Lu Z Q，Yang M，Zhang J Q，et al. Ingenane diterpenoids from *Euphorbia esula*[J]. Phytochemistry，2008，69（3）：812-819.

[38] Yang D S，Zhang Y L，Peng W B，et al. Jatropholane-type diterpenes from *Euphorbia sikkimensis*[J]. Journal of Natural Products，2013，76（2）：265-269.

[39] Duarte N，Ferreira M J. Lagaspholones A and B：two new jatropholane-type diterpenes from *Euphorbia lagascae*[J]. Organic Letters，2007，9（3）：489-492.

[40] Lin S T，Wang S K，Cheng S Y，et al. Lobocrasol，a new diterpenoid from the soft coral *Lobophytum crassum*[J]. Organic Letters，2009，11（14）：3012-3014.

[41] Chen H L，Wang L W，Su H J，et al. New terpenoids from *Amentotaxus formosana*[J]. Organic Letters，2010，37（27）：753-756.

[42] Fei D Q，Dong L L，Qi F M，et al. Euphorikanin A，a diterpenoid lactone with a fused 5/6/7/3 ring system from *Euphorbia kansui*[J]. Organic Letters，2016，18（12）：2844-2847.

[43] Liang L F，Kurtán T，Mándi A，et al. Unprecedented diterpenoids as a PTP1B inhibitor from the Hainan soft coral *Sarcophyton trocheliophorum* Marenzeller[J]. Organic Letters，2013，15（2）：274-277.

[44] Lin K H，Tseng Y J，Chen B W，et al. Tortuosenes A and B，new diterpenoid metabolites from the Formosan soft coral *Sarcophyton tortuosum*[J]. Organic Letters，2014，45（33）：1314-1317.

[45] Marrero J，Rodríguez A D，Baran P，et al. Bielschowskysin，a gorgonian-derived biologically active diterpene with an unprecedented carbon skeleton[J]. Organic Letters，2004，6（10）：1661-1664.

[46] Ospina C A，Rodríguez A D. Corallolides A and B：bioactive diterpenes featuring a novel carbon skeleton[J]. Organic Letters，2009，11（16）：3786-3789.

[47] Tian Y，Guo Q，Xu W，et al. A minor diterpenoid with a new 6/5/7/3 fused-ring skeleton from *Euphorbia micractina*[J]. Organic Letters，2015，46（6）：3950-3953.

[48] Wan L S，Nian Y，Ye C J，et al. Three minor diterpenoids with three carbon skeletons from *Euphorbia peplus*[J]. Organic Letters，2016，9（18）：2166-2169.

[49] Wan L S，Nian Y，Peng X R，et al. Pepluanols C-D，two diterpenoids with two skeletons from *Euphorbia peplus*[J]. Organic Letters，2018，20（10）：3074-3078.

[50] Wang X C，Zheng Z P，Gan X W，et al. Jatrophalactam，a novel diterpenoid lactam isolated from *Jatropha curcas*[J]. Organic Letters，2010，41（16）：5522-5524.

[51] Wang S J，Li Y X，Bao L，et al. Eryngiolide A，a cytotoxic macrocyclic diterpenoid with an unusual cyclododecane core skeleton produced by the edible mushroom *Pleurotus eryngii*[J]. Organic Letters，2012，14（14）：3672-3675.

[52] Zhang W Y，Zhao J X，Sheng L，et al. Mangelonoids A and B，two pairs of macrocyclic diterpenoid enantiomers from *Croton mangelong*[J]. Organic Letters，2018，20（13）：4040-4043.